中国汽车自主研发技术与管理实践丛书

汽车研发知识工程

主　编　[美]庞　剑
参　编　匡　黎　　叶　云　　王建洪　　刘芳露　　胡　飚
　　　　李振容　　周　丹　　童　静　　王亚玲　　张志飞
　　　　谢　欢　　杨　帆　　孙晓燕　　苏秀翠　　余从文
　　　　胡　翔　　缪晓燕　　许忠燕　　樊志鹏　　刘　瑞
　　　　张　珊　　田维玮　　欧阳益　　傅　燕　　来宝寿
　　　　陶琮翰　　唐照翔　　唐春华　　郭　洪　　王　锋
　　　　陈　庆　　肖　骏　　刘　栋　　蔺昭辉　　吕周泉
　　　　李　旭　　栾爱东　　章晓轩　　游　典　　李京苑
　　　　曾　俊　　张跃飞　　王顺超　　杜　坤　　程小松
　　　　庞　明　　陈中涛　　王　哲　　罗国政　　张磊磊
　　　　彭　宇　　梅兴学　　汪　鑫　　全笑林　　殷　放

机械工业出版社
CHINA MACHINE PRESS

本书结合汽车整车企业真实、丰富的案例与实践经验，全面解析汽车研发知识工程相关理论、架构和实际操作过程及方法，目的是实现研发全生命周期知识对产品开发的伴随，营造知识共享、知识应用、知识创新的企业文化，达到研发创新高效率、高质量和高附加值目标。本书包括四部分内容：汽车研发与知识工程（第1~3章）、知识工程的应用（第4~7章）、数字化研发知识工程（第8章）和研发知识运营（第9章）。第1章介绍知识工程的概念、重要性和发展历程等；第2章以汽车研发为例，阐述知识工程与产品研发的关系；第3章以汽车研发为例，介绍研发知识体系构建的原则、维度和步骤等；第4~7章分别讲述研发知识的获取及共享化、场景化、智能化，它们是研发知识工程的核心；第8章介绍研发知识工程的实现方法，即数字化；第9章介绍研发知识的运营。

本书作者团队曾获全国"企业知识创新与知识成果管理"一等奖，阅读本书对于通过实施知识工程为企业绩效赋能、提质增效有重要意义。

本书适合各类企业的研发管理者、研发工程师、信息化工程师，以及各类咨询及研究机构从业者参考阅读。

图书在版编目（CIP）数据

汽车研发知识工程／（美）庞剑主编. -- 北京：机械工业出版社，2025.5. -- （中国汽车自主研发技术与管理实践丛书）. -- ISBN 978-7-111-78803-4

Ⅰ.U466

中国国家版本馆CIP数据核字第20258Y9Q00号

机械工业出版社（北京市百万庄大街22号　邮政编码100037）
策划编辑：母云红　　　　　　　　责任编辑：母云红　巩高铄
责任校对：张勤思　张慧敏　景　飞　封面设计：张　静
责任印制：任维东
北京科信印刷有限公司印刷
2025年8月第1版第1次印刷
180mm×250mm・21.5印张・2插页・406千字
标准书号：ISBN 978-7-111-78803-4
定价：169.00元

电话服务　　　　　　　　　　　　网络服务
客服电话：010-88361066　　　　　机　工　官　网：www.cmpbook.com
　　　　　010-88379833　　　　　机　工　官　博：weibo.com/cmp1952
　　　　　010-68326294　　　　　金　书　网：www.golden-book.com
封底无防伪标均为盗版　　　　　　机工教育服务网：www.cmpedu.com

序
ORDER

  知识管理是对知识获取、分类、存储和应用进行规划和管理的活动，它将知识存储在一个载体上，让用户通过查询、搜索等方式来寻找知识。它侧重于人，是人管理知识和人寻找知识的过程。知识工程是在知识管理的基础上，通过信息化和智能化技术将知识、人和应用场景（如研发）紧密联系起来，是人找知识和知识找人的双向过程。知识与应用场景相互伴随，知识工程平台主动地给在应用场景中的人推送知识，而应用场景所产生的知识又能够回归到知识平台中，即知识与应用双向互动。

  对一家企业来说，知识工程非常重要。通过建立知识工程平台，将散落的知识集成到平台上，可以实现对企业知识资产的保护；企业员工可以在平台上共享知识，平台也可将知识推送给应用场景和人，来支撑企业的产品开发与技术创新；企业研发活动中产生的知识将沉淀到知识平台上，为以后的研发提供更丰富的知识。

  在我国汽车界，还没有一家企业拥有完备的研发知识工程体系和平台。在庞剑博士的带领下，长安汽车知识工程团队设计和构建出一个跨专业、跨品牌、跨区域、相对开放的知识共享系统，并建成了名为智谷的知识工程平台，实现了知识共享化、知识场景化和部分知识智能化。

  他们将散落的研发知识汇聚到智谷知识工程平台上，构建了通用知识频道、专业知识频道和项目知识频道。员工可以通过导航、搜索、推送、下载等功能来获取所需要的知识，实现研发系统全体员工的知识共享。他们将知识与研发场景结合起来，通过知识地图、知识社区、知识伴随、场景推送、协同创造等方法，实现知识与产品开发的深度融合。他们将人工智能和大数据等技术应用到知识工程中，从智能工作台、知识图谱、生成式知识模型等方面，开展了知识智能化的探索。

  随着信息化和智能化技术突飞猛进，知识工程将向动态化、多模态化、机理模型与大模型融合、多场景化方向发展。期望有更多的汽车企业建成自己的知识工程系统，让知识工程给企业创新带来巨大的活力，让知识高效地助推产品研发。

长安汽车知识工程团队将他们的工作整理成《汽车研发知识工程》，这是目前第一部关于汽车研发知识工程的专著。这本书讲述了汽车研发过程与知识的关系、研发知识体系、研发知识的获取、研发知识共享化、研发知识场景化、知识工程智能化和研发知识运营。从这本书里，读者可以了解到知识共享化、场景化、智能化和知识运营的具体实现过程。

这本书将为汽车企业管理者和研发人员提供一份丰盛的大餐，也是奉献给汽车行业的一份大礼。我相信它将成为中国汽车行业的一部经典著作。

张进华

中国汽车工程学会理事长

前言 PREFACE

世界一流公司都有一流的知识管理系统或知识工程系统。2017年，我给公司领导提建议，长安应该建立一套研发知识工程系统，让全体研发人员共享研发知识，同时让研发过程中产生的知识沉淀到知识工程系统中。公司领导非常重视这个建议，批准了成立一个知识工程团队，并立项推动这件事。

2018年，团队成立，而作为建议的提出者，我成了项目负责人。团队成员包括三部分：专职知识工程经理团队、兼职知识工程经理团队和信息技术（IT）团队。专职知识工程经理团队是由原来知识管理和体系建设岗位人员组成，他们负责项目的整体策划、知识系统构建、知识平台架构设计、知识运营等；兼职知识工程经理团队由各个专业（如碰撞安全、自动驾驶等）和项目（如阿维塔11、深蓝L07等）人员组成，他们负责本专业或本项目知识体系的建设。IT团队负责知识工程平台功能的实现，以及数字化和智能化的实施。

在中国汽车行业，知识工程是一个新的领域，挑战巨大。为了了解知识工程工作的开展情况，我们团队到华为、达索等公司调研，以了解先行者的工作，向他们学习。回来之后，我们制定了一个12年的长远规划，把知识工程的建设分成四个阶段，即知识共享化阶段、知识场景化阶段、知识智能化阶段和知识智慧化阶段。

为了让知识成为公司的永久资产，使知识不会因为人员和组织机构的变动而流失，在建立知识工程构架时，我们按照领域而不是行政部门来建设知识频道。我们把核心知识建设成三种频道，即通用知识频道、专业知识频道和项目知识频道。通用知识是所有研发人员都要用到的知识，如开发流程、法规标准等；专业知识是某个专业（如自动驾驶、智能座舱、动力、车身等）所拥有的知识；项目知识是车型项目（如深蓝SL03、阿维塔11等）拥有的知识。

在这个陌生的领域里，虽然可以参考别人的工作经验，但是更多的是未知世界，我们只好摸着石头过河。在项目的第一期，我们选择了三个有代表性的领域作为试点来建设知识频道，一个是代表性能领域的NVH专业频道，另一个是代表设计领域的内外饰频道，还有一个是兼顾专业性能和设计的空调频道。同时，另一个重点工作是建设通用知识频道。当知识工程平台建成后，海量知识涌现在眼前。我们仿佛站在山顶，俯视着巨大的知识峡谷，于是，给平台起名为智谷。

智谷一期建设完成后，实现了知识共享，用户好评如潮。在二期，我们把频道建设扩大到二十多个专业领域和项目。同时，启动了NVH、内外饰和空调三个专业的知识场景化建设。当二期完成后，我们对知识工程有了十足信心，于是在三期，将知识工程的建设铺开到所有专业和项目，也开始建设所有专业的知识场景化。

在人工智能时代，我们进入了智谷四期，开始了知识智能化的探索，设想了知识图谱、大模型和智能工作台三条路线。知识智能化是将知识与大数据和人工智能等智能技术相结合，使对知识的应用具备思考、判断和决策的能力。在未知的世界里，我们匍匐前行，路漫漫其修远兮，吾将上下而求索。

智谷知识工程的建设得到了公司领导的大力支持和各个部门的通力协作；知网团队与长安IT团队一起，使得智谷平台得以呈现；知识工程团队的伙伴们克服了重重困难，实现了当初的梦想。在此，深深地感谢你们！

感谢张进华理事长为本书撰写序言。

建设智谷知识平台和撰写这本书都是一种尝试。我们是探索者、是学习者，由于水平有限，有些问题可能没有讲述清楚，甚至难免有错误，恳请读者朋友们指出，让我们一起讨论、共同成长，以便重印或再版时进行修订完善。

庞 剑

长安汽车股份有限公司首席专家

目 录
CONTENTS

序

前　言

第 1 章　研发知识工程概述

1.1　知识与知识的特征 ...002

1.1.1　知识 ...002

1.1.2　知识特征 ...003

1.1.3　数字化时代的知识特征 ...006

1.1.4　汽车研发知识的特征 ...009

1.2　知识管理与知识工程 ...013

1.2.1　知识管理 ...013

1.2.2　知识工程 ...014

1.2.3　知识工程与知识管理的区别 ...016

1.2.4　知识工程的重要性 ...017

1.3　汽车研发知识工程概览 ...018

1.3.1　知识工程与汽车研发的关系 ...018

1.3.2　汽车研发知识工程架构 ...018

1.3.3　知识的共享化 ...020

1.3.4　知识的场景化 ...022

1.3.5　知识的智能化 ...023

1.3.6　知识工程的运营 ...028

1.3.7　企业实践 ...030

1.4　本书的结构 ...040

第 2 章　汽车研发过程与知识的关系

2.1　研发 ...043

2.1.1　基础科学研究 ...044

2.1.2　先期技术研究 ...045

2.1.3　产品开发 ...046

2.1.4　研发三层次之间的关系 ...049

2.2　产品开发流程 ...050

2.2.1　产品开发流程概述 ...050

2.2.2　产品开发流程各阶段 ...052

2.3　研发与知识工程 ...056

2.3.1　研发与知识工程的关系 ...056

2.3.2　研发与知识工程的协同 ...058

2.4　数字化时代的迭代开发与知识工程 ...067

2.4.1　数字化时代的迭代敏捷开发 ...067

2.4.2　汽车开发中的快速迭代 ...072

2.4.3　汽车快速迭代开发中的知识工程 ...074

第 3 章　研发知识体系

3.1　研发知识体系概述 ...078

3.1.1　研发知识体系的概念 ...078

3.1.2　研发知识体系的价值 ...078

3.2　研发知识体系的构建 ...081

3.2.1　研发知识体系构建的原则 ...082

3.2.2　研发知识体系构建的维度 ...084

3.2.3　研发知识体系构建的步骤 ...091

3.3　企业知识体系构建实践 ...093

3.3.1　通用知识体系 ...094

3.3.2　项目知识体系 ...095

3.3.3　专业知识体系 ...097

3.3.4　辅助知识体系 ...098

3.4　研发知识体系可视化 ...102

3.4.1　知识结构树 ...103

3.4.2　知识标签 ...107

第 4 章　研发知识的获取

4.1　显性知识和隐性知识 ...111

4.1.1　显性知识 ...112

4.1.2　隐性知识 ...115

4.1.3　显性知识和隐性知识的关系 ...117

4.2　汽车研发知识存在的问题及解决措施 ...119

4.2.1　汽车研发知识存在的问题 ...120

4.2.2　汽车研发知识问题的解决措施 ...124

4.2.3　企业实践 ...126

4.3　显性知识的获取、清理及实践 ...128

4.3.1　显性知识的获取 ...128

4.3.2　显性知识的清理 ...130

4.3.3　企业显性研发知识清理实践 ...131

4.4　隐性知识的获取 ...134

4.4.1　隐性知识获取概述 ...134

4.4.2　圈子 ...135

4.4.3　AAR ...139

4.4.4　复盘 ...142

4.4.5　案例萃取 ...146

第 5 章　研发知识共享化

5.1　知识共享概述 ...152

5.1.1　知识共享的概念 ...152

5.1.2　知识共享的价值 ...153

5.1.3　知识共享的方法和场景 ...155

5.2　研发知识共享平台 ...156

5.2.1　建设研发知识共享平台的意义 ...157

5.2.2　研发知识共享平台的架构 ...158

5.2.3　企业实践 ...160

5.3 研发知识共享平台共享内容与方式 …165
5.3.1 研发知识共享平台共享内容 …165
5.3.2 研发知识共享平台知识共享方式 …172

5.4 研发知识共享机制 …177
5.4.1 研发知识共享类型 …177
5.4.2 研发知识共享范围 …179
5.4.3 研发知识上传机制 …181
5.4.4 研发知识下载和借阅 …182

第 6 章 研发知识场景化

6.1 从共享化到场景化 …184
6.1.1 知识共享化的局限性 …185
6.1.2 知识场景化 …190

6.2 知识虚拟场景化 …192
6.2.1 知识地图 …192
6.2.2 虚拟场景推送 …194
6.2.3 实践社区 …196

6.3 业务场景化应用 …198
6.3.1 知识伴随业务 …198
6.3.2 智能问答 …201
6.3.3 智能推送 …203

第 7 章 知识工程智能化

7.1 智能时代与知识工程的发展 …206
7.1.1 智能时代下知识工程技术概览 …206
7.1.2 智能时代知识工程发展形式 …209

7.2 研发智能工作台 …210
7.2.1 研发智能工作台定义及架构 …210
7.2.2 研发流程与工作包 …211
7.2.3 智能工作台的数字化工具 …213

7.3 知识图谱 …214
7.3.1 知识图谱的定义 …214
7.3.2 知识图谱构建 …216
7.3.3 知识图谱应用 …226
7.3.4 知识图谱发展趋势 …229

7.4 智能语言模型 …229
7.4.1 智能语言模型的定义 …229
7.4.2 生成式语言模型的构建 …233
7.4.3 智能语言模型的应用 …234

第 8 章 数字化研发知识工程

8.1 概述 …238
8.1.1 数字化研发知识工程定义与内容 …238
8.1.2 数字化研发知识工程的特点 …239
8.1.3 数字化研发知识工程的关键技术 …240
8.1.4 数字化研发知识工程的发展前景 …241
8.1.5 数字化研发知识工程的优势 …242

8.2 共享化知识工程 …243
8.2.1 共享化知识工程的定义 …243
8.2.2 共享化知识工程的关键步骤 …244

8.3 场景化知识工程 …261
8.3.1 场景化知识工程的定义 …261

8.3.2 场景化知识工程的技术体系 ...262

8.4 企业数字化研发知识工程实践 ...271

8.4.1 知识的获取 ...273

8.4.2 知识的存储 ...274

8.4.3 知识的应用 ...276

第9章 研发知识运营

9.1 知识运营 ...289

9.1.1 了解知识运营 ...289

9.1.2 知识运营的特点 ...290

9.1.3 知识运营的四大环节 ...291

9.1.4 知识运营的重要性 ...292

9.1.5 知识运营的组织和角色 ...294

9.2 内容运营 ...296

9.2.1 内容运营的内涵 ...296

9.2.2 内容质量的判断 ...298

9.2.3 内容运营的五大步骤与三类人群 ...298

9.2.4 内容的组织和流通 ...302

9.2.5 企业实践 ...305

9.3 活动运营 ...309

9.3.1 活动运营的目的及任务 ...309

9.3.2 活动运营的类型 ...312

9.3.3 活动运营的方法及流程 ...313

9.3.4 企业实践 ...316

9.4 用户运营 ...318

9.4.1 用户运营的内涵 ...318

9.4.2 用户运营的价值 ...318

9.4.3 用户运营的模型 ...320

9.4.4 用户运营的三大关键点 ...325

9.4.5 企业实践 ...327

参 考 文 献 ...333

Chapter One

第 1 章
研发知识工程概述

知识是人类探索物质世界和精神世界之后，获取的经验、技能、信息、认知等的总和，是人们对客观世界的规律性认识。按照不同的维度和视角，知识有许多不同的分类方式。从认知和获取方式的角度，知识分为隐性知识和显性知识；从企业知识产生和来源的角度，分为内部知识和外部知识；从产品研发时效特征的角度，分为实时知识和过时知识。

知识管理是对知识、知识创造过程和知识的应用进行规划和管理的活动，而知识工程是应用信息化、智能化等技术来规划、管理和应用知识的活动。知识工程与知识管理都是以知识为处理对象，但是二者有很大的差别。这种差别不仅体现在知识的获取、存储和共享方面，更体现在知识伴随和知识智能方面，这正是知识工程所独有的。知识工程侧重于用信息化和智能化技术来处理知识，强调知识的应用。

汽车研发是一项高度复杂和要求严格的工作，涉及一个庞大而多样的知识体系。汽车研发知识工程将知识与研发活动紧密协同，一方面帮助研发团队有效地获取、组织和利用各种知识资源；另一方面促进研发过程中产生的知识沉淀到知识平台，并反哺未来的研发活动。知识工程形成"知识从研发中沉淀固化，知识到研发中应用"的良性循环，实现知识与产品研发相互伴随，以推动创新，提高研发工作的效率和质量。

1.1 知识与知识的特征

1.1.1 知识

1. 知识的定义

知识的定义有很多种类,下面列出几种权威标准、学者和网络对知识的定义。

1)GB/T 23703.1—2009《知识管理 第1部分:框架》中对知识的定义:"知识是通过学习、实践或探索所获得的认知、判断或技能。"

2)最早提出知识工程概念的学者,美国斯坦福大学计算机科学家爱德华·费根鲍姆(Edward Feigenbaum)教授对知识的定义:"知识不是天然形成的,而是经过加工、处理、筛选、总结而成的。"

3)柏拉图对知识的定义:"一条陈述能称得上是知识必须满足三个条件,它一定是被验证过的,正确的,而且是被人们相信的。"

4)英国著名的社会学家巴兹尔·伯恩斯坦(Basil Bernstein)对知识的定义:"知识内部是通过各种关系紧密联系的总和,不是孤立存在的。"

5)百度百科对知识的定义:"知识是人类在实践中认识世界(包括人类自身)的成果,它包括对事实、信息的描述或在教育和实践中获得的技能。知识是人类从各个途径中获得的经过提升总结与精练的系统的认识。"

从这些论述来看,知识是人类探索物质世界和精神世界之后,获取的经验、技能、信息、认知等的总和,是人们对客观世界的规律性认识。知识不是天然形成的,只有经过人们的实践之后,提炼和整理出来的认知才是知识。

知识只有用于改变人类的行动时才有用,正如英国著名哲学家弗朗西斯·培根(Francis Bacon)所说的"知识就是力量",因此,知识、物质和能源成为人类社会的三大资源。

2. 知识的分类

知识的分类没有统一标准,从不同的维度和视角,知识有不同的分类方式。从知识内容的角度,亚里士多德(公元前384—公元前322年)将知识分为理论知识、实践知识和生产知识三类。从来源的角度,罗素(1872—1970年)将知识分为直接经验、间接经验和内省经验三类。从加工方式的角度,知识可分为实物类、数据类、信息类、模式类和技术类。

从认知论和认知心理学的角度来看,知识可以分为隐性知识(Tacit Knowledge)和显性知识(Explicit Knowledge)。从知识是否在一个组织内部产生的角度,知识可以分为内部知识和外部知识。从知识是否正在被一个组织或一个项目视为机密的角度，知识可以分为实时知识和过时知识。从产品研发的角度，知识可分为通用知识、专业知识和产品知识。这四种分类方式与研发知识工程密切相关，也是本书主要采纳的知识分类方式。

从人们认知和获取知识的方式来看，显性知识和隐性知识的分类为人类知识活动提供了基础。显性知识是指可以表达的、可确知的、有物质载体的知识。典型的显性知识主要指以专利、论文、期刊、软件、数据库、教科书、视频等形式存在的知识。隐性知识是指没有用言语和文字表达出来，存在于个人大脑中的知识；是没有被挖掘和整理出来，但存在于组织内部的知识。存储在个人大脑中的知识包括经验、直觉以及洞察力。它传播困难，不易被人所认识，不易被其他人所理解和掌握。一个组织能否充分挖掘隐性知识并让它显性化是该组织成功的关键。组织可通过头脑风暴、知识共享、培训、协助工作等方式，让深藏在大脑中和组织内部的隐性知识显性化，进而转化为组织的生产力。

从企业管理和产品开发的角度，知识的产生和来源很重要，所以有内部知识和外部知识之分。内部知识是指企业内部产生的独有的知识，如内部标准、规范、专利、指标体系、数据库等。外部知识是指从外部渠道获取的知识，如论文、行业动态、国家法规等。这种知识分类方式主要影响企业的知识管理和运营。有些通用内部知识可以让全员共享，而有些涉及企业秘密的内部知识只能在一定范围内共享。外部知识来源广，大多数外部知识是公开的，可以对所有人共享；少部分是通过知识产品购买的，只会在一定范围内共享。

从产品研发的时效特征角度，产品与时间相关，因此研发知识可以分为实时知识和过时知识。实时知识是指正在研发的产品和课题所产生的新知识，如新车型的造型、新技术等。这些知识属于企业秘密，甚至是机密，如新车型的造型就是企业高度保密的知识。过时知识是指产品和课题完成后被解密的知识。一旦一款新车公开发布，原来属于机密的造型就解密了，造型就是过时知识，成为公开知识。

从研发知识管理的角度，为了让研发知识更加清晰，知识分为通用知识、专业知识和产品知识。通用知识是指所有研发人员都可以查阅到和使用的知识，如开发流程、规范等。专业知识是指各个专业领域和学科内的知识，如自动驾驶领域的知识、智能座舱领域的知识，满足不同专业工程师的需求。产品知识是指按照产品品牌分类的知识，如长安起源Q07的知识、阿维塔11的知识等。按车型分类的产品知识对于实现协同开发、提升研发效率具有关键作用。

1.1.2 知识特征

知识是人类实践经验和生活智慧的总结，是人们对事物的理解和对规律的把握。

知识的种类很多，包括社会知识、科学知识等。知识有很多特征，比较明显的特征包括知识的可表达性、隐蔽性、普遍性与相对正确性、可验证性、可传播性与共享性、演进性和价值性。

1. 可表达性

显性知识是可以表达的，以语言、文字、图形、音频、视频等方式呈现出来。显性知识存储在载体上，如书本、杂志、录像带、计算机等，而这些载体存放在图书馆、知识平台、家庭书房等。知识的可表达性和植入载体的形式是知识共享和传播的基础。

2. 隐蔽性

知识的隐蔽性包括隐性知识的隐藏和对未知世界认知的缺乏。隐性知识隐藏于个人大脑中，如果不被挖掘出来，知识就被隐藏了。在自然世界里，有很多事物的机理人类还不知道，只有当人类探索并揭开了未知世界的面纱时，隐藏的知识才显现出来。例如，在牛顿定律发现之前，力与质量和加速度的关系一直存在着、被隐藏着；当牛顿定律出现后，这些知识就被世人所知。人类的发展是不断探索世界和认识世界的过程，很多隐藏的知识会不断被发现。这些隐蔽的知识一旦被人们发现，再经过整理、归纳、总结，就变成了显性知识。

3. 普遍性与相对正确性

知识是普遍存在的，可以说人类生活在知识的汪洋大海之中。知识的存在不受时间、空间、人种、信仰等的限制，人们可以通过不同的方式获取知识，而知识广泛地影响着人们的生活、思维和行动。

知识都是在一定条件下产生的，具备相对正确性。例如，牛顿定律被普遍认为是准确的，为科学的发展和人们更好地认识世界奠定了基础，即这些定律不仅正确，而且可以认为是真理。但是，到了宇宙空间，牛顿定律就面临挑战，爱因斯坦的相对论取代了牛顿定律。在低速世界里，牛顿定律是相对正确的，但是到了高速世界里，它就不正确了。再比如，哥白尼的地心说在某个时期是正确的，但是随着天文观测技术的发展，地心说被推翻，日心说取而代之。

4. 可验证性

知识具备相对正确的特征，但是知识只有在被验证之后，才能被视为知识，否则就是伪知识。例如，爱因斯坦于1915年提出的广义相对论颠覆了人类对时间与空间关系的认识。爱因斯坦只是提出了设想并推导了理论公式来证明这个设想，但是对很多人来说，这是天方夜谭。直到1919年，科学家通过对日全食的观测，证实了广义相对论的正确性。之后，广义相对论成为被世人接受的知识。2016年，科学家们探测到引力波，进一步验证了广义相对论的正确性。迄今为止，广义相对论是绝对正确的知识。再例如，中国古人提出的二十四节气是劳动人民千年经验的总结，虽然这个知识没有理论推导，但是它已被人类几千年的生活和生产所验证。

如果知识不能被试验验证，那么它可能是伪知识。例如公元前300多年，古希腊哲学家亚里士多德认为质量大的物体比质量小的物体下落更快，这个"知识"存在了上千年，直到16世纪，伽利略在比萨斜塔做试验，发现物体下降速度与质量没有关系，才推翻了这个存在一千多年的伪知识。

5. 可传播性与共享性

知识可以从一个人传播给另一个人，从一个地方传播到另一个地方。传统的传播是通过书籍、学校、培训来实现的，而现代社会的知识传播方式更多样，增加了自媒体、网络、手机等方式。知识的传播不受时间和空间的限制，比如世界各地的人可以在同一时间或不同时间学习同一门网课。

物质与能量消耗了，就会减少。但是知识被别人使用了，却没有减少，即知识具备非消耗性。通过传播，知识可以被很多人共享。知识的共享进一步促进了知识的传播。

6. 演进性

知识从来都不是一成不变的，而是随着时间不断地演进。人们对客观世界的探索欲望、学科与技术的发展、生产力的提升、产业变革等因素，都是知识演进的动力。

下面以科学知识为例来讲述知识的演进性。科学家都是站在巨人的肩膀上推动科学的发展，空气声学的发展就是一个知识演进的例子。古希腊哲学家和科学家阿基米德发现了浮力原理，伯努利和欧拉在此基础上创建了流体力学，拉格朗日、普朗特、雷诺等科学巨匠推动了这个领域的发展，从而诞生了空气动力学、水动力学、渗流力学、多相流体力学等多个学科。在研究空气运动产生的声音时，詹姆斯·莱特希尔（James Lighthill）将声学理论与流体力学结合，创立了空气声学。

知识在不断地演进，每一个演进环节都是在上一个环节的基础上向前发展，并在发展的过程中又产生新的知识。

7. 价值性

知识是有价值的，其价值判断标准在于它的实用性。知识是个体或组织的劳动产物，创造者拥有知识的产权，可以对产权进行交易并获取经济回报，比如专利的转让。华为每年通过专利转让可获得几十亿美元的收益。读者通过购买书籍、论文、网课等让作者、授课人获得经济收益。这些知识的转让不仅让知识的创造者获取了经济收益,而且给知识的购买者带来巨大的好处。

很多公开的知识不存在知识产权的转让,但是也能够给社会带来巨大价值。例如,牛顿定律是很多科学领域的基础,对推动科学发展起到了重要作用;马斯克公开特斯拉的专利之后,让电动汽车产业突飞猛进地发展。人们通过学习知识,提升了对世界的认知、掌握了生存的技能、设计出某个产品等,这些对个人成长和社会发展意义重大。

1.1.3 数字化时代的知识特征

人类在经历了农业社会、工业社会之后,就步入了信息社会。在后信息社会里,人类迎来了数字化时代。数字化时代的一个标志性事件是互联网的诞生。

1989年3月,欧洲强子中心科学家蒂姆·伯纳斯-李博士(Tim Berners-Lee)把欧洲原子核研究中心(CERN)内部各个实验室的计算机连接起来,形成了一个网络,实现了HTTP代理与服务器的通信。在内部成功之后,这个系统迅速扩展到全世界,从此,诞生了一个联通全球的数字化产业,即互联网产业。万维网的发展把人类带入了一个全面的数字化时代。在数字化时代,互联网技术与通信技术互相推动,信息传递的方式由模拟信号变为数字信号,如数字移动通信技术(如4G/5G),信息传递的容量呈现指数级增加。

1996年,美国麻省理工学院教授尼古拉斯·尼葛洛庞帝(Nicholas Negroponte)在《数字化生存》一书中最早提出了数字化时代的概念。这本书介绍了数字化给人类工作和生活带来的冲击,以及面对冲击的思考。

在数字化时代,人类的信息是从生产者到消费者和从消费者到生产者双向传递的,即知识的传递是双向的。个体间交互的知识成为时代知识的主流信息资源,导致这个时代的知识存在以下新的特征:碎片化、隐形化、低质化、快餐化、集成化、敏捷化,如图1-1所示。

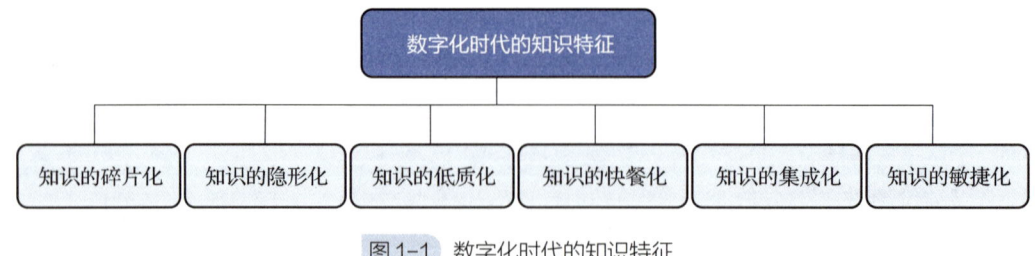

图1-1 数字化时代的知识特征

1. 知识的碎片化

知识的碎片化是数字化时代知识最显著的特征。在数字化时代,整个知识链条上的三个关键环节，即知识的产生、知识的传播、知识的获得，都呈现出碎片化的特征。

随着移动互联网的发展，传统的门户网站收集、整理、分发知识的方式，逐渐被用户间的交互取代。任何人都生产知识，例如可以做短视频、写文章，而绝大多数这类知识都是碎片化的。

知识传递过程也呈现出逐渐碎片化的特征。在进入数字化时代前，知识的传递主要依靠图书馆、书店、报刊和电视等。进入数字化时代后，每个人都可以参与到知识传递中，例如截取视频的一部分，通过微信群发给朋友，这导致知识的传递更加碎片化。

获得知识的过程也是碎片化的。在现代社会中，人们十分忙碌，事务繁多，因此，人们通常利用碎片化的时间来学习和接收信息，这导致很难接收到全面而系统性的知识。另外，受获取知识的目的性牵引，为了按需获得知识，人们便快速地寻找相应的知识，例如到互联网上搜索，这样获取的知识也是碎片化的。

碎片化的知识存在三个严重的问题。第一，碎片化的知识无法帮助人们对事物建立一个系统化的认识；第二，知识会占据宝贵的大脑空间，同时甄别知识的真伪与价值需要耗费大量的时间，并影响对新知识的吸收；第三，碎片化导致知识会被断章取义，形成片面观点，这会影响人们对事物的判断。

2. 知识的隐形化

显性知识存储于线上或线下空间的载体中，如书籍、报告、期刊、互联网网页、App等，易于共享。而隐性知识内嵌在人脑当中，带有较强的主观意识。对同一个客观事件，人们的看法千差万别，因此，在大脑中形成的隐性知识也是千差万别的。对一些难以客观描述的东西，隐性知识的传播就更加困难。

在数字化时代，知识虽然更易于显性化，但是知识的细节通常被隐藏，因此，人们获得的很多知识是表象的和片面化的。隐性知识显性化的过程被主观加工过，导致呈现出来的知识不完整、不客观。在数字化时代海量知识的面前，新知识不断涌现，同时知识更新迭代周期非常短，人们没有时间和精力去追寻知识背后的细节，往往仅仅获取知识的表面信息。当核心的知识或者认知都被隐藏时，表象的和片面的知识可能导致个体对知识的获取和对社会的认知出现偏差。

3. 知识的低质化

知识的低质化是由知识的生产者良莠不齐和知识分发渠道混乱导致的。知识的碎片化和隐形化也是导致知识低质化的内在原因。

知识生产者的知识结构、背景和观察社会的角度不同，导致所生产的知识良莠不齐。数字化时代，每个人都可能是知识的生产者，那么知识水平低和认知低的人生产出来的知识通常是低质量和低水平的。一部分人对知识的要求也是低质化的，他们只寻找表面的、能够给他们带来短期满足的东西。布热津斯基提出的著名的"奶头乐理论"针对的就是这样的人群，采取娱乐化、低质化、游戏化等低成本的方法就能够让他们获取刺激性的快乐。

在知识的传播渠道上，由于互联网的普及，资讯收集的方便与快捷让人们很容易从各种渠道获取低质化的知识。如果长期接受低质信息，人们会放弃思考，很容易被一些观点洗脑，逐渐失去向上追求的精神和创新的动力。

4. 知识的快餐化

本质上而言，快餐文化是只求速度不求实质的一种现象，比如只看摘要不看全文、只看名著精简版而不看原版。在现代快节奏生活中，人们对知识的获取也呈现出快餐化特征，即倾向于快速获取容易理解的知识。很多网红专家、网红科学家通过短视频、今日头条等渠道，将高深的专业知识用通俗易懂、便于理解的形式传递给大众，让人们快速了解到科普化的知识。这种获取知识和传播知识的方法门槛低，更能迎合大众的口味。

然而，知识快餐化有明显的缺点。快餐式的知识可能会影响人们对知识的认知和理解，因为它往往只提供了表面的信息，而缺乏详细内容和深度分析，这可能会导致人们无法深度理解知识，影响他们对事物的认识。

5. 知识的集成化

集成化是一种组合或者叠加的过程，但是简单地组合或者叠加并不能称作集成化。集成化基于规则或者逻辑展开并最终形成一个系统，知识的集成化本质上是知识系统化的过程。系统是指相互关联和相互依存的部件组成的一个集合体，而且具备某种特殊的功能。系统化的知识逻辑严密，具有一定基准，如教材、专著等；而单一的知识点可能存在逻辑漏洞。

集成化的知识更容易得到传承。个人的实践活动创造了很多碎片化的知识，但是它们难以传承。碎片化的知识只有经过加工，形成集成化的知识，才容易传承。因此，在数字化时代，大量碎片化和快餐化的知识需要被整理成集成化和系统化的知识，找到知识内部自身本质规律，才能形成有系统、带框架的、信息管理有序的"大脑"。这样的知识才有价值。

6. 知识的敏捷化

敏捷性是指当外部条件变化时，系统或个体展示出的应对变化的能力。敏捷性具有正向、积极的意义。当应对变化的能力较强时，系统或个体就展示出良好的敏捷性。知识的敏捷性表现在知识传播的敏捷性和知识生产的敏捷性两个方面。

知识传播是指在特定的社会环境中，借助某些媒体，向人们传播特定的知识，并达到一定效果的社会活动过程。在数字化时代，随着互联网技术的发展，知识传播的速率不断提升。人们通过抖音、哔哩哔哩、今日头条等自媒体平台随时直播，再通过各种社交 App 转载，顷刻间把信息、新闻、知识传播到世界的每个角落。在这种"快"的时代，知识传播的敏捷性尤为重要。如果抓不住传播时间点，新闻就会变成"旧闻"，有价值的知识会变得一文不值。

在这个瞬息万变的时代，知识生产必须敏捷地与社会需求的快速变化相对应。在数字化时代，人们获取知识和信息的渠道很多，而且很快。知识生产者必须面对市场和竞争，快速地生产出有影响力或有竞争力的知识，才能给用户带来价值，让他们成为平台的忠实用户。

相比人类社会发展的其他阶段，敏捷性成了知识在数字化时代最突出的优点。一方面，知识的敏捷性具有积极的作用，可以使知识通过升级迭代来体现和提升其价值；另一方面，敏捷性会带来知识同质和模仿的问题，但同质和模仿又推动了新知识的生产。因此，知识的敏捷性在推动时代进步方面体现出积极的作用。

在以上六个特征中，除集成化和敏捷化这两项特征展示出数字化时代知识的正向价值外，其他四个特征都展示出其负面价值。

基于研发工作的目的性和组织性，研发知识必须充分发挥数字化时代知识特征的正向价值，即充分发挥集成化和敏捷化的特征，采用正确的研发知识和方法论来指导机构或企业的研发工作。在研发体系和管理上，要采取措施来消除负面价值，例如将碎片化的知识变成系统化和整体化的知识，将隐性知识显性化；对低质化的知识，取其精华、弃其糟粕，逐渐浓缩形成高质量的实践认知；将快餐化知识提升为有长久价值的知识。这样，研发知识不仅仅是系统性、整体性、收敛性和持续性的，而且还具备敏捷化的特征。

1.1.4　汽车研发知识的特征

研发是研究和开发的合称，一般指产品和科学技术的研究与开发。科学研究是通过分析和 / 或试验来探索和揭示未知事物内在的本质和规律，并提出新的理论和方法。产品开发是使用成熟的理论、技术和方法来研制可以批量生产的产品，用于满足社会和用户的需求。

汽车研发分为基础科学研究、先期技术研究和产品开发三个层次。基础科学研究是研发的第一层次，是研究问题规律、知识和方法的基础，为先进技术（或先期技术）研究提供了坚实的支撑。即基础科学是技术的源泉。先期技术研究是研发的第二个层次，是在基础科学研究的基础上，探索如何将基础研究成果转化为产品开发。它是在产品项目启动前期进行的技术研究和探索，为产品开发确定技术方向和技术路线。产品开发是研发的第三个层次，其核心是以客户为中心，目标为导向，满足市场需求，提供产品。它是将基础科学理论和先期技术研究成果转化为实际产品的关键阶段。

汽车制造业既是一个劳动密集型行业，又是一个技术密集型行业。汽车研发作为汽车制造业的核心环节，是整个行业里知识最密集的领域。汽车研发知识的主要特征有多学科交叉、知识分散、更新速度快、可复用，如图1-2所示。

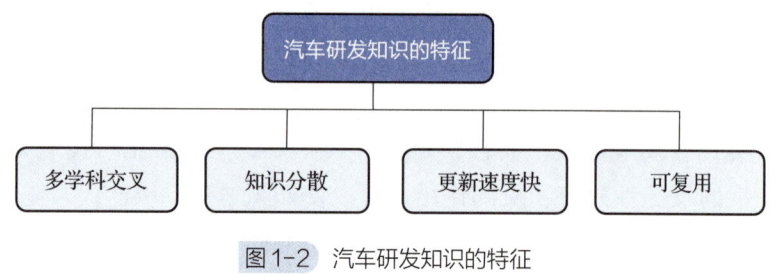

图1-2 汽车研发知识的特征

1. 多学科交叉

汽车研发是一个复杂的系统工程，从大的学科上来看，涉及工程、技术、科学、人文、艺术、商业、法规、信息化、人工智能等领域。仅从工程开发的角度来看，不仅需要造型、自动驾驶、智能座舱、动力、底盘、车身、内外饰、仿真、试验、项目管理等多个专业部门的相互协作，还涉及机械、力学、材料、软件、电子、控制等数十个专业学科知识的交叉应用。

一款全新汽车产品的研发周期为2~3年，包含方案策划、概念开发、工程设计、样车试验和投产上市五个阶段，如图1-3所示，研发团队数百人。在每个阶段，很多工作都是由跨团队的人在一起完成的，需要大量交叉知识。例如，在最初的市场调查阶段，不仅需要市场部门的人文知识和市场知识，还需要造型部门的设计知识、性能部门的碰撞安全知识、操控性知识、声学振动知识等，不同部门的人员将他们的知识综合用于调研，才能产生一个真正反映市场和用户需求的调研报告。

一个工程师在做某个部件的设计、分析或试验时，需要多学科的交叉知识。例如，一个车身工程师在设计车身时，他需要按照流程的里程碑来推进进度，这就需要开发流程、法规、标准等通用知识；车身涉及碰撞安全、噪声振动、材料等性能，就必须用到相应的专业知识；车身与底盘、动力、内饰等系统连接，工程师必须了解这些系统的知识和开发状态，即项目知识。一个工程师的一项工作集成了通用知识、专业知识和项目知识，如图1-4所示。

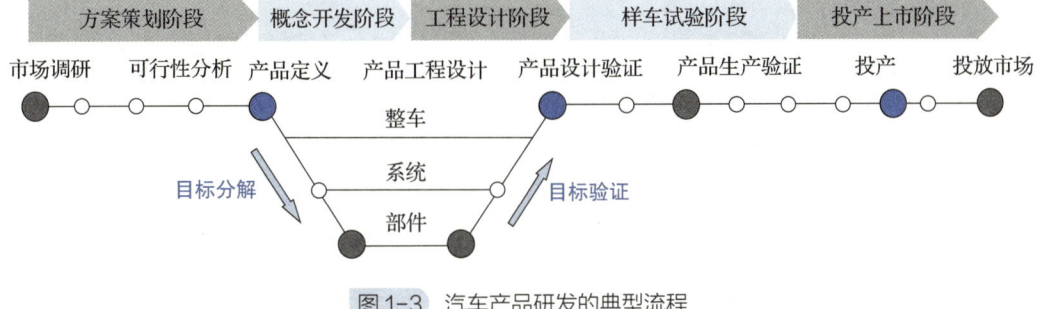

图1-3 汽车产品研发的典型流程

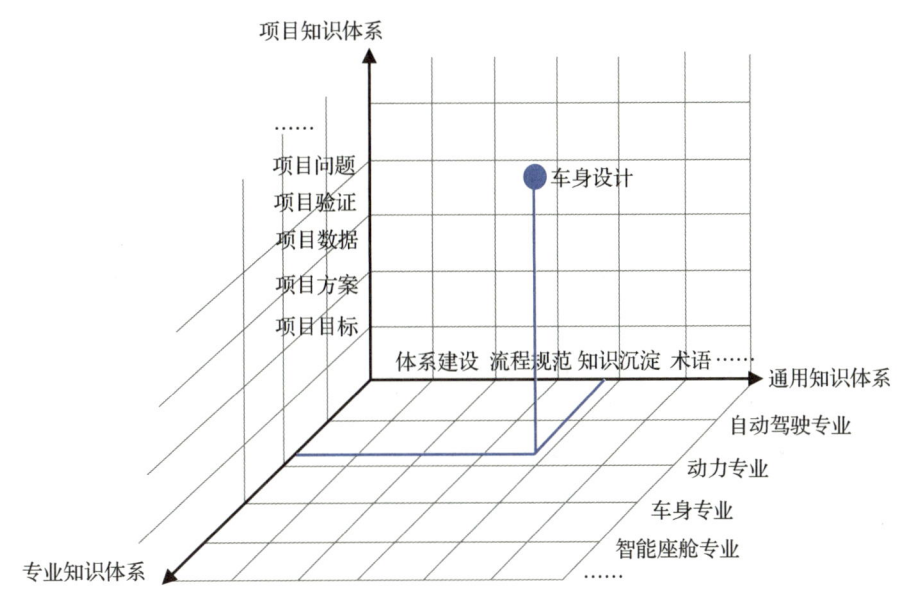

图1-4 汽车产品研发工作的知识交叉

在智能化、电动化、轻量化时代,多学科交叉已经越来越凸显。人工智能、电子控制、软件、电化学等领域知识源源不断地涌入汽车研发知识系统中,使得汽车涉及的知识领域越来越多,知识交叉的维度越来越多。

2. 知识分散

汽车企业通常是大型跨国企业,研发部门分散在全球各地,研发工作需要多部门的协作,这导致了知识分散。

地理的阻隔使知识分散在不同地区,另外,跨地区的沟通和知识共享难度大,更加剧了知识分散的状态。汽车公司内有很多部门,如市场部、质量部、研发中心等,即便是研发中心内部也有很多部门,如车身部、动力部、智能化部等。很多部门都有自己的信息化系统,只有本部门的人员才有权限访问本部门系统,这就导致部门之间的知识分散。

主观形成的人为壁垒也是知识分散的一个重要原因。在汽车研发过程中，可能会出现业务冲突，部门或个人为了扩大自己的影响力，可能人为地保护自身的"知识产权"，不愿意与其他部门或同事分享知识，因而形成部门壁垒。

企业文化对知识分散也有不可忽视的影响。知识的归纳、整理、总结，都需要投入人力、物力来开展。如果企业不重视知识管理，缺乏有效的管理机制和统一的平台工具，工程师们会对知识整理和分享感到无所适从。久而久之，知识只会停留在工程师和专家们的大脑里，很容易随着人才的离职而流失。

知识分散造成知识难以共享，妨碍了知识利用的最大化。这样，不仅增加了汽车研发的成本，还降低了协作效率，不利于企业的发展。

3. 更新速度快

在市场竞争日趋激烈和用户需求越来越多元化的趋势下，汽车研发知识的更新速度越来越快。一方面，随着基础科学的发展，新技术在不断涌现，如自动驾驶、智能座舱、燃料电池等，因此，企业必须主动拥抱这些新技术，以提高产品竞争力；另一方面，汽车产品开发周期不断被缩短，因此，汽车企业快速推出新结构、新车型，抢先占领市场。在这个过程中，就会不断有旧的知识被淘汰，新的知识被吸收。

随着汽车电动化和智能化的发展，汽车研发知识的更新速度只会越来越快。以汽车钥匙为例，钥匙的相关技术一直在不断发展，从机械钥匙到射频钥匙，再到近些年出现的蓝牙、近场通信（NFC）、超宽带（UWB）等通信形式的数字钥匙。今天，技术变革层出不穷，汽车研发知识必须快速更新迭代，以适应节奏越来越快的技术更新。

4. 可复用

随着市场竞争越来越激烈，汽车产品更新换代的节奏也越来越快。企业不得不采取措施来提高研发效率、降低研发成本，其中一个最有效的措施就是产品平台化开发，而平台化开发的最大特征就是知识的复用性。

平台化开发是从一个基本结构衍生出系列产品/产品族，并通过零部件的通用化、标准化、系列化，来实现系统的结构模块化，达到降本增效的目的。基于平台化开发的思路，上一代产品开发过程中产生的很多知识可以直接复用到下一代产品中；基于同一个平台开发的其他车型可以复用成功车型已经使用过的知识。

1.2 知识管理与知识工程

1.2.1 知识管理

我国知识管理国家标准 GB/T 23703.1—2009《知识管理 第1部分：框架》对知识管理（Knowledge Management，KM）的定义是"对知识、知识创造过程和知识的应用进行规划和管理的活动"。该标准把知识管理活动分成六个环节，即鉴别知识、创造知识、获取知识、存储知识、共享知识和使用知识。为了保证这六个环节的运行，必须配以三个要素，即技术设施、组织文化、组织结构与制度。这六个活动环节和三个组成要素构成了该知识管理国家标准里提出的知识管理概念模型，如图 1-5 所示。

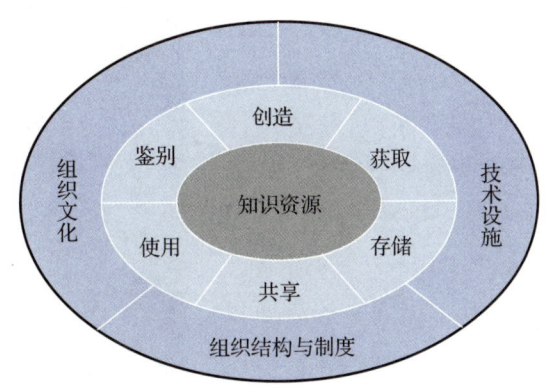

图 1-5 知识管理概念模型

知识鉴别是对知识需求的分析，包括现在需要的知识和未来需要的知识，为知识管理奠定一个构架。知识创造是人们在工作中创造出来新知识，例如对项目的总结，沉淀的专利、论文等。知识获取是从组织内部和外部获取所需要的显性知识，从人员大脑中挖掘出有价值的隐性知识。知识存储是将创新的知识、获取的知识存储到组织的数据库、服务器、知识平台等载体上。知识共享是指员工在存储知识的载体上，通过查询、搜索等方式获取所需要的知识。知识应用是将获取的知识应用到工作中，为组织创造出新的价值。

技术设施是指建立知识管理系统所需要的硬件和软件。存储知识的载体，如服务器、平台等属于硬件，而信息化技术、人工智能技术等属于软件范畴。组织文化是知识管理者、使用者共同形成的沟通与交流的环境和氛围，例如组织管理模式、知识管理的权限、对知识获取和知识创新的激励、对知识应用的奖励等。组织结构与制度包括知识管理的组织架构、制定的规章制度，以及知识获取、创新、应用等方面的流程、考核机制等。

综上所述,知识管理可以视为一个组织在知识鉴别、知识创造、知识获取、知识存储、知识共享和知识应用的过程中采取的一系列策略和方法。在一系列组织制度和特定文化氛围的基础上,应用信息化技术、智能化技术等来实现知识的创造、获取、存储、共享和应用。

知识管理的目的是让知识成为组织的资产,并让知识资产服务于组织的发展和价值的提升,让组织具备持续发展的能力,让员工便捷地获取知识并提高工作效率。

1.2.2 知识工程

1965年,美国斯坦福大学化学教授乔舒亚·莱德伯格(Joshua Lederberg)发现根据质谱仪数据可以排列出所有可能的分子结构,于是他找到了计算机教授爱德华·费根鲍姆(Edward FeigenBaum)(图1-6),期望用计算机来快速地排列所有可能的分子结构。1968年,他们的合作取得成功,开发出来一个用于判断物质分子结构的系统——DENDRAL。DENDRAL系统用分子结构数据库中的数据和计算机的逻辑推理运算模拟莱德伯格教授的工作,因此,它是一个专家系统。费根鲍姆不仅创建了世界上第一个专家系统,开辟了人工智能的新领域,而且拉开了知识工程的序幕。

图1-6 知识工程奠基人爱德华·费根鲍姆

费根鲍姆认为专家系统是一种在特定领域内具有专家水平解决问题能力的程序系统,包括知识库与推理引擎。它根据专家提供的知识和经验,用计算机来模拟专家的思维过程,进行推理和判断,从而解决问题。这个过程包含了知识和计算机,而计算机是在完成一项工程任务,因此他认为专家系统就是知识工程。于是,1977年,在麻省理工学院召开的第五届人工智能国际会议上,费根鲍姆教授提出了"知识工程"(Knowledge Engineering,KE)的概念。他提出的知识工程是一种以知识为基础的、用IT技术和智能软件建立的专家系统。他还指出知识工程由知识获取、知识表示和知识推理三大部分构成。

专家系统是知识工程初级阶段的产物。自从费根鲍姆提出知识工程的概念之后,这个领域迅速发展,不断产生出新的专家系统,有些开始了产业化应用。专家系统在商业上最成功的案例是美国DEC公司的专家配置系统——XCON。用户在订购 DEC 公司的计算机时，XCON 可以按照订单来自动配置零部件。1980—1986 年，XCON 处理了 8 万单订单，公司盈利达到 2000 万美元。

从 DENDRAL 到 XCON，从 20 世纪 60 年代到 20 世纪 90 年代，以专家系统为代表的知识工程是知识工程的第一阶段。这个阶段的特点是计算机技术与知识开始融合，但是规模较小。

20 世纪 80 年代中期之后，知识工程进入第二阶段，即大规模知识工程阶段，以大百科全书（CYC）系统为代表。斯坦福大学计算机科学教授道格·莱纳特（Doug Lenat）于 1984 年领导了 CYC 项目。该项目试图把现有的生活常识输入到一个巨型数据库中，该数据库包括 50 万条概念和 500 万条知识。在此基础上，采用计算机建立知识推理系统，来实现模拟人类思维和推理的模式。2006 年，CYC 免费对公众开放。另外，普林斯顿大学心理学教授开发的 WordNet 英语字典、中国第一部语义类词典《同义词词林》等词典都是第二阶段的产物。

2010 年之后，人类进入了大模型时代，知识工程也进入了大数据时代，这是知识工程的第三个阶段。这个阶段最著名的代表是谷歌 2012 年发布的知识图谱，它是在原维基百科的 Freebase 系统基础上发展而来的。基于知识图谱的谷歌搜索引擎的功能得到极大的提升。另外，IBM 的沃森（Watson）、微软的 Probase、百度的知心、搜狗的汪仔等都是知识工程的代表。这个阶段的特征是数据之间相互链接并形成一张巨大的链接数据网。

从上述知识工程的发展阶段来看，知识工程是一个建立在知识管理基础上的复杂系统学科，涉及知识管理、信息化技术、智能化技术等。在技术上，它涉及自然语言处理（Natural Language Processing，NLP）、智能搜索、智能推送等技术；在应用上，它涉及系统化的应用场景，如百科全书、研发知识系统；在管理方面，它涉及知识的获取、分类、存储、共享、伴随、智能等。知识工程是一个包含知识管理并使用大量人工智能技术的复杂工程体系，它们之间的关系如图 1-7 所示。

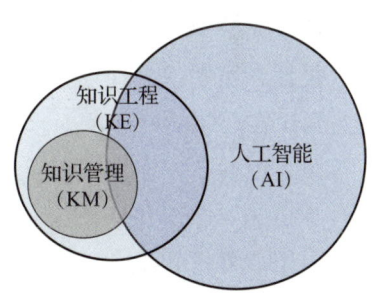

图 1-7　知识工程、知识管理与人工智能的关系

随着信息化和智能化技术的突飞猛进，知识工程也将飞速发展。知识工程将向动态化、多模态化、机理模型与大模型融合、多场景化方向发展。大数据时代的知识工程将从处理静态知识结构（如知识图谱）向处理动态知识结构（如事件图谱）转变。在以往的大数据处理中，文本数据占绝大多数，而以后非文本数据，如图片、视频、音频等的占比会逐步提升，因此，多模态数据将成为未来知识工程的主体。

机器学习虽然可以大批量地处理数据，但是无法解释系统的机理，导致知识工程中很多内容的可解释性不强。当引入规则或理论模型之后，知识工程中的很多东西就会具备更强的逻辑性，因此，知识处理方法将从机器学习向基于规则或理论模型与机器学习相结合的模式发展。另外，大数据时代的知识工程还会从典型应用场景到多应用场景发展。

1.2.3　知识工程与知识管理的区别

知识工程与知识管理都以知识为处理对象，但是二者有很大差别。这种差别不仅体现在知识的获取、存储和共享上，更体现在知识伴随和知识智能方面，而这正是知识工程所独有的。

在知识获取方面，知识工程比知识管理更加侧重于信息化和智能化技术，对获取的知识进行深度加工。例如，利用自然语言处理、文本分析等技术对原始知识进行清洗、分类、摘要和标注等处理，再添加标签、关键词或元数据，增强了知识的准确性、一致性和识别性；利用数据挖掘和文本挖掘技术来发现隐藏在知识资源中的潜在信息和规律。而知识管理主要是用信息化技术来获取和处理知识，很少涉及智能化技术。

在知识存储方面，知识工程采用智能化技术对知识进行处理。面对数据量巨大和类型多样的知识，知识工程采用全文数据库来存储，用自然语言处理技术中的切分词技术来分解知识，采用其他智能化技术来处理海量的非结构化、半结构化和结构化数据。而知识管理仅仅是将知识存储起来，不涉及后续的知识智能化应用，因此对知识在存储前处理较少。

在知识共享方面，知识工程有搜索、推荐、社群、场景化、知识地图、智能工作台等功能。知识共享是双向的，即用户可以主动地去搜索知识，知识平台也可以主动向用户推送知识。另外，用户还可以在预设的知识地图上，根据工作提示便捷地共享知识。而知识管理主要依靠搜索功能来实现共享，因此与知识工程相比，它的共享方式少很多，共享面也窄很多。

知识工程能够使知识与工作（如研发）相互伴随，能够智能化地将知识推送给用户，而且能够在特定场景下为用户精准地提供他们所需要的知识，而知识管理没有这样的功能。

在知识应用方面，知识工程适用于复杂系统的研发设计单位、高端产品的研发制造组织（如航空航天研发设计单位、汽车研发制造单位、大型船舶研制单位等）等，而知识管理更适用于普通脑力密集型组织。

综上所述，知识工程与知识管理的相同之处在于构建知识载体和对知识的管理方面，不同之处在于知识的智能处理和应用的广泛性和便捷性方面。知识管理将知识存储在一个载体上，用户可以通过查询、搜索等方式来寻找知识；它侧重于人，是人管理知识和人寻找知识的过程，属于管理范畴。知识工程是在知识管理的基础上，通过信息化和智能化技术将知识与人紧密联系起来，知识平台可以将知识自动推送给用户；它侧重于知识与信息的关联，是人和机器共同管理知识，是人寻找知识和机器向人推送知识并存，属于管理加技术范畴。

1.2.4 知识工程的重要性

在企业，尤其是大型制造业企业中，复杂产品的研发是企业的核心业务。而产品研发的每个阶段都需要大量的知识，如何获取和应用项目所需的知识？如何积累产生的知识并维护更新？如何基于现有的知识进行创新？为了应对这些问题，引入知识工程是大型企业不可回避的一项任务。事实上，引入知识工程，至少可以在三方面为企业带来明显的收益和便利。知识工程能够为企业提供复制力和创新力，对提高企业核心竞争力有重要意义。

第一，知识工程可以解决研发知识散落问题，保护企业的知识资产。为了克服研发知识散落和知识没有体系化的问题，企业通过构建知识平台，把各个部门的知识系统、部门服务器和个人计算机上的知识、各种隐性知识等都集中到平台上，让散落的知识成为集中的整体知识、碎片化知识成为集成知识。这些知识不会因为员工离职、组织机构变化而流失，使知识资产得以永久保留。

研发过程中，员工会生产很多知识，如设计图、论文、专利、报告、试验数据等。在研发过程中和研发结束后，这些知识会源源不断地输入到知识工程平台上，这些宝贵的企业知识资产因此得以保留。

第二，知识工程能够让企业员工实现知识共享。不仅知识散落会使知识共享无法实现，而且各个部门或项目的"信息孤岛"也会阻碍知识共享。在知识工程平台，所有员工根据权限不同，可以通过查看或搜索的方式获取到他们可以得到的知识，即共享平台上的知识。知识平台上嵌入的工具，如协同工具、智能推送、知识地图等，可以向员工推送知识，实现了知识找人。

知识共享是培训人才的重要途径。在知识平台上，员工能够便捷地获取培训课程、成功经验、失败案例、项目总结等知识，因此，他们不必独自摸索，重走前人的老路，甚至错路，这为他们节省了大量宝贵的时间；另外，他们站在巨人的肩膀上前进，能够更快速地成长。

第三，知识工程能够有效地支撑企业的产品开发与技术创新。通过信息化和智能化技术，知识工程平台将知识与研发环节和工作任务连接起来，把知识按照研发里程碑、专业领域和项目特点进行分类。知识工程平台采用知识检索、知识推送、知识社区和知识地图等方法将知识输出给研发项目，实现智能化的"知识找人"，对产品开发起到重要的支撑作用。

知识工程可以促进知识创新与产品创新。研发人员在使用了知识工程平台之后，一方面，可以从知识库中得到解决问题所需的知识（如经典案例、失败教训等），并将知识应用于产品开发；另一方面，可以掌握创新理论、规律，改变思维方法，由此产生出新的创意和方案。通过循环迭代，知识还能不断地完善，为企业积累知识资本，推动产品和技术的创新。

1.3 汽车研发知识工程概览

1.3.1 知识工程与汽车研发的关系

汽车研发是一项高度复杂且要求严格的工作，整个过程涉及一个庞大而多样的知识体系，包括造型、工程设计、性能开发与验证、人工智能、材料科学、生产工艺、项目管理等多个领域。特别是在汽车电动化和智能化的今天，自动驾驶、智能座舱、电池、线控底盘等都成为汽车开发的核心，这些技术使得汽车开发越来越复杂，同时使大量的新知识涌现出来，而这些知识相互交叉、实践性强、更新迭代快。如何对这些研发知识进行有效管理和再利用，高效地支持汽车研发活动，创造出更具竞争力、更符合市场需求的高品质汽车一直是困扰企业的难题。

在汽车研发过程中，知识工程与研发活动的紧密协同不仅可以帮助研发团队更有效地获取、组织和利用各种知识资源，还可以促进研发过程中产生知识沉淀，使隐性知识更快地显性化，并反哺未来的研发活动。这种协同形成"知识从研发中沉淀固化，知识到研发中应用"的良性循环，实现了知识对产品开发的伴随，推动了创新和产品开发，提高了研发工作的效率和质量。

1.3.2 汽车研发知识工程架构

汽车研发知识工程的目标是让知识与研发伴随，提升研发效率，实现技术创新。知识工程的愿景是实现知识、人与业务的智慧连接，用知识构筑能力，赋能员工，引领创新。基于这样的愿景，可以构筑汽车研发知识工程架构，架构包括知识体系、机制流程、组织、IT手段（知识工程平台）、知识运营五大部分，如图1-8所示。

在这个架构里，知识体系是知识工程的灵魂，也是知识在研发过程中发挥作用的根本。知识体系是把海量散落的知识，通过指向性明确的方法，系统地组合成一种知识架构。研发知识体系是企业根据不同需求，将研发过程中所积累的各种知识资源进行有序化的组合，涵盖了从基础研究到产品开发的所有方面。研发知识体系是研发能力的重要组成部分，对于企业提升研发效率、降低成本、增强创新能力具有重要意义。汽车知识体系可以从主体知识架构和辅助知识架构来构建。主体知识架构包含通用知识、项目知识和专业知识，辅助知识架构包含产品开发知识地图和主题知识专栏。

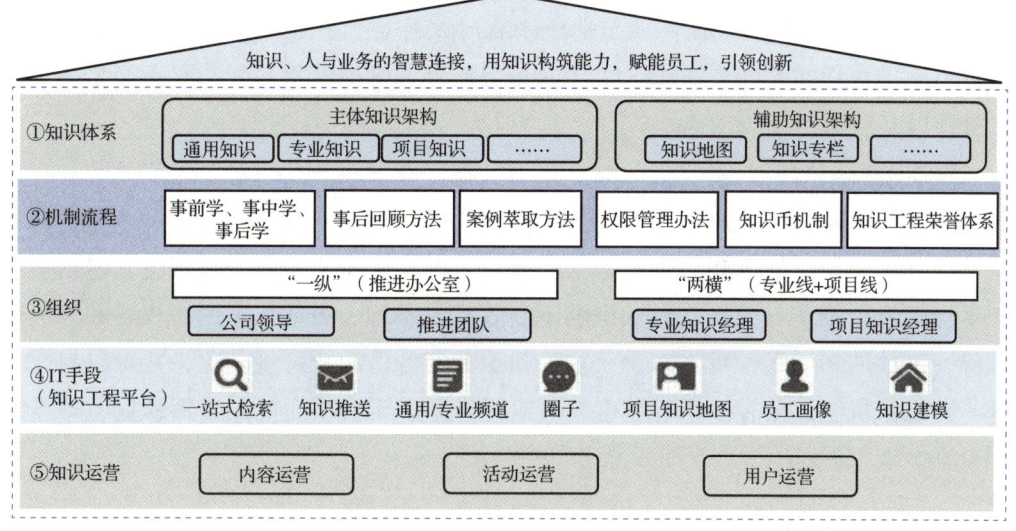

图1-8 汽车研发知识工程架构

流程机制能够保障知识与研发的互动。研发过程是伴随着知识应用和知识产出的过程，也是与知识工程相互协同运作的过程。这种协同需要靠流程机制来保障。一方面，工程师们应用已有的知识来帮助开发产品，解决产品问题，例如，流程中的"事前学"就是在产品开发初期，将知识平台的知识输入给项目组，让工程师们学习其他项目的经验。另一方面，他们将开发经验整理成案例、专利等，并存储到知识工程系统中，例如，流程中的"事后学"就是项目完成后，工程师们将总结的经验、专利等沉淀到知识平台上。所以，流程机制是一个知识工程对研发进行知识输入和研发成果沉淀于知识工程的过程。

组织保障对知识工程的规划与发展起到决定性作用。知识工程能够在研发过程中高效协同的前提是公司各层人员对其在研发过程中的重要性具有高度统一的认知。组织层面自上而下的支持与引导、由内而外的衔接与互动是促使整个协同过程畅通运转的关键。因此，在企业知识工程规划与管理上，组织保障体系须优先形成。以长安汽车知识工程组织保障架构为例，其分上中下三层，上层设领导小组，中层设推进办公室，下层设业务团队，各层的分工及作用参见第 2 章 2.3.2.3 节。在研发知识工程建设中，专业知识经理负责专业领域知识频道的建设，项目知识经理负责项目知识频道的建设。

信息化与数字化是指使用现代化的信息化和数字化工具来实现知识平台所需的各种功能，并提升研发效率和创新能力。它是知识工程体系得以应用的载体，是知识工程体系运转的信息化支撑。信息化与数字化整合了先进的数字工具和技术，如大数据分析、人工智能和机器学习，构建了一个高效灵活的研发知识平台，优化了知识管理、研发流程和团队协作。从功能的角度来说，知识工程平台具有知识集成、搜索、推送、社区互助等功能。IT 团队负责协助业务团队进行知识平台的搭建、维护管理以及后端 IT 技术支持。

知识运营是知识工程团队采取一系列措施促进知识产品与用户之间紧密和有效地联系，并让知识为企业研发和创新提供服务的过程。知识运营对于企业保护知识资产、分享知识、促进知识生产、推动创新等都具有重要意义。知识运营包括对知识平台的后台维护与更新，对知识的不断收集、整理、更新，对用户权限和等级管理等。良性的知识运营可将知识获取、知识分享等过程变得规范化，并辅以权限管理、知识币机制、荣誉体系等制度，可以提升知识工程平台的用户活跃度，提升使用频率，从而更好地为汽车研发服务。

1.3.3 知识的共享化

知识共享是一种个人、组织或社区之间交流、分享和传播知识的社会化过程，即将知识资源和信息开放，打破知识壁垒，让更多人自由地获取和利用知识，让知识来帮助他们开展工作、丰富人生、推动创新。知识共享的目的是促进知识的流动和获取，而企业研发知识共享的目的是让工程师们分享知识，以提升研发效率、避免重复犯错误等。实现知识共享，首先要获取知识，并对知识进行正确的表达。

1. 知识的获取

知识获取是从知识系统和个人吸取知识并将知识转移到知识平台的过程。对企业而言，知识获取是指将企业内部分散在各个服务器、各个系统、各员工计算机以及员工头脑里的知识进行收集、归纳、总结，然后通过代码和程序的形式将知识存储到知识工程平台上。知识获取的来源可以是显性知识，也可以是隐性知识。知识获取是知识工程的关键技术环节之一。

显性知识是可以明确表达和记录的知识，通常以文字、图像、符号、指令等形式进行表达，并能够传递给他人。显性知识主要以书籍或电子设备作为载体，通常是具体、明确、可传授、可验证的，因此，显性知识的获取是指通过明确的、可传授的、可验证的方式来获取信息和知识的过程。获取显性知识的方法有很多，传统的获取渠道有学习和教育、研究和科学文献、经验和实践，而来源多为教科书、参考资料、报纸期刊、专利文献、视听媒体、软件和数据库等。在当今的信息科技社会，各种IT设备和智能终端为显性知识的获取提供了更多渠道，如网络、手机、App等。获取的知识可以通过语言、书籍、文字、数据库等编码方式进行传播。

隐性知识是基于个体经验、洞察力和直觉形成的并存在于个体头脑中的知识。隐性知识具有主观性特征，与个体的感知、体验和情感紧密相关，主要以人的大脑作为载体。获取隐性知识的形式多种多样，包含知识社区、场景复盘、案例萃取、专家讲座、头脑风暴、师带徒等。在企业里，隐性知识的获取是相对困难的，需要投入更多精力来挖掘，例如鼓励专家进行经验总结，对项目开发过程中的成功场景及失败场景进行复盘，形成结构化的案例；组建知识社区（圈子），进行知识分享和知识总结，并对活跃员工、贡献度高的员工、价值高的案例进行激励。这些措施可使分散在企业各角落、员工头脑中的隐性知识变得显性化。

2. 知识的表达

知识的表达是指将知识以某种容易被人和/或计算机理解、传播和应用的方式展现出来。获取的原始知识形态多种多样，只有对知识进行加工，才能让知识更好地表达。

知识加工是对获取到的原始知识进行清洗、分类、摘要和标注等处理，以便使知识转化为易于管理、理解、传播和使用的格式。例如，从大量文本数据中提取关键信息和知识要点；使用自然语言处理、文本分析等智能技术，对原始知识进行标引，即添加标签、关键词或元数据；利用数据挖掘和文本挖掘技术，发现隐藏在知识资源中的潜在信息和规律；将非电子化文档转换成电子化文档，进而将电子文档转换为矢量PDF；标记电子文档结构的标记语言，标识文档中的数据片段，等等。实施以上措施之后，章节、段落、图片和公式等信息更加系统化，表达更加清晰。

3. 知识的共享

获取了知识并对知识进行了清晰的表达之后，就可以实现知识的共享。知识共享的方法很多，如在线平台共享、面对面交流、文档和资料共享、开源软件共享、合作伙伴共享等。

企业通常会建立一个知识共享平台，员工通过平台上的搜索、推送等功能来获取所需知识。研发知识共享平台的知识共享方式有很多种，如知识游览、知识搜索、知识推送、知识圈子等。当用户没有明确的获取目标时，会通过游览的方式来发现所需知识。当用户有具体目标时，可以通过主动搜索来获取知识。知识平台可以根据用户画像将知识推送给目标人群。一批具有相同爱好、兴趣或者为了特定目标而共享相关知识的人群可以建立起圈子来共享知识。平台会通过动态交互的方式，将知识以生动而直观的形式呈现给用户，以帮助用户理解和记忆。

知识平台会将知识进行分类，以便用户共享。知识共享的范围包括外部知识和内部知识、显性知识和隐性知识、实时知识和过时知识。

外部知识包含国家及行业的政策、资讯及分析报告、市场及用户情报、技术前沿、创新成果，以及知识产权、数据等。外部知识来源广，大多数外部知识是公开的，可以让所有人共享；少部分是通过知识产品购买的，只会在一定范围内共享。内部知识是研发系统内部产生的知识，有些通用知识可以让全员共享，而有些涉及企业秘密的知识只能在一定范围内共享。知识平台上的知识都是显性知识，共享容易。而对应的隐性知识，企业内部会通过讲座、建立圈子、师带徒、复盘等方法，将隐性知识显性化之后，向员工共享。

企业的知识，特别是研发知识，有时效特征，即产品与时间相关。以研发知识为例，实时知识是指正在研发的产品和课题所产生的新知识，如新车型的造型、新技术等。实时知识属于企业秘密甚至是机密，其分享只限制在一定范围内。一款新车公开发布后，其造型就是过时知识，成为公开知识，所有人都可以共享。

知识作为企业的一种核心资产，涉及企业商业机密和在行业内的竞争力，只有制定合理的权限管理机制，才能保证知识共享的安全。企业会划定知识共享管理的范围，再根据共享范围设定相应的权限。知识共享的原则、范围和权限会随着企业战略的发展、市场与产品的变换、人力结构的变动等不断动态调整。这种调整是在信息安全和知识共享中寻找平衡点，在保证企业知识安全的前提下，高效赋能企业业务发展。

研发知识共享有一个显著特点，即对共享的任何一方而言，他所拥有的知识不会减少，只会增多，而且这种增长会随着共享范围的扩大而增加。例如，员工通过共享获取了知识，解决产品问题之后，将总结的经验知识反哺于其他研发项目，这使得知识规模不断扩大。鼓励知识共享有助于防止企业资产流失和打破知识壁垒，促进创新和发展，同时还可以提高工作效率、降低研发成本。

1.3.4 知识的场景化

知识共享往往存在一些局限性。随着知识的爆炸式增长，对知识的精准获取也将变得更为困难，知识共享则无法满足用户对知识应用的需求。例如知识共享难以高效地处理庞大的知识量，也无法充分满足复杂知识的共享需求；大量的知识共享也可能导致信息过载，使得用户难以从中筛选出真正有价值的信息。

为了克服知识共享的局限性，知识场景化应运而生。知识场景化是在知识共享的基础上，将知识与人的活动场景相结合，再通过知识检索、推送等手段，实现知识的赋能和利用。根据场景的真实程度，知识场景化分为虚拟场景化和业务场景化。

知识虚拟场景化是指用信息化技术将某个真实业务场景与预设该业务场景所需要的知识结合起来，让用户在工作的同时获取所需知识。知识虚拟场景化包括知识地图、虚拟场景推送、实践社区等应用场景。例如，知识地图通过图形化的方式将业务场景（工作任务）和所需知识（如知识描述、知识来源、知识链接等）的关系进行展示，形成可视化的知识导航。知识地图能够清晰地展示知识的来源和位置，降低在知识寻找和获取过程中要付出的时间和精力成本，帮助用户快速找到所需的知识。知识地图基于用户业务场景进行知识组织，让用户在场景中学习，促进了知识的应用并提高了用户解决问题的能力。

业务场景化应用是将知识和信息应用于具体的业务场景中，通过提供知识支持来解决实际问题。它将大量的知识和信息整合，通过人工智能技术转化为真正有实际应用价值的知识和解决方案，帮助用户快速和准确地解决特定领域的问题，提高工作效率。业务场景化包括知识伴随业务、智能问答和智能推送等应用场景。例如，智能推送通过分析用户的兴趣、行为和偏好，自动筛选和推送相关内容，利用机器学习、自然语言处理等技术，从海量数据中识别用户的兴趣和行为模式，找到精准知识，实现个性化推送。

1.3.5 知识的智能化

1.3.5.1 知识智能化的概念与范畴

知识共享化让用户便捷地实现了跨时空、跨部门、跨专业领域的知识共享；知识场景化让知识与场景应用（如汽车研发）伴随，使知识成为场景应用的重要支撑。但是，在这两化中，知识获取的速度和精确度、应用的效率等还比较有限，难以适应复杂领域的知识需求。

随着智能化技术的发展，特别是大数据、人工智能和云计算等的广泛应用，人们的生活方式、工作方式、思维模式乃至社会结构产生了深刻的变革，也给知识智能化带来了机遇。

知识智能化就是将知识与大数据和人工智能等智能技术相结合，使对知识的应用具备思考、判断和决策的能力，实现知识智能获取、知识智能存储、知识智能加工、知识智能搜索、知识智能推送、知识智能创作、知识智能安全、知识智能决策，如图1-9所示。研发知识工程智能化涉及很多智能化技术，如机器学习、知识图谱、自然语言处理、数据挖掘、大模型、图像识别、语言识别、云计算等，而这一切的基础是大数据。

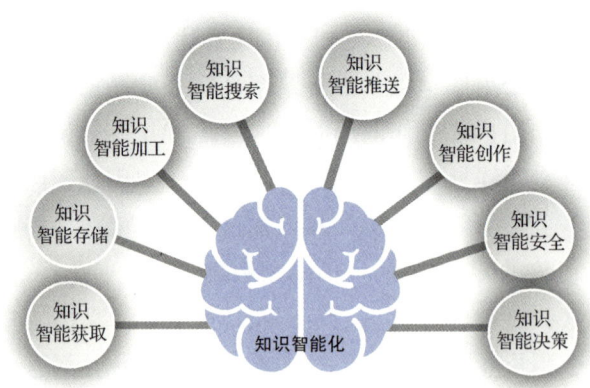

图 1-9　知识智能化

1. 知识智能获取

知识获取是知识工程共享化的起点，是从各种内部和外部渠道收集相关知识资料，包括文献检索、专家访谈、数据挖掘等多种渠道。知识智能获取是采用图文识别机器人、网页采集机器人等技术来智能而准确地获取知识。知识智能获取技术通常用于知识识别和知识获取。

在知识识别方面，智能图文识别机器人通过图像处理、计算机视觉和自然语言处理技术来自动化地识别和提取图像中的文字信息，并将其转换为可用的文本数据。机器人能够对文本进行进一步的分析，如分类、情感分析和关键词提取，为用户提供更全面的信息处理服务。

在知识获取方面，网页采集机器人（也称为网络爬虫）能够系统化地访问各种网页和服务器上的内容，并持续更新和索引信息，来获取最新和最相关的知识；网页解析机器人可以处理和整理获取的数据，并将其转化为结构化信息，提升数据处理的效率和准确性。

2. 知识智能加工

知识智能加工是应用人工智能、自然语言处理和知识图谱等技术对知识进行分类、添加标签、提取关键信息等操作。知识智能加工能够将原始知识转化成计算机系统易于理解、处理和应用的格式或模型，并通过专业方法进行深度挖掘和优化，以提升知识的实用性和价值。例如，从大规模的原始文本数据中提取、加工和组织知识元素；将非结构化的文本信息转化为结构化的知识表示，即标注体系；将完整的文本内容分割成小块或片段，这些片段可能是句子、段落或更小的单元；深度挖掘知识之间的关联；将文档深度结构化信息（如篇、章、节结构，注释，图片，表格等）进行数据的存储、重组和利用。

知识智能加工使知识更易于管理和利用，包括知识发现、知识推理和知识应用。

3. 知识智能存储

知识数据包括各种结构化和非结构化信息，例如文本、图像、音视频等。知识数据量巨大、类型多样，对处理速度要求高且对安全性要求严苛，这给知识存储和管理工具提出了极高的技术要求。采用智能化方法可以解决这个问题，即可以处理海量的非结构化、半结构化和结构化数据。

智能知识存储的关键技术是全文数据库存储与管理。全文数据库的存储与管理系统集成了多种技术支持，包括排重技术、分布式存储技术、数据压缩技术、数据冗余技术、数据索引技术、数据清洗和去重技术、数据加密技术、对象存储技术、存储优化技术、备份和恢复技术、性能监控和调优技术、自动化运维技术等。全文数据库存储与管理不仅能够提供高效准确的全文检索服务，而且支持多服务器群集，可实现分布式计算和数据处理。

4. 知识智能搜索

知识搜索是共享化知识工程中面向终端用户的核心应用模块，也是知识工程平台的入口。搜索的作用是协助用户快速准确地在海量资源中找到想要的知识。

知识智能搜索是采用信息检索、自然语言处理、机器学习、数据挖掘等智能技术，通过关键词搜索、语义查询等方式，让用户可以快速准确地找到所需的知识。这些技术可以细分到数据库关键词分布式资源调度程序（DRS）映射技术、中文分词技术、查询扩展技术、跨语言检索技术、文本索引技术、排序索引技术、搜索引擎、跨库检索等。例如，通过学习和分析海量数据，语义识别技术能够让计算机模拟人类的判断力，理解人类的语言，帮助用户快速获取所需的知识。

面对知识工程复杂的知识结构和巨大的数据量，只有采用智能搜索，如大数据搜索引擎与跨库检索技术，才能完成在大数据和多源异构数据环境中的知识搜索。

5. 知识智能推送

知识智能推送是一种利用人工智能技术和个性化算法，根据用户的兴趣、偏好和行为，自动地向他们推送相关内容或信息的方法。

智能知识工程平台会自动收集用户的姓名、部门、岗位、专业等信息，建立用户特征数据集，形成用户画像，并采用大数据分析技术对海量的用户行为数据进行深入挖掘，并从中探寻出各种模式和趋势。基于用户画像（涵盖兴趣、历史行为等多方面因素）和上下文信息（如位置、时间等），利用个性化引擎技术，知识工程平台能够定制化地给用户推送内容。智能推送系统还可以利用协同过滤算法来筛选知识，使用推荐算法来计算用户群体和个人的行为，给用户推荐最符合其搜索意图的知识。

6. 知识智能创作

知识智能创作或创造是利用人工智能技术来创造新知识，如写作、画图、视频等。最近两年诞生了很多智能化创作软件和工具，如 ChatGPT、DeepSeek、文心一言、讯飞星火大模型、Sora 等。例如，人们可以用 ChatGPT 来写文章、作诗，用 Sora 生成短视频。

协同创作也是智能创作的一种。参与协同创作的一群人在一个智能工具上协同共同完成一个方案、一篇文章、一个项目的撰写、研讨修订、编排以及多格式输出。这种工具还提供了强大的在线编辑器和广泛的资源（各类字符、公式、表格、图片、音频、视频等）。通过智能协作工具，团队成员可以随时交流想法、提出建议，共同推动方案或项目的完善和项目的进展。

7. 知识智能安全

知识智能安全是指在使用人工智能、大数据等技术的同时来保证知识的安全。在知识的收集、存储、共享、搜索、推送过程中，都存在着知识安全问题。通常采用数据加密、访问权限设置、数据脱敏等手段来确保知识资源的安全性。

8. 知识智能决策

知识智能决策是基于目标，利用智能技术（如知识图谱等），对知识和数据进行分析并得到决策结果的过程。知识智能决策涉及的技术有深度学习、分布式决策、遗传算法、博弈决策、知识图谱等。

知识智能决策以大数据场景为基础，在约定的条件下能够给出相对客观和正确的决策，降低了对人的依赖。在人工智能时代，智能决策的应用会越来越多。

总之，在智能化时代，大数据和人工智能技术为知识工程智能化的发展提供了强有力的支持，使得更多复杂而智能的业务场景变为现实。

1.3.5.2 汽车研发知识工程智能化的方法

随着人工智能、大数据学科的发展，知识工程在近些年出现了新的应用形式，如智能工作台、知识图谱、生成式知识模型等。将这些应用形式引入汽车研发过程，可显著提升汽车研发的效率和创新水平。

1. 智能工作台

智能工作台是一种集成了多种人工智能能力的工作平台，旨在为用户提供智能化的工作（如设计、研发等）和决策支持。智能工作台可以根据用户的任务和需求，以及上下游的输入和输出，提供个性化的推荐、分析和解决方案，帮助用户更高效地完成工作任务。

汽车研发智能工作台是基于研发流程，面向工程师等角色打造的集任务分解、协同办公、工具集成、知识管理等功能于一体的数字化工作平台。工作台以产品开发流程为载体，运用人工智能、大数据等智能技术，嵌入自动化工具和算法，来协助工程师完成设计、分析、测试验证等任务。

2. 知识图谱

知识图谱是一种用图形来建立和描述多个事物之间知识关联关系的技术，是一种可视化的知识映射地图，是一种结构化的语义知识库，是用图谱来管理和表征知识的方法。利用图谱可以将企业各种分散的数据和知识连接和聚合起来，将大量的数据表、非结构化数据以业务需求的图谱形态管理起来，从而帮助用户全面而系统地了解知识体系，发现知识之间的隐含关联，揭示出更深层次的信息和知识。

知识图谱已经应用于语义搜索、智能推荐、智能问答、情报分析等领域，成为人工智能的一个重要分支。在智能推理和机器学习领域，知识图谱为算法提供了丰富的背景知识，增强了系统的理解和预测能力，可以依据一定的推理规则来发现新的知识，即知识推理。在自然语言处理和机器翻译领域，知识图谱的应用进一步提高了语言理解的准确性和全面性。

汽车研发知识图谱是用图谱来建立起汽车在研发过程中的品牌、性能、系统、部件、分析、试验、里程碑等方面的知识的关联关系，是知识图谱在研发领域的应用。例如，长安汽车"深蓝SL03路噪与系统"知识图谱将这款车的路噪表现与相关的系统（路面、轮胎、悬架、车身、控制等）关联起来，通过图谱来诊断某一频率噪声的来源。

3. 生成式知识模型

生成式知识模型（如ChatGPT）可以通过学习之前的知识和语言规则，生成新的描述、文章或者其他形式的知识。其在自然语言处理领域有着广泛的应用，可以用于完成自动提取摘要、文本生成和自然语言对话等任务。

智能知识模型为工程师提供了一个强大的工具，可以帮助他们更高效地查找挖掘、理解、消化工程知识，还可以进一步精准化地将知识应用于产品设计开发、营销推广及售后服务等场景中。

在汽车研发领域积累的大量数据和知识的基础上，构建起的研发生成知识模型可以实现智能知识问答。例如，"噪声与振动问答"是一个专业的小模型生成式知识模型，可以回答用户有关噪声与振动产生机理和解决问题方案方面的问题。

随着智能工作台、知识图谱、生成式知识模型等新的知识应用形式的出现，知识的应用也将具备思考、判断和决策的能力，知识工程势必会为企业的研发和生产注入新的生命力。

1.3.6 知识工程的运营

知识工程的运营包括内容运营、活动运营和用户运营。

1. 内容运营

内容运营是通过挖掘编辑、组织呈现、活动宣传、品牌推广等手段，全面推动知识内容从生产到消费、从流通到传播的整个过程的活动。内容运营的目标是促进内容生产者的创作热情，激励他们生产更多优质内容，同时激发消费者对内容的兴趣和消费欲望。

从知识内容运营的角度，用户可以划分为内容创造者、内容传播者和内容消费者。内容创造者是那些热衷于表达、渴望提升影响力的个体，他们具备持续产出高质量内容的能力，是组织内不可或缺的种子用户。内容传播者具备强烈的表达欲望，他们不创作内容，但是会为内容积极点赞、转发并留下评论，在知识传播上起着重要作用。内容消费者是学习和吸收知识的用户。

知识工程的运营者面对着海量的内容资源，为了使这些内容的用户价值最大化，必须精心组织这些内容，并设计一套高效的流通机制。这套机制不仅要激发内容生产者的创作热情，还要鼓励内容消费者积极学习、分享和传播。通过内容生产者和消费者的循环互动，形成一个良性的内容组织与流通生态。在这个生态中，内容生产者将不断贡献高质量的内容，而内容消费者则通过学习和分享，将这些内容传播给更广泛的受众。

运营和产品之间的紧密协作对产品的成功至关重要。为了达成良好的运营效果，运营人员必须深入理解并融合内容调性、产品特质、用户类型和访问习惯，从而确定产品的内容组织形式和内容流通机制。内容的组织和流通包括内容生产、内容组织、用户识别、内容流通和内容互动五个环节，在这些环节中，运营扮演着举足轻重的角色。例如，运营团队必须负责内容的审核和打标签这类依赖于人力来完成的环节，以确保内容的准确性和质量；还要定期策划和制作专题、推荐和推送核心内容，以及持续更新内容。

2. 活动运营

活动运营通过围绕一个产品开展一系列活动来宣传产品，与用户互动，让用户了解和喜欢产品并产生消费产品的愿望。活动运营可以在线下和/或线上举行。活动运营能够直接刺激用户对生产内容的激情。由于活动运营生动而具体，所以用户能够直观地了解运营的特点和价值，此外，部分活动运营能够给用户带来好处，这就有效地增强了用户黏性，影响他们对于运营方的印象。

活动运营任务包括拉新、留存和促活。拉新的任务是利用名人效应、传播效应、仪式活动等来增加新用户的数量。留存是通过优质服务来提升用户的满意度来留住用户。促活是通过各种各样的激励手段来提高用户的活跃度。

活动经营有线上活动和线下活动形式。线上活动是依托于网络，以互联网为媒介开展的活动。随着网络技术的发展，线上活动越来越多，如线上会议、线上演唱会、线上直播、线上课程、线上展览会、网络游戏、线上发布会等。线上活动有很多优势，如不受空间和时间限制、成本低、不受环境和天气的影响、隐私性好、不受人数的限制等。但是，线上活动也有缺点，如高度依赖网络信号、使用的软件或App等，情感交流不足，参与者的归属感弱。线下活动是指人们在一个实体地点面对面地参与的活动，如在体育馆举行的篮球赛、在会议室召开的会议、展览会等。线下活动的优势是有氛围感、信息传递效果好，但是受到地点、场地、天气、时间等因素的限制，成本高，容纳人数有限，传播的广度也受到限制。线上活动和线下活动各有优势，因此线下活动与线上活动相结合的方式越来越多。

活动运营具有周期特征，包括主题及子项目规划，方案确认及工作任务分解和活动的实施、管理、评价三个环节。通过定量、定性、混合型调研等方式来确认活动的可行性，通过头脑风暴、漏斗法等方法来确定活动主题。然后，对活动全局进行统筹规划，制订活动方案，形成活动策划文书。活动策划文书包括活动主题、时间、地点、参与对象、组织者、主要活动内容等。最后，制订策划方案、工作任务表、进度计划表等文件，相互协作来完成整个活动的内容。活动结束后，组织者对各个活动的完成情况进行验收和评估。

3. 用户运营

用户运营通过一系列运营手段来提高用户的活跃度与忠诚度，从而达到留存用户和实现运营目标的目的。知识用户运营是给用户源源不断地提供高质量的知识产品，并通过一系列活动运营手段来促进用户规模的增长与用户活跃度。

产品是有生命周期的，而用户数量随着产品生命周期的变化而变化。在产品启动阶段，用户数量逐步增加；在产品增长阶段，用户数量出现爆发式的快速增长；

进入产品稳定期，用户数量停止增加；随后，产品逐步进入衰落期，用户数量也随之逐步下降。因此，在产品生命周期的每个不同阶段，需要采取不同的用户运营策略，尽最大可能提高用户数量。

用户运营要以用户为中心，以人为本。运营团队需要掌握用户的使用行为习惯，建立用户画像，划分用户群体，以满足不同用户群体的需求，并研究和分析运营指标和数字以达到良好的运营效果。有效的用户运营可以保证用户的活跃度和贡献、获取用户的反馈、对外传输产品或知识。

1.3.7 企业实践

大型汽车公司都有几十年甚至上百年的历史，沉淀的知识很多，但是存在很多问题，如知识散落、知识难以显性化、知识与研发"两张皮"、信息系统存在知识孤岛、人才流失而带走了知识、组织解散而使得知识石沉大海等，这些问题严重影响知识对产品研发的输出。汽车公司为了使知识资产能够更好地应用到产品开发中，提高研发效率，纷纷探索建立知识工程体系。其中，长安汽车经过多年深入的探索和研究之后，建立了一套完整的研发知识体系和知识平台。

1.3.7.1 长安知识工程的发展

2017年，长安汽车启动了研发知识体系项目。在建设初期，项目团队设立了远大的愿景：知识、人与业务的智慧连接，用知识构筑能力，赋能员工，引领创新。知识工程的载体是一个平台，员工可以在平台上获取知识和分享知识，并用这些知识来辅助产品开发；而产品开发过程中产生的新知识可以再沉淀到平台上。团队为这个平台起名为智谷，即智慧的山谷。2022年，在完成了智谷二期建设后，项目负责人作了一首诗《穿越智谷》。在智谷建成的发布会上，团队成员集体朗诵了这首诗。

　　山谷，在遥远的地方
　　在加利福尼亚的纳帕
　　一望无际的葡萄园，弥漫着酒的醇香
　　在青藏高原的雅鲁藏布江
　　那奔腾的河流呀，那巍峨群山一片苍茫

　　智谷，如同山谷般幽深和宽广
　　山谷有沸腾的群山、茂密的森林、清澈的河流、丰硕的矿藏

智谷有天价的知识、浩瀚的数据、精耕的专业、搜索的天网

智谷，知识的山谷
沉淀了研发系统的珍藏

伴随着阿维塔，拥抱着深蓝
是寻觅知识和解惑研发的导航

我是雄鹰，掠过辽阔山谷
一览无遗呀
峻峭的山峰，还有铺满沙粒的河床

我是蜜蜂，飞舞在山谷漫山遍野的鲜花上
采集着花粉，闻着芳香

我们是智谷的工匠
串起了散落的知识珍珠
编织成精美的项链
在研发小姐姐的脖子上闪闪发光

我们游览着智谷，寻觅着期望
在"通用知识"的广场上
在"专业频道"的长廊

我们是探险家，穿越在崎岖的山谷里
涉水在河边的鹅卵石上
在人迹罕至的山洞里，搜寻到宝藏

智谷，跨越了研发系统的壁障
大海般地汇聚了无数的河流
搜索研发知识，就在"智谷"一个地方
那是一座智慧的山岗

顷刻间，深藏的知识跳跃到面前
那仿佛是寻觅多年的姑娘

我们是寻宝人
依然渴望着你电脑中和大脑里的知识
泉水般地流入智谷的山庄

我们是播种人
在智谷河的堤岸边，在山谷的荒坡上
撒下一粒粒种子，添加肥沃的土壤
盼望着它们茁壮成长
屹立在智谷的丛林中，簇拥着阳光

我们穿越智谷
它引导着研发人前行的方向

团队设立的短期目标是实现知识共享，长远目标是实现知识的智慧化。整个过程分为四个阶段：知识共享化、知识场景化、知识智能化和知识智慧化，如图1-10所示。智谷四个阶段的整体思路如下：整理知识，实现共享化；通过知识场景化，面向具体业务场景和问题，提供动态个性化的精准知识服务；实现任务、数据、工具、知识的集成应用，完成场景化向智能化的转化；将人的感知与知识智能化结合，实现知识智慧化。

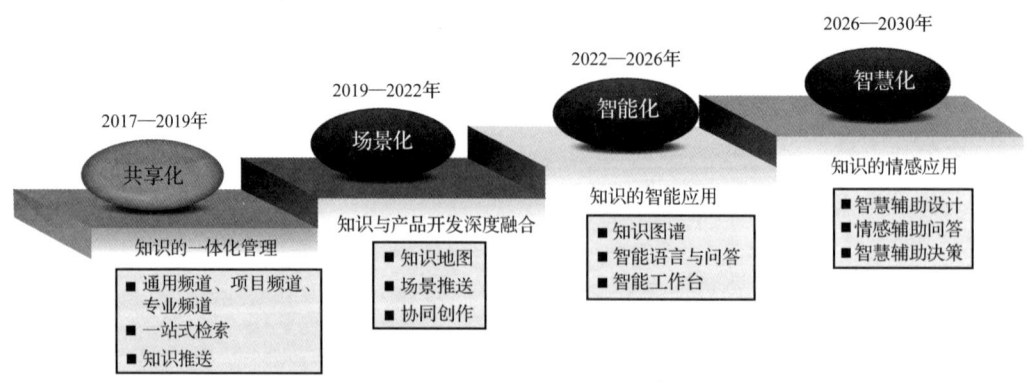

图1-10　长安智谷系统的阶段性目标与发展路线

在知识共享化阶段，设计和构建一个跨专业、跨品牌、跨区域、相对开放的知识共享集成在线平台。平台架构是由知识体系架构和知识互动架构组成的。知识体系架构由平台拥有的知识构成，知识互动架构是用户根据使用知识的习惯与平台互动（如搜索）的系统。用户可以通过导航、搜索、推送、下载等操作来获取所需要的知识，实现所有研发系统的员工都可以共享平台上的知识。

在知识场景化阶段，实现知识与产品开发的深度融合。通过知识地图、场景推送、协同创作等方式，将大量整合的知识和信息应用于具体的业务场景中，帮助用户快速和准确地解决特定领域的问题，这就形成了业务场景化。例如，将一项工作所需要的知识预先设置好，形成一个知识包，当研发人员接到这项工作时，平台将工作包同时推送给他们，实现知识伴随着研发工作。

在知识智能化阶段，通过智能工作台、知识图谱、智能语言模型等方式，实现知识主动为研发服务，即知识找人而不是人找知识。通过研发流程引导，工作台将各专业工作内容结构化，明确上下游输入输出关系，员工按照工作包的指向来实现任务的分配和交付。智能工作台将在线设计、自动化仿真、智能助手等数字化工具嵌入业务环节中，在产品研发过程实现自动调用。知识图谱清晰地表征了各个项目、车型、系统、部件、性能等要素之间的关系，让工程师和管理者们对项目的进展、性能等一目了然。智能语言模型是基于自然语言处理技术建立的让人类与计算机能够通过语言进行沟通的一种模型。通过学习之前的知识和语言规则，该模型可生成新的文本和文章。将智能语言模型与研发知识平台相结合，能够开发出智能语言服务工具，让用户能直接与研发平台对话，快速而精准地获取知识。

在知识智慧化阶段，系统在智能化的基础上，将人的情感元素融入知识工程和产品开发之中，包括智慧辅助设计、智慧辅助问答和智慧辅助决策。例如，系统能够感知到用户对造型的喜好，自动地将知识与设计结合，设计出各种各样、满足个性化需求的汽车造型。

1.3.7.2 长安知识工程的架构

图 1-11 所示为智谷知识平台的整体架构，包括核心知识模块、关联知识模块、知识拓展与创作模块、行业情报模块、知识互动模块、知识管理模块、知识协同模块。下面简要地介绍每个模块的组成和功能。

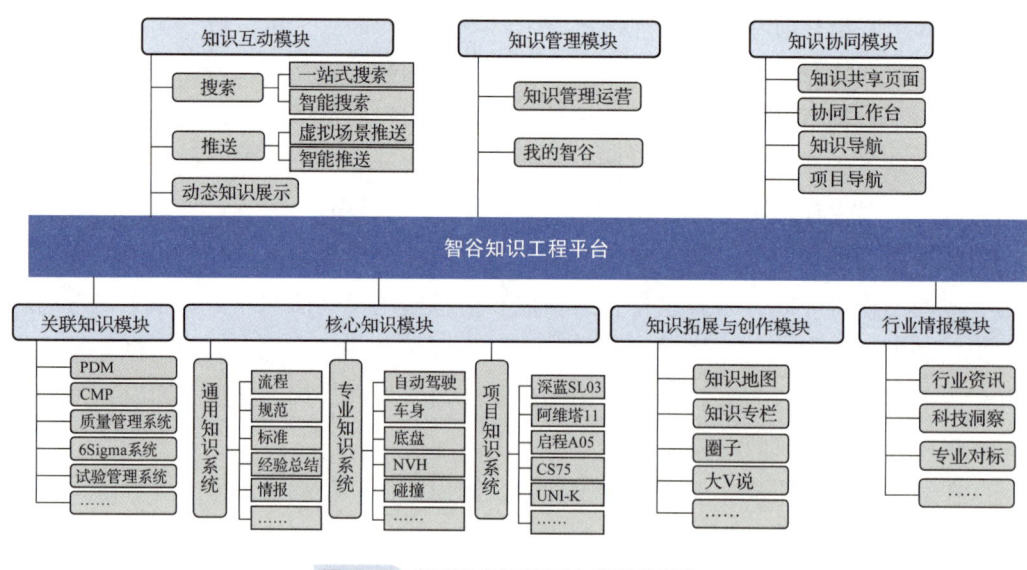

图 1-11 智谷知识工程平台的整体架构

1. 核心知识模块

核心知识模块包括主体知识系统和辅助知识系统。

主体知识系统是与研发最为密切相关的知识汇聚系统，包括通用知识系统、专业知识系统和项目知识系统。通用知识是所有研发人员要用到的知识，如项目管理办法、程序文件、开发流程、法规标准、专利、论文、术语、培训材料、工作模板、作业指导书等。通用知识系统的用户是长安汽车的所有研发人员。汽车研发由自动驾驶、智能座舱、动力、车身、底盘、电气等多个专业构成，每个专业都有大量的知识，将这些知识以专业领域维度进行组织就构成了专业知识系统。汽车研发又是以一个个具体的车型项目（如深蓝 SL03、阿维塔 11 等）来推进的，因此，每个项目都有各自领域的知识，这就构成了项目知识系统。

核心知识模块是智谷的最主要的知识来源。它与关联知识模块一起构成了智谷的知识源泉。

2. 关联知识模块

关联知识模块是智谷之外存储研发知识的系统，包括内部系统和外部系统。

长安研发业务分散在几个国家和地区，有许多独立的、局部的研发信息化系统，如长安汽车协同管理平台（CMP）系统、研发项目管理（PM）系统、产品数据管理（PDM）系统、标准化管理（SMS）系统、先期质量管理系统（AQIMS）、对标（Benchmark）系统等。

知识工程团队将以上关联知识模块的系统与智谷连接。工程师可以在智谷上访问这些系统，同时，这些系统的知识会与智谷本身的知识融为一体，可以一起搜索与推送。智谷平台具备一站式搜索功能，即在智谷的搜索框内输入想搜索的主题，搜索会同时在智谷平台和关联知识模块展开，并给出搜索结果。这样，在确保知识存储不变和知识唯一性的前提下，大大提高搜索效率和效果。

3. 知识拓展与创作模块

在核心知识模块和关联知识模块构成的知识源泉上，运营团队或用户可以将这些知识进行拓展或创作，形成知识拓展与创作模块，包括知识地图知识专栏、圈子、大V说等。

知识地图是用清单、图表等方式表示知识分布情况的图，是组织内部的知识向导，用于明确重要知识的方位，指出存储知识的人、文件、数据库等载体。知识地图是一种以产品开发流程和主题业务场景为主线的知识拓展形式。知识地图包括产品开发知识地图和主题知识地图。产品开发知识地图以产品为中心，以研发流程为主线，描述各节点具体工作项。各工作项设置有知识包，用以指导该专业新员工开展工作。知识包包含各工作项具体操作步骤、交付物质量控制标准及模板。主题知识地图是以业务项为主题构建的知识体系。

智谷还为用户提供了创造空间，即开辟了知识专栏。知识专栏是特定主题的知识资源集合，即将一些技术热点和用户关注的主题（如自动驾驶、智能座舱、固态电池等）相关的知识统一放在知识专栏里，以使员工能够轻松获取相关主题的知识。主题清晰和知识内容集中汇聚使得用户能够快速了解和搜索相关知识，这就为他们提供了有针对性的知识支持，帮助他们了解、掌握和应对相关的挑战和机遇。与复杂的知识系统相比，知识专栏一般只有1或2层的分类结构，给用户提供了良好的使用体验。

圈子是特定人群围绕某个共同感兴趣的知识领域或话题展开讨论和交流的平台。圈子可以实现用户与用户之间的互动，例如工程师在圈子里提问，专家回答问题，一方面可以帮助工程师解决产品开发、技术研究等方面的难题，另一方面也可以使专家大脑中的隐性知识变成显性知识，最终得以沉淀。

大V说是为资深专家、学者、领导等有一定影响的人物设立的专栏，包括专家问答、专家访谈、专家讲座等。他们进行知识分享、答疑解惑，不仅仅传播了显性知识，而且挖掘出了他们大脑中的隐性知识。

4. 行业情报模块

行业情报板块收集了大量外部知识，包括行业资讯、科技洞察、专业对标等。智谷是一个开放的平台，动态地吸收来自世界各地有关汽车的知识和新技术，让长安研发工程师了解世界上汽车产业的发展动态、技术发展状态。例如，从国际自动机工程师学会（SAE）的论文中，工程师们能够了解到最新的汽车技术动态；从对标库中，他们可以知道竞品车型的性能和竞争力；从同方知网上，工程师们可以查阅到很多感兴趣的知识。

5. 知识互动模块

知识互动模块是用户与智谷平台之间和用户与用户之间进行知识分享、讨论和协作的部分，包括搜索、推送和动态知识展示。

搜索是用户主动与智谷知识平台互动的方式。智谷的搜索方式有普通搜索、一站式搜索、智能搜索等。用户可以在智谷上一站式搜索到核心知识模块、关联知识模块和其他模块上的知识，如图 1-12 所示，即实现了跨系统搜索，并可按照浏览量、置顶等多维度对检索的知识进行排序和分类展示。一站式搜索打破了各个研发信息系统各自为政的信息孤岛，极大提升了知识查阅的效率。

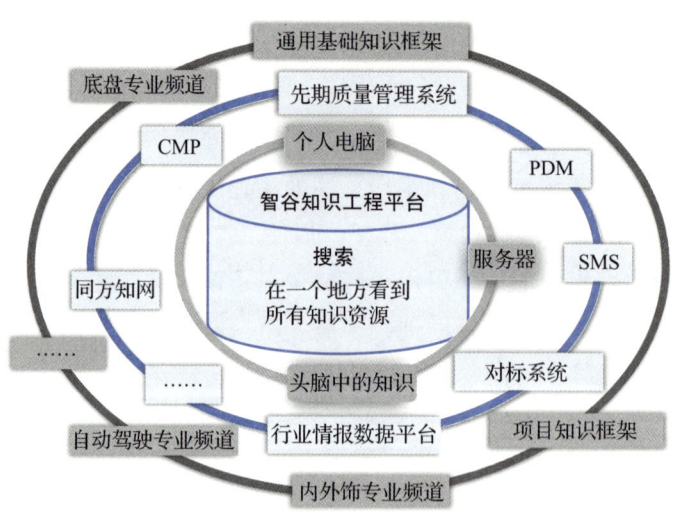

图 1-12 智谷知识工程平台一站式搜索功能示意

推送是智谷平台主动与用户互动的方式。平台将用户所需的知识与特定的工作场景相结合，直接将相关知识推送给用户。这种用户与平台的互动比搜索的互动更强。平台会根据用户知识检索、浏览、下载、收藏等的历史记录，对用户行为进行分析，形成用户使用操作模型，自动推送他们经常使用的知识，并跟踪他们对推送知识的处理操作，并将感兴趣和忽略的知识反馈到系统，从而动态更新和维护推送内容，实现千人千面的知识智能推送服务。

动态知识展示实时更新着来自内部和外部的最新动态和热门话题，并以图文并茂和生动有趣的形式呈现，可以让用户了解知识的最新趋势和热点。

6. 知识管理模块

知识管理模块负责存储、组织和维护平台上的知识资源与管理运营，包括"我的智谷"与"知识管理运营"。

每个用户有"我的智谷"（个人中心）栏目。"我的智谷"专栏存储了个人信息、个人知识贡献、收藏资料等。用户可以在"我的智谷"中查看和编辑自己的基本信息，如头像、昵称、个人介绍等，这有助于建立用户在平台上的身份和形象。用户的登录密码、角色、积分、等级、权限等信息都可以在个人中心里显示并修改。个人中心记载了用户在平台上的关键数据，如知识贡献、个人动态、收藏等，使用户能够快速了解自己在平台的行动轨迹与偏好。

知识管理运营系统是管理知识、运营知识和增强平台与用户关系的系统，包括内容运营、活动运营和用户运营。运用先进的 IT 技术，通过智能分类、标签管理、全文搜索等功能，系统能把各种知识有序地管理起来。知识运营团队采取一系列措施来加强知识产品与用户之间的联系，并让知识为研发和创新服务。

7. 知识协同模块

知识协同模块是用户在智谷上的导航工具汇集，包括知识共享页面、协同工作台、知识导航和项目导航。

知识协同工具可以让用户与知识进行交流。知识共享页面能够让用户在平台上浏览、搜索和下载知识。协同工作台像是一张超大的智能工作桌，可以让不同领域的员工实时地进行在线设计、分析、讨论，以完成一项工作任务。知识导航通过分类浏览、关键词搜索等功能帮助用户找到对应的知识。项目导航是以项目管理为中心，清晰地展示项目的整体结构和进度情况。员工可以通过项目导航，了解每个任务的状态和负责人，确保项目按时按质完成。

1.3.7.3 长安知识工程的载体——智谷页面

根据长安知识工程的愿景和图 1–11 给出的智谷知识工程平台的架构，长安建立了智谷知识工程平台。图 1–13 是智谷网页最上部的内容，包括搜索栏、通用基础知识板块、项目知识板块、专业频道板块、个人中心（"我的智谷"）板块和滚动屏。

在搜索栏内，输入关键词，可以进行普通搜索和高级搜索。普通搜索是搜索智谷平台存储的知识，高级搜索是一站式搜索。在搜索框上下设置有领域，如知识、圈子、知网论文、热搜、企业标准等。选择了领域之后，可以缩小搜索范围。

通用基础知识板块放置在左上方，包括体系建设、知识沉淀、企业标准、外部标准、术语库和 Benchmark 六个子板块。单击子板块，就可以看到下一个层级的内容，例如单击知识沉淀，就可以看到培训学习、专利、论文、失效模式库和 6Sigma 报告库。

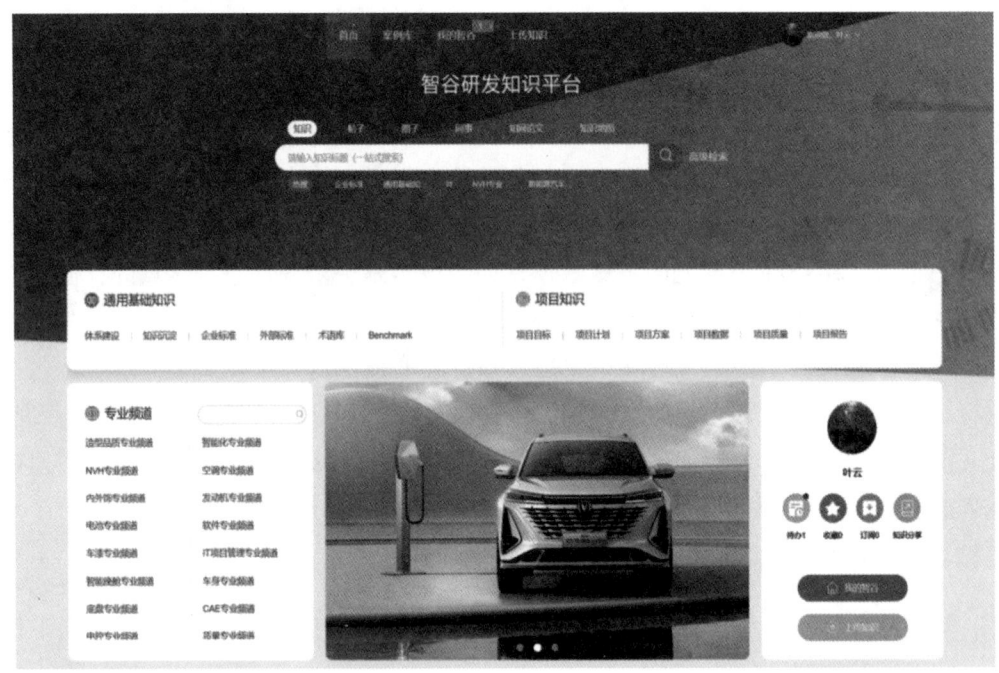

图 1-13　智谷网页上部截屏

项目知识放置在右上方，包括项目目标、项目计划、项目方案、项目数据、项目质量和项目报告六个子板块。单击子板块，就可以看到下一个层级的内容，例如单击项目计划，就可以看到本层目录，包括项目进度计划、系统/零部件开发计划、验证计划和物料清单（BOM）。

专业频道放置在滚动屏的左边，包括造型品质专业频道、智能化专业频道、NVH 专业频道、内外饰专业频道、仿真工程专业频道等三十多个专业频道。单击具体频道，就进入了该专业频道的网页。例如单击内外饰专业频道，就进入了该频道的网页，如图 1-14 所示，包括领域概述、项目开发、体系建设、专业知识和知识沉淀五个领域。单击每个领域，就再进入了下一层级的网页。另外，在专业频道上还有最新知识、通知公告、为我推荐、智能推荐、人工推荐、热词、知识地图、热点知识、圈子、专栏、贡献排行等。

在滚动屏的右边是"我的智谷"。单击"我的智谷"之后，就进入了个人中心，如图 1-15 所示，里面有待办事项、常用的专业频道、我的圈子、为我推送、智能推送、人工推送、我的贡献、我的订阅、我的勋章、我的收藏、协同创作、知识地图、上传记录、我的足迹等板块。单击每个板块，就可以看到具体内容，例如单击我的贡献，页面就会列出个人发表的论文、专栏、案例等。

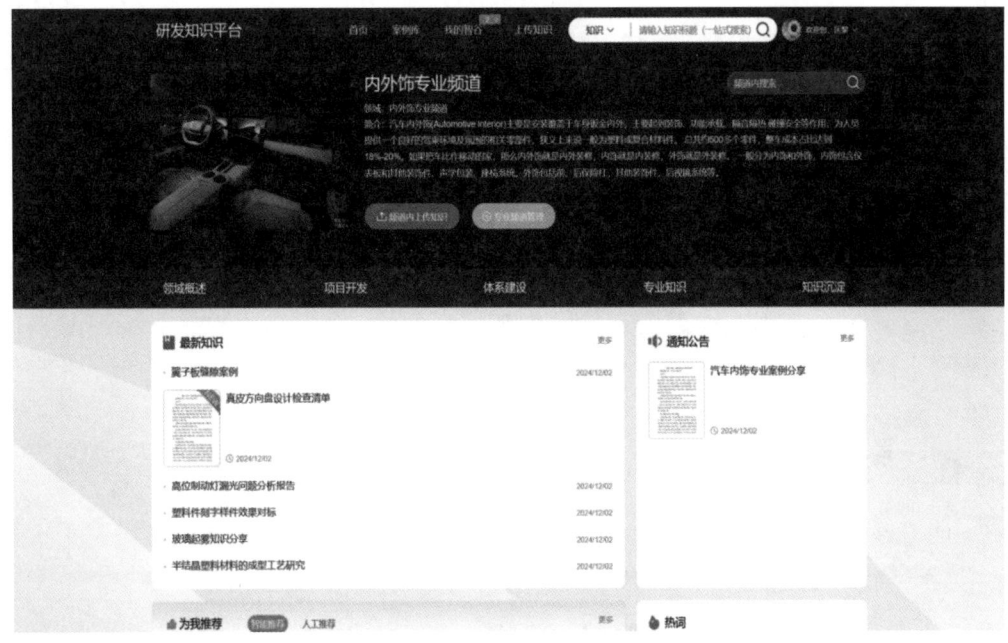

图 1-14 内外饰专业频道截屏

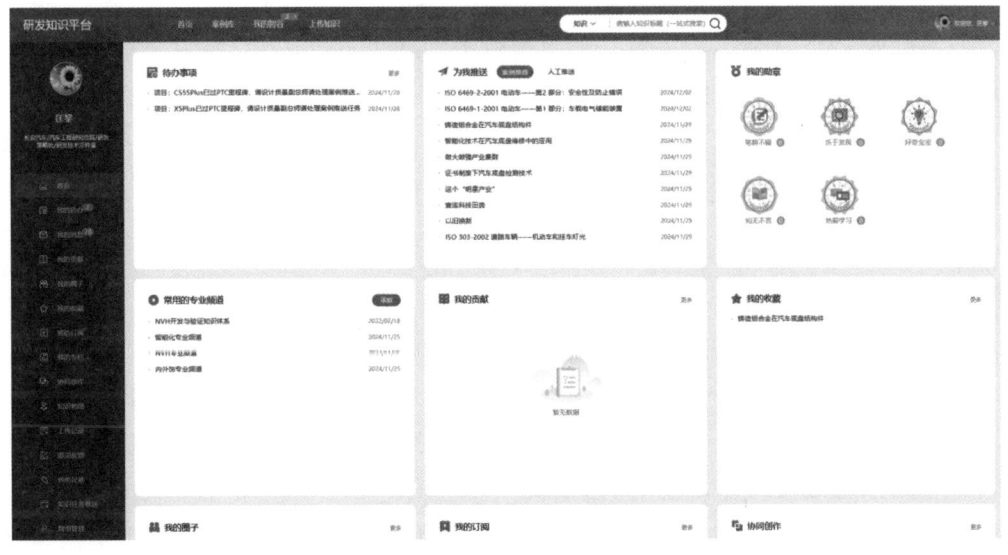

图 1-15 "我的智谷"截屏

智谷网页的底部是热门圈子和知识地图，如图 1-16 所示。热门圈子板块里给出了很多圈子，如线控底盘可持续发展技术研究项目组分享圈、"六新技术"保驾护航圈、软件质量圈等。单击每个圈子，就可以看到详细内容。知识地图在页面的最底部，单击"更多"，就可以看到所有知识地图。单击每个知识地图，就可以看到具体内容。

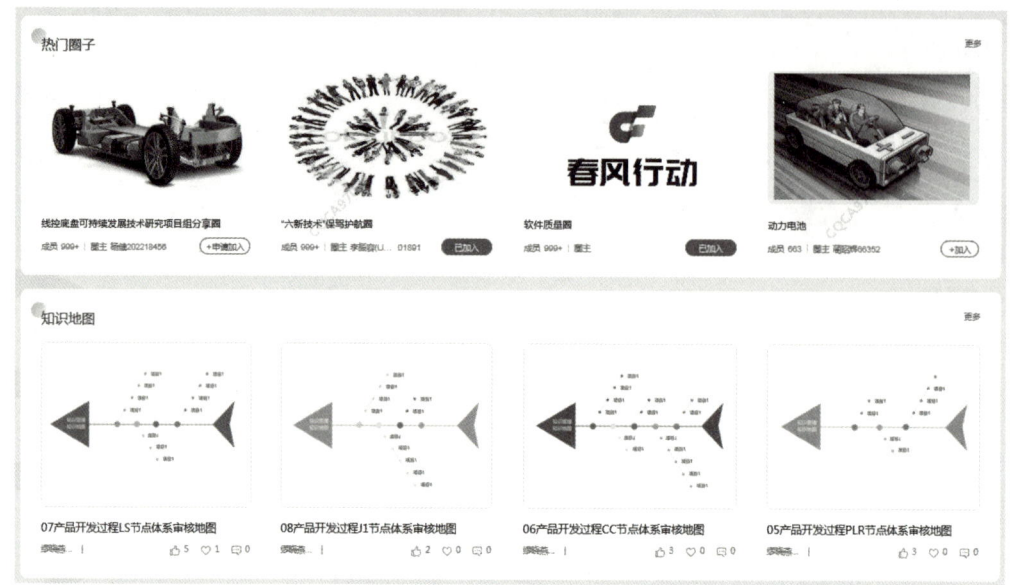

图1-16 智谷网页底部截屏

除了上述内容外，智谷还有智能推送、人工推送、最新知识、行业资讯、热点知识、通知公告、专栏、最新帖子、热门帖子、最新活动、热门标签等板块。单击这些板块，就可以看到具体内容。

智谷的功能非常强大。截至2024年年底，智谷已经完成了三期建设，实现了知识共享、知识伴随、部分知识智能。后续章节将详细介绍每部分的内容。

1.4 本书的结构

汽车研发是一项十分复杂的系统工程，涉及众多领域和浩如烟海的知识。把这些知识管理好和使用好是研发的基础，而为了使这些知识为研发服务并且把研发过程中产生的知识沉淀下来，就产生了知识工程。图1-17给出了本书的架构，本书包括四部分内容：汽车研发与知识工程、知识工程的应用、数字化研发知识工程和研发知识运营。

汽车研发与知识工程包括前三章，分别为研发知识工程概述、汽车研发过程与知识工程的关系、研发知识体系。第1章从知识的定义和特征着手，介绍知识工程的概念、重要性和发展历程，并进一步简要概述了知识共享化、场景化、智能化等汽车研发知识工程的要点内容，描绘了长安知识工程实践的结晶——智谷平台的概貌。第 2 章以研发层次为开端，系统讲述研发三层次的内容及相互关系。在此基础上，围绕汽车产品开发流程，阐述知识工程与汽车研发之间的关系，并进一步探讨在数字化时代背景下，汽车快速迭代开发过程中知识工程的特点与作用。第 3 章围绕研发知识体系，介绍了研发知识体系的概念与价值，阐述了研发知识体系构建的原则、维度与步骤，并以长安汽车为例，介绍了企业知识体系构建的实践过程和研发知识体系可视化内容。

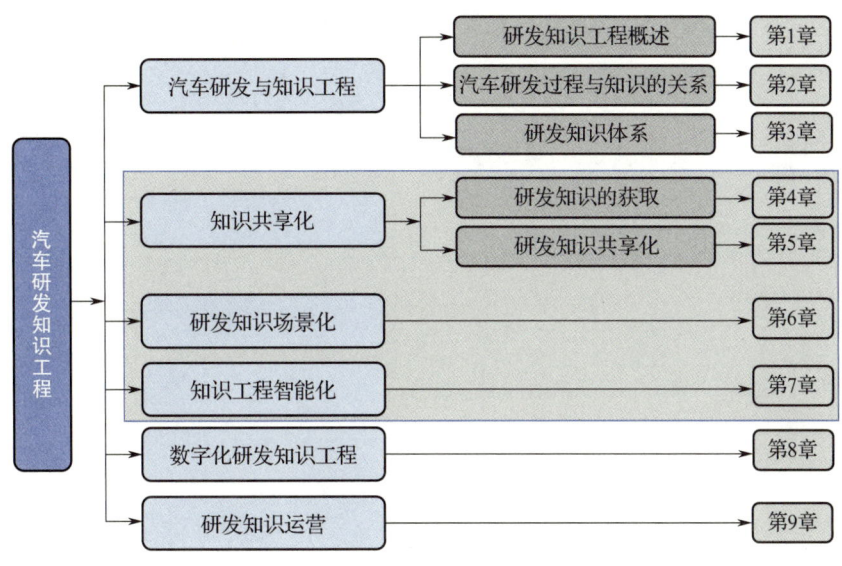

图 1-17 本书的架构

知识工程的应用包括知识共享化（第 4 章和第 5 章）、研发知识场景化（第 6 章）和知识工程智能化（第 7 章），它们是知识工程的核心。研发知识的获取是建立共享化的基础，是第 4 章的核心内容。第 4 章讲述了汽车研发知识存在的问题，如知识散落、难以显性化、知识与研发"两张皮"、信息孤岛等，提出了解决这些问题的方法，如显性知识的收集与清理、隐性知识通过圈子和复盘等手段来获取。获取知识后，就可以开始研发知识共享化的建设，这是第 5 章的核心。第 5 章阐述知识共享的概念、价值、方法和场景，介绍了研发知识共享平台的架构、共享类型、共享权限和范围，并给出了智谷共享平台构架和内容。第 6 章讲述的研发知识场景化是为了让产品开发能够获得更直接的知识共享。知识场景化包括知识虚拟场景化和业务场景化。第 7 章介绍了知识工程在智能时代所涉及的技术和发展形式，讲述了知识工程智能化的三条途径，即研发智能工作台、知识图谱和智能语言模型。

知识工程数字化实现是指用信息化、数字化和智能化手段来完成知识工程的具体建设。第8章描述了数字化知识工程的特点、使用的技术和发展前景，讲述了共享化知识工程和场景化知识工程建设中用到数字化和智能化方法以及这些方法在智谷的搜索、智能推送、知识地图、专业频道中的应用。

第9章讲述了研发知识运营。在知识工程平台建立过程中，需要设立目标、制订技术路线、确定具体规划和实施步骤；在平台建设完成后，要做很多管理和运营工作，如上传新知识、管理权限、提高平台的使用效率等。

本书按照以上构架展开。随着科技的发展，汽车研发知识工程的范畴会不断扩大。

Chapter Two

第 2 章
汽车研发过程与知识的关系

汽车研发过程包含方案策划、概念开发、工程设计、样车试验和投产上市五个阶段。知识工程在这几个阶段中扮演着重要的角色,对汽车研发来讲,知识是推动其业务开展的动力源。整个研发过程都伴随着知识的应用和产出。研发和知识工程相互作用、互相协同,关系密不可分。

面对科学技术突飞猛进、人民需求日益增长、市场环境瞬息万变的企业生存形势,简单地依靠人的协同达到抢占市场占有率越来越难,应用知识工程协同来辅助研发愈显迫切。知识工程协同主要体现在两个方面:一是知识工程对研发过程的知识输入,二是研发成果沉淀于知识工程。这两个方面形成"知识从研发中沉淀固化,知识到研发中应用"的良性循环。

知识工程协同在汽车快速迭代开发中同样扮演着重要的角色。在快速迭代开发中的知识工程需要满足及时性、高效性、敏捷性等要求,通过快速获取知识输入和知识创新,来保证迭代开发周期缩短。知识工程协同通过运用系统工具和数字化手段,帮助汽车制造商有效地管理和利用已有的知识,在决策过程中提供支持,并促进汽车技术的智能化和自动化发展,最终提高迭代开发的效率和质量。

2.1 研发

研发一般指产品和科学技术的研究与开发(Research & Development,R&D),R(Research)指科学研究,D(Development)指产品开发。科学研究是通过分析或试验的方法来探索和揭示未知的事物内在的本质和规律，并提出新的理论和方法。产品开发是使用成熟的理论、技术和方法来研制可以批量生产的产品，用于满足社会和用户的需求。

研发可分为基础科学研究、先期技术研究以及产品开发三个层次，如图2-1所示。下面将展开介绍研发三层次的内容以及三者之间的关系。

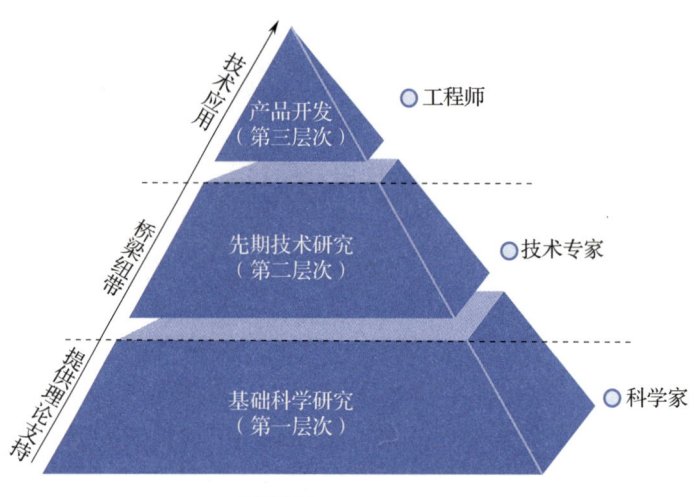

图 2-1 研发三层次

2.1.1 基础科学研究

基础科学研究是研发的第一层次，奠定了探索问题规律、知识和方法的基础，为先进技术（或先期技术）研究提供了坚实的支撑。即技术源于基础科学，基础科学是技术的源泉。基础科学不仅支撑着技术的发展，还为产品开发提供了坚实的理论基石，如图2-1所示。

尽管基础科学种类多、研究方法不同、逻辑上有差别，但它们都具备三个共性特征：基础科学揭示了自然界的基本规律；研究成果不能直接应用于实际；这些成果为解决实际问题提供了基本原理。以汽车为例，空气动力学无法直接用于汽车车身流线体设计，但它为车身设计与造型提供了理论基础，降低了车身的风阻和噪声。进一步细分基础科学，它们有层次性，而数学是最底层和最基础的学科，为众多领域的基础研究提供了研究手段。

基础科学研究一般在短期内无法带来直接的经济效益，却能给社会发展带来长远影响。它能够推动技术发展，增强创新能力，间接地给社会带来巨大财富。从事基础研究工作的人是科学家。科学家们的工作是提出科学问题、设计实验、逻辑推理、建立理论等。

基础科学研究的重点在于探索未知的事物，而不仅仅是发展已有的事物规律。科学家们往往以现存的理论为出发点，通过深入的研究来发现新的方法。当然，有极少的科学家发现了人类没有掌握的规律，如爱因斯坦的相对论、牛顿第三定律等。

对于企业而言，科学家们等工作的价值通常是在掌握了深厚理论积累的基础上找到新技术和新方法，为企业提供创新平台和给出未来技术发展方向。科学家们通过发现企业产品等的核心规律、知识和方法，解决企业在技术发展过程中遇到的瓶颈问题。科学家的工作还为企业提供了创新的环境，并为培养优秀人才铺垫了有效途径。

企业开展基础科学研究主要有以下几种方式。第一种方式是建立企业科学实验室，专注于基础科学研究，如微软的人工智能和物联网实验室和亚洲研究院、苹果的苏黎世视觉实验室、华为的2012实验室等。企业聘请科学家进行长期的基础科学研究，并将研究成果发展为先进技术，然后应用于产品设计。第二种方式是企业与高校和研究院建立产学研合作联盟，共同开展基础研究。很多企业不具备建立独立实验室的能力，或在某些领域无法独立开展基础研究，这种方式可以实现企业与大学和研究机构之间的资源共享和优势互补。第三种方式是企业参与由政府或行业主导的基础科研项目，通过与多个机构和企业合作完成项目，企业能够获得更多的科研经验和资源，同时提升自身的技术水平和创新能力。

企业开展基础科学研究的驱动力来源于市场竞争，包括当前的市场竞争和引领未来市场。在当前市场中，企业通过基础科学研究能够更好地把握最新的科技趋势和研发动态，从而在产品设计中更加注重创新、实用性和个性化，提升竞争优势。而对于未来的潜在市场，企业通过基础科学研究可以提前布局，为未来的市场变化做好准备，保持技术和市场的领先地位。

2.1.2 先期技术研究

先期技术研究是研发的第二个层次，如图2-1所示，它是在基础科学研究的基础上，探索如何将研究成果转化为产品开发可以使用的技术。它是在产品项目启动前期进行的技术研究和探索，为产品开发确定技术方向和技术路线。先期技术研究介于基础科学研究和产品开发之间，起到桥梁和纽带的作用。先期技术研究的成果主要以专利、方法、软件工具等形式呈现。

从事先期技术研究的人员主要是技术专家。他们通常具备深厚的理论基础、扎实的技术知识和丰富的产品开发经验，可以提出对产品开发有价值的技术方向并提出解决问题的方法。他们可以将科学研究的成果转化成可以用于产品的技术；可以对商业软件进行二次开发以提高企业内部使用软件的效率；可以提出一些通用性的方法，供企业众多研发团队和工程师使用；可以开展前瞻性研究，为企业未来储备具有竞争性的技术。

先期技术研究对汽车行业的发展起到了至关重要的作用。第一，推动汽车产业创新。先期技术研究是汽车行业创新发展的关键环节，它可以推动汽车产业链的升级和进步，为汽车制造商提供新的产品设计和制造思路，提升产品的附加值和市场竞争力。第二，提升汽车性能和安全性。通过先期技术研究，企业可以不断优化和改进汽车的设计和制造工艺，提升汽车的性能、可靠性和安全性，满足消费者对于高品质汽车的需求。第三，适应环保和可持续发展的要求。先期技术研究可以帮助汽车制造商更好地适应环保和可持续发展的要求，开发出更加节能、环保、低碳的汽车产品，推动汽车产业的绿色发展。第四，引领未来汽车发展方向。先期技术研究是企业探索未来汽车发展方向的重要手段，它可以为未来的汽车设计和技术应用提供基础和支持，引领汽车行业的发展潮流。第五，提高汽车制造商的竞争力。通过先期技术研究，汽车制造商可以开发出更加具有创新性和市场竞争力的汽车产品，提高企业的竞争力，实现可持续发展。

从先期技术研究阶段的角度划分，可分为短期技术研究和中长期技术研究，如图2-2所示。一是针对短期技术进行研究，主要是吸收引进行业已有技术，并在2~3年内转化应用于自身产品开发，涵盖通用技术问题的解决和通用工具的开发，如有限元算法分析软件的二次开发应用。二是中长期技术研究，主要针对未来5~10年能够应用的学术领域前沿技术进行研究，如飞行汽车、无人驾驶、智慧网联等技术的研究。

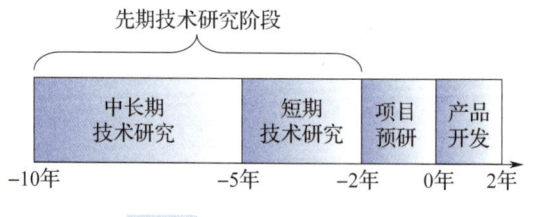

图2-2　先期技术研究阶段

综上所述，先期技术研究在汽车行业中扮演着至关重要的角色，对推动产业创新、提升产品性能和安全性、适应环保和可持续发展要求、引领未来发展方向和提高企业竞争力都具有重要意义。

2.1.3　产品开发

产品开发是研发的第三层次，其核心是以客户为中心，目标为导向，满足市场需求，提供产品。它是将基础科学理论和先期技术研究成果转化为实际产品的关键阶段。

产品开发对一个企业的发展来说至关重要，开发出的产品的质量和受市场欢迎程度直接影响企业的生存和发展。另外，产品开发能力是衡量一个国家、一个地区、一家企业综合技术实力的重要指标。

在汽车行业中，汽车产品开发是至关重要的环节。第一，汽车产品开发是汽车企业在激烈的市场竞争中保持优势的关键。只有不断开发出具有创新性和高品质的汽车产品，才能满足消费者日益增长的需求，提高市场占有率和盈利能力。第二，汽车产品开发是企业实现战略目标的重要手段。企业通过制定明确的战略规划，以车型开发为抓手，不断推出符合市场需求的产品，才能提升品牌形象和知名度，实现企业的长期发展目标。第三，汽车产品开发是企业推动技术进步的主要途径。在产品开发过程中，企业需要不断引进和创造新技术、新工艺和新材料，这样才能提高自身的研发能力和技术水平，以提升产品的性能和质量，满足消费者对汽车产品的更高要求。第四，汽车产品开发是企业增强创新能力的重要手段。通过不断进行产品创新和改进，企业能够提高自身的创新能力，不断地推出具有独特性和差异化的汽车产品，提升市场竞争力。第五，汽车产品开发是企业满足消费者需求的重要手段。随着消费者对汽车产品的需求日益多样化，企业需要不断进行产品开发和创新，推出符合消费者需求的产品，提高消费者对企业的信任度和忠诚度。

汽车产品设计开发包含整车结构设计开发和整车性能开发。汽车整车结构设计开发包括很多系统和子系统的开发设计，包括平台设计开发、总布置设计开发、造型设计开发、动力系统设计开发、热系统设计开发、试验设计开发等，如图2-3所示，还涉及成本控制、研发质量管理、通用化设计和工艺设计等。产品工程师在产品开发和生产过程中扮演着重要的角色，他们是产品的直接设计者，是产品质量的守护者。

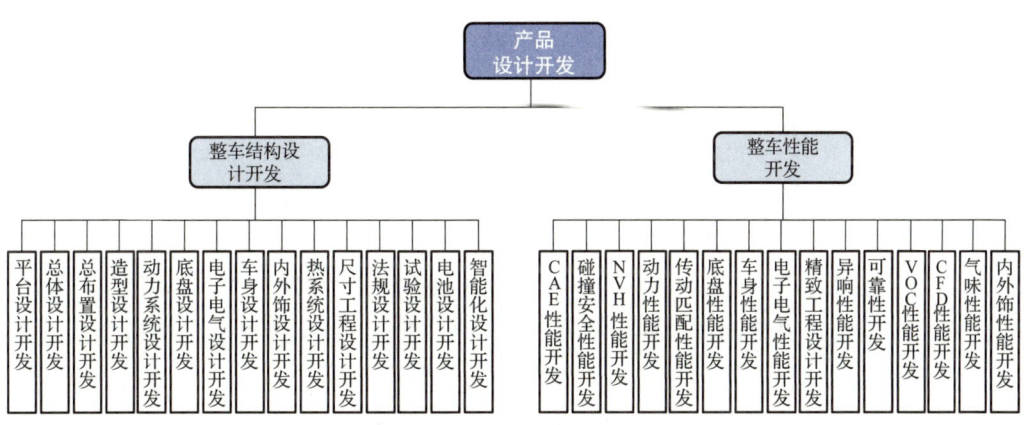

图2-3　整车结构设计开发领域

整车结构设计开发始于产品策划,即由产品策划工程师提供输入给总体工程师,总体设计输出技术方案和整车参数给总布置工程师,总布置工程师进行总布置设计并将总布置图输出给造型工程师。动力系统开发、底盘系统开发、电气系统开发和智能化产品开发与造型设计同步开展设计工作,完成动力、底盘和电气等系统的设计。例如,造型工程师将A面(造型外轮廓面)数据输入给车身工程师和内外饰工程师,并发放给工艺工程师或供应商。总体工程师将工程BOM(整车明细表)和整车技术条件输入给工艺工程师进行工艺设计,然后再将工艺BOM(制造清单)输入给制造工厂。在整个产品开发过程中,每一个设计环节都是互相关联的,每一个环节都有整车结构设计的逻辑关系,如图2-4所示。

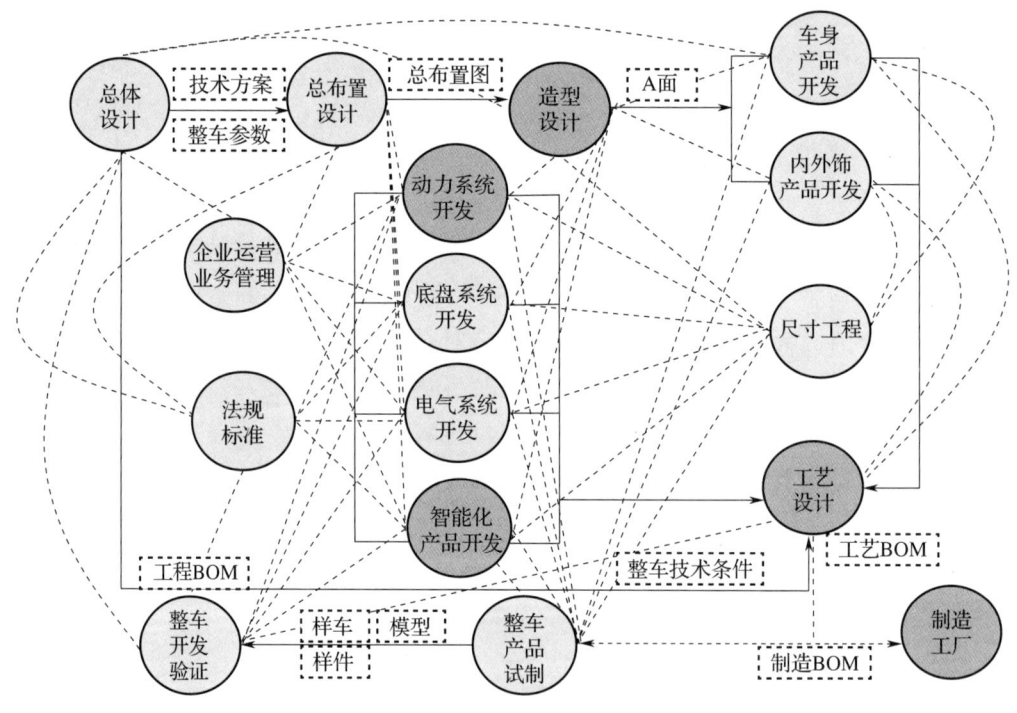

图2-4 整车结构设计的逻辑关系

整车性能开发主要包括CAE分析、碰撞安全、NVH(Noise, Vibration and Harshness,即噪声、振动与声振粗糙度)、流体动力学(Computational Fluid Dynamics, CFD)、车身内外饰底盘性能设计、精致工程、可靠性、挥发性有机化合物(Volatile Organic Compounds, VOC)等性能设计与开发,如图2-3所示。

汽车产品设计开发涵盖了整车结构设计开发领域及整车性能开发领域,是众多开发领域的集成。汽车开发涉及的工作项和交付物非常多,需要进行大量实验、试制和论证,因此,需要一套系统的产品开发流程进行有效管控,此部分内容将在后续第2节进行阐述。

2.1.4 研发三层次之间的关系

基础科学研究、先期技术研究和产品开发是相互关联的,如图 2-5 所示。

基础科学研究如同大树的根系,是先期技术和产品研发的基石。基础科学研究主要致力于探索新的科学理论和现象,不断开拓知识的边界,提出新技术和新方法,为先期技术研究和产品开发提供理论基础和方向指引。科学家们以无尽的求知欲和探索精神,不断地揭示自然世界的面纱,推动着人类对世界的理解和技术进步。

先期技术研究如同大树的主干,承接基础科学研究的果实,将基础理论研究的成果转化为工程实践可行的技术方案。这一层次的工作主要聚焦于新技术的研究、开发与验证,以及现有技术的改进和创新。技术专家在这一阶段起到关键作用,他们将抽象的基础科学理论转化为实用、可用和可操纵的技术,为产品开发提供关键的技术支持和解决方案。

产品开发如同大树的繁茂枝叶,是将基础科学和先期技术研究成果呈现给大众的重要环节。在这一阶段,技术专家与工程师紧密合作,将技术应用于产品开发,为产品开发提供工具、方法和服务,并根据市场需求不断优化。只有当产品进入市场时,基础科学和先期技术的价值才得以最终实现。

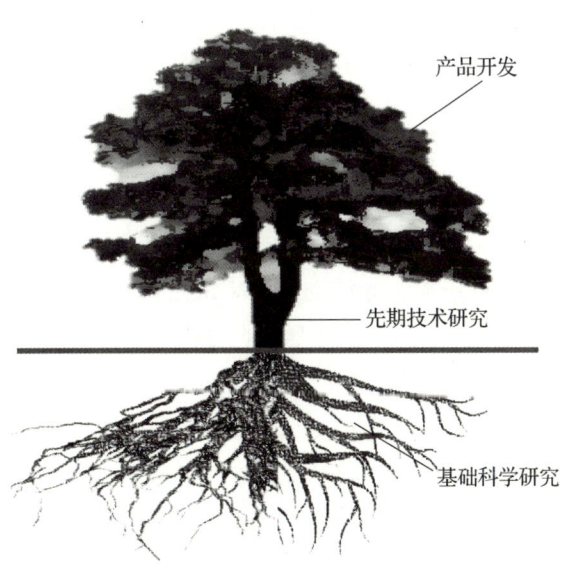

图 2-5 研发三层次之间的关系

综上所述,基础科学研究、先期技术研究和产品开发三者之间是相辅相成、层层递进的关系。基础科学研究是先期技术研究和产品开发的基础,没有基础科学研究的支持，先期技术研究和产品开发就缺乏理论指导和支撑，甚至会变成空中楼阁。同时，先期技术研究产生的成果和遇到的问题反馈给基础科学研究，能进一步推动基础科学研究的发展。产品开发则是基础科学研究和先期技术研究的最终目的，只有实现了产品的商业化应用，才能真正实现科学技术的价值。因此，它们共同推动科学技术的进步、社会和经济的发展。

2.2 产品开发流程

2.2.1 产品开发流程概述

产品开发流程是基于产品开发的业务逻辑，在总结历史车型开发经验和考虑技术能力和业务发展的基础上，结合研发组织结构和管理模式，形成的一套结构化和标准化的，指导产品开发过程的文件体系。

产品开发流程的核心价值是以该文件体系为指南，有效指导汽车产品开发全价值链的业务活动。产品开发流程将所有的业务活动按既定要求，逐层逐级有序展开，并进行有效的集成管理。按照流程来开发产品，可以提升协同效率，有效控制开发资源投入，最大限度地避免开发过程中的问题重复发生。因此，它能够支撑企业从一个产品的偶然成功走向所有产品的必然成功。

产品开发流程的本质是将产品开发业务活动按横向业务时序和纵向交叉业务要素进行有效的组合，按一定逻辑关系和层次关系呈现给各个部门和领域，并通过相应的流程文件将业务活动落实到责任主体。这样，就可以减少推诿扯皮现象和重复工作，促进企业内部跨部门和跨专业地高效运营，从效益和效率上支撑企业的可持续发展。

产品开发流程将产品开发业务活动按一定的逻辑关系和层次关系构成有规律的业务矩阵。这一矩阵关系不是简单地按照横向业务时序和纵向业务要素角度来组合，而是基于各阶段需要完成的工作目标，按照产品、系统、子系统及零部件之间的从属关系进行详细业务分解。这种业务矩阵既能有效支撑从整车层面到系统、子系统和零部件的功能属性、成本质量等的系统分解，还能支撑从零部件到子系统、系统、整车的逐级集成匹配与验证。唯有这种既符合产品开发客观规律，又能将各业务按照不同层次和时序进行整体组合的业务矩阵关系，才能构成一个完整的支撑产品开发全过程的开发流程体系架构，如图2-6所示。

产品开发流程一般由方案策划、概念开发、工程设计、样车试验和投产上市五大阶段组成。五大阶段下面又包含预研项目、项目启动、目标兼容、项目批准、数据发布、试生产准备、投产签署、量产签署等里程碑或关键节点，后续内容将对里程碑内容进行详细介绍。

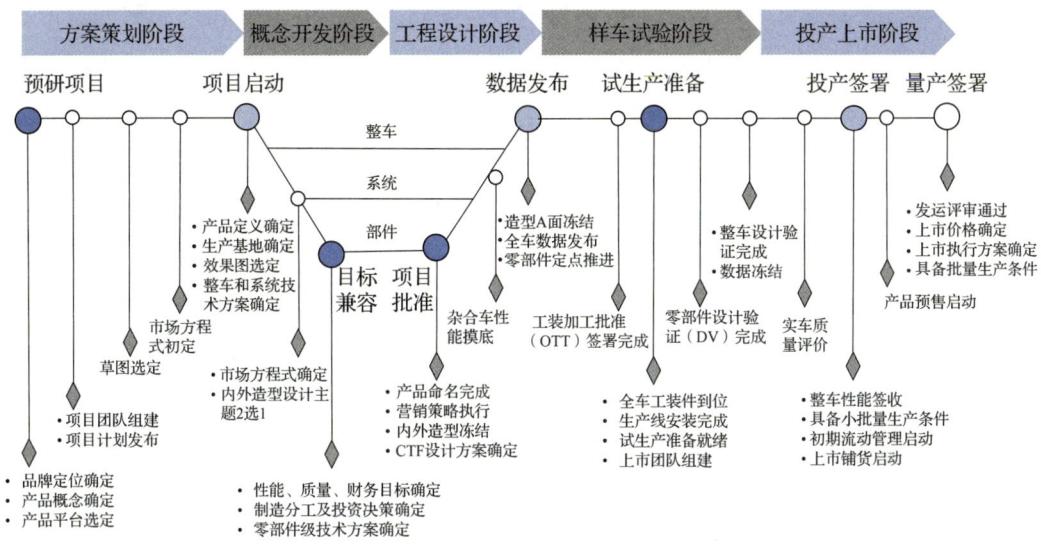

图 2-6 某企业整车产品开发流程

目前，很多企业都在学习和借鉴华为集成产品开发流程（Integrated Product Development，IPD），如图 2-7 所示。华为集成产品开发流程以产品开发流程为核

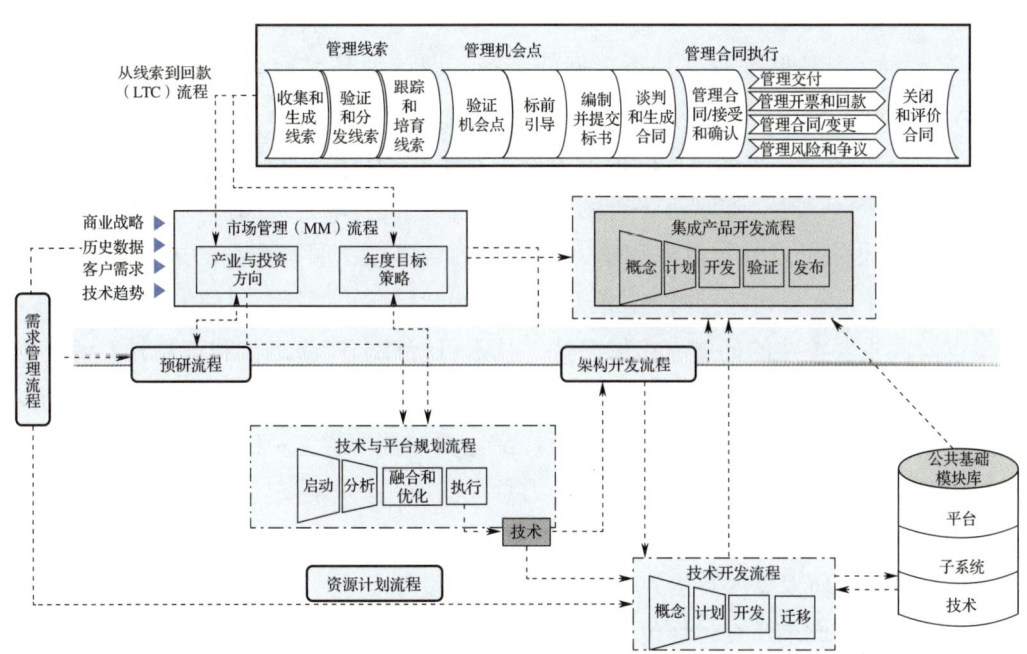

图 2-7 华为集成产品开发流程

心，分别向上（产品生命周期管理）、向下（技术研究、平台开发）、向前（产品战略）延伸与贯通，构建以产品开发为主线的研发流程体系。该体系在产品战略的指导下统筹开展需求管理、市场生命周期管理、平台及技术开发管理；同时通过需求和技术货架的建立，支撑产品开发的高效运营与管理。华为的研发流程体系模式既能确保产品开发以市场需求为驱动，又能支撑产品的平台和部件的模块化与通用化，因此，流程很好地支撑了产品的低成本快速迭代，提高了研发效率与市场成功率。

2.2.2 产品开发流程各阶段

各企业的产品开发流程基本遵循方案策划、概念开发、工程设计、样车试验、投产上市五大阶段，如图 2-6 所示。为有效控制产品开发风险和提高产品开发效率，各企业都在充分总结历史经验教训的基础上，通过对标先进企业，建立适应企业自身战略和管理模式的产品开发流程。虽然各汽车企业的流程呈现形式、开发周期、作业文件存在一定差异，但其产品开发的核心业务逻辑基本相同。

2.2.2.1 方案策划阶段

方案策划阶段又叫预研阶段。本阶段主要工作是通过大量的市场调研和案例分析，来研究市场发展趋势、竞争关系、法律法规、消费需求发展趋势等，并确定品牌定位。同时，结合企业自身的产品战略进行产品开发的可行性研究，主要包括拟开发产品的产品形态、市场竞争关系、产品技术平台、产品商务策略、开发团队选择等方面。产品形态研究是指车型的选择，即计划开发运动型多功能车（Sport Utility Vehicle，SUV）、轿车，还是多用途车（Multi-Purpose Vehicle，MPV）；市场竞争关系研究是要明确销售的细分市场和竞争对手；产品技术平台研究是论证选择全新开发平台，还是在现有平台的基础上进行迭代升级；产品商务策略研究是要通过投入产出分析以及与供方和销方的商务策略模拟，明确产品的成本效益要求；开发团队选择是在公司范围内寻找合适的人员组建团队，要让合适的人干合适的事。

本阶段主要关注的问题有市场趋势、技术可行性、产品定位和产品效益等。市场趋势包括宏观市场发展趋势（如宏观政策、市场规模及法律法规）和细分市场发展趋势（如细分市场规模、竞争关系及产品主要功能属性）。技术可行性关注技术平台的可实现性，包括对产品形态及动力总成的应用。产品定位包括整车产品造型定位及整车总体设计策略。产品效益关注各类商务策略的假设，而不是详细数据，包括产销规模、研发投入及供方和销方的商务假设等。

本阶段主要成果及交付物包括市场研究分析报告、产品概念及初步的产品定义、初步的市场竞争策略、初步的产品市场、平台选型分析报告、产品造型策略、技术及成本可行性分析报告、初步的产品效益分析报告以及正式发布的项目团队。

2.2.2.2 概念开发阶段

产品概念开发是从新产品创意到立项期间所从事的与产品开发相关的一系列活动。概念开发发生在新产品概念萌芽到实际产品研发之间。概念开发流程包含识别客户需要、评估产品概念、设置产品目标、制订产品开发计划。

概念开发阶段的需求并不清晰，这时就需要创意生成工具来给出新产品创意，即产品概念。这个过程看似有趣，但很不容易，甚至会让人产生挫败感。

概念开发阶段的主要工作围绕总体布置、造型设计、技术选型、成本效益分析和开发计划五个方面展开。

第一方面是总体布置。它的主要任务是根据汽车的总体方案和功能属性要求，提出对各总成及零部件的布置要求和特性参数的设计要求，协调整车与总成、相关总成之间的布置关系及参数匹配关系，组成一个在给定条件下使用功能属性达到最优，并满足产品工程属性目标要求的整车参数和性能指标的汽车。

第二方面是造型设计。它的主要任务是基于总体布置确定的基本尺寸要求进行整车造型开发，主要包括草图设计、效果图设计及模型开发等工作。其间，大部分企业都会通过大量的专业评审和市场调研手段进行不断的修正和调整，以达到产品造型的适度领先，使得产品的外观造型具有竞争性。

第三方面是技术选型。它的主要任务是在总体布置和造型边界的约束条件下，基于整车功能属性及设计目标大纲，进行技术方案的多方案对比选择，涉及的系统包括自动驾驶系统、智能座舱系统、动力总成、传动系统、转向系统、制动系统、悬架形式、燃油系统、电气架构、空调系统等。技术选型过程既要关注功能属性的实现，又要从供应体系、制造体系、结构形式等方面统筹考虑每个总成及零部件的成本问题；这是决定产品是否具有良好竞争力的核心过程，考验企业整体核心能力，包括协同效率、技术能力、供应链管理能力等。

第四方面是成本效益分析。在技术选型的基础上开展零部件成本分析管控，并结合产品的市场定位、竞争关系、技术特性、制造方案设计等，进行产品投入产出分析，细化品牌推广策略、供方和销方的商务策略，全面进行产品成本效益分析，明确各板块的成本效益目标和管控要点。产品盈利是整车企业可持续发展的根本保障。

第五方面是开发计划。它不仅包括进度上的计划，还包括开发目标计划及资源保障计划。很多企业在开发目标和开发进度方面的管理是比较到位的，但是资源不足，所以产品开发不仅仅是技术研发部门的事情，只有各个部门配齐资源，产品开发的矩阵管理才能落地。

概念开发阶段的主要关注点包括方案论证与选择、法规分析、功能与成本分析和开发目标计划。第一，充分利用专业评审及市场调研方法，全方位把握和审视客户需求（如产品造型、产品功能属性定义等），通过对竞争市场和车型进行对标分析、对技术方案进行仿真分析等方法来开展多方案论证。第二，考虑各类法律法规要求，比如碰撞安全、禁限物、油耗、排放、内外凸出物、耐久及环境适应性要求。第三，在满足功能属性要求的前提下，既要保障产品品质，又要兼顾成本要求；既要考虑内部制造水平，又要统筹考虑若干供方的设计及制造保障能力；应开展一系列投入产出分析以及供方和销方商务策略的细化与明确工作，以提升产品效益。第四，制订项目开发计划，包括进度、目标及资源计划，同时，要考虑三个计划和目标的兼容匹配。

本阶段主要成果及交付物包括市场竞争策略报告、产品定义报告、产品市场方程式、整车总布置图、整车工程属性目标书、整车质量目标书、整车及零部件成本策略、生产制造方案、整车和系统及零部件技术方案、初步的市场营销策略报告等。

2.2.2.3　工程设计阶段

工程设计阶段，即细化设计阶段。概念方案通过后，新产品项目便转入细化设计阶段。细化产品设计的核心为"设计—建立—测试"循环。本阶段活动是产品原型设计与构造开发，即在设计概念上明确定义产品，且建立产品原型，进而对产品做模拟使用测试。如若原型没有达到技术要求，工程师必须修改设计，重复进行"设计—建立—测试"循环。只有当产品的最终设计达到规定的技术要求并得到签字认可后，详细产品工程设计阶段才结束。汽车车型工程设计阶段的工作主要包括总布置设计、自动驾驶设计、智能座舱设计、动力系统工程设计、白车身工程设计、底盘工程设计、内外饰工程设计、电气工程设计等。

本阶段的主要工作是完成整车各个总成系统及零部件的设计工作，协调总成系统与整车、总成与总成以及零部件与零部件之间的各种矛盾，保证整车功能属性满足整车目标要求，具体有总布置详细设计验证，以及自动驾驶、智能座舱、车身、底盘、电气、内外饰、动力总成等系统的详细设计验证和工艺设计。总布置详细设计验证就是在总体布置的基础上，深入细化总布置设计，精确描述各零部件的尺寸和位置，为各总成和部件分配准确的布置空间，确定各个部件的详细结构形式、特征参数、质量要求等条件。各系统详细工程设计就是按照总布置详细设计要求，基于功能属性、成本、重量、品质要求开展详细的工程数据开发，并制作样品样件对设计意图进行验证确认。工艺设计则是根据零部件设计方案、生产量纲要求进行生产线及夹模检具的工程化设计与开发。

本阶段主要关注点有八个。第一是通过数字样车进行总布置校核与检查；第二是通过大量的仿真分析及样品样件验证，确保产品设计满足设计意图及法律法规要求；第三是使产品设计满足成本、质量及进度要求；第四是使整车集成匹配与调校满足功能属性要求；第五是使产品设计满足耐久性和环境适应性要求；第六是通过大量工艺仿真分析，确保所有设计具有良好的工艺性，包括零部件、白车身焊接、涂装以及整车总装与在线监测等；第七是确定零部件选型，并由供方提供技术支持；第八是要确保样车试制准备就绪，包括人员、工艺文件、生产线、供应链能力等。

本阶段主要成果及交付物包括整车造型及CMF（Color，色彩；Material，材料；Finishing，工艺）方案，整车、系统及零部件工程化数据，各类仿真分析报告，整车及系统各类匹配标定报告，整车、系统及零部件测试验证报告，整车及零部件成本效益分析报告，试生产准备评估报告，以及供方产品质量先期策划（Advanced Product Quality Planning，APQP）状态报告。

2.2.2.4 样件试验阶段

工程设计阶段的主要工作是通过数字样车和虚拟仿真手段来完成的，理论上，产品设计均应符合设计要求。在此基础上，还需要进行大量实物和实车试验才能验证设计是否合格，这个验证过程就是样件试验。

样件和样车是通过小规模试制生产完成的。样车试制包括生产线联调联试，工艺规程、工位工序验证，人员培训以及整个供应链和物流环节的验证等。

本阶段的主要工作是通过大量的样车试制工作来验证产品功能属性及制造工艺性。样件试验包括性能试验和可靠性试验。性能试验是对汽车的性能进行测试，如操控性、NVH、风阻等。可靠性试验是在不同地区、不同环境、不同工况下验证汽车的强度和耐久性，如高温试验、高寒试验、高原试验、道路耐久、粉尘试验、腐蚀性试验等。汽车样车试验有风洞试验、试验场测试、道路测试、碰撞试验等。

本阶段的主要关注点为设计数据发布与管理、工艺文档发布与管理、设计变更验证与管理、法规一致性检查与校核、产品3C认证及公告申报、企业自身及供方制造过程管理。

本阶段主要成果及交付物包括整车设计数据、整车制造工艺文件、试制试生产总结报告、产品形式验证报告及公告目录、整车及零部件设计验证和生产确认验证报告、制造过程审核报告、供方APQP状态报告，以及产品上市推广策略。

2.2.2.5 投产上市阶段

前面四大阶段的工作完成后，产品定型。在此基础上，投产上市工作启动。

本阶段的主要工作任务，一是拉通汽车企业自身、供方和销方的关系，保障从零部件物流到整车生产，再到整车物流全产业链流畅，实现批量生产并检验产品一致性；二是基于产品定位，全方位推进产品推广宣传及上市活动，包括品牌包装、广告宣传、渠道建设、上市活动策划等。

本阶段的主要关注点是检查供方供应能力及产品的一致性，企业自身的制造一致性和产品一致性，备品备件准备工作，上市策略及广告宣传部署，执行产品营销策略、渠道数量和渠道能力认证。

本阶段主要成果及交付物包括供方APQP状态报告、渠道数量及能力建设评估报告、上市准备评估报告、产品功能属性签收评估报告、整车生产一致性评估报告、备品备件准备评估报告，以及整车效益评估报告。

2.3 研发与知识工程

2.3.1 研发与知识工程的关系

研发过程是伴随着知识应用和知识产出的过程，也是与知识工程相互协同运作的过程。例如作为当代汽车领域前沿科技的智能驾驶技术就是应用感知与传感技术、定位导航技术、车联网与通信技术等相关知识开发出各种智能驾驶的软硬件方案；同时，智能驾驶技术开发完成后，建立了许多新标准和专利，即沉淀了大量知识，而这些方案、标准和专利知识又反哺研发，用于其他车型自动驾驶技术的开发，或者推动更先进的智能驾驶技术的发展。

随着人民生活水平的提高，以及企业新技术研发能力的发展，客户对产品的外观、功能多样性以及智能化等的要求越来越高、需求越来越多样化，部分需求没有明确的达成路径，而且不同的需求之间或许还存在技术上达成路径的冲突，导致现代产品的研发过程非常复杂。近几年，汽车领域新技术可谓是爆发式推出，电动化、智能化及底盘线控技术的发展赋予了汽车应用于更多使用场景的能力，因此，从某种意义上说，现代的汽车已经逐步摆脱单纯的"交通工具"属性。"百变空间""智能座舱""原地掉头"等术语不断出现在汽车产品的推广介绍里。客户对汽车产品的功能需求不断演变，传统的汽车理论、汽车生产制造工艺、电子电气原理等知识不足以支撑现代汽车的技术研发，传统的产品策划方式无法准确捕捉客户的核心需求，传统的项目管理流程及管理方式满足不了产品快速上市需求，这些都在助力汽车研发知识不断更新迭代。如何对研发新知识进行有效管理和再利用，让知识高效地支持汽车研发活动，创造出更具竞争力、更符合市场需求的高品质的汽车产品是困扰企业的难题。

产品研发的复杂性需要来自不同专业的研发人员进行多学科、跨系统的沟通协调和思想碰撞。为了方便沟通协调和思想碰撞，研发组织通常会采用将不同专业的研发人员集中于一处的协同办公模式。这种协同办公模式，能够实现组员之间快捷的信息交流与技术方案沟通，提升效率。然而单纯地依靠人来协同越来越难，应用知识工程协同来辅助研发愈显迫切。

研发与知识工程协同是指在研发过程中，一方面工程师们应用已有知识来帮助产品开发，解决产品问题；另一方面他们将开发经验整理成案例、专利等存储到知识工程系统中。这个知识工程对研发进行知识输入和研发成果沉淀于知识工程的过程如图2-8所示。一方面，在汽车研发经典流程中，方案策划阶段、概念开发阶段、工程设计阶段、样车试制试验阶段及投产上市阶段都伴随着知识工程的协同输入；另一方面，产品研发过程中产生的大量数据、实践案例、专利论文、技术规范等沉淀于研发知识平台，丰富平台内容，而这些知识将为其他研发项目提供更好的支持，两者形成正向循环。

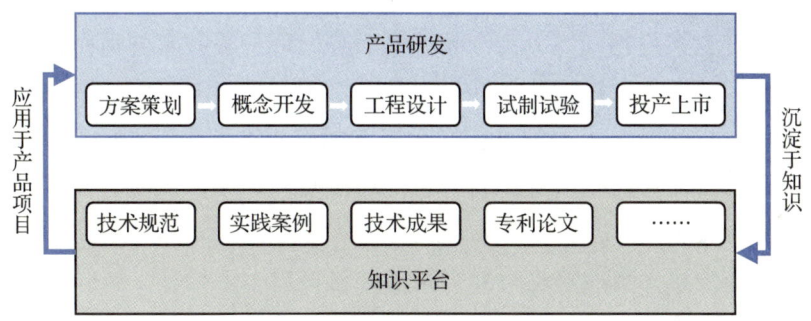

图2-8 知识平台与产品研发的关系

研发与知识工程协同对于提高研发效率和水平有着重要意义，主要体现在以下四个方面。首先，它可以有效降低开发人员的沟通成本，减少设计冗余，进而降低研发的时间和经济成本。其次，它有利于缩短目标确定时间、问题解决时间、成果验证时间等周期，从而加快新产品的研发速度。再次，研发过程需要多学科和多系统的交叉融合，而运用知识工程协同，开发人员可以互通有无、查漏补缺，可以降低系统性风险的发生，而且多个行为主体会在协同过程中进行交流和思想碰撞，整体效果大于各自为政独立完成任务的效益之和，出现"1+1＞2"的效益涌现特性。最后，在协同的过程中，所有参与方不仅能够获取知识资产产生的价值，还能降低知识创新的成本，获得最大化的协同效应。

研发和知识工程相互作用、互相协同，关系密不可分，形成了"你中有我、我中有你、互相成就、相互协同"的关系，形成"知识从研发中沉淀固化，知识到研发中应用"的良性循环。

2.3.2 研发与知识工程的协同

2.3.2.1 知识工程对研发的知识输入

随着计算机技术的进步，大数据、云计算、搜索引擎、数据库、人工智能等技术涌现出来，这极大地促进了知识工程的发展，改善了知识的管理方式，提高了知识工程在研发过程的协同作用。知识工程对研发的知识输入主要有知识检索、知识推送、知识社区和知识地图四种实现路径。

1. 知识检索/搜索/查询

"检索""搜索"和"查询"在操作层面都是知识寻求者主动进行的查找目标知识的动作，这是所有知识管理平台最基本的功能之一。

企业会根据知识类别的不同分别建立应用系统对知识进行管理，比如知识产权管理系统、产品数据管理系统、实验信息管理系统等，分别存储不同的知识。工程师们可以通过搜索来找到知识，为产品开发服务。可是，一家公司往往有许多知识系统，而完成一项研发任务所需要的知识涉及多个系统，但这些系统一般互不联通，形成信息孤岛，导致研发工程师进行知识查询的时候需要进行"孤岛搜索"，很不方便。这时知识工程将这些信息孤岛的系统连接起来，让工程师们在知识平台上可以搜索到全公司的系统，即实现一站式搜索，实现对各类数据、经验、知识的最快、最全、最直接的搜索，也能够进行知识检索，这将极大地提高寻找知识的效率，让知识更好地服务产品开发。

2. 知识推送

研发知识推送是指在研发过程中，通过一定的机制将研发知识主动推送给研发人员，并通过邮件、短信等方式告知他们。知识平台可以根据用户的行为、需求，以及产品开发里程碑和计划等进行个性化知识定制，精准地把知识传递给他们。接下来将介绍几种常见的推送机制。推送方式有基于用户行为的推送、基于角色任务的推送、基于时间的推送和基于需求的推送等。

基于用户行为的推送是通过分析用户在研发过程中的行为，例如搜索历史、阅读记录、点击行为等，来推断用户的兴趣点和需求，然后根据这些兴趣点和需求向用户推送相关的研发知识。类似于今日头条的推送形式，如图2-9所示。

基于角色任务的推送是根据工程师岗位角色及其执行的任务，推送相关的研发知识。例如，如果软件算法工程师正在进行软件设计，可以推送一些有关算法设计、算法优化、代码技巧等方面的知识，如图2-10所示。

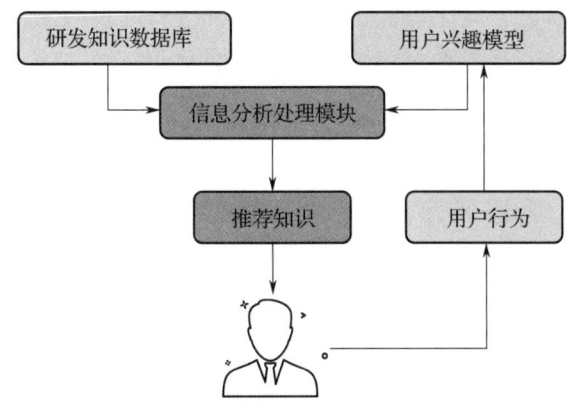

图2-9 基于用户行为的推送逻辑

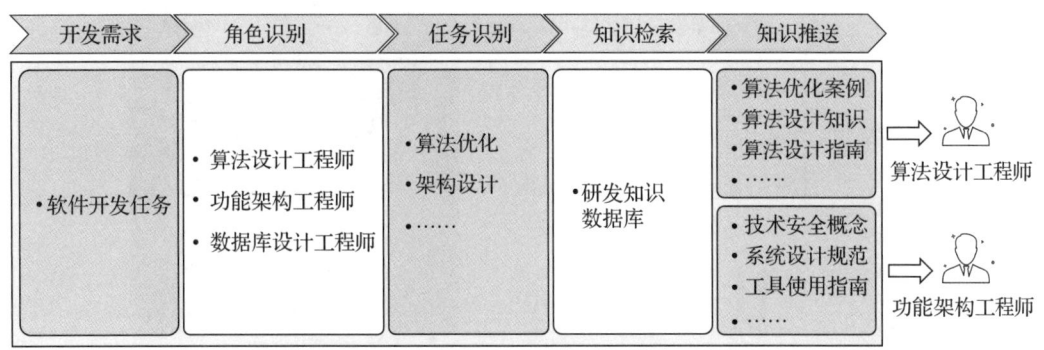

图2-10 基于角色任务的推送逻辑

基于时间的推送是根据用户的工作或学习计划,在特定的时间向用户推送相关的研发知识。例如,在每天的固定时间向用户推送一些关于新技术、新应用等方面的知识。

基于需求的推送是根据用户在研发过程中遇到的问题或困难,推送相关的研发知识。这些知识可以是在线课程、案例、规范、参考书籍、论文等具体内容,也可以是相关领域的专家或专业机构。这种推送方式可以帮助用户更好地解决问题,提高研发效率。

总的来说,研发知识的推送需要结合具体的用户需求和场景,通过各种研发知识的推送机制,帮助研发人员更好地理解和应用研发知识,实现知识的有效传播和应用,从而帮助企业提高研发效率和创新能力,实现可持续发展。

3. 知识社区

对汽车研发来讲,知识就像血液为各业务开展提供养分和动力。研发知识可分为显性知识和隐性知识。显性知识是可以明确表达和记录的知识，隐性知识比较分散，难以复刻，极易流失，但其对于需要不断创新的汽车研发工作来说不可或缺。如何将分散的知识固化、让隐性知识显性化是知识工程的一个重点工作，也是难点。为了挖掘隐性知识、满足研发工作的知识需求，知识社区应运而生。

研发知识社区是基于知识工程平台，以特定的领域、行业或兴趣为基础的社区。社区成员共同关注和探索某个领域的知识和技能。知识社区的特点包括共同目标、互惠互助、共享资源和经验、相互学习和创新等。它不仅为研发人员解决问题和获取有用信息提供了便利，还为工程师们提供了一个相互学习和交流的机会。同时，知识社区通常会设立奖励机制激励用户贡献自己的知识和经验，形成知识的良性循环，如图 2-11 所示。

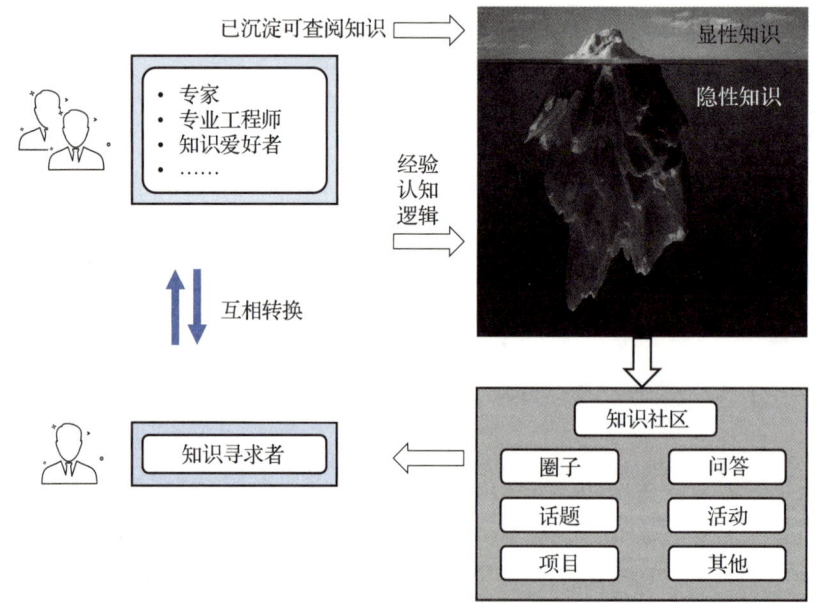

图 2-11　知识的良性循环

在知识社区里，人们可通过提问和回答、标签和分类、用户积分和声望、内容评价和推荐等模式帮助研发人员快速分享、获取隐性知识，打造互帮互助的氛围，提升知识获取、问题解决的效率。

在提问和回答方面，用户可以在知识社区里提出研发过程中遇到的问题，向其他用户寻求答案和建议。同时，其他用户也可以对这些问题进行回答，并提供自己的观点和经验。这种问答模式有助于快速挖掘同事、专家掌握的隐性知识，提升问题解决效率，扩展解决思路。

在标签和分类方面，知识社区提供标签和分类功能，方便用户快速浏览和搜索相关内容。用户可以给问题和帖子添加适当的标签，或者将其归类到相应的主题或领域。这样可以更好地组织和管理知识资源，提供更精准的检索结果。

在用户积分和声望方面，知识社区通常会引入用户积分、用户声望等激励机制，以鼓励用户积极参与和贡献。通过回答问题、分享知识和获得其他用户认可等方式，用户可以获得积分和提升声望。这有助于营造一个活跃的社区氛围，并激励用户提供高质量的内容。

在内容评价和推荐方面，知识社区平台可以让用户对问题、回答和帖子进行评价和点赞。这样系统便可以根据用户的评价和反馈来推荐相关的优质内容，提高用户浏览和发现有价值的知识资源的效率。

4. 知识地图

英国情报学家布鲁克斯于1980年提出"Knowledge Map"（知识地图）的概念，之后，知识地图迅速引起人们的广泛关注，并在理论和实践两个方面得到了丰富和发展。

知识地图是一种知识导航系统，通过图形化的方式展示业务场景（工作任务）与所需知识（知识描述、知识来源、知识链接）的关系，形成可视化的知识导航。知识地图能够清晰地展示知识的来源和位置，降低在知识寻找和获取过程中的时间和精力成本，帮助用户快速找到所需的知识。知识地图是用于组织、显示和共享知识的一种有效工具。

在汽车研发知识管理中，利用知识地图技术可以整合大量的研发知识，并将研发知识进行结构化处理，形成层次清晰、逻辑严谨的知识地图。在研发过程中，知识地图可以帮助研发人员快速获取项目每个阶段的任务和所需知识。

2.3.2.2 研发成果沉淀于知识工程

基于不同的沉淀方式，研发成果沉淀于知识工程一般可分为研发任务伴随式沉淀（被动沉淀）和研发成就鼓励式沉淀（主动沉淀）。

如图2-12所示，研发任务伴随式沉淀是指伴随着研发任务的完成自然而然地将研发成果沉淀于知识工程平台的知识沉淀方式。这类任务需要在研发知识工程平台上进行操作，多数是涉及上下级审签的任务或上下游业务流转的任务，例如在产品数据管理（PDM）系统上开展产品数据审签流程，在先期质量管理系统（AQIMS）上完成某个产品质量问题的整改流程等。这些流程完成后，知识自然而然地沉淀下来。

研发成就鼓励式沉淀是指研发人员主动将研发成果进行加工并输入到知识工程

平台的沉淀方式。例如研发人员将发明专利上传到知识产权管理系统，将设计指南上传到标准规范管理系统。当员工受到激励或鼓励时，他们的主观能动性会被充分调动，所以研发成就鼓励式沉淀往往需要设置恰当的激励机制。

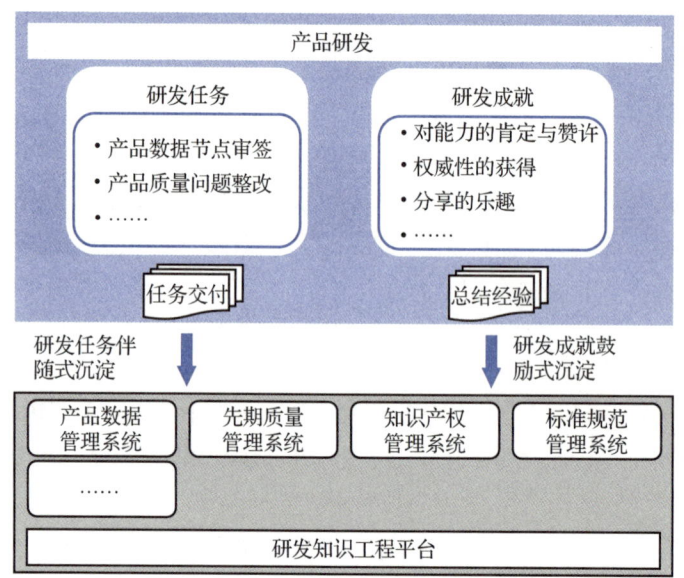

图 2-12　研发成果沉淀于知识工程平台的方式

研发任务伴随式沉淀是贯穿于整个研发过程的知识沉淀，而不是在项目结束后才进行的知识沉淀。研发人员在项目研发过程中，每个项目节点都需要在知识工程平台上对节点交付物进行评审、会签及审核。当这些资料完成审签后，会自动被知识工程平台收录并形成新知识。如图 2-13 所示，伴随着研发任务的开展，在项目节点审核阶段，研发人员需要将待审核资料输入到相应的研发管理系统。例如将 3D 数据、技术方案报告等输入到产品数据管理系统，将设计检查清单输入到设计检查在线系统，以便开展相关的评审确认工作。这些资料在完成评审、会签及审核后，会同步传送到研发知识工程平台。

研发成就鼓励式沉淀是研发工程师主动开展的沉淀。主要涉及项目总结、设计指南、论文、著作、专利、培训材料等。由于研发成就鼓励式沉淀主要依靠研发人员的主观能动性和责任心来开展，所以调动员工主观能动性、加强员工的责任心是完成研发成就鼓励式沉淀的前提条件。公司通常会针对不同的工作项设置不同的奖励津贴和表彰制度。研发工程师撰写项目总结报告、识别到某项技术规范不完善而研究制定或修订规范、给其他员工进行培训答疑、撰写专利等不仅可以获得奖励津贴还能在工作中获得成就感，这种物质和精神的双重激励可以极大地提高员工的主观能动性，让员工进一步开展研发成就鼓励式沉淀。

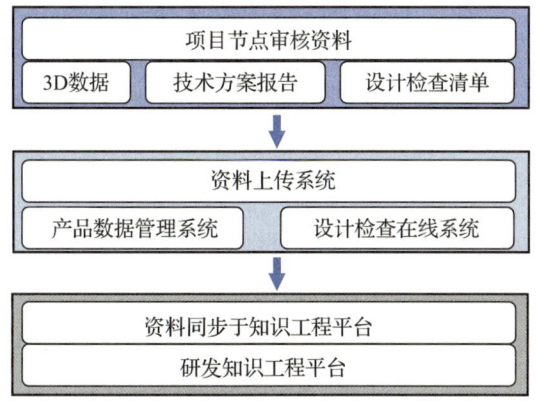

图 2-13 项目节点交付物伴随式沉淀图示

2.3.2.3 研发协同的保障要素

从宏观层面来讲,企业做好了知识工程的规划与管理,可以促进整个研发目标的达成。从实际落地的角度来看,企业需要在两个方面做好三大保障(图 2-14),才能确保达成目标的途径清晰可见。

三大保障是组织保障、管理保障和工具保障。企业想实现知识工程与研发过程的高度协同并快速达成研发目标,仅让员工通过邮件、会议等简单方式传递知识信息是远远不够的。企业需要做到整个研发过程的知识工程规划与管理,以实现在研发不同阶段将合适的知识信息在合适的时间传递给合适的人。因此,企业要以三大保障为桥梁与支撑,构建研发与知识工程之间畅通稳健的协同关系,实现两者的高效协同。

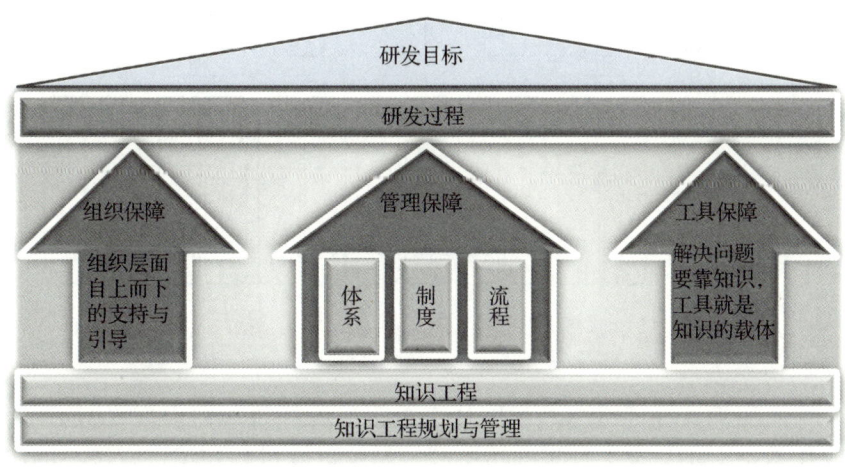

图 2-14 知识工程保障体系

第一种保障是组织保障。我国汽车工业从引进到仿制，再到如今的迅速崛起，离不开企业在研发方面的大力投入，以及在研发体系运作和研发机制保障上的不断探索。在企业摸索发展的道路上，组织对知识工程规划与管理的认知会对后续的发展起到决定性作用。知识工程能够在研发过程中高效协同的前提是公司各层人员对其在研发过程中的重要性具有高度统一的认识。组织层面自上而下的支持与引导、由内而外的衔接与互动是促使整个协同过程畅通运转的关键。所以，在企业知识工程规划与管理上，组织保障体系须优先形成。

企业因经营性质的不同，可能有不同的组织架构划分，但总体的组织保障逻辑是相通的。以长安汽车为例，在知识工程规划与管理层面，上设领导小组，负责统筹分析、评估和确认整个研发过程的知识工程蓝图，为知识工程建设提供顶层的规划与指导；中设推进办公室，负责牵头并组织各单位在对应阶段参与知识工程的建设与实施，定期召开例会，传递领导小组规划，分解达成规划的任务和目标；下设业务团队，负责承接知识工程体系的构建任务并开展知识评审，并在技术和学术上进行把关；IT团队负责协助业务团队进行知识平台的搭建、维护管理，以及提供后端IT技术支持，如图2-15所示。

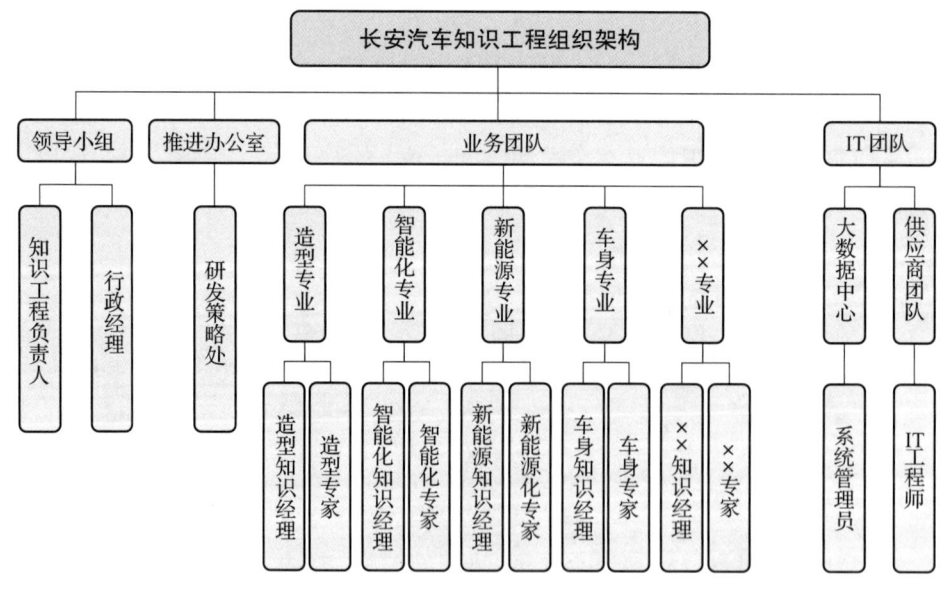

图2-15　长安汽车知识工程组织架构

第二种保障是管理保障。其目的在于实现对研发与知识工程协同模式的管理，并对企业积累数十年甚至上百年的历史开发经验以及过程知识进行统一的挖掘，然后整理归纳形成统一的、可重复使用的标准、制度、流程和体系等，实现对后续产品开发的有效指导，保障整个研发过程的顺利运行。管理保障主要包含体系、制度及流程三个层面。

管理保障的第一层面是体系保障。体系是支撑研发过程中制度和流程实施的框架，由制度体系、流程体系等共同组成。它可以对研发活动的开展过程进行系统规划，以保障活动的有序开展。

搭建适合企业发展的知识工程体系架构，可以确保存储在各系统中的原始数据得到有效的分析和处理。首先将原始数据变成信息，然后将含有逻辑关系的有用信息进行分类加工，转变成可利用的知识，来支撑研发过程中制度和流程的进一步开展。

知识工程体系建设的作用有四点。第一点是能够确保研发活动与知识融合，保障研发过程有知识支撑；第二点是可以形成长期有效的知识积累机制，让知识越积越多；第三点是通过体系层面的提炼与总结，可以挖掘出解决问题的多重路径，提升员工创新思考的能力；第四点是可以形成企业统一的标准和要求，使不同的人做同一件事的结果基本一致。

管理保障的第二层面是制度保障。制度是一个组织的全体人员在生产和经营活动中应当共同遵守的准则和要求，包括规则、标准、管理要求等各类规范文件。为了保障对知识工程在研发过程中的规范化和标准化管理，企业需要搭建知识工程管理制度，这些制度可以保障研发全生命周期中知识的识别、创造、获取、存储、共享、应用以及传递等过程符合规定，让知识工程的管理有章可遵、有规可依、有法可循。

与知识工程管理制度相关的规范文件有知识管理制度、知识工程职责说明书、用户行为管理制度、知识工程激励制度等。知识管理制度对知识的识别、创建、评价、审批、发布以及应用等过程进行规定；知识工程职责说明书对知识工程系统中的角色赋予职责和权限等；用户行为管理制度对使用知识工程系统的用户的操作行为以及管理办法进行规定；知识工程激励制度的主要作用是激发员工进行知识分享和应用的积极性。

建立完善的制度有助于保持企业的长久竞争力。长安汽车知识工程管理团队为智谷知识工程建立了一系列制度，如知识工程运营管理程序、"智谷"研发知识平台权限管理办法、知识变现业务管理程序、知识文档管理程序、知识沉淀作业指导书等。这些制度可以确保整个研发过程中获取的各种经验能够及时地为研发团队赋能，使研发与知识工程的运转"活起来"。

同时，这些制度还可以确保产品项目在开发初期自动获取以往项目的"前车之鉴"，确保不"重蹈覆辙"，并约束产品项目在结项后半年内对研发过程进行总结，确保项目开发中的经验和知识能够及时地总结提炼，形成研发案例。这些案例涵盖研发过程中的成功案例和失败案例，所有的案例都会发布在智谷研发知识工程平台的项目案例库中，供后续项目学习和应用。

管理保障的第三层面是流程保障。流程是由相关部门的不同人员分别或共同开展以及完成的系列活动。它可以增加输入的价值并创造出更为有效的输出，流程内部的每一项活动都有一定的顺序要求，同时，活动本身在开展方式、内容以及职责划分上都有明确的界定。基于知识工程的流程像是充满动力的血管，以知识库这个心脏作为动力源，将源源不断的知识输送到各个研发业务环节，再通过流程分支节点的设置，形成一条条毛细血管，直接将关联知识传递给工程师，实现知识与设计的精准搭接。同时，通过流程自带的存储功能，知识工程平台不仅可以完成研发各个环节知识的共享传递和存储，还能不断搜集研发过程中的经验和方法，使其通过血液循环回流到知识库中，实现知识创新。

研发是融入了知识获取、知识应用及知识传递的业务活动。研发过程的知识管理往往存在诸多痛点，比如知识点过于分散而无法查询、知识没能有效应用到设计中、研发完成后知识成果丢失、同样的问题在不同项目中反复发生等，然而，借助流程，就能很好地解决这些问题。因此，企业若想规避研发过程的知识管理痛点，并提升知识管理效率和质量，就需要制定适合自身业务发展的流程，实现对产品研发各个专业相关知识的流程化管理，即对具体产品研发过程中涉及的数据项、活动项以及协作任务进行标准化，并将与研发过程强关联的输入或输出数据、工具及模板等信息进行统一管理，来支撑项目快速、高效地输出研发成果。

例如，长安汽车的产品质量问题整改就必须按照"先期质量管理系统"流程来开展。每个上传到"先期质量管理系统"的研发问题整改完成时并不能立即进行流程关闭，系统会自动根据标准规范以及操作程序来判定整改的有效性。当判断出整改不符合标准和没有达到要求时，系统会自动跳转到相应的流程界面，让工程师继续工作。通过这种"步步为营"的方式，工程师不仅可以更好地解决问题，而且可以把研发经验一步一步挖掘出来。

第三种保障是工具保障。工具是指在生产过程中使用的器具、手段等。某种意义上，人类文明的发展史就是工具的发展史，史学家用石器时代、新石器时代、青铜时代、铁器时代、蒸汽机时代、电子时代、智能时代等对人类文明发展的不同阶段进行了划分，足以看出工具的重要性。随着现代科技的进步，诞生了很多实用的工具，为各行各业提供了有效的保障。在研发方面，早期，工程师们设计产品使用的工具是尺和图纸；后来，三维建模软件（如CATIA、UG等）应运而生，于是工程师们在计算机上用软件来设计产品。

在研发与知识工程的协同中，工具非常重要，工欲善其事，必先利其器。邮件、企业微信、数据服务器等虽能起到一定的知识传递与沉淀的作用，但对于现代化的研发知识工程建设远远不够。有了工具的保障，知识能够直接服务于研发，同时研发成果能够直接沉淀于知识平台。长安智谷研发知识平台采用了很多智能化的工具，实现了知识的一站式检索和推送，员工的经验和交流分享能够快速实现知识沉淀。

2.4 数字化时代的迭代开发与知识工程

2.4.1 数字化时代的迭代敏捷开发

在数字化时代，迭代开发成为组织和团队在快速变化的市场环境中实现创新和持续改进的关键方法。它能够帮助组织更好地满足用户需求，提供高质量和有竞争力的产品。

2.4.1.1 什么是企业产业数字化

我们已经处在数字经济快速发展的时代，大数据、云计算、人工智能极大地推动了各行各业的数字化转型。

企业产业数字化是指利用数字技术和信息系统改造和升级传统产业，实现研发、生产、管理和运营的数字化转型。通过数字化技术的应用，实现产品研发、生产制造、经营管理、供应链、市场营销等多个环节的数字化，以提高企业效率，降低成本，增强竞争力。企业产业数字化包括数字化研发、数字化生产、数字化供应链、数字化营销和数字化服务，如图2-16所示。

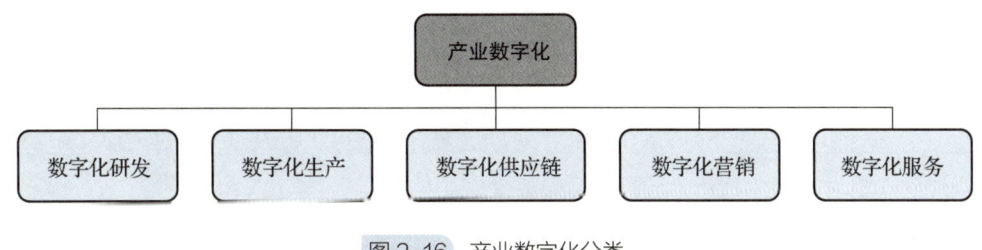

图2-16 产业数字化分类

研发环节数字化，即数字化研发，是以提高研发效率、降低研发成本为目的，将研发过程中使用的工具、知识、流程等数字化。数字化研发在汽车行业中主要体现在通过将研发过程数字化、研发知识数字化和研发工具数字化相结合，从开发体系上保障新品车型在研发过程中达到内外高效协同。同时，数字化研发通过采用硬件平台化、软件迭代开发、造型特征件专用开发的思路，减小车型开发范围，提高车型开发效率，缩短新车市场投放周期，从而提高产品竞争力，如图 2-17 所示。

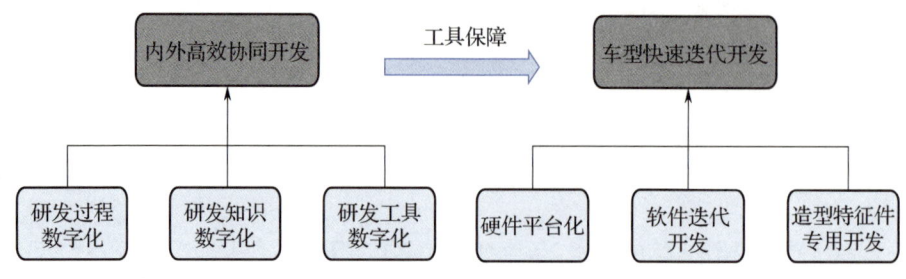

图 2-17　数字化研发与汽车迭代开发

2.4.1.2　什么是迭代开发

迭代开发是指将集成产品开发项目拆分成多个子项目单元，每次开发只实现这个产品的一部分，通过多步骤的开发，最终完成集成产品开发。每一次设计和实现就叫作一个迭代，每一个迭代都包含了需求分析、产品设计、试验验证和产品实现的全过程。一系列短小的、固定长度的小项目的组合就叫作系列迭代，如图 2-18 所示。

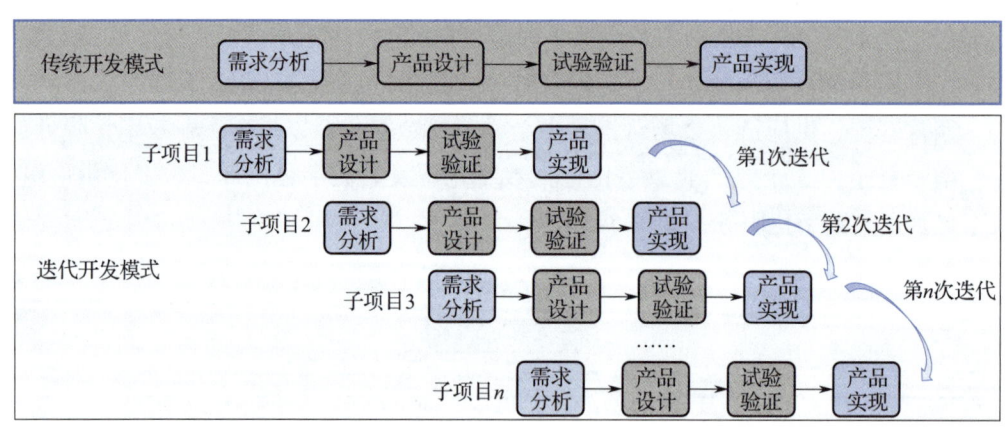

图 2-18　传统开发模式与迭代开发模式示意图

汽车行业的迭代开发更多的是指在初代产品开发完成后，结合产品市场表现、用户使用反馈、市场产品发展趋势等，在初代车型的基础上，针对性地进行产品改进、配置优化、体验升级，以推出能更好地满足用户需求的车型产品。如长安汽车在 2022 年推出阿维塔 E11 车型后，在 3 个月后推出首版功能迭代（增加了座椅远程加热、生日彩蛋等功能），5 个月后又推出第二版功能迭代（增加了自定义驾驶模式、车载冰箱、灯光秀等功能），9 个月后又推出第三版功能迭代（增加了舒适停车、舒适降窗灯等功能）。

在数字化技术快速发展的趋势下，汽车市场的更新换代越来越快，开发周期越来越短。这对汽车产品开发全过程的效率要求越来越高，传统的汽车开发模式已经很难适应数字化时代的发展，因此，敏捷开发模式被快速应用到汽车产品开发中。

2.4.1.3 什么是敏捷开发

敏捷开发是一种以适应性、协作和灵活性为核心的软件开发方法。它通过迭代开发、持续交付和多方协作、快速响应和适应需求变化，来提高软件开发的效率和质量，同时也逐步在汽车行业应用。从开发流程模型来看，敏捷开发与迭代开发有着异曲同工之妙，都是将最终交付的产品拆分成若干子项目单元，通过小步快跑和持续优化的方式，来提升整个项目开发的效率，这两种开发方法已经在汽车研发中逐步融合。

敏捷开发最初用于软件开发项目中，已逐渐取代了严格的瀑布模型，成为软件开发的主流模式。随着"软件定义汽车"的发展，敏捷开发也成为汽车软硬件研发中的重要工具。

传统的集成产品开发是一个瀑布式的开发模式，严格按照需求分析、设计、实现、发布的步骤，来完成新品开发，提供满足客户需求的产品，如图 2-19 中的瀑布开发模型所示。而随着市场变化越来越快，在客户都不清楚自己要什么的情况下，形成完整的产品需求就变得越来越困难。此时，传统的集成产品开发方式似乎过"重"，这种"重"影响了企业对市场和客户的快速响应。

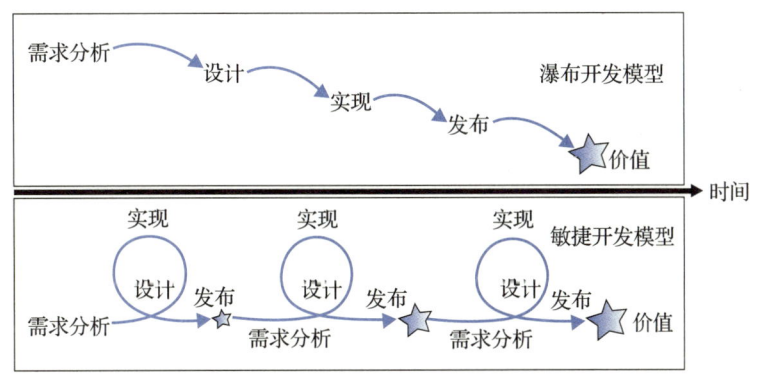

图 2-19 瀑布开发模型与敏捷开发模型

随着敏捷思想在软件开发中的流行，集成产品开发也开始抛开繁重的评审和决策，逐步让开发轻量化。产品开发不再是一次性满足客户全部需求，而是将用户需求拆分成可执行的最小功能，通过分步开发并迭代和交付的方式，逐步满足用户需求，如图2-19中的敏捷开发模型所示。在交付周期内频繁发布新版本，并对不确定的需求进行快速试错。

这种开发模式需要对客户的价值需求进行优先排序，并根据价值需求交付正确的产品。这种模式要求重新进行团队资源和能力的匹配，工作方式从"尽力而为"转变为"说到做到"。这样，可以避免开发团队为了一次性满足客户的所有需求，求多求全，导致需求过载。所谓需求过载是指开发需求的工作量大大超出了团队的交付能力，使开发陷入缺陷数量多、系统设计差、修复缺陷时间长、团队疲劳的恶性循环。

敏捷集成产品开发包括纯软件项目的开发、纯硬件项目的开发，以及软硬结合项目的开发。

1. 纯软件项目的敏捷集成产品开发

传统集成产品开发强调的是商业决策和技术决策的分离，而软件产品具有特殊性，容易实现需求的最小闭环验证和交付，所以在相对稳定的组织（如产品线）和相对稳定的商业计划书完成后，可以通过规划不同的产品版本发布计划来实现不同的需求包。每个版本发布都要达到测试验证受限发布水平，即每个版本都有一个简化的产品开发子项目，直到所有规划版本都发布完成，最终达到商业发布水平。这就要求企业和客户签合同时要进行谈判，并明确完成业务合同的交付轮数。通过与客户的互动，及时进行版本需求列表的刷新，并以增量的方式交付。因此，对于面向客户持续发布的版本，其需求是不断地进行规划、迭代开发和持续发布。这种开发模式对于面向企业（2B）或面向消费者（2C）的企业十分有效，因为终端需求变化剧烈，客户也在"摸着石头过河"。

这种模式下的产品规划就是在不同时间推出满足不同需求的版本，而版本规划就是对需求进行管理，包括对需求进行收集、分析、排序，并将需求分配到不同的版本中去实现。

例如，长安汽车在软件产品开发过程中优先探索敏捷开发模式，根据软件产品开发类型的不同，确定不同的开发模式（瀑布/敏捷），例如对于车云协同、智能驾驶、智能座舱、车辆控制、空中升级（OTA）等领域，因功能需求、软件开发、系统测试复杂，采用敏捷开发模式，将系统功能进行拆分，对子功能分批迭代开发、测试和交付。长安汽车软件开发流程（CASDS）分为CASDS_L、CASDS_P、CASDS_F三种，分别对不同级别和类型的软件开发项目所采用的开发模式进行规定。如图2-20所示，简单软件开发项目采用CASDS_L瀑布型。车型底层软件和上市功能需求开发采用CASDS_P流程。CASDS_P将开发项目拆分为C001、C002、…、C00n多个子开发项目，采用敏捷快速迭代开发和验证交付，最终达成整车上市交付。而 CASDS_F 则适用于车型已上市，为快速响应市场需求而开展的功能层面的迭代开发。

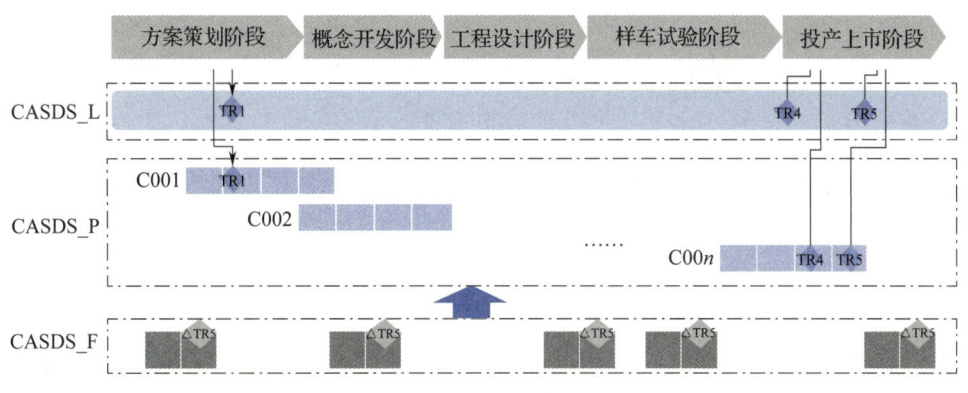

图 2-20　长安软件开发流程示意图

2. 纯硬件项目的敏捷集成产品开发

纯硬件项目的敏捷集成产品开发模式中的硬件项目通常指的是纯机械产品、纯电子产品等，如电动工具、非智能电冰箱等。首个项目作为基础产品或平台产品，首先要有明确的产品定位，满足明确的产品包需求，产品开发采用传统的集成产品开发流程。而后续项目需要继承首发项目的产品包需求，并收集和定义增量的产品包需求部分，形成后续产品的产品包需求。后续项目的产品架构也可以继承首发项目的产品架构，作为衍生型项目，遵循简化后的集成产品开发（IPD）流程。如果产品架构有大的调整，建议按全新产品开发流程进行。以此类推，每一个迭代产品的推出，都需要通过上市决策评审点（Availability Decision Check Point，ADCP），每个迭代产品的产品包需求都包括继承部分和增量部分，沿用传统产品开发流程，最终达到商用发布水平。

3. 软硬件结合项目的敏捷集成产品开发

对于软硬件结合的产品，软硬件必须解耦设计，这样就可以实现异步开发（并行工程），架构设计必须包括后续的快速交付功能，以便实现敏捷化交付。在软件上，各个模块要松耦合，支持按组件独立开发验证。软件必须支持持续规划多个增加项目（PI），而每个 PI 达到验证标准后的交付应能够支持持续交付和多次商用发布。

基于新硬件平台的项目按照传统的集成产品开发模式开发，而基于成熟硬件平台的增量硬件则快速增量开发、快速上市。

2.4.1.4 采用敏捷开发的优势

敏捷开发，特别是数字化系统研发的敏捷开发，因其在迭代效率、响应速度、成本等方面存在优势，成为赋能企业研发创新、生态建设和流程再造的重要抓手。

第一个优势是敏捷开发节奏快，功能能够持续优化和增强。敏捷化的开发模式是将复杂的系统功能拆分为多个可以单独实现的子功能进行开发，所以它可以在最短时间内交付具备实用价值的（软件）产品，而且具备节奏快、功能能够持续优化和增强的优点。

第二个优势是敏捷开发效率高。敏捷化开发模式采用多版本快速迭代的方式投放市场，可以根据用户使用情况及市场反馈，快速地修改设计方案来提升用户体验。传统的瀑布开发模式需要将整个产品开发完成后再投放市场，相比之下，敏捷开发能够快速响应市场需求，效率非常高。汽车产品开发采用敏捷开发模式可以极大地提升汽车验证效率。

第三个优势是可以大大减少企业的试错成本。通过少数几个迭代，敏捷开发模式可以用最少功能包来投放市场，在市场上试水后，获取用户反馈。即使出现错误，代价也很小。然后再对产品进行迭代更新设计，这样能大大降低开发成本和市场问题带来的售后处置成本。

2.4.2 汽车开发中的快速迭代

2.4.2.1 汽车开发中快速迭代需求的来源

在当今快速变化和竞争激烈的汽车市场中，快速迭代需求变得越来越重要。追求快速迭代意味着汽车制造商必须不断适应新兴技术、消费者需求和法规要求的变化，并改进产品性能和质量。

汽车开发中快速迭代的驱动力来自技术革新、法规要求变化、用户体验需求变化、市场竞争等。首先，在技术革新方面，汽车行业正面临着数字化、电动化、自动化和智能化的激烈变革。为了跟上技术的发展和满足消费者需求，汽车制造商必须主动、迅速地将新技术应用于产品并迭代改进。例如，智能驾驶技术、连接性和人机界面的创新都要求制造商迅速推出新功能和改善用户体验。其次，在法规要求变化方面，汽车行业受到各个国家和地区的环保和安全法规的约束。这些法规往往需要制造商对车辆进行改进和升级，以符合更严格的排放标准、碰撞安全标准等。同时，新兴技术的快速应用也使得相关法规必须修改与完善，迫使汽车厂商需要快速地应对法规变化，而产品的快速迭代能够帮助汽车制造商快速地应对法规变化，以确保产品符合法规并在市场中保持竞争力。再次，在用户体验需求变化方面，随着互联网、自媒体、信息透明化等快速发展，消费者对汽车产品的期望也在不断演变。他们希望得到更好的驾驶性能、舒适性、连接性和安全性。汽车制造商必须不断迭代汽车的设计和功能，以满足消费者不断变化的需求和偏好。最后，在市场竞争方面，汽车市场竞争激烈且变化迅速。汽车制造商必须快速响应市场需求，并推出新车型或更新现有车型，才能保持竞争力，在市场中占据先机。

2.4.2.2 汽车快速迭代开发的实现途径

汽车公司从硬件开发和软件迭代两个方面来推进快速迭代开发。

在硬件开发方面，通过平台化、通用化、模块化等手段，提高车型兼容性，减少新车型硬件变更数量，提升开发效率，缩短开发周期。在平台化开发方面，从一个基本结构衍生出系列产品／产品族，使得不同车型之间较大的变动减少。当平台只有较小的改动时，整车验证工作量将大大降低，敏捷开发才有可能实现。在零部件通用化方面，通用化和标准化的零部件可以在不同车型上应用，这样不同车型上不同零件的数量降低，零部件互换性提高、验证试验减少，零部件更换更快，这给敏捷更换零部件带来便利。在功能和性能模块化方面，将整车、系统和部件按照功能和性能进行模块化划分，并独立设计与开发。模块化的功能和性能使得不同车型的系统可以独立开发和测试，加快了技术的迭代和创新，从而可以加快汽车迭代开发的速度。

例如，长安汽车通过对动力系统、下车体、底盘、热管理系统的整合，形成了有区隔的平台化产品，可以供不同定位的车型产品选用，大大降低了开发周期、提升了开发效率。在对制动器、悬架、压缩机、蓄电池、转向器、显示屏等零部件进行通用化开发之后，新车型可从通用化系统中选择零部件，这样新车型开发风险和成本降低、开发效率提高。在车型敏捷迭代开发中，可以根据用户需求快速选用相应的已经过验证的硬件结构，以缩短总成和零部件验证周期，实现快速把新车型推向市场。

在软件迭代方面，随着汽车智能化、网联化、自动驾驶等技术的发展，汽车软件的数量急剧增加，软件的快速迭代成为影响新车上市的关键因素之一。软件架构平台化与应用功能模块化相结合的敏捷开发模式已经成为汽车软件快速迭代开发的保障。首先，在软件架构平台化方面，对众多的软件交付过程进行系统化、规范化、可量化的管理，以实现汽车软件底层逻辑固化。软件架构平台化将通用功能和模块抽象构建成软件平台，开发人员只需专注处理车型特定的业务逻辑和定制需求，从而可避免重复的开发工作和代码编写，减少软件开发的时间和工作量。其次，在应用功能模块化方面，应用功能模块化将应用程序划分为最小可执行的单元模块，每个模块完成某一个子功能。把这些模块组合起来就可以实现所需要的系统功能，这样，就提高了软件代码的复用使用率。最后，在软件开发模型上采用敏捷开发模型。

传统的瀑布式开发模式不能满足市场功能需求的变化，而敏捷开发方法通过增量式开发、及早反馈、快速决策调整等方式，可以不断迭代产品软件，满足市场快速变化的需求。

例如，长安汽车建立的SDA-S（Software Driven Architecture-Software）软件架构平台以控制器为核心和三层架构为基础，以电子电气架构设计与集成为主线，将电子电气架构与底盘电器、电驱、电池进行软硬件集成，践行"硬件最大利用、软件最大复用"原则，实现平台增量开发与持续进化，达成极致性价比，提供同级别最优体验。通过构建整车功能的服务化架构、高性能的基础软件、高效率的场景编排、在线进化的智能空间与智能驾驶等软件模块，最大化提升软件的复用率，实现了软件的敏捷迭代开发。同时，打造了高体验的数字产品与服务，可为用户提供优质的全生命周期订阅与生态服务，并且在新车型推向市场后，可以通过软件功能迭代的方式，快速满足用户需求。

2.4.3　汽车快速迭代开发中的知识工程

知识工程在汽车快速迭代开发中扮演着重要的角色。知识工程在快速迭代开发中有三个特别之处，即敏捷（或及时、快捷）、定期和结构化，如图2-21所示。

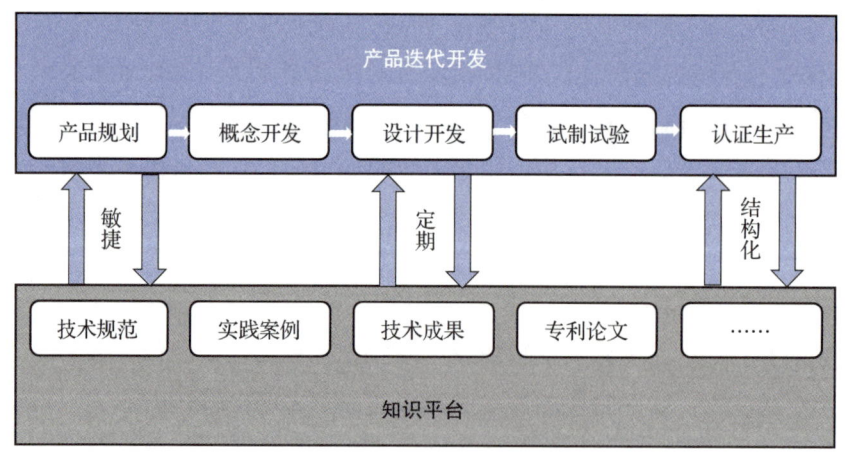

图 2-21　产品迭代开发与知识平台的关系

2.4.3.1　对迭代开发的知识输入

在快速迭代开发中，知识输入的特征是通过方法和工具快速地将知识和信息共享给研发团队，以支持项目的开发和创新。快速迭代开发中的知识输入比常规开发中的知识输入更有针对性，即针对性地收集用户需求，然后定向推送用户反馈信息、行业信息、技术文档等。另外，迭代团队更加重视大数据和信息化工具的使用以及与外部的合作，以便更快、更精准地获取知识。

在用户反馈和需求收集方面，快速迭代开发注重与用户持续沟通的效率和途径。开发团队通过与用户进行直接交流、开展针对特定用户群体的调研活动等来收集用户反馈。然后通过大数据分析模型快速分析并获取用户需求和反馈意见。

在行业信息和市场调研报告方面，精准了解市场主要需求和竞争情况对于快速迭代开发至关重要。例如，迭代团队更加重视早期用户质量调研（Early Quality Study，EQS）报告，精准分析市场动态。EQS 报告针对上市 3 个月的车型，抽取部分用户开展问卷调查，获取用户使用满意度及抱怨点。通过数据分析，识别出需要改进的关键点并立刻输入给迭代开发车型。另外，在新车上市后，迭代研发团队还会建立用户体验官群，直接获取用户第一手真实驾乘体验信息。项目团队获得反馈后，分析并挖掘用户抱怨点和期望值，并将这些作为迭代车型改进的输入。

在技术文档方面，开发团队使用智能搜索和智能推送来精准而快速地获取相关的技术文档。智能搜索和推送还会分门别类地将技术文档归类，以便开发工程师们直接获取所需要的知识。

在信息化与数字化方面，迭代研发团队更加注重大数据和使用各种数字化工具。大数据分析结果可以帮助提升知识输入的效率，推进车型快速迭代。例如，基于汽车智能车云平台，长安汽车建立了汽车蓄电池健康状态监控模型，实时监测用户蓄电池电量、电压等参数，再利用数字化模型，快速识别出用户蓄电池的健康状态以及蓄电池问题产生的原因。这样，一方面能快速识别并提醒用户关注蓄电池的健康状态，避免车辆出现蓄电池亏电问题；另一方面也能快速获取市场上蓄电池亏电的原因，并迅速在下一个迭代产品中改进，这样可以快速解决用户担心的亏电问题。

在外部专家咨询和合作方面，迭代开发团队比传统开发团队更加开放地与世界各地的专家和机构合作，以便快速地解决产品迭代开发的问题、获取更加前沿的技术。这种合作还把外部专家的隐性知识变成自己的显性知识。这种合作大大缩短了团队自己摸索所需要的时间。

通过以上知识输入方式，研发团队能够迅速获取知识和信息，形成迭代开发的知识获取模式，推动项目的快速迭代开发。

2.4.3.2 迭代开发中的知识沉淀

在迭代开发过程中，知识沉淀同样是一种重要的实践。研发团队将开发过程中所学到的知识和经验进行记录和归档，沉淀到研发知识平台中。它与通常的知识沉淀没有太大的区别，但是迭代开发中的知识沉淀有几个特征，即知识沉淀的速度快、知识沉淀的定期性和知识沉淀的结构化。

第一个特征是快速沉淀知识。敏捷开发的速度快使得工程师们能够快速地将开发经验文档化，文档包括技术文档、架构说明、代码注释、用户手册、技术方案、设计决策、问题解决方案等。这些快速沉淀的知识可以让其他项目开发工程师们快速查阅，这样就提高了知识利用的速度和效率。

第二个特征是定期沉淀知识。迭代开发有许多个小循环或周期，每个循环之后，项目团队就进行经验总结和回顾，及时发现和暴露开发中的问题和风险。这样，每个循环后，就会有会议回顾、团队内部分享、技术报告等来总结项目成功和失败的经验，并将其作为知识沉淀下来。

第三个特征是知识沉淀的结构化。迭代开发中，团队结构化更加清晰、团队更加精简、团队的目标更加明确，他们沉淀的知识更加有针对性。比如，在每个循环中，小团队可以建立自己专业的知识图谱，将关键知识、技术文档、解决方案等整理到知识图谱中。这种结构化的知识图谱方便团队成员快速查找、分享、培训。

迭代开发知识沉淀具有的三个特征使这些知识具备及时性和前瞻性。使用这些知识产生的价值非常大，它能够让更多用户快速而高效地利用知识、避免重复犯错、提高开发效率，同时推动持续的知识积累和创新。

Chapter Three

第 3 章
研发知识体系

　　知识体系是把海量散落的知识通过指向性明确的方法系统地组合成一种知识架构。研发知识体系是企业在研发过程中所积累和形成的各种知识资源根据不同的需求形成的有序化组合，涵盖了从基础研究到产品开发的所有方面。研发知识体系是研发能力的重要组成部分，对于企业提升研发效率、降低成本、增强创新能力具有重要意义。

　　研发知识体系可以从组织视角、用户视角和场景视角三个角度来构建，这样既满足了组织对知识管理的需求，也满足了用户使用知识的需求。从组织视角来看，体系按照知识类别、知识来源、专业领域、开发阶段和产品五个维度来构建；从用户视角来看，体系按照个人所需的岗位知识和主题知识的划分来构建；而从场景视角来看，体系按照知识的应用角度，以解决实际问题为导向而构建。在汽车研发领域，知识体系可以按照主体知识架构和辅助知识架构的划分来构建。主体知识架构包含通用知识、项目知识和专业知识，辅助知识架构包含产品开发知识地图和主题知识专栏。

　　知识体系构建完成后，必须以方便的可视化方式呈现给用户。知识体系可视化有知识结构树、知识标签技术和知识地图三种方式。

3.1　研发知识体系概述

3.1.1　研发知识体系的概念

《管理科学技术名词》（2016）给出了知识体系的定义：知识体系是根据系统化思维结构进行持续不断的知识积累而构建的体系。知识体系指的就是把海量散落的知识，通过指向性明确的方法系统地组合成一种知识架构。通过这个知识架构，人们可以便捷地获取知识，并利用知识来理解问题和解决问题。研发知识体系是企业在研发过程中所积累和形成的各种知识资源根据不同的需求形成的有序化组合。这些知识资源涉及技术知识、项目经验、产品策略、行业动态等多个方面，是企业进行创新活动和市场竞争的重要支撑。

研发知识体系一般具有以下几个特点：第一是系统性，研发知识体系是各种知识资源之间相互关联、相互支持，共同构成的企业知识基础体系。第二是动态性，随着企业研发活动的不断推进和市场环境的变化，研发知识体系需要不断地更新和优化，以保持其时效性和针对性。第三是共享性，研发知识体系的价值在于共享和传承，通过内部共享和外部传播，可以促进知识的交流和应用，提高企业的整体竞争力。第四是创新性，研发知识体系的核心在于创新，通过不断探索新的技术领域和市场机会，推动企业持续发展和构建竞争优势。

3.1.2　研发知识体系的价值

如果没有研发知识体系将研发知识有机地组织在一起，那么研发知识将存在以下问题：知识散乱和知识碎片化。首先，知识散乱是指大量的信息没有被有效地分类、整理和归纳，导致使用者难以快速找到所需的知识。在当今信息爆炸的时代，人们每天都会接收到海量的信息，如果没有一个清晰的知识体系，这些信息将被零散地存储在大脑中，无法形成一个完整、有序的知识结构。这不仅增加了获取知识的难度，还可能导致信息的重复获取或遗漏，影响工作效率和创造力。其次，知识碎片化是指知识在获取和使用过程中缺乏连贯性和完整性。随着社交媒体、短视频等新型信息传播方式的兴起，人们越来越容易接触到各种片段式的知识。这些知识虽然在一定程度上可以拓宽人们的视野，但同时也可能导致人们对知识一知半解，缺乏深度的理解和思考。碎片化的知识难以形成完整的知识体系，也难以在实际问题中得到有效的应用。知识散乱和碎片化不仅增加了获取知识的难度，还可能导致人们对知识理解的片面性和狭隘性。

知识体系就是将散乱的、碎片化的知识整理成系统化的知识，就像散落的珍珠串起来就成了项链，散落的知识串起来就形成了知识体系，如图3-1所示。研发知识体系按照体系化的知识结构，运用筛选、排序、分类、重组、聚合等方式进行搭建，通过系统搜索、过滤、引导、指导来实现知识有效运用，实现知识共享化、场景化。例如研发过程的产品策划、方案设计、问题复盘等场景，根据不同的需求，知识系统推送法律法规、设计规范、历史问题、边界分析等信息，指导工程师完成相应工作，提升工作效率。另外，研发知识体系还通过大数据分析来发现知识架构存在的缺陷，不断进行知识创造，让知识发挥更大价值。

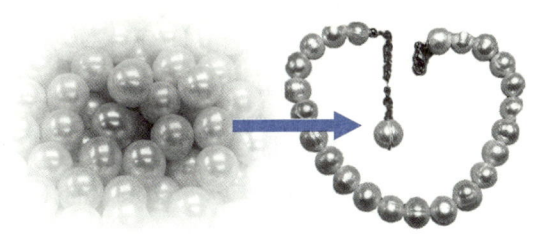

a) 散落的珍珠与珍珠项链

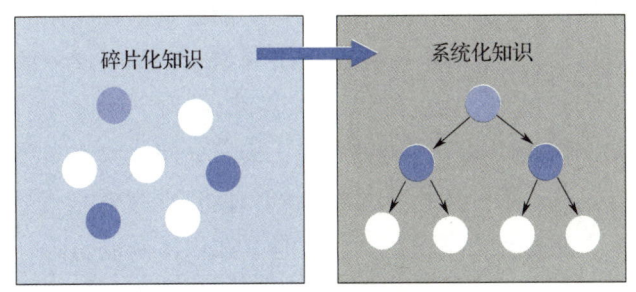

b) 碎片化知识与系统化知识

图 3-1　珍珠与项链和知识碎片化与系统化的类比

对于研发知识体系的价值，我们可以分别从用户维度、组织维度两个方面来进行阐述。

1. 用户维度研发知识体系的价值

要使知识体系应用的价值最大化，首先要搞清楚用户群体的需求。举个生活中常见的例子，大多数人都在互联网上的电子商务（简称电商）平台网购过，当用户进入平台时，显而易见的是推荐分类及搜索功能，用户通过这些信息的提示，可以很快找到需要的商品。试想如果各大电商平台不提供分类和搜索功能，那用户是否能在没有明确购买目标的情况下，从杂乱的商品中快速找到目标品类呢？答案显然是否定的。电商平台通过用户的阅读时间、点击率、关注量、收藏信息等进行大数据分析，获取用户爱好，优化商品信息知识结构，从而个性化、场景化地推送信息，确保商品信息知识的最大化利用。

那么对于研发知识体系，不同工作经验的人员的需求也存在差异。对于新员工而言，最大的需求就是获得业务工作如何开展的指导。因此，可以通过建立新员工需要的员工学习地图、岗位知识地图、业务流程知识地图等知识体系来满足新员工工作与学习的需求。对于资深员工来说，没有知识体系，就无法支撑其业务发展，无法快速找到所需要的知识。明确了用户需求，对需求进行分析，再将知识体系进行场景化定制，对用户进行画像、分类，推送用户感兴趣或有需求的相关信息。知识体系就像是一张地图，摊开来看，地图上哪里稀疏哪里密集，用户一眼就能看出来，可避免在同一个知识点上打转，也可结合自身情况针对性地查漏补缺，从而全方位培养能力。在有方向也知道密集程度的情况下前行，用户知道需要学习哪些新知识，知道填充到哪里，也就是地图起到了关联的最根本的作用。整个地图越来越完善，越来越细化。

2. 组织维度研发知识体系的价值

知识体系对于组织也具有非常重要的作用。随着汽车智能化的快速发展，组织的知识管理越来越重要，在IATF 16949：2016《汽车质量管理体系标准》中也明确要求：组织应确定运行过程所需的知识，以获得合格产品和服务。为应对不断变化的需求和发展趋势，组织应基于现有的知识，确定如何获取更多必要的知识，并进行更新。如果没有知识体系支撑，组织的知识管理将存在以下七个方面的难点。

第一个难点是无法盘点企业的能力优劣势。知识体系也是能力体系，通过对知识进行体系化的梳理，可以清晰地看出企业在哪些领域具备优势能力，哪些能力不具备，从而可以指导后续的能力建设规划的建立。

第二个难点是信息孤岛。如果没有一个完整的知识体系，企业中不同部门之间将存在信息孤岛，即彼此之间不清楚对方有哪些知识，既容易导致重复建设，也使部门间缺乏有效的沟通和交流。这会导致知识无法共享和利用，从而影响企业的研发效率和质量。

第三个难点是流程不规范。没有规范化的创建、审核、应用规则，就无法确保知识的质量和唯一性，导致知识"沉睡"，无法再生、沉淀和增值。比如对多项目的经验总结知识进行沉淀时，由于没有统一的要求、模板，每个项目总结的出发点、维度不同，容易造成知识遗漏，导致后期不能有效利用。

第四个难点是应用困难和查找困难。查找条件和范围不明确，用户面对大量的管理文件，不知道自己需要的文件在哪里，查找知识如大海捞针；缺乏应用场景和应用规则，知识的展示和传承方式受到局限，导致知识表达不直观。

第五个难点是使用和共享效率低。全手动使用知识的方式导致效率低、不灵活、交流不方便，知识的单线式使用和共享无法实现"知识找人"，自动化进程缓慢或未实现自动化。

第六个难点是更新不及时。知识一定是可创造价值的有效信息，因此，知识的生命周期存在时间属性。如果企业不能及时更新知识，有可能就会使知识成为误导，不但没能创造价值，反而造成损失。例如前面提到的地图导航，如果信息更新不及时，就会错误导航，失去导航系统的价值。

第七个难点是隐性知识没有显性化，经验没有总结，在个人的大脑中。比如师傅（专家）没有把技能传递给徒弟，在不同的项目中，同样的问题，有的进展顺利，有的犯错误；员工离职了，知识就消失了。企业人员的经验是组织知识的基础，共享组织知识可以形成协同效应，从而创造新的知识。人员经验是隐性知识，如何将隐性知识显性化，让企业人员的大脑互联，以达到共享和沉淀的目的，是企业知识管理的难题。需要不断挖掘和发现隐性知识，并采取相应的管理手段，如协同办公系统、程序制度、经验总结等方法，按照一定的逻辑关系，将知识显性化，通过创造、分类、存储、分享、更新过程，为企业带来实质价值。

运用知识体系就可以更有效地应对知识管理的难点，积累知识资产，避免知识流失，促进知识学习、共享、培训及再利用和创新，有效降低运营成本。知识体系主要运用于企业的业务场景，同时在业务场景中也会创造知识，再应用于业务。知识的创造、管理与使用在满足客户需求的过程中构成循环，从而实现用户、知识与业务的一体化融合发展。

3.2 研发知识体系的构建

研发知识体系构建的核心是对知识进行分类并进行可视化的展示。知识分类是根据需求和情景的不同对知识类型进行的划分。因此，知识的类型可以按照不同的维度进行划分。合理的知识分类可以促进知识的产生、共享和应用，从而提升组织的研发效率和创新能力。如图 3-2 所示，在研发领域，一般从组织视角、用户视角、场景视角等维度对知识进行分类。

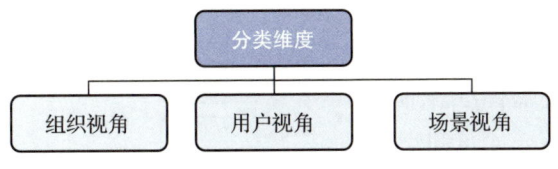

图 3-2　研发领域的知识分类维度

3.2.1 研发知识体系构建的原则

在构建知识体系分类时,应该遵照一定的原则来保证知识分类科学合理,以帮助企业和组织更好地组织和利用知识。如图 3-3 所示,一般情况下,知识体系分类构建原则遵循一致性原则、灵活性原则、可维护性原则三原则。

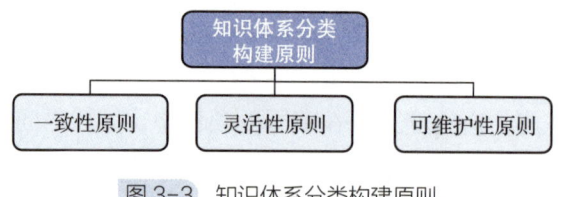

图 3-3 知识体系分类构建原则

1. 一致性原则

一致性是知识体系分类构建的基本原则之一。在分类知识时,保证一致性可以使信息更容易被理解和应用。在构建知识体系分类时,需要考虑术语一致性、结构一致性、标准化一致性。

术语一致性是指在体系中不同的地方使用同一词时应该具有相同的定义。术语一致性是确保知识体系一致性最为关键的要素。应定义清晰、准确且易于理解的术语,确保在不同的知识分类中使用一致的术语,避免混淆和误解。比如"体系建设"一词,可能在不同专业领域的知识体系下都有"体系建设",那么它代表的含义应该是相同的,例如体系建设包含程序文件、管理办法、工作模板。

结构一致性是指知识体系下不同的分类应该建立一致的结构和层次。确保相似的知识在不同的分类下具有相似的结构和关系,以给使用者一样的体验。如图 3-4 所示,在智能驾驶专业知识体系和燃料电池专业知识体系下,案例这个分类都处于知识沉淀的下一层级。

标准化一致性是指知识体系的分类应符合行业普遍的标准。通过遵循行业标准和规范,使得知识分类在不同的组织和系统中具有一致性。例如在专业领域上划分为智能

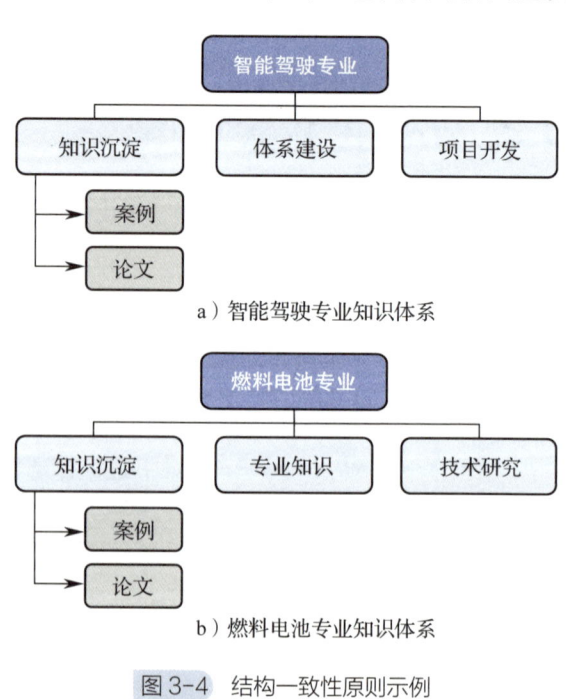

图 3-4 结构一致性原则示例

驾驶、智能车云等专业与行业的划分相一致。

2. 灵活性原则

灵活性是知识体系分类构建的另一个重要原则。在构建知识体系分类时，需要考虑到不同用户和应用的需求，以保持灵活性和可扩展性。因此，构建知识体系分类时要考虑的是体系应具备灵活性，灵活性主要包含可个性化定制、可扩展性。

可个性化定制是指由于不同的用户对于知识分类存在个性化需求，那么应允许用户进行个性化的知识分类定制，应提供比较灵活的配置，让用户能够自定义和调整知识分类。例如，在智能驾驶专业和燃料电池专业知识体系下，用户就可以根据自身专业特点设置分类。

可扩展性是指因知识是不断变化和增长的，业务也是不断变化的，知识体系分类必须能够适应这种趋势，以确保知识体系分类可以方便地进行扩展和更新。例如，随着汽车电动化的发展，原来仅包含发动机 NVH 的传统动力 NVH 知识分类，现在需要扩展为发动机 NVH 和电驱动 NVH 等，因此，知识分类就需要考虑到这种扩展需要。

3. 可维护性原则

可维护性是保证知识体系分类能够长期有效运行的重要原则。组织的业务往往是变化和发展的，那么在构建知识体系分类时，必须综合考虑维护和更新的成本。构建知识体系分类时要考虑可维护性原则，可维护性包含易维护性、文档化、定期迭代三个方面。

易维护性是确保知识体系分类具有清晰、简洁和易于维护的结构。减少冗余和重复的分类，简化维护的工作，使得对知识体系分类的修改和更新更加高效。考虑到易维护性，知识目录的变化对上下级目录的影响要尽量小，避免维护工作量过大。

文档化是将知识体系分类的规则和指导原则进行记录。通过提供清晰的文档和指南，使大家对知识体系分类的理解一致。通过对知识分类的定义及范围进行记录发布，并根据实际情况进行更新，从而保证组织内的成员理解一致。

定期迭代是定期评估知识体系分类的有效性和适用性。通过监测知识体系的使用情况和评估业务变化，及时对知识分类进行优化，从而保证其持续有效。由于业务是不断更新的，那么知识分类体系也需要进行定期评估，当出现不适用的情况时应该进行优化，从而满足业务需求。

知识体系分类构建是一个复杂而关键的任务，其构建的原则至关重要。一致性原则可以确保知识体系分类的准确性和一致性，使知识易于理解和使用。灵活性原则可以使知识体系适应不同用户和应用需求，提供个性化和可扩展的分类方案。可维护性原则则能确保知识体系分类的持续有效性和可维护性。在实践中，可以根据具体情况和需求灵活应用这些原则，以构建一个高效、可靠且可维护的知识体系分类。通过遵循这些原则，企业可以更好地组织和利用知识，提高知识管理和传播的效率。构建一个良好的知识体系分类能够促进知识的共享、创新和协作，为企业的发展和竞争奠定坚实的基础。

3.2.2 研发知识体系构建的维度

研发知识体系构建的维度体现了体系的用途，根据用途的不同可以从不同的视角构建。上文提到研发知识体系分类维度一般分为组织视角、用户视角、场景视角。下面将从这三个视角来阐述不同视角下的研发知识体系构建维度。

3.2.2.1 组织视角

组织视角是指从组织的角度来看问题、分析事物和制定决策。它关注组织作为一个系统的各个部分之间的相互关系，以及这些部分与整体之间的相互作用。组织视角关注的焦点通常是组织的目标、结构、流程、文化、人力资源和战略等方面。如图 3-5 所示，在组织视角下也可以按知识类别、知识来源、专业领域、开发阶段、产品五个不同维度进行分类。

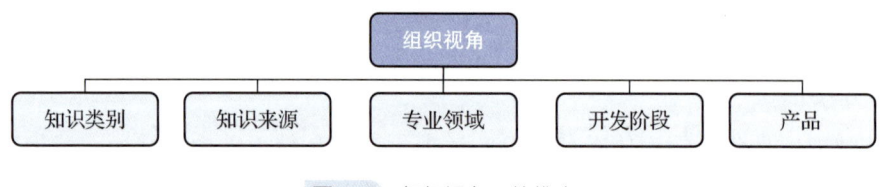

图 3-5　组织视角下的维度

1. 知识类别维度

汽车产品研发知识类别维度按照汽车研发过程中所涉及的知识类型的不同对知识进行分类和整理。汽车研发是一个复杂而庞大的工程，涉及诸多领域知识的融合和交叉。为了更好地管理和应用这些知识，对其进行分类和整理尤为重要。

在研发过程中，知识类别可以分为标准规范、管理程序、流程指南、工作模板、项目交付物、案例、总结报告、培训材料和对标资料。其中，标准规范、管理程序、流程指南、工作模板是企业的统一作业要求，具有强制应用的特性。项目交付物是项目开发过程中产生的交付知识。案例、总结报告是项目工作完成后对经验的总结，一般具有较高的知识价值。对标资料、培训材料一般用于业务学习和能力提升。

汽车产品研发知识类别维度是汽车研发知识体系构建的重要组成部分。通过对不同类别知识的分类和整理，可以建立起一套完整的汽车研发知识体系，从而为汽车企业的研发工作提供有效的支持和指导。这对提升汽车产品的质量和竞争力具有重要的意义。同时，在实际的研发过程中，需要注意不同类别知识的协同应用，以促进汽车研发工作的高效进行。

2. 知识来源维度

知识来源维度将知识按照不同的来源进行分类，包括外部知识、内部知识等。

外部知识是指来自外部环境、外部组织和个人的知识资源。它包括了与汽车研发相关的学术研究论文、专利信息、行业报告、市场调研等。外部知识是汽车企业获取新技术、了解市场趋势、把握竞争优势的重要来源。通过将外部知识进行分类和整理，企业可以更好地跟踪行业动态，及时掌握最新的技术和市场趋势，从而指导自身的创新与发展。

内部知识是企业内部员工基于自身经验和项目研发所积累的知识。它包括了公司内部的技术文档、项目报告、工作经验和专家经验等。内部知识是企业核心竞争力的重要组成部分。通过将知识按照外部知识、内部知识和行业知识进行分类，企业可以更好地获取、整合和利用各种知识资源，从而提高研发效率和产品质量。

按知识来源分类有助于企业更好地利用外部、内部的知识资源。通过有效管理和应用这些知识，企业可以加快创新速度，提高产品质量，并在竞争激烈的汽车市场中获得持续竞争优势。在知识来源分类的指导下，汽车企业能够更加高效地推动技术进步，不断满足消费者的需求，并为可持续发展做出贡献。

3. 专业领域维度

专业领域维度是一个关键的维度，它将知识按照不同的专业领域和学科进行分类，以满足不同专业工程师的需求。为了提高汽车研发中的知识管理效率，企业可以在知识库或知识管理系统中建立按专业领域分类的体系。这个体系可以基于不同的学科、技术领域或职能分工进行分类。如图 3-6 所示，汽车专业领域可以分为车身、底盘、电子电气、内外饰等专业。

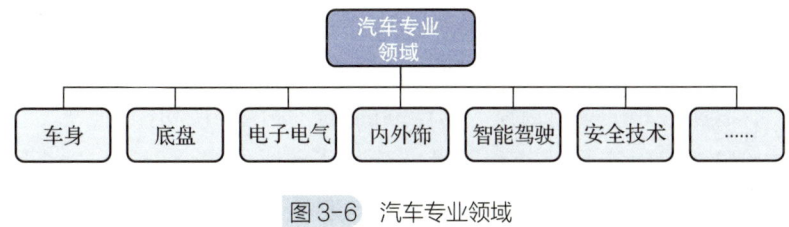

图 3-6　汽车专业领域

每个专业领域可以进一步细分为不同的子领域。以车身专业为例，可以将其分为下车体、闭合件、上车体等子领域。这种细分可以更好地定位和组织知识，并使工程师们更容易找到与自己专业领域相关的知识资源。

对于每个专业领域和子领域，企业可以建立相应的知识标签和关键词。这些标签和关键词可以与知识资源关联起来，用于搜索和检索。例如，针对底盘系统中的悬架系统，可以设定相关的标签和关键词，如悬架结构设计、悬架性能优化、悬架系统故障等。当工程师们需要寻找与悬架系统相关的知识时，他们可以直接通过这些标签和关键词进行检索。

此外，按专业领域分类还有助于促进跨部门和跨团队的合作和沟通。不同专业领域的工程师可以更好地了解彼此的专业知识和工作方向，激发创新和协作。例如，内外饰系统的工程师可以与电气系统的工程师合作，以实现外部音响与车辆电子系统的良好集成。按专业领域分类促进了跨学科的合作和知识交流，有助于提升整体研发团队的协同效率和创新能力。

4. 开发阶段维度

在产品研发过程中，将知识按照产品研发流程的阶段进行分类是一个有效的方法，一般按照产品研发的流程进行分类，参考的开发阶段如图2-6所示。汽车产品开发阶段包含方案策划阶段、概念开发阶段、产品开发阶段、样车试验阶段和投产上市阶段。

方案策划阶段是整个产品研发的起点，也是将创意转化为具体产品的关键阶段。在这个阶段，知识的分类主要集中在市场调研、用户需求分析和竞争对手分析等方面。这些知识有助于确定产品的定位、目标市场和关键竞争因素，为后续的研发工作提供指导和依据。

概念开发阶段是从概念到确定产品目标的过程。一个完整的概念开发流程包含识别顾客需求、设置产品目标规格、产生并评估产品概念、制定产品开发计划。在这个阶段，知识的分类包含产品目标书，产品成本策略，生产制造方案，整车、系统及零部件技术方案。这些知识有助于确定产品的技术特性、功能要求和结构设计，为产品的后续设计、制造和测试奠定基础。

产品开发阶段是将初步的概念方案转化为具体产品的过程。在这个阶段，知识的分类包括工艺开发、制造工程和供应链管理等方面。这些知识有助于确定产品的生产工艺、制造流程和供应商选择，为产品的量产提供支持和保障。

样车试验阶段是对产品性能和质量进行验证和评估的过程。在这个阶段，知识的分类主要包括测试方法、数据分析和质量控制等方面。这些知识有助于确定产品的测试方案、评估指标和改进措施，为产品的市场推广和用户满意度提供支持。

投产上市阶段是将产品引入市场并进行销售和推广的过程。在这个阶段，知识的分类包括市场营销、销售渠道和品牌推广等方面。这些知识有助于确定产品的市场定位、销售策略和品牌形象，为产品的市场份额和盈利能力提供支持。

通过按照产品研发的流程对知识进行分类，可以帮助组织更好地管理和利用知识资源。这种分类可以使知识与实际工作紧密结合，为每个阶段的工作提供指导和支持；也可以促进知识的传递和共享，从而提升整个组织的创新能力和竞争力；还可以帮助组织识别和填补知识的空白。

5. 产品维度

按产品维度分类是将知识按照产品项目的不同进行分类和组织。在汽车研发领域，产品维度是非常重要的，因为汽车的研发通常以产品线为单位进行。如图3-7所示，以长安汽车的汽车产品分类为例，将汽车按品牌分类，知识体系按产品维度分类对于实现协同开发、提升研发效率具有关键作用。

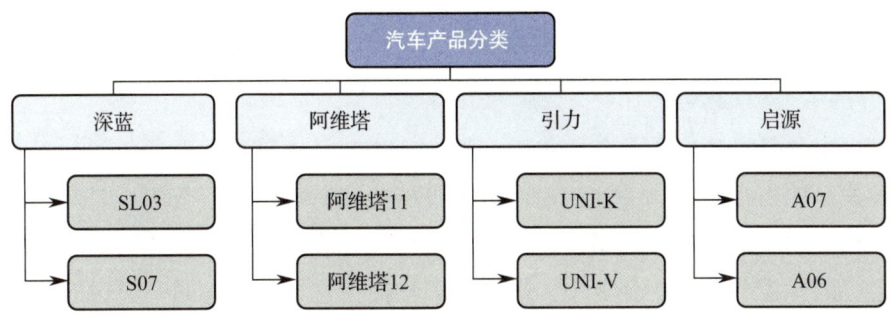

图3-7 长安汽车产品分类示例

首先，通过按不同产品项目进行知识分类，企业可以更好地规划和组织研发资源，实现上下游的交付协同。在汽车研发项目中，涉及的技术、工艺和材料等会因为产品项目的不同而有所差异。通过将知识按照产品维度进行分类，可以更加精准地将相应的技术专家、工艺工程师和供应商等资源配备给特定产品项目，确保在研发过程中能够及时、高效地协同交付。这有助于减少沟通和协调成本，提高团队合作的效果。

其次，按产品维度分类也有助于知识共享和经验沉淀。不同的产品项目可能会涉及特定的技术领域和市场需求，对应的知识和经验也会有所不同。通过将不同项目的知识资源进行分类和整理，企业可以更好地识别和提取具体产品项目的核心知识和经验。这有助于知识的积累和共享，使研发团队能够更好地借鉴和应用先前项目的成功经验，提高工作效率和创新能力。

最后，按产品维度分类还有助于研发过程中的错误回顾和持续改进。通过将知识按照产品维度进行分类,企业可以更加准确地追踪不同产品项目的开发历程,了解产品开发过程中遇到的挑战和问题。这有助于进行错误回顾和分析,找出问题的根本原因,并针对性地制定改进措施。通过不断总结和改进,企业可以逐步提升研发过程的质量和效率,确保项目的成功交付。

需要强调的是,按产品维度的分类不仅仅是简单地划分项目,还需要综合考虑其他维度的因素。例如,可以与知识来源分类维度相结合,以便更好地整合内部和外部的知识资源。同时,还需要关注项目之间的交叉影响,进行合理的沟通和协调,避免出现冲突和重复工作。

总而言之,产品维度是汽车研发领域中知识分类的一个重要维度,它有助于企业更好地管理和应用与特定产品相关的知识资源。通过有效的知识分类,企业可以提高研发效率和产品质量,缩短产品的上市时间,并满足消费者的需求。在产品维度分类的指导下,汽车企业能够更加高效地推动技术创新,保持竞争优势,实现可持续发展。

3.2.2.2 用户视角

用户视角是指从用户的角度来看问题、分析产品或服务的设计的一种观察和思考的方式。用户视角强调关注用户的需求、体验和满意度,以及用户对产品或服务的期望和反馈。对于知识体系的建立,以用户视角分类一般是按照知识的使用便利性而进行的知识分类。在企业中,员工一般按岗位进行划分,同一岗位需要的知识具有相似性,因此,以岗位维度来构建知识体系则是更能满足用户需求的一种方式。员工的学习往往基于某一项事件进行,围绕这一事件将相关的知识进行汇集形成的主题知识体系能够很好地满足员工的学习需求。下面将对岗位知识体系和主题知识体系进行详细的阐述。

1. 岗位知识体系

岗位知识体系是指在组织或企业中,将不同岗位所需的技能、知识和能力进行系统化的分类和整理,以促进岗位工作的有效执行和员工在特定岗位上的职业成长。它包括了对于岗位所必备的专业知识、技能、经验和行为能力等方面的要求。岗位知识体系的建立旨在明确不同岗位的职责和要求,提供员工在特定岗位上所需的相关知识和能力的指导,并为员工的个人成长和职业发展提供支持和指引。通过构建全面的岗位知识体系,组织可以有效地管理人力资源,提升员工的工作绩效并满足岗位发展需求。

在建立岗位知识体系时,首要任务是明确岗位的具体职责和要求,以便确定员工所需的必备知识。这些知识包括技术专业知识、项目管理知识、行业知识、软技能等。技术专业知识是员工在特定岗位上所必须具备的技能和知识，例如软件开发、工程设计、市场营销等。项目管理知识是员工在处理项目时需要掌握的技能，包括项目计划、进度管理、团队沟通等。行业知识则是指员工需要了解和熟悉的所从事行业的发展动态、市场趋势和竞争情况，这有助于员工更好地定位自己的工作并提供有针对性的解决方案。此外，软技能如沟通能力、领导力、问题解决能力等也是岗位必备的知识和能力，这些技能可以提升员工的综合素质和工作效能。岗位知识体系的建立不仅有助于员工掌握必备的知识，也为员工的个人成长和职业发展提供了方向和支持。

构建岗位知识体系包括给员工提供学习和接受培训的机会。通过持续的培训和学习计划，员工可以不断更新自己的知识和技能，并与发展中的行业趋势保持同步。企业可以提供内部培训、外部培训，以及参与行业会议、研讨会等的机会，以帮助员工不断扩展知识面和提高专业能力。

岗位知识体系的构建也应该明确员工的职业发展路径。员工需要清晰地了解在当前岗位上的成长机会和晋升途径，以及可能需要掌握的新知识和技能。企业可以制定完善的职业发展计划，为员工提供晋升和发展的机会，并与其沟通职业目标和期望，以激励员工在技能和知识上不断进步。

岗位知识体系的构建对于促进员工的个人成长和提升研发效能至关重要。通过明确岗位的必备知识和技能，并为员工提供学习、接受培训和职业发展的机会，企业能够促进员工的专业能力和综合素质的提升。比如质量工程师的岗位知识体系应该包含从事质量工作所必需的质量管理基础、质量管理体系知识、质量控制技术与方法、质量风险管理知识等，并应该区分不同级别工程师所具备的能力的区别。

2. 主题知识体系

主题知识体系是将相关主题的知识元素结构化和关联起来的系统化知识框架。主题知识体系是基于特定主题领域的知识元素，通过组织和关联，形成的一个系统化的知识框架。它包括了主题领域内涉及的基本知识、概念、理论和方法等要素。比如芯片主题知识体系，一般包含芯片的基本概念、芯片技术、技术发展趋势等知识。

主题知识体系的主题范围一般都比较具体，其知识体系的结构层次一般比较简单。主题知识体系一般可以指导学习、优化教学设计、提高知识应用能力、促进跨学科整合能力。

主题知识体系给学习者提供了系统化的学习框架，使得学习者可以更加有针对性地学习和理解主题领域的知识。学习者可以清晰地了解主题知识的不同要素和它们之间的关系，从而更好地整合和应用所学知识。

教学者可以根据主题知识体系来进行课程设计和教学方法的选择。主题知识体系可以帮助教学者了解主题领域的核心概念和重要理论，以及它们之间的关联，从而使其能够设计更好的教学内容和教学路径，提升教学效果和学生的学习满意度。

主题知识体系帮助学习者将所学知识应用于解决实际问题。通过了解主题领域内的知识要素和它们之间的关系，学习者可以更好地理解知识的应用场景和作用，从而能够灵活地应用所学知识解决实际问题，提高应用能力和创新能力。

主题知识体系可以帮助学习者将不同学科领域的知识进行整合和交叉应用。主题知识体系的构建涉及不同领域的知识要素和它们之间的关联，学习者可以从不同学科领域中获取和整合知识，形成综合性的学科视野和综合性解决问题的能力。

主题知识体系是将相关主题领域的知识元素组织和关联起来的系统化知识框架。主题知识体系的构建需要紧密分析知识结构、建立分类体系和关联知识要素，同时需要不断更新和完善。主题知识体系的建立可以指导学习者进行有针对性的学习，优化教学设计，提高学习者的知识应用能力，并促进跨学科整合。通过构建主题知识体系，我们能够更好地理解、学习和应用知识，提高整体的学习和应用效果。比如芯片专题知识，一般包含芯片设计、芯片制造、芯片应用等知识。主题知识体系的呈现方式除了传统的知识目录外，还可以通过知识专栏、知识地图呈现。

3.2.2.3 场景视角

从场景视角构建的知识体系是一种从知识的应用角度出发，以解决实际问题为导向的知识组织方式。以场景视角构建知识体系是一种将知识按照实际应用场景和问题进行组织和整理的方式。它以解决实际问题为目标，将相关知识元素结构化，并将其与具体场景相关联。场景可以是特定的行业领域、工作流程、产品开发过程等。比如，汽车产品开发中的灯具开发就是一个项目开发场景。构建场景视角知识体系的目的是为研发团队提供一个更贴近实际应用需求的知识框架，帮助他们更好地应对和解决问题。比如灯具开发的知识体系包含灯具开发的各个任务，以及完成这些任务所需要的知识，从而支撑工程师开展灯具开发任务。

由于场景视角知识体系是针对具体的业务场景而构建的，因此具备实践导向、综合性、弹性与灵活性、可视化和易用性的特性。

实践导向是指场景视角知识体系关注知识在实际应用中的有效性和实用性。它强调将知识应用于具体场景，并通过实践不断优化和完善知识体系，以适应实际问题的解决。例如灯具开发的知识体系可以以灯具开发流程为场景进行知识体系搭建。

综合性是指场景视角知识体系将不同领域、不同层次的知识要素进行综合整理。它不仅涵盖了基础知识和理论，还包括了实践经验、案例分析和最佳实践等方面的内容，可为研发团队提供全面的知识支持。

弹性与灵活性是指场景视角知识体系可以根据具体的应用场景进行调整和定制，以满足研发团队在不同阶段、不同项目中的需求。比如知识地图既可以按业务流程汇聚知识，让知识更具体系，也可以按主题任务汇聚知识，让知识更聚焦。

可视化和易用性是指场景视角知识体系倾向于以图表、案例、模型等形式呈现，以便于研发团队的理解和应用。它注重知识的易用性，将知识以简洁明了的方式传达给用户。比如灯具开发的知识地图将灯具开发所需知识与开发任务用图形的方式进行连接，非常易于研发人员学习。

场景视角知识体系可以提升业务效率、促进知识创新、加强团队合作和提升知识应用效果。

第一，场景视角知识体系能够准确地抓住研发团队面临的实际问题和挑战，为他们提供切实可行的解决方案。这有助于提高工作效率，减少冗余工作和试错成本。比如汽车电耗开发的知识体系，包含了影响电耗的各种因子，用户驾驶的习惯与需求、电池技术等，可以为员工进行电耗开发提供指导。

第二，场景视角知识体系鼓励研发团队在实践中探索和创新。基于对实际场景和问题的深入理解，团队成员可以更加灵活地应用知识，提供创新性的解决方案。

第三，场景视角知识体系的建立和应用需要跨部门的合作和共享。这有助于促进研发团队的沟通、合作和协作，形成团队优势并共同成长。比如电耗开发涉及用户体验评价、CAE仿真、电池、充电设计等多个部门，基于电耗开发场景来建立知识体系，可以打破"部门墙"，促进这些部门之间的合作交流，从而促进创新。

第四，场景视角知识体系能够有效提升研发成果的实际应用效果。它将知识与实际场景相结合，使得研发成果更贴合实际需求，减少无效的工作和资源浪费，从而提升实际应用的效果和成果的可复制性和可扩展性。

以场景视角构建知识体系是一种注重实际应用需求的知识组织方式。它以解决实际问题为导向，将知识按照具体场景和问题进行整理和组织，以提高研发团队的工作效率和应对问题的能力。通过以场景视角构建知识体系，研发团队能够更好地应对实际问题，促进创新和团队合作，提升知识的实际应用效果。因此，构建场景视角知识体系是研发团队在实践中取得成功的重要方式之一，值得广泛应用和推广。

3.2.3 研发知识体系构建的步骤

研发知识体系的构建过程是一个复杂的过程，如图3-8所示，一般分为知识调研和梳理、确定知识分类原则和目标、制定知识分类方案、实施和管理知识分类及持续改进和优化。下面我们将对每一步骤进行详细阐述。

知识调研和梳理 → 确定知识分类原则和目标 → 制定知识分类方案 → 实施和管理知识分类 → 持续改进和优化

图 3-8　研发知识体系构建过程

第一步是知识调研和梳理。在构建知识体系之前，首先需要进行知识调研和梳理。通过对组织内外的知识资源进行调查和梳理，了解现有的知识资料和信息，以及它们的组织结构和关系。通过这个步骤可以全面了解组织的知识资产，支撑后续知识分类的开展。该环节的关键任务是收集已有的知识资料和文档、分析知识的来源、类型和形式、确定知识的组织结构和关系。

第二步是确定知识分类的原则和目标。在构建知识体系之前，需要确定一些基本原则和目标。这些原则和目标可以指导构建知识体系的过程，并确保它具有一致性和可维护性。例如，原则可以包括术语的一致性、结构的一致性和标准化的一致性。目标可以包括提高知识的可搜索性、促进知识共享和协作等。该环节的关键任务是确定知识体系的基本原则、设定知识体系的目标和指标。

第三步是制定知识分类的方案。基于前两步的调研和目标设定，接下来需要制定具体的知识分类方案。这个方案应该考虑到组织的特点和需求，以及知识的来源、类型和形式。制定分类方案时，可以按照不同的维度和视角进行分类，如领域维度、层次维度、类型维度等。同时，还可以考虑使用分类工具和技术来辅助知识分类的组织和管理。该环节的关键任务是制定知识分类的维度和视角、设计分类的结构和层次、选择合适的分类工具和技术。

第四步是实施和管理知识分类。一旦制定了知识分类方案，就可以开始实施和管理知识的分类工作。这包括对现有的知识资料进行分类和归档，同时建立并维护新的分类结构。在实施和管理过程中，还需要注重培训和沟通，确保组织的成员了解和遵守知识分类的原则和要求。此外，还需要建立评估和反馈机制，定期评估和优化知识分类的有效性和适用性。该环节的关键任务包括对现有知识资料进行分类和归档、建立并维护新的分类结构、进行培训和沟通，以及建立评估和反馈机制，定期评估和优化知识分类的有效性和适用性。

第五步是持续改进和优化。知识体系的构建是一个长期的过程。一旦知识体系分类实施完成，就需要进行持续的改进和优化，以适应不断变化的知识和业务需求。应定期评估知识体系的有效性和适用性，并根据评估结果进行调整和优化。与知识管理相关的反馈和经验也应该被收集和整理，以进一步改进知识体系的设计和运营。该环节的关键任务包括定期评估知识体系的有效性和适用性、收集和整理相关反馈和经验、根据评估结果调整和优化知识体系的设计和运营。

综上所述，构建知识体系是一个复杂而关键的任务，需要考虑知识调研、原则和目标确定、分类方案制定、实施和管理以及持续改进和优化等关键步骤。通过跟随上述步骤，组织可以建立一个高效、可扩展和易于维护的知识体系，从而提高知识的管理和利用效率。构建一个良好的知识体系将为组织带来协作和创新的机会，推动组织的发展和竞争力提升。

3.3 企业知识体系构建实践

下面以长安汽车研发知识体系的建设过程为例，介绍实际研发知识体系的构建原则和过程。

汽车研发是一个涉及多学科、多领域、多岗位的复杂过程。在这个庞大的体系中，不同专业、岗位的业务场景各不相同，对知识的需求也有所不同。为了满足不同用户、不同场景的知识需求，需要构建不同维度的知识体系。从理论上讲，知识体系的构建维度越多，越能精准对应业务场景，但是实际上，如果体系维度过多，则会造成体系的复杂度过大，建设和运营难度都会增大。

长安汽车研发知识体系的构建过程中，最重要的就是确定知识体系构建的维度。维度的选择既要考虑管理知识维度的可行性，又要考虑用户使用知识的场景。长安汽车的知识体系分为三个主要维度的主体知识体系和两个维度的辅助知识体系，如图 3-9 所示。三个主要维度包含通用知识体系、项目知识体系和专业知识体系，两个维度的辅助知识体系包含产品开发知识地图和主题知识专栏。

通用知识体系是根据常规的知识类别维度建立的，符合大部分人对知识分类的认知。这个体系涵盖了最基础、通用的知识，可以满足所有研发员工的需求。考虑到整个汽车研发都是以项目开发模式进行的，所有的业务工作是依据开发流程开展的。因此，依据开发阶段维度建立的项目知识体系就可以很好地支撑项目开发的知识需求。汽车研发由动力、车身、底盘、电气、自动驾驶等多个专业构成，每个专业都有大量的知识，这些知识则需要以专业领域维度进行组织，因此，应建立专业知识体系来满足专业工程师的学习和工作需求。

虽然建立了通用、项目、专业三个主体知识体系，但是考虑到实际工作中，不同岗位、不同产品的开发以及不同技术对知识的需求存在差异，因此，应建立产品开发知识地图和主题知识专栏这些辅助知识体系进行补充，从而满足不同员工对知识的不同需求。下面将分别对以上各维度的知识体系建设过程进行详细的阐述。

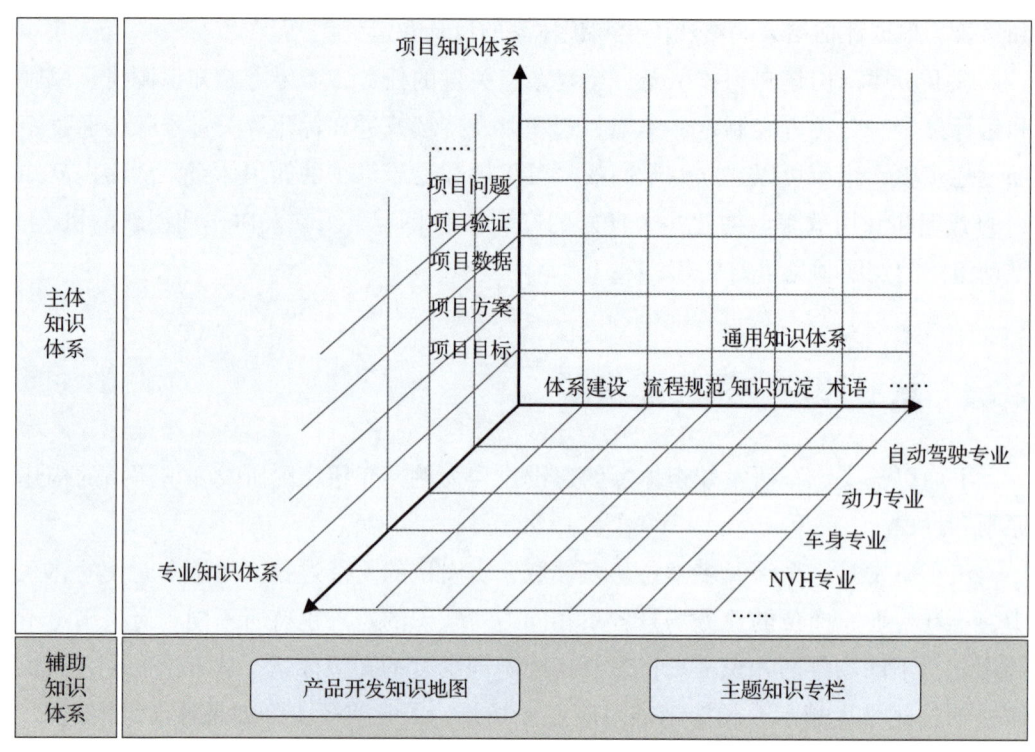

图 3-9 长安汽车研发知识体系架构

3.3.1 通用知识体系

通用知识体系的用户对象是长安汽车的所有研发人员。通用知识体系的知识范围是汽车研发的通用知识。建立通用知识体系将分别从知识范围确定、制定知识分类方案、开展知识清理、完成知识分类与聚类这些方面开展。

我们首先需要确定哪些属于通用知识体系需要管理的范畴。经过项目团队讨论与业务识别,最终确定通用知识体系需要管理的范围为经过加工整理、并在公司有相关部门进行官方管理的知识,其属于研发业务的基础知识。因此,通用知识最终按知识类别确定为流程管理类别的管理办法、程序文件、开发流程,技术基础的法规标准、专利、论文、术语、培训材料、工作模板、作业指导书等。

确定了管理范围后,则需要构建相应的知识结构。好的知识结构既要逻辑清晰、定义明确,又要满足用户的操作习惯,提升用户使用的便利性。如果结构层级过少则无法对知识进行有效的分类,结构层次过多用户操作则过于繁琐,因此,结构层次为 3 层左右是一个比较好的结构。基于以上要求,该通用知识体系的知识结构总体逻辑按知识类别进行搭建。整体分为体系建设、法规标准、知识沉淀、术语几大类。体系建设包含程序文件、工作模板、管理办法、作业指导书、开发流程等。法规标准包含外部的国际、国家、行业标准，以及内部的企业标准。基于企业技术标准数量多、使用频次高、涉及专业广的特征，将法规标准分为企业标准和外部标准作为第一层级结构。知识沉淀包含专利、论文、培训材料等。

人们对同一知识目录的定义和范围的理解往往存在差异，为了提升沟通效率和避免歧义，则需要对知识目录进行统一命名。在知识目录命名方面，一般遵循准确性、明确性、通用性、简洁性几个原则。

准确性指的是术语应该准确地描述概念，避免模棱两可或模糊不清的词语。明确性指的是术语的含义应该明确、清晰、不含歧义。通用性指的是尽可能采用企业通用或广泛接受的术语，减少误解。简洁性指的是术语应该简短明了，方便记忆和使用。本次目录命名原则上不超过 8 个字。

长安汽车基于以上原则构建的通用知识体系结构如图 3-10 所示，该结构包含 3 个层级，其中一级为体系建设、知识沉淀、企业标准、外部标准、术语。二级和三级则分别在一级的基础上按照业务细分，比如知识沉淀下的二级层次为培训、专利和论文，培训下的三级层次又根据专业属性细分为智能化培训、车身培训等。

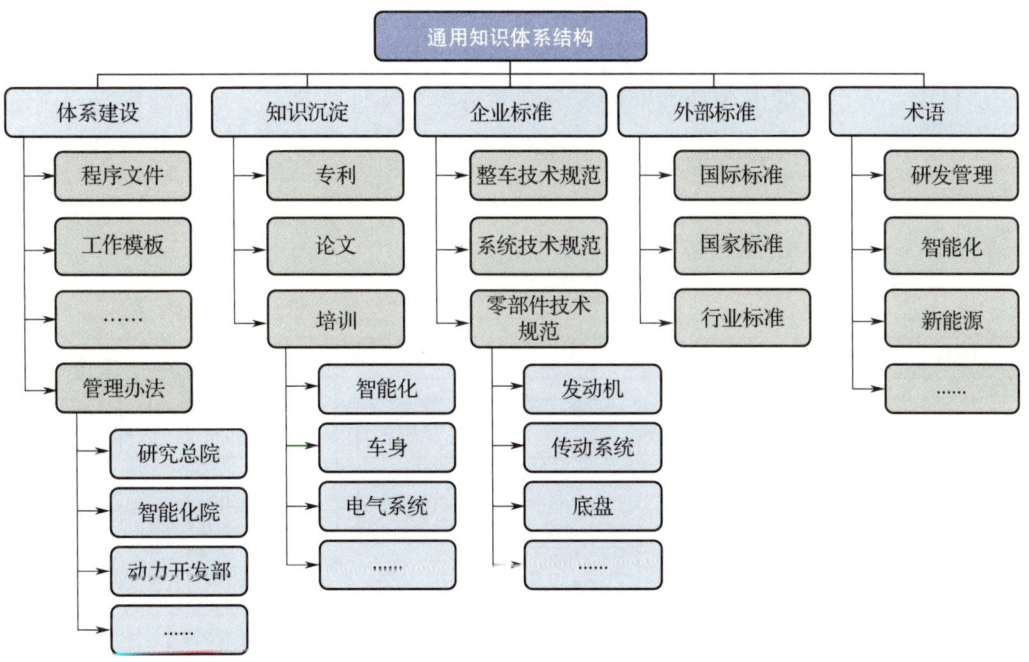

图 3-10 通用知识体系结构的部分示意图

3.3.2 项目知识体系

汽车产品的开发是以车型项目为中心开展的。研发工程师 80% 的业务都围绕项目开发工作开展，在项目开发过程中产生的技术文件也是研发知识非常重要的一部分。但是一个项目产生的技术文件数量非常多，且并非项目产生的所有技术文件都具备知识价值。因此，经过团队讨论达成统一共识，只有当技术文件的内容可以被后续项目进行参考学习时，这个技术文件才具备知识属性。

项目知识体系的建立，旨在管理和利用项目开发过程中产生的大量技术文件。这些文件中蕴含着丰富的技术知识和经验，对于指导后续项目的开发具有不可估量的价值。项目知识体系可以使这些分散的知识系统化和结构化，便于研发工程师快速获取所需信息，提高工作效率。

构建项目知识体系主要考虑以下原则：第一，以项目为中心，项目知识体系的构建紧密围绕项目开发流程，确保知识体系与实际业务紧密结合。第二，识别知识属性，并非所有技术文件都具有知识价值，只有那些能够被后续项目提供参考和学习的技术文件才被纳入知识体系。第三，结构层次分明，项目知识体系的目录层次不超过3层，以确保信息的清晰和易于检索。

长安汽车在构建项目知识体系时，第一层目录选择项目目标、项目计划、项目方案、项目数据、项目质量、项目报告。第二层级目录则根据第一层级目录的不同性质进行细分，如项目目标首先按整车、系统与零部件进行细分，第三层又根据实际项目中存在的目标的各种类别进行分类，最终分为性能目标、可靠性目标、质量目标等。所有的目录都按此原则进行确定，最终制定了如图3-11所示的项目知识体系结构。

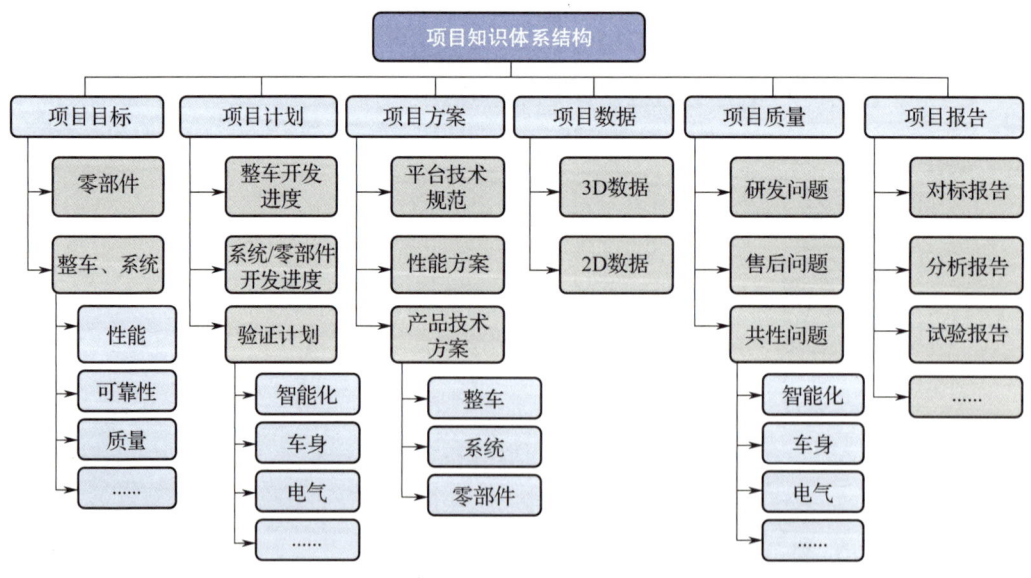

图3-11　项目知识体系结构示例

项目知识体系中的知识是项目开发过程中产生的知识，即项目交付物。长安汽车对项目交付有相应的业务系统进行管理。该业务系统主要是管理交付审签存储，项目交付管理是以所属项目的不同进行存储的，不满足按交付类别进行知识应用的需求。基于保证知识数据源唯一、不重复存储的原则，项目交付物在项目知识体系中的呈现方式是通过IT技术将项目交付管理系统的交付物映射到项目知识体系进行展示，从而满足员工对项目知识的共享需求。

3.3.3 专业知识体系

汽车研发涉及多个专业，不同专业对知识的需求是存在差异的。汽车研发组织庞大，在多品牌的汽车集团里，往往由多个部门负责同一个专业领域的开发，那么以专业领域建立知识体系，可以最大限度地打破专业壁垒，实现知识共享与应用。下面以智能驾驶专业知识体系的建立为案例来描述专业知识体系。智能驾驶是通过传感器、车际通信、高精度导航（地图、导航）、人工智能（控制决策）、高安全等级执行机构等技术，使汽车具备智能环境感知能力，自动分析汽车行驶的安全及危险状态，并逐步代替人执行驾驶操作。智能驾驶专业的工作分为产品开发工作和能力提升工作。产品开发工作主要围绕项目开发流程开展。能力提升工作所产生的知识一般为体系建设、专业知识沉淀等。

1. 专业知识体系建立的目的

日常工作中的案例、工作模板等知识存储非常散乱，广泛存储于员工个人计算机、各专业服务器中；知识类别杂乱，没有规律，难以查阅。如何将智能驾驶专业工作需要的知识系统化和结构化，并建立一个同专业共享的平台，是搭建智能驾驶专业知识体系的目标。

2. 专业知识体系目录的建立

专业知识体系的目录既要考虑到本专业的特殊性，也要符合各专业之间的共性。因此，长安汽车将不同专业知识体系的一级目录进行统一，分为领域概述、项目开发、体系建设、专业知识、知识沉淀，下层级的目录则根据不同专业的特点进行差异化的制订。

领域概述是本专业领域的一个基本介绍，方便大家对该专业有一个基本了解。针对每个一级目录，则根据本专业的特点进行相应的划分，如图3-12所示。项目开发阶段一般分为方案策划、概念开发、工程设计、样车试验和投产上市。因此，智能驾驶专业频道一级目录"项目开发"下的二级目录则分别为方案策划、概念开发、工程设计、样车试验和投产上市。三级目录按专业设置，智能驾驶专业细分为泊车专业、行车专业、安全专业。"体系建设"下面的二级目录为法规标准、工作模板、技术文件。"专业知识"下面的二级目录为产品定义及体验设计、系统设计、算法开发、软件及系统集成。"知识沉淀"下面的二级目录为专利、论文、案例、对标、培训学习、应规避问题库、项目总结。以上这些二级目录需要细分三级目录的，都按泊车、行车和安全三个专业进行细分，如概念开发、技术文件、系统设计、对标等都将三级目录细分为泊车、行车和安全。

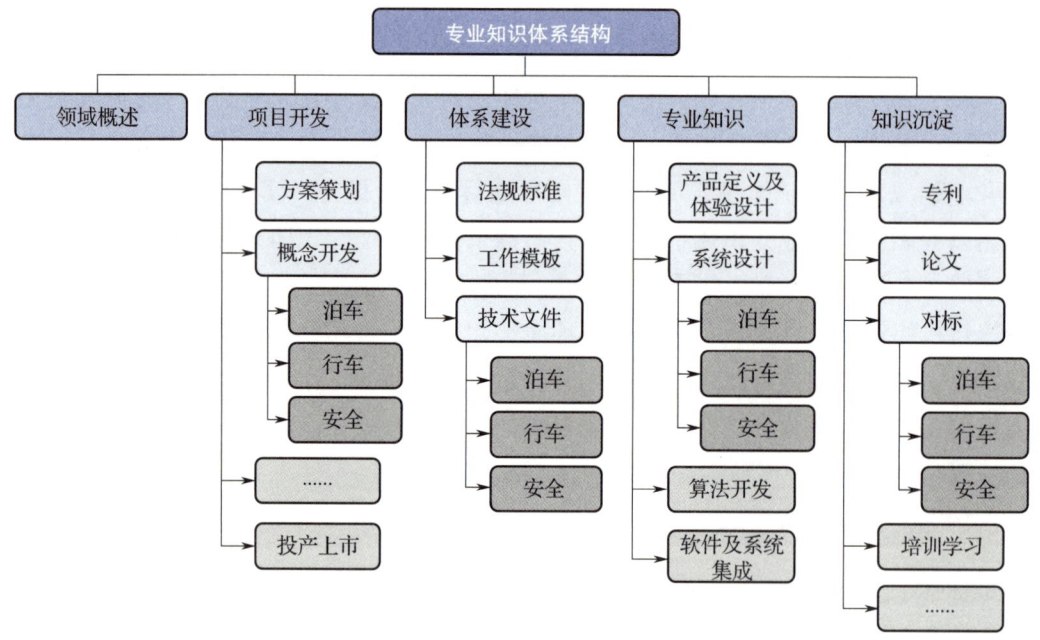

图 3-12　专业知识体系目录示例

3. 专业知识体系应用与管理

智能驾驶专业知识体系的应用场景有知识的上传、审批、查询及更新。为了保障整个知识体系有效运行，需要制定知识上传、审核、文件命名、保密权限、更新等规则。各目录指定的责任人负责知识质量的审核与把关。智能驾驶专业知识体系的维护包含专业知识框架维护、知识地图的维护、知识推送管理、通知公告管理、借阅管理、权限管理及数据统计分析管理等。

3.3.4　辅助知识体系

1. 产品开发知识地图

知识地图是用清单、图表等方式表示知识分布，是组织内部的知识向导，用于明确重要知识的方位，指出存储知识的人、文件、数据库等载体。以电气专业为例，长安汽车建设了两类知识地图，即产品开发知识地图和主题知识地图。产品开发知识地图以产品为中心，以研发流程为主线，描述长安汽车研发各节点具体工作项。各工作项设置有知识包，用以指导该专业新员工如何开展工作。知识包包含各工作项具体操作步骤、交付物质量控制标准及模板。主题知识地图是以业务项为主题构建的知识体系。

电气专业建立了灯具专业知识地图、线束专业知识地图、开关知识地图、电机知识地图等产品开发知识地图。如图 3-13 所示，以灯具专业知识地图为例，灯具产品的开发工作从项目启动节点开始，项目启动节点工作项有 5 项，分别为造型输入可行性分析、意见反馈分析、技术路线制订、技术开发要求编制和先期招标；项目批准节点工作项为技术路线制订；数据发布节点工作项有 6 项，分别为数据设计、加工批准、正式招标、定点、试验计划编制和性能验收测试；数据冻结节点工作项有 2 项，分别为试验计划编制和设计试验验证；投产签署节点工作项为产品质量提升，至此灯具产品的开发工作结束。

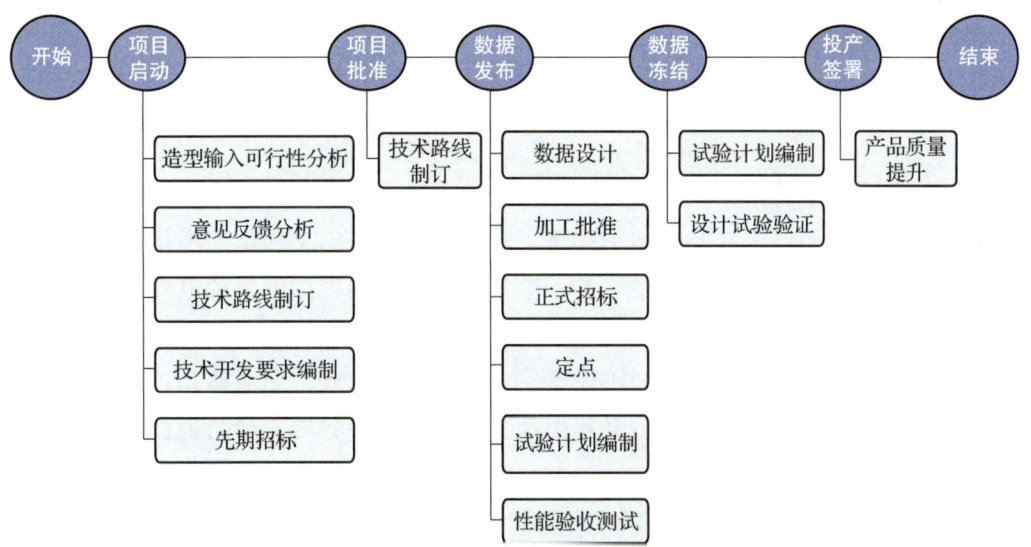

图 3-13 灯具专业产品开发知识地图

每个工作项设置有知识包，知识包包含执行某项工作所需要的工作步骤、模板及交付要求，用于指导新员工更好地完成该项工作。如图 3-14 所示，以技术路线制订工作包为例，知识包包含该项工作的具体工作步骤、相关知识、历史数据、模板、交付物质量等。

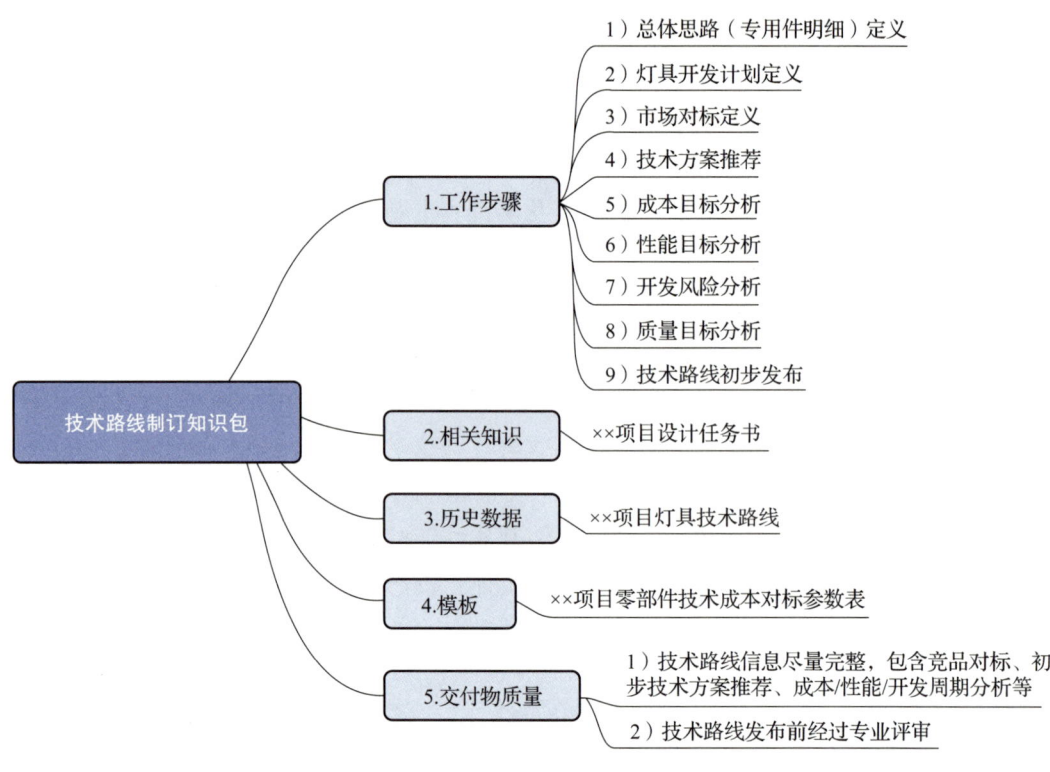

图 3-14　灯具专业技术路线制订知识包

电气专业建立了整车电气接口定义知识地图和电源管理知识地图等主题知识地图。以整车电气接口定义知识地图为例，整车电气接口定义知识地图是以整车电气接口定义为主题构建的知识体系。整车电气接口定义提供用电器的电气功能，电气性能和线束配对的边界，涉及动力、智能化、底盘等八大专业，开发过程中存在的主要难点是提供的接口定义内容不完整，电气参数不准确，影响整车原理和线束的设计。因此建立整车电气接口定义知识地图，用以指导各专业产品工程师准确填写接口定义。

如图 3-15 所示，整车电气接口定义知识地图一级节点设置为整车电气接口定义的重要性，整车电气接口定义的主要内容，整车电气接口定义模板及参考示例。整车电气接口定义的重要性下面的二级节点包含接口定义的重要性、接口定义的输入专业、接口定义的上传节点、接口定义的签审流程和接口定义的注意事项；整车电气接口定义的主要内容下面的二级节点包含接口定义的内容总述、功能描述、外部接线图、内部接线图、电流特性波形图、接插件信息、引脚功能定义、关联系统的要求。每个二级节点设置有知识包，对填写要点进行讲解，并给出实例示范。整车电气接口定义模板及参考示例的二级节点包含接口定义模板和接口定义参考示例。

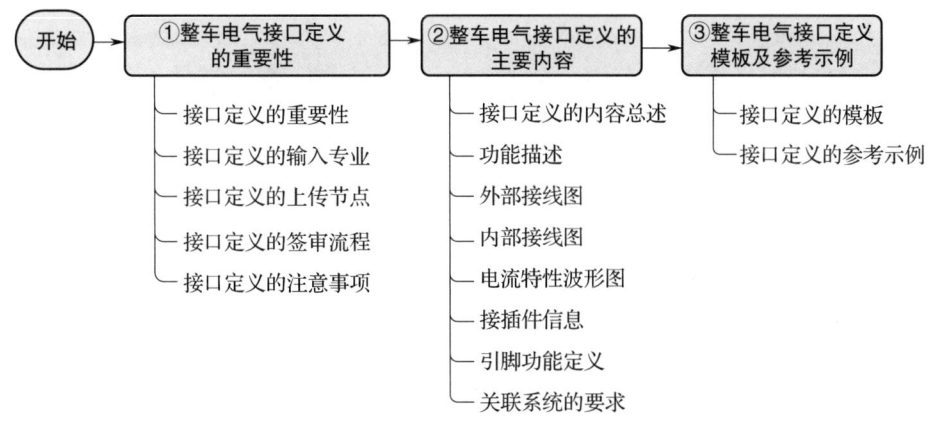

图 3-15 整车电气接口定义主题知识地图

2. 主题知识专栏

主题知识专栏是特定主题知识资源的集合，它使员工能够轻松获取相关主题的知识。与复杂的知识体系相比，知识专栏一般只有 1 或 2 层的分类结构，减少了员工的学习成本，提供了良好的使用体验。

主题知识专栏主要针对一些技术热点和员工关注的主题，如碳排放、碳中和等，将这些主题的相关知识进行集中管理，统一放在知识专栏进行呈现。这样可以满足员工对于热点话题的知识需求，为员工提供有针对性的知识支持，帮助员工了解和应对相关的挑战和机遇。

主题知识专栏通过将该主题的内容集中汇聚，使员工能够快速了解和搜索相关的知识。主题知识专栏的建设促进了知识的共享和传播，提升了用户的效率和体验。

主题知识专栏还可以关注一些前沿技术领域，如芯片应用等。图 3-16 就是一个芯片应用的知识专栏，它将芯片相关的基础知识和应用知识汇聚在一起。方便对芯片应用知识有需求的员工进行学习。

通过以上不同维度知识体系的建设，该企业最终搭建了一个全面、系统的研发知识体系。这个体系可以满足不同工作场景下的需求，从通用知识到项目相关知识再到专业领域知识，全面支持研发团队的工作。这不仅提高了产品研发的效率和质量，也促进了团队之间的协作和知识共享，为公司的创新和发展提供了强有力的支持。

图 3-16 芯片应用知识专栏示例

3.4 研发知识体系可视化

知识体系可视化是通过图形化的方式，将已经搭建的知识体系结构、关系和知识内容以直观易懂的方式呈现出来。可视化将抽象的概念和复杂的关系转化为可见的、易于识别的形式，从而提高人们对知识体系的理解和应用能力。一般企业都是通过建立知识平台对知识体系进行呈现的。知识平台一般可以采用网页形式将知识体系结构进行展示，然后将知识内容按知识结构进行分类聚类。通过这样的展示可以让知识查找、知识分享更为便捷高效。以长安汽车为例，长安汽车搭建了如图 3-17 所示的智谷研发知识平台，并通过该平台对长安汽车研发知识体系进行展示。当然，对知识进行分类聚类的技术有很多种，具体采用哪种技术则和知识存储的位置、方式与知识分类的复杂性有关。

知识体系可视化方式主要有以下三种：知识结构树、知识标签技术和知识地图，如图 3-18 所示。下面将以 3.3 节长安汽车构建的研发知识体系为例，阐述通过不同的技术手段对知识体系可视化的过程。通用知识体系、项目知识体系和主题知识专栏主要采用知识结构树技术进行可视化展示，本节以通用知识为例来说明知识结构树的应用。专业知识体系采用知识标签技术进行可视化展示，本节也将阐述它的应用。知识地图在 3.3.4 节中已经详细说明，本节就不再赘述。

图 3-17　智谷研发知识平台知识体系的展示

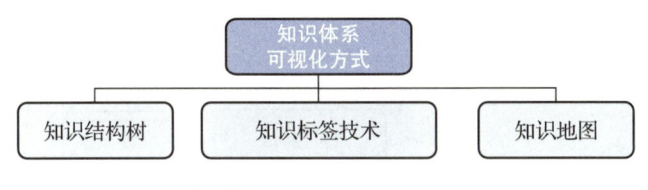

图 3-18　知识体系可视化方式

3.4.1　知识结构树

通用知识体系的知识结构层级少、维度单一，采用知识结构树展示知识体系是一种比较好的方式。知识结构树是一种将知识体系图形化展示的方式，用于呈现知识体系的层级结构和关联关系。它将知识按照树状结构组织，将各个知识点连接起来，形成一个逻辑清晰、易于理解的表示形式。图 3-19 所示为长安汽车研发知识平台中关于企业标准的知识结构树，该结构树可以清晰地展示标准规范下的层级关系，帮助员工快速地定位到相应的知识目录。

实现知识结构树的方式包括手动构建、自动抽取和机器学习等。手动构建是最基本也是最常见的方式，通过人工的方式将知识点按照层级关系进行组织和连接。自动抽取是利用自然语言处理和信息提取技术，从大量文本中自动提取知识点及其之间的关联关系。机器学习则是利用机器学习算法，通过训练数据自动学习知识的

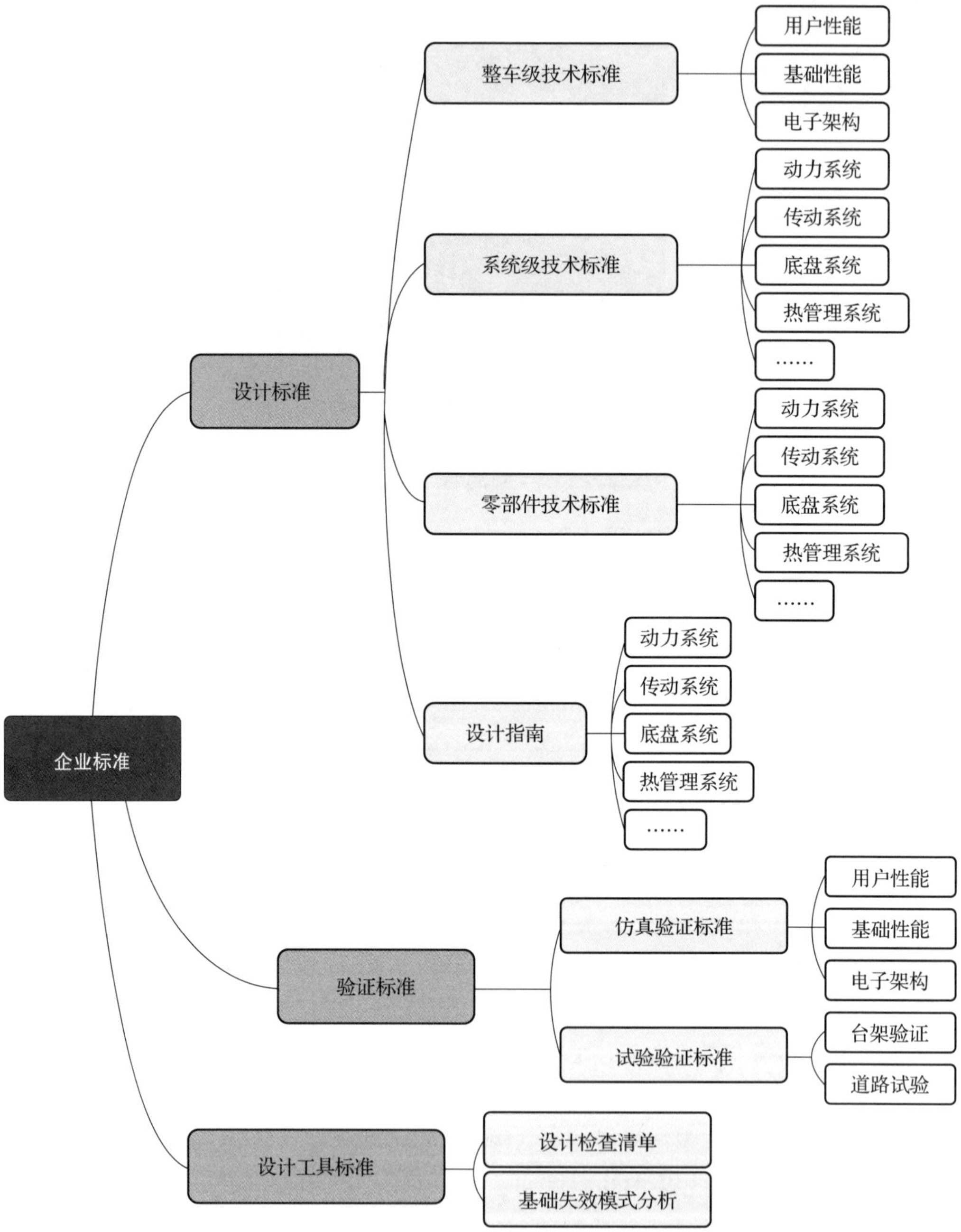

图 3-19 企业标准的知识结构树示例

结构和关系。

知识结构树的优点是能够清晰地展示知识的层级关系和逻辑结构，使得员工能够更好地理解知识的组成和联系。它可以帮助员工快速建立知识框架，找到知识点之间的关联，提高学习效率。此外，知识结构树还可以作为知识管理和分享的工具，便于知识的组织和传播。

然而，知识结构树也存在一些缺点。知识结构树是逐层展开的，在复杂知识体系的展示上，存在层级过多的情况。超过 5 层的知识结构树就会在展示上带来非常不方便的使用体验。另外，知识结构树只能按单一维度进行展示，无法满足不同用户对知识展示的多维需求。

知识映射技术作为一种投入小，技术实现简单的技术，可以在一定程度上弥补结构树只能单一维度展示的缺点。映射在数学中用来描述两个集合元素之间一种特殊的对应关系，即当某两个非空集合因为某一特殊的对应关系而出现一一对应的现象时，这个特殊的对应关系即被称为映射。如图 3-20 所示，A 目录下存储知识 1、知识 2，B 目录下存储知识 3、知识 4。在无映射的情况下，B 目录只能展示知识 3 和知识 4。如果将知识 1 映射到 B 目录，那么知识 1 还是存储在 A 目录下，但是 B 目录下就可以展示知识 1、知识 3 和知识 4。通过知识映射实现了知识一处存储多处展示的效果。

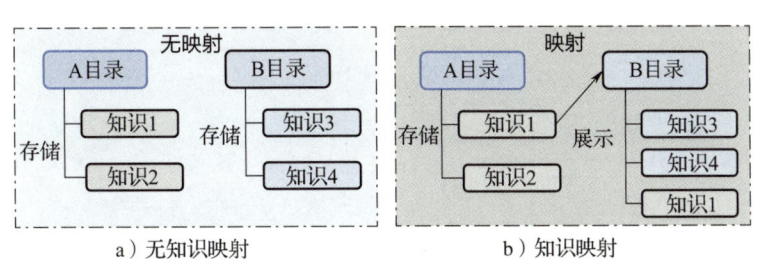

图 3-20 无知识映射与知识映射效果差异

下面以长安汽车研发知识平台在企业标准体系可视化方面的应用为例，阐述知识映射技术的应用。企业标准从不同的用户角色角度看，需要有不同的呈现结构。从体系管理的角度来看，企业标准以标准类别进行展示，例如整车级技术标准、系统级技术标准、零部件级技术标准、设计检查清单等。下一个层级又按照产品领域进行划分，例如动力系统、底盘系统、内外饰系统等。以座椅总成技术规范为例，从标准的管理角度，它应该存储在通用知识体系/企业技术标准/零部件技术规范/内外饰系统下。座椅设计检查清单存储在通用知识体系/企业技术标准/设计检查清单/内外饰系统下。从用户使用标准的角度来看，座椅工程师则希望能够在一个位置直接查看座椅的所有标准。这样，座椅总成技术规范和座椅总成设计检查清单应在同一个目录下展示，比如内外饰知识体系/企业技术标准/座椅技术标准下。这就要求知识的显示目录必须使用两种分类方法。然而，从数据源的唯一性角度来看，同一份知识只能存储在一个目录下，这就需要将同一份知识在不同位置进行展示。

明确了需求后，长安汽车采用了知识映射的技术，如图3-21所示。首先，以统一的标准体系维度作为主要的分类维度，将标准存储在相应的层级目录下，例如在通用知识体系下，将座椅总成技术规范和座椅总成设计检查清单分别存储在零部件技术标准和设计检查清单目录下。然后将座椅总成技术规范和座椅总成设计检查清单映射到内外饰知识体系下的座椅技术标准下，满足同一份知识在多个目录下显示的需求。

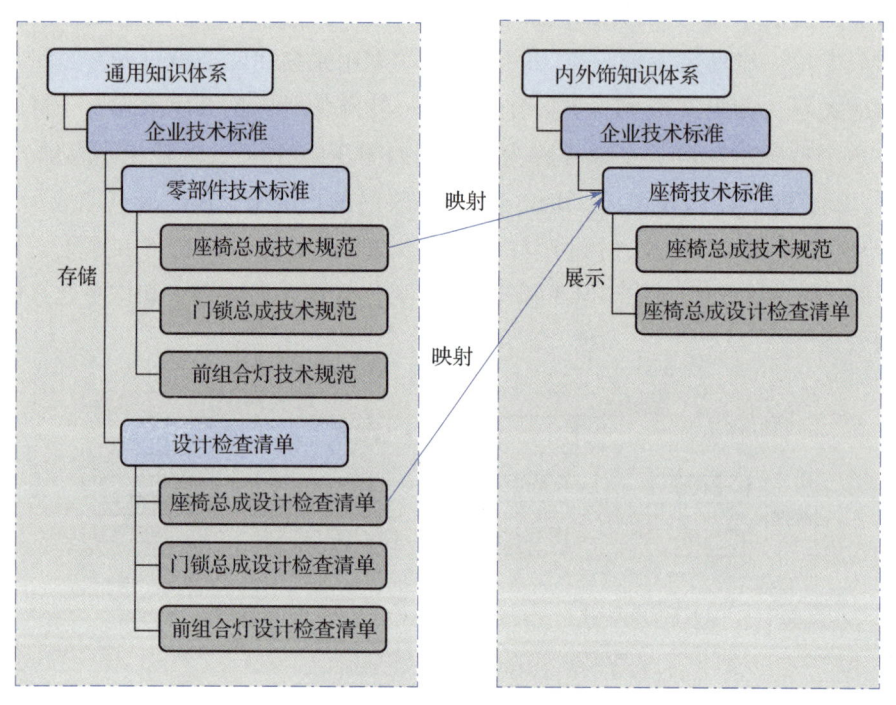

图3-21 知识映射示例

通过这种知识映射的技术方案，长安汽车能够满足按照不同维度展示企业标准的需求。员工可以更便捷地查找和浏览与其专业领域相关的所有标准，而且对知识的更新和维护也更加高效和便捷。这将大幅提升企业的标准管理水平，加强不同专业领域之间的协作和沟通，为产品研发过程中的决策和设计提供准确、全面的参考依据。

当然，由于这个技术本质还是对目录层级进行管理，不同维度的知识体系在颗粒度上是无法一一对应的，那么在此基础上开展的知识映射，势必会出现知识对应不够精准的现象。

3.4.2 知识标签

专业知识体系一般包含本专业的标准、管理程序、项目交付物、专业内容的知识沉淀,如图 3-22 所示。标准、管理程序、项目交付物是公司统一由业务系统进行管理的,一般存储在相应的业务系统中,并按公司的业务管理模式存储。例如标准存储在法规标准平台下,按标准类型进行分类,分为国家标准、行业标准、企业标准。管理程序存储在一体化管理程序中,一般按部门进行分类存储。项目交付物在项目管理系统中,按不同项目进行分类。在专业知识体系中也需要包含本专业的标准、管理程序、项目交付物等,并且其分类方式一般根据专业子领域进行聚合。

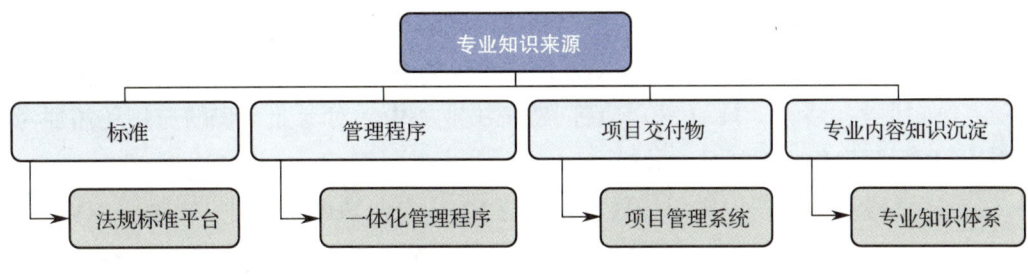

图 3-22 专业知识来源示例

知识体系的可视化还有一个重要原则就是知识源唯一,即同一个知识只在一处存储,从而避免同一知识多处存储造成版本混乱的现象出现。由于专业知识存在多种来源,知识结构树方式无法满足同一知识按不同分类展示的需求,因此,专业知识体系的可视化则采用构建知识标签体系的方式,利用知识标签对知识进行分类和聚类,从而实现专业知识体系的知识架构和知识内容的呈现,以满足专业知识体系分类需求。

知识标签是一种用于描述和分类知识的关键词或短语。它是对知识的抽象概括,能够准确地反映知识的主题、内容或特征。为知识资源添加标签可以帮助用户更快速地定位和搜索相关的知识,提高知识管理和利用的效率。应用在知识体系呈现上,就是将不同维度的知识体系转换为标签体系,为每条知识打上相应的标签,这里的每条知识可以打上多个标签。

一方面,标签体系是对内容的多维度和多层次的知识抽象,它本身就是一种基础的表征,便于接入算法模型,强化算法模型对内容的表达能力;另一方面,标签体系作为抽象层级较低的数据基座,支撑着算法特征体系、知识图谱等高度抽象的结构化数据的搭建。整个体系以标签的形式进行呈现,就可以很好地呈现多维知识体系。知识标签体系是将零散的、碎片化的海量知识抽取出结构化的特征,与知识场景相结合。知识标签体系可以应用在知识搜索、推送等知识管理的重要场景中。

下面以长安汽车NVH专业体系建立时构建的NVH领域知识标签为例阐述知识标签体系构建的过程。

在汽车工程领域，NVH领域是整车性能开发中一个重要的领域。为了使NVH工程师更高效地进行性能开发工作，需要对NVH相关知识进行更好的管理和应用，因此需要构建NVH专业知识体系。长安汽车通过知识标签技术实现NVH专业知识体系的构建。

汽车NVH知识的主要用户是NVH开发工程师。在研发过程中，NVH开发工程师有两大主要业务，第一是NVH性能开发，包含整车和系统NVH目标的制订和技术方案的制订与达成，第二是解决NVH性能开发过程中出现的问题。NVH领域是一个复杂的跨专业领域，专业知识既与汽车的零部件相关（如动力系统中的发动机、变速器，底盘系统的轮胎、悬置，内外饰系统中的声包零件等），又涉及汽车的各种性能（如风噪、路噪、抖动等）。在问题解决业务中，对专业知识的应用还需要考虑产品的问题现象，也就是失效模式。

为了适应员工的知识应用场景，在构建NVH专业知识体系时，需要将NVH专业知识按NVH性能开发和问题解决两个维度进行分类聚类。知识标签体系维度应该采用知识的主要特征维度。根据上述NVH专业的特征，可以识别出零部件名称、产品性能属性、失效模式这三类主要特征。NVH专业的知识作为研发知识，同样具备了项目、知识类型（如技术方案、性能目标书、试验报告等）这些基础特征。因此，如图3-23所示，长安汽车将NVH的知识标签体系的维度确立为以下4个维度：零部件名称、产品性能属性、失效模式、基础属性（知识类型和项目名称）。

在确立知识标签体系的维度后，接着需要对每个维度建立具体标签。在标签分类的构建上，应尽量选择对企业已有的标准分类进行适应性调整。这样就可以减少标签构建的工作量和标签命名出现歧义的风险，从而降低员工学习标签的成本。

长安汽车在技术领域划分中有一个标准分类（整车划分及产品系统）。

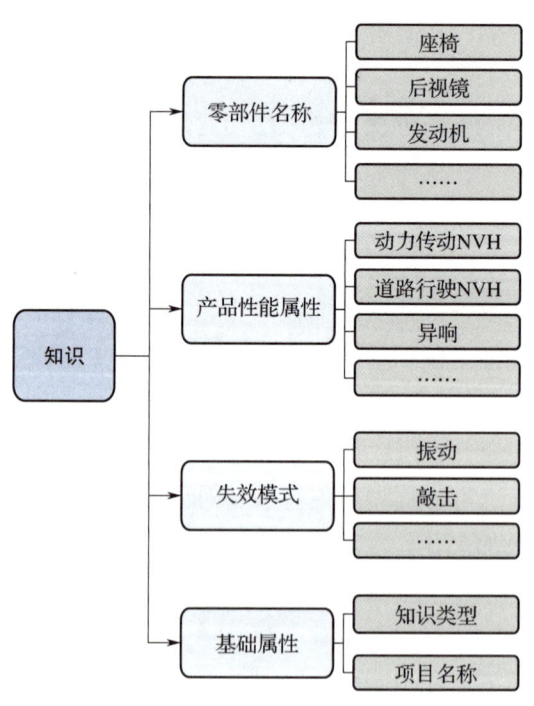

图3-23 NVH知识标签体系示例

在这个分类中，针对零部件维度，有 4 个层级 1300 余项的分类，但是 NVH 知识并不涉及所有的零部件，于是就在原标准分类的基础上进行相应的裁减，只保留与 NVH 相关的零部件作为该维度的标签。针对性能也有标准分类，比如 NVH 分为动力传动系 NVH、道路行驶 NVH、异响，其中动力传动系 NVH 下又分为启动与关闭 NVH、怠速 NVH、加速 NVH、减速 NVH、电器及电机 NVH 等。失效模式维度则基于 NVH 专业人员梳理的 NVH 常见失效模式，并进行标准化，确定为振动、敲击、风噪、空腔声等 22 个失效模式。知识类型则根据企业常用的知识分类，分为试验报告、案例、论文、目标书等。项目维度则采用公司统一的项目代号和项目名称作为标签。至此，4 个维度的标签就建立完成。

为了验证标签体系的准确性，在构建标签体系后，选择一部分知识标注标签。如果这部分知识能够用前面确定的标签进行标注且无歧义，则可以将该标签应用到其余的知识中。如果存在某些知识无法标注标签或者标签不准确的情况，则需要对此标签体系进行优化。

对知识的标签标注工作可以采用 IT 技术自动进行，也可以由人工进行。长安汽车通过 IT 技术对碎片化知识进行处理后进行标签标注，再通过人工校核准确性。这样既减少了对海量知识标注标签的工作量，也避免了自动化标注标签带来的标注不精准问题。

通过对知识资源的标签化，长安汽车构建了一个结构化的 NVH 性能开发知识体系，该体系从 NVH 性能开发维度和问题解决维度来展示，如图 3-24 所示。图的左侧是对 NVH 性能开发维度进行划分，分为设计开发和验证开发两个维度，在设计开发下根据整车的结构分为整车 NVH、动力系统、传动系统、底盘系统等，并进一步细分直到零部件层级，如动力系统下分为发动机、动力附件等，发动机下又分为发动机总成、缸体及曲柄连杆机构等。在验证开发下根据 NVH 的专业属性分为振动、噪声、异响等维度。图的右侧对左侧各类别下的知识进行知识属性的划分，如发动机总成下的知识分为基础知识和性能设计，基础知识又分为结构原理、试验规范、报告模板和技术研究。

工程师们可以选择左侧的发动机总成和右侧的试验规范标签，从而快速精准地获取发动机总成试验规范。

此外，企业还将知识标签应用于问题解决过程中。如图 3-25 所示，在设计开发和验证开发分类下的知识还依据问题类型，如振动、共振等进行归类。当工程师们遇到 NVH 方面的问题时，他们可以通过筛选问题相关的标签获取相应的知识，帮助其解决问题。通过单击发动机总成和振动两个标签，则可以获得发动机总成振动问题的相关知识。这种标签化分类知识的方式，能够帮助工程师快速定位到需要的知识，从而提升解决问题的效率。

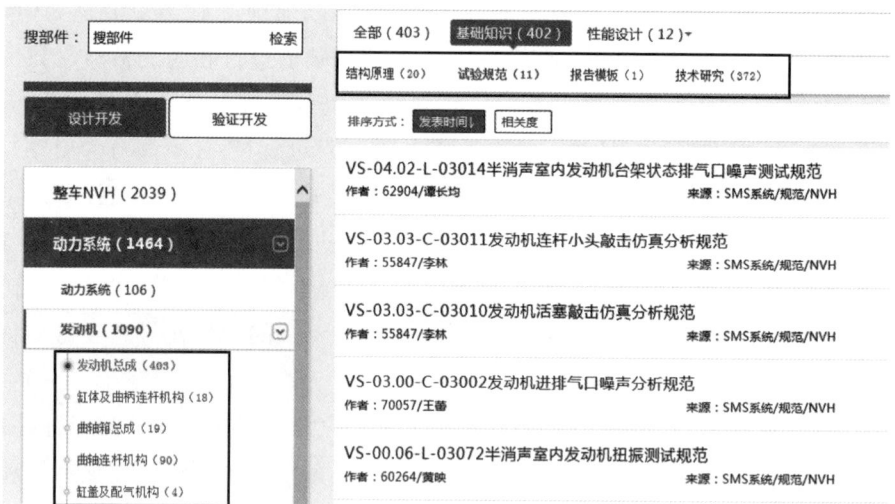

图 3-24 NVH 性能开发知识体系展示

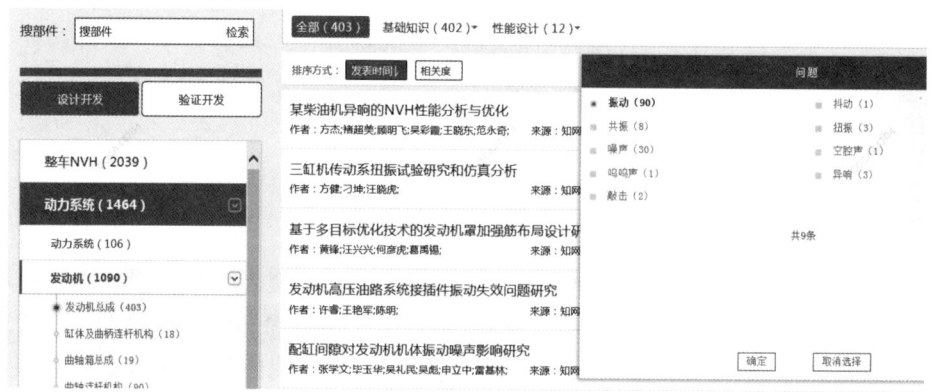

图 3-25 NVH 知识体系中问题解决知识体系展示

通过使用知识标签技术，长安汽车成功构建了 NVH 性能开发知识体系和问题解决知识体系。这使得他们能够更好地管理和应用 NVH 相关知识，提高 NVH 性能的开发效率和质量。工程师们可以利用标签化的知识体系，快速找到所需的知识资源，并在解决问题时更加高效地借鉴先前的经验和解决方案。

总结起来，通过使用知识标签技术构建 NVH 性能开发知识体系和问题解决知识体系，企业能够更好地管理和应用相关知识。标签化的知识体系使工程师们能够快速搜索和获取所需的知识资源，提高工作效率。同时，通过关联标签和问题，企业还能够更好地共享和传承先前的经验和解决方案。这种知识标签技术的应用在汽车企业的 NVH 领域中具有重要的意义，为产品质量和竞争力的提升提供了有力的支持。

Chapter Four

第 4 章
研发知识的获取

知识的获取是知识共享的基础。如第 1 章所述，从认知和获取方式的角度，知识分为隐性知识和显性知识，显性知识指可以表达的、可确知的、有物质载体的知识，以专利、论文、期刊、软件、数据库、教科书、视频等形式存在。隐性知识是难以用言语和文字表达的知识，主要存在于个人的大脑中。因此，知识的获取包括显性知识的获取和隐性知识的获取。

研发知识是一家企业蓬勃发展的重要驱动力，然而很多汽车企业存在的研发知识散落、知识难以显性化、研发与知识"两张皮"、信息系统知识孤岛等问题严重阻碍了研发的效率和企业的创新力的提升。为了克服这些问题，企业必须建立知识共享机制，如研发共享知识平台，将获取的知识存放在平台上，让所有员工共享。

显性知识可以通过明确的渠道来获取，如学术期刊、专利数据库、技术标准、报告、研讨会、合作交流等。信息化和智能化技术会加快显性知识的获取。获取隐性知识的方式有很多，如圈子、事后回顾（AAR）、复盘、案例萃取、专家讲座、头脑风暴等。有效获取隐性知识对知识的传承和再利用非常重要。

4.1 显性知识和隐性知识

随着信息时代的到来，我们面临着海量的信息资源。在研发过程中，我们积累了丰富的经验、信息和数据，然而，散落的研发信息和数据很难被转化为知识加以有效地传播和应用。因此，知识的清理是研发知识管理的首要工作。

研发知识有两种类型，即显性知识和隐性知识。图 4-1 给出了个人知识冰山模型。显性知识是"可以写在书本或杂志上，能说出来的知识"，是"冰山冰面以上的部分"，包括知识和技能，能够通过正常的语言文字进行表达和传播。而隐性知识是我们知道但难以用语言文字表述的知识，是"冰山冰面以下的部分"，包括社会角色、自我认知、情商、个性特质和动机，是人内在的、难以表征和传播的部分，但对每个人的行为与表现起着关键性的作用。

图 4-1　个人知识冰山模型

显性知识和隐性知识作为两种不同类型的知识，对于我们理解汽车、提高汽车研发能力和实现个人成长具有重要意义。本节将深入探讨这两种知识的定义、特点、相互关系以及对汽车研发的影响，使我们可以更好地理解其在汽车研发知识管理和设计验证过程中的价值。

4.1.1　显性知识

1. 什么是显性知识

显性知识是可以明确表达和记录的知识，是经过系统化整理、归纳和总结的知识。这种知识可以以文字、图表、公式等形式表达，并能够被传递给他人。显性知识通常是具体、明确和易于被理解的。

由于显性知识能清晰表述和有效转移，因此显性知识具有以下三个特点。第一个特点是明确性，即显性知识具有明确的定义和逻辑结构，便于人们理解和运用，例如汽车研发过程中各类程序文件中的术语定义；第二个特点是可传播性，即显性知识可以通过教育、培训或阅读等方式传授给他人；第三个特点是可验证性，即显性知识可以通过试验、观察和逻辑推理等方式进行验证，例如汽车设计验证阶段的各类检测和测试报告。

显性知识可以按照岗位类型、知识来源、知识内容及知识加工方式等不同的标准或工作需要进行分类。根据研发知识管理体系的需要,我们可以将汽车研发知识按照图 4-2 所示结构进行分类:第一类是通用知识,是用以指导汽车研发工作开展和各部门间协同作战的职责和范围界定类的知识,以语言文字形式表达,例如各岗位指导手册、各类研发流程和工作规范等;第二类是产品知识,是各类产品研发过程中形成的开发目标、设计验证计划、工程数据和签收报告等,是产品开发形成的知识积累;第三类是专业知识,是汽车研发各协同专业内的基础理论知识,如车身、底盘、电气、动力、NVH、安全、CAE、试验试制等领域的专业知识。

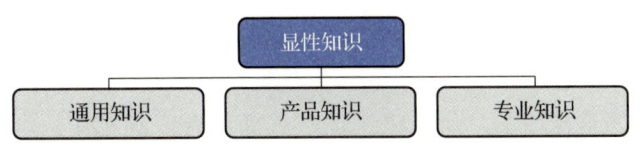

图 4-2 汽车研发显性知识分类

显性知识获取的方法有很多,传统的获取渠道有学习和教育、研究和科学文献、经验和实践,而其来源多为书籍资料、报纸期刊、专利文献以及各类电子媒介等,获取的知识可以通过语言、文字、图像和数据库等编码方式进行传播。在当今的信息科技社会,各种 IT 设备、智能终端已经成为最广泛的显性知识获取渠道,例如长安汽车智谷研发知识平台,就提供了汽车研发过程中的各类通用知识、产品知识和专业知识,工程师们可以从中获取自己工作和成长所需要的各类知识。

根据显性知识的定义,可以概括出显性知识的特征和表现形式。第一是易于表达和传递,即显性知识可以通过文字、图表、演示文稿等形式进行明确表达和传递;第二是可以被记录和存储,显性知识可以以书籍、文件、数据库等形式记录和存储,便于后续访问和使用;第三是可以进行系统化组织和分类,显性知识可以通过分类、索引和标签等方式进行系统化组织和分类,使其易于查找和利用;第四是易于共享和传播,显性知识可以通过教育、培训、会议、出版物、互联网等渠道进行广泛共享和传播,使更多人受益。

2. 显性知识的价值

显性知识的特点决定了其在传播效率和存储便捷性方面具有明显的优势。显性知识可以被书面记录和数字化传播,这大大提高了显性知识传递的效率。此外,显性知识易于存储,电子媒体和智能终端的普及使得显性知识的存储和检索变得更加容易和方便。

当然,显性知识的明确性也导致其受到一些限制,有的显性知识有时效性,当情境变换之后,它可能不适用或失效。例如汽车企业随着自身的发展和组织机构的完善壮大，过去的程序性通用知识可能不能适应当前的需要。另外，有些显性知识难以完整地表达知识的全貌和背后的理由和策略，因此在实际应用中常常需要以其他形式进行补充。

研发显性知识在指导决策、促进创新和帮助新人成长方面发挥了巨大价值。在指导决策方面，显性知识可以帮助工程师们做出明智的方案和决策，提高工作效率和质量；在促进创新方面，显性知识是创新的基础，通过对显性知识的运用和组合，可以产生新的创意和解决方案；在帮助新人成长方面，显性知识可以为新人学习专业基础知识、了解汽车研发组织和运营等提供重要的信息。

3. 显性知识应用案例

显性知识在汽车领域的"研产供销运"方面都有广泛应用。本书着重探讨显性知识在汽车研发领域的应用，例如汽车基础知识教育、汽车科学研究、汽车研发和组织管理等领域。

汽车基础知识教育是显性知识应用最广泛的领域之一。各类汽车相关的教材和教学资源都是显性知识，如书本、课件、学习资料等。在员工的技能评估方面，显性知识同样起着重要作用，我们可以用理论知识考试与员工的实际操作（如企业内部组织的各类技能运动会、职级晋升考试等）相结合来评估员工的技能等级。评估后，因材施教地培养员工。

在汽车科学研究领域，显性知识扮演着重要的角色。在研究初期，研究者们通过广泛阅读文献、论文、专利、报告等显性知识，了解同行的研究状态，为自己的研究寻找方向和理论支持；在研究过程中，研究者们会用到现有的理论方法、实验设计方法等显性知识来帮助进行实验设计、理论分析、数据分析等工作；在研究的后期，研究者们将研究成果以科学论文、研究报告等显性知识的形式发表，并参加学术会议并与同行交流和分享。

在汽车开发领域，显性知识为创新和问题解决提供了基础。例如用现有理论来指导各种技术规范和标准的制定，由于采用了成熟的显性知识作为指导，因此使用这些规范和标准生产的产品可以确保其质量、安全性和兼容性。在"工程设计和建模"软件应用中，力学结构、可靠性等显性知识可以帮助工程师们建立模型、设定模型参数、选择算法。再比如，工程师们可以利用现有的设备手册、故障排除指南和维修程序等显性知识来进行产品的故障诊断和提出设备维护方案。

在汽车研发管理中，显性知识同样发挥着重要作用。例如在知识管理系统中，大量显性知识被放置到知识工程平台上，知识管理者给这些知识打标签、分类，并放置在不同位置，以便员工查找和共享知识。

4.1.2 隐性知识

1. 什么是隐性知识

隐性知识是由哲学家迈克尔·波兰尼（Michael Polanyi）引入的概念，指的是那些难以明确表达、记录和传递的知识。隐性知识是基于个体经验、洞察力和直觉形成的存在于个体头脑中的知识，它与个体的感知、体验和情感紧密相关。隐性知识包含了个体的经验、直觉、技能和情感智慧等，对于研发技术创新、问题解决和沟通决策具有重要意义。了解和挖掘隐性知识，可以帮助个体和组织更好地利用这种潜在的知识来提高汽车研发效率和创造力。

与显性知识相比，隐性知识在知识表达、形成过程和存储转化等方面与显性知识都有明显的区别。见表4-1，隐性知识有别于显性知识的主要特点如下：一是知识表达的隐性，体现在知识难以明确化，隐性知识通常来源于经验和技能，具有"难以言传"的特性，很难进行明确表述与逻辑说明，这是隐性知识最本质的特征；二是形成过程的隐性，隐性知识的主要载体是个人，形成过程总是依托特定情境以及个体的亲身实践和行动，是个体对特定情境和实践的体验、直觉和整体把握；三是存储和转化的复杂性，隐性知识是一种存储于人脑的高度个人化的知识，很难进行记录和显性化转化，因此也很难通过常规的形式和手段进行共享和传递。

表 4-1 隐性知识与显性知识的区别

分类	隐性知识	显性知识
知识表达	难以记录，难以进行语言表达和逻辑说明	可以用语言、文字进行口述和书面表达
形成过程	个人在特定情境中的灵感和感悟，在实践和错误中摸索尝试的经验	可以通过显性介质进行学习/总结和积累
存储转化	1. 高度个人化，存储于人脑中 2. 通过比喻和类推等形象化的方法转化为显性知识	1. 存储于文件、数据库、网页、电子邮件、书籍、图表等介质中 2. 通过人的理解、消化吸收转化为隐性知识

隐性知识有不同的分类方式。本书根据汽车研发知识工程管理的需要，按照隐性知识的"可编码程度"（即隐性知识可以被诉说或文档化的程度），对隐性知识开展分类。如图4-3所示，隐性知识可分为可编码隐性知识、不易编码隐性知识和不能编码隐性知识三类。由于组织隐性知识具有隐含性和复杂性，国内主流学者普遍认为可编码隐性知识仅占隐性知识很小的部分，一般为20%左右，绝大多数都为不易或不能编码隐性知识。基于隐性知识的这种属性，如何对隐性知识进行编码是开展存储和转化的前提。

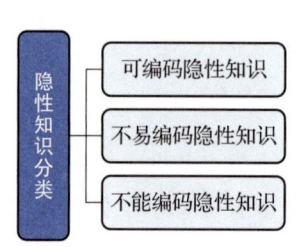
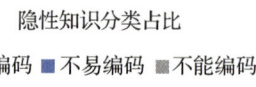
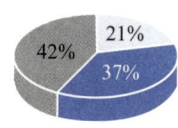

图 4-3 隐性知识分类

同显性知识一样，隐性知识也可以从多个渠道获得。这里列举几个汽车研发隐性知识的获取渠道：一是经验和实践，研发工程师们通过岗位实践积累了丰富的经验和隐性知识，并通过不断地学习和反思，得到对事物的更深入的理解，例如一位在研发模型数控加工岗位从业十余年的员工，通过反思和提炼，总结出了自动化编程和工件定位的创新方法，极大提升了试制效率；二是直接观察和学习，例如研发工程师们通过观察和模仿他人的技能和行为来获取试验车驾驶评价的操作经验和评价技巧；三是学徒制和导师指导，在研发新人的培养过程中，师傅会将其知识和技能传授给学徒，并通过实践来指导学徒获得隐性知识；四是团队合作和知识共享，通过定期召开经验分享会、案例发布会等，个体可以与他人在共同学习、交流和分享中，扩大个体的视野和经验；五是口头传承和故事讲述，例如长安汽车定期向全体员工发布的"档案里流淌的长安岁月 – 历史同期声"，通过讲述公司同期的重点事件和创业事迹，达到鉴古、知今、察来的目的，这样做一来可以让员工从这些里程碑事件中获取创业先辈的心得感知，二来可以勉励员工积极共享和传递自己的隐性知识。

根据对隐性知识的介绍，可以概括出隐性知识的特征和表现形式。第一，隐性知识是个体对某个领域或主题的深入理解和认知，是一种"深度知识"；第二，个体在不断的实践中运用和调整隐性知识，以适应不同的情境和问题，具备"实践导向"；第三，隐性知识可能包含个体在特定情境中运用的用于指导他们行动和决策的"隐性规则"；第四，尽管隐性知识本身难以明确表达，但它可以通过一些方式进行"外显化"，例如通过行为、表现、情感、体验和示范等来展现和传递给他人。

2. 隐性知识的价值与传承

隐性知识在创新和问题解决、决策和战略规划、知识管理和提升组织竞争力等方面具有重大价值。研发工程师们可以基于在实践中积累的隐性知识，创造新的想法和解决方案，推动工作提质增效；在决策和规划方面，经验丰富的管理者能够更准确地开展评估和预测，制定更加有效的决策和战略；通过有效地获取、转化和共享隐性知识，组织能够快速适应变化的环境，提高组织竞争力，也能够避免人员流动和遗失带来的知识资产遗失。

在汽车研发过程中，隐性知识传承最常见的方式有社交共享、圈子共享、活动共享和智能共享。社交共享是通过人与人的交流和沟通来传递和吸收知识，例如在企业咖啡厅和吸烟点，工程师们经常聚集聊天，对某个问题进行讨论，每个人分享经验，使得大脑中的隐性知识得以共享。圈子共享是指通过圈子进行隐性知识交流分享，圈子由对某个主题有共同兴趣的人组成，他们会对这个主题的内容展开讨论，经验丰富的专家会传授经验或发表见解，例如长安智谷研发知识平台的圈子广场上有数十个圈子，这些圈子都是基于某一项目或主题创建的，不同专业的员工可以在圈子内自由进行经验分享。活动共享是指通过组织活动，如讲座、论坛、对话、授课等，来让知识大咖讲述他们的知识，受众在活动中就获得了大咖们的隐性知识。智能共享是利用智能化技术（如数据分析与挖掘）和 IT 手段来捕捉隐性知识，例如通过大数据分析各种车辆的风阻系数，从而得到不同车型风阻系数的分布以及影响风阻系数的因素，这样就挖掘出了风阻系数与车型之间的关系。

3. 隐性知识应用案例

隐性知识在各种实践和应用中都发挥着重要的作用。挖掘和应用隐性知识能大幅提升个体和组织的知识财富，甚至推动个体和组织的创新和发展。下面介绍几个在汽车研发领域挖掘隐性知识的案例。

1）专家大讲堂：长安汽车经常开展专家大讲堂活动，这些专家在特定专业领域内拥有丰富的隐性知识，他们依靠自己的经验和感悟，为上下游专业或项目团队提供专业的咨询和建议。

2）技术规划与决策：职级较高的领导或专家团队，依靠他们的经验和认知等隐性知识开展领域能力建设规划、固定资产投资以及技术方案评审等，引领领域技术能力的发展，使其符合国家、行业或公司的发展趋势和战略需求。

3）汽车故障诊断：经验丰富的技师能够通过观察发动机或汽车的运行状况，了解故障和锁定问题点，或者运用直觉和辅助检测工具识别出可能的问题，并制定相应的故障或问题整改方案，这个过程中个体通过自身的技能型隐性知识为汽车研发问题解决贡献了价值。

4）样车评价与签收：汽车研发过程中，参评人把自己当成客户，凭借自己的直觉、感知和情感智慧，评价样车静动态性能是否符合开发目标，并提出优化建议。

4.1.3 显性知识和隐性知识的关系

1. 两者之间的关系概述

显性知识和隐性知识之间存在着相互转化和促进的关系。显性知识可以帮助个人隐性知识的积累，显性知识是隐性知识的基础。个体丰富的显性知识会引导他深入思考，思想的深度和广度会增加，所拥有的隐性知识也会增加。反过来，个体的隐性知识则丰富了显性知识的内涵和深度，拥有深邃隐性知识的个体在分享他的知识时，会更加丰富、生动、有创造力。

日本学者野中郁次郎的著作《创造知识的企业》讲述了显性知识与隐性知识的转化关系。他构建了知识转化思维模型（SECI），把这种转换分成了四个阶段：社会化阶段、外在化阶段、组合化阶段和内在化阶段，如图4-4所示。社会化阶段是隐性知识的传播阶段，个体将大脑中的知识传播出来，例如师傅向徒弟传授技能；外在化阶段是隐性知识的显性化阶段，个人通过总结自己的经验和隐性知识，将其转化为明确的言语或文档，例如以编写报告、案例等方式供他人理解和使用这些知识；组合化阶段是知识整合阶段，个体将外化的隐性知识与组织内其他知识融合，通过编写培训课件、知识库等方式促进知识的共享和整合；内在化阶段是知识升华阶段，个体将组织中共享的知识纳入个人知识体系，通过在实践中应用新学到的技能和知识来实现知识升华。该模型强调了知识的动态性和社交性，可以指导组织开展知识管理和理解两者之间的关系。

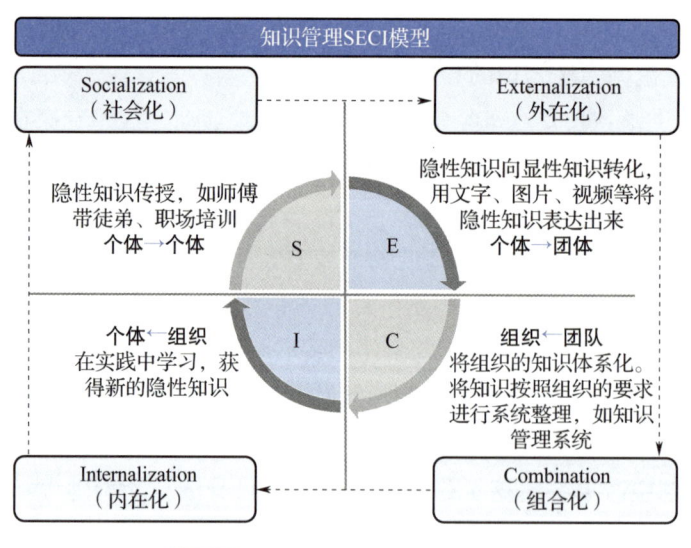

图4-4　野中郁次郎的 SECI 模型

2. 两者之间相互转化和促进

显性知识和隐性知识的相互转化主要包括隐性知识转化为显性知识以及显性知识激发隐性知识。隐性知识通过外显化的方式，转化为显性知识，变得更容易传播和共享。而显性知识可以丰富个体的知识体系，当个体接触到新的显性知识时，通过与自己的隐性知识进行对比整合，可以激发出新的洞察和理解。

显性知识和隐性知识的相互促进主要包括显性知识促进隐性知识的获取和隐性知识丰富显性知识的内涵。显性知识为隐性知识的获取提供了一个框架和基础，以及理论、方法和工具等，引导个体进行实践和经验积累，进而帮助个体获取和理解隐性知识；而隐性知识是显性知识的重要补充，通过隐性知识，个体能够在显性知识的基础上进行更深入的理解和应用，产生更高水平的创新和思考，进而丰富了显性知识的内涵和深度。

3. 两者的管理和转化策略

在汽车研发知识管理和转化方面，可以通过建立知识管理系统、开展学习和培训、促进社交互动和合作、鼓励创新和实践等策略促进显性知识和隐性知识的协同，实现汽车研发过程中知识的创造、共享和创新，提升汽车研发能力和竞争优势。两者之间的管理和转化策略具体如下。

1）建立知识管理系统：建立有效的知识管理系统，将显性知识和隐性知识进行整合和共享。长安汽车智谷研发知识平台，将汽车研发过程中的知识分为通用知识、项目知识和专业知识，再聚合行业资讯、热门知识、专栏等来建立汽车研发知识的体系，这样既方便了显性知识的访问和利用，同时为隐性知识的发现和显性转化提供了支持平台。

2）开展学习和培训：通过开展学习和培训活动，提升个体的隐性知识获取和转化能力，帮助他们将个人经验转化为显性知识，并从显性知识中汲取更多的隐性知识。

3）促进社交互动和合作：通过团队合作、跨部门交流和知识分享等社会化方式，促进个体之间的互动和合作，从而激发隐性知识的发现和转化。

4）鼓励创新和实践：鼓励个体进行创新和实践，提供支持和资源，让个体有机会将自己的隐性知识转化为创新的成果，并将其与显性知识结合，实现知识的升华和价值的创造。

4.2 汽车研发知识存在的问题及解决措施

在当代科技与创新飞速发展的时代背景下，研发知识成为企业和组织蓬勃发展的重要驱动力。研发知识涵盖了从理论研究到实践应用的广泛领域，涉及科学发现、技术创新、产品开发和服务等方面。然而，随着知识的不断积累和复杂化，如何有效管理和利用研发知识成为一个巨大的挑战。本节将着眼于汽车研发知识散落、研发知识难以显性化、知识与研发"两张皮"以及信息系统知识孤岛等问题，对汽车行业研发知识的现状和解决措施展开分析，以便高效管理和应用研发知识。

4.2.1 汽车研发知识存在的问题

1. 研发知识散落，没有体系化

在汽车研发领域中，知识散落是一个普遍存在的问题。知识散落指的是研发知识在企业内部以及与外部合作伙伴之间的分散和割裂现象。这种现象带来了许多挑战，包括知识难以获取、整合和应用等问题。尤其针对汽车行业，多系统多专业的集成开发使得大量知识长期处于散落状态，而这些知识是企业花了大价钱，由很多人长时间积累和创造的。

研发知识散落，没有体系化，最直观的表现是研发项目涉及的知识领域涵盖多个学科、团队和专业，导致知识在不同团队和个人之间被分割和分散，从而使得研发过程中所产生的知识碎片化。研发知识碎片化体现在三个方面，一是研发过程中各类方案、报告、案例、论文、规范等可能在网上、不同的服务器上、在个人计算机或个人大脑中；二是研发知识缺乏统一的体系进行连接和管理，这就犹如散落的珍珠，使得研发知识不成系统，缺乏逻辑，不够结构化；三是汽车研发不同信息系统之间形成孤岛，导致组织内部不同部门或团队之间的知识无法有效地共享和流动。

汽车研发知识，例如行业标准、研发资料、体系流程、图纸、策划、项目等高含金量的知识内容如果散落在各个领域，专业之间得不到共享，就会带来三个问题：一是知识难以获取，导致重复劳动、资源浪费和效率低下；二是知识难以整合，知识散落使得将各个碎片化的知识整合成系统性的整体变得困难，这对于跨学科的研发项目尤其具有挑战性；三是限制了技术创新，由于不同团队之间的知识交流和合作受阻，导致知识无法充分利用和共享，也限制了创新的潜力。

2. 研发知识难以显性化

在汽车研发领域中，知识难以显性化很常见。研发过程中产生的很多知识是隐性的，不易被捕捉、表达和传播，尤其是汽车企业，其隐性知识比例高，知识普及程度低，过度依赖个人能力，企业研发能力过于受"技术专家"制约，过于受"人才流动"的冲击。

这里列举几个汽车研发领域知识难以显性化的例子。例如，在研发过程中，工程师们最关注的是项目进展和问题解决，但是，很少有人把解决问题和项目推进的经验进行及时总结，导致宝贵的经验只存在于个人的大脑中。一旦关键员工离职，这些隐性知识就消失了。第二个例子是一些组织缺乏良性的师带徒机制，这会导致经验丰富的师傅或专家无法把技能给传承下去。第三个例子是不同项目面对同样的问题时，有的进展顺利，有的犯错误，而造成这种现象的原因是信息共享不够，很多知识难以显性化。

研发知识难以显性化给知识的获取、共享、应用和持续带来困难和挑战。首先，知识难以显性化的背景可以追溯到研发知识的本质。研发过程中产生的知识通常是基于经验、直觉和专业判断的，涉及个人的思维过程和经验积累，难以被准确地表达和记录。其次，知识难以显性化还受到语言和沟通环境的限制。汽车研发涉及的领域非常多，如造型、结构设计、试制、试验和制造等，众多而复杂的专业术语、专业知识、流程体系等使得知识的传递和共享变得异常复杂和困难。

3. 知识与研发"两张皮"

知识是研发的基础，是创新的基石，可以转化为商业化的产品或服务，获得商业价值和竞争优势，而在产品研发和产品迭代过程中，又会源源不断地产生新知识。因此，知识与研发的关系密不可分，两者相互依存并相互促进。研发流程涉及产品规划、概念开发、设计开发、试制试验、认证、生产准备、量试及投产等诸多环节和阶段，研发过程是企业知识流动量最大的环节，也是企业进行知识管理的重心。基于此，如何将知识和研发两者高效融合是组织亟待解决的问题。

在汽车研发过程中，知识与研发"两张皮"的现象体现在两个方面，如图4-5所示。一方面，研发成果没有转化为知识，例如研发阶段的方案、经验、实践案例和问题解决方法等没有及时总结或者只进行了肤浅地总结，缺乏系统性和结构性，也缺乏有效的管理和推广；另一方面，知识没有应用到产品研发过程中，例如一些前沿技术研究成果，如主动悬架（一种能根据汽车行驶条件动态自适应调节刚度和阻尼性能的悬架系统）等，脱离了当期产品开发的需求，没有在产品或平台开发中及时应用。一些公开发表的论文（如发表于 SAE 的论文）、实践总结、FMEA[⊖] 知识库等成果，在产品开发阶段也未得到充分应用。

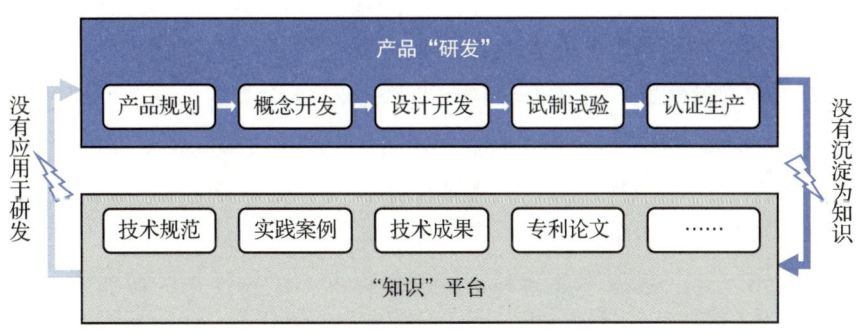

图 4-5 知识与研发"两张皮"

⊖ FMEA 意为潜在失效模式及后果分析，是五大质量工具之一。

造成知识与研发"两张皮"的原因是知识和研发的性质和目标不同。知识追求的是稳定和可靠，而研发则注重创新和突破，追求新的解决方案和技术；汽车研发活动通常需要进行大量的实验、测试和试错，需要长期的投入和耐心，而知识的传授和积累则更看重短期成果；知识通常在特定的领域或专业中积累和发展，而研发往往需要涉及多个领域的交叉合作。

4. 信息系统知识孤岛

信息系统知识孤岛指的是不同系统之间在功能上不能相互关联，信息不能共享，信息与业务流程和应用相脱节的现象。汽车企业内部往往信息系统众多，但信息孤岛化严重，这源自传统分工式管理的劣根性。信息系统知识孤岛主要表现在两个方面，一是基于企业视角的"研产供销运"业务运作和基于客户服务的"买卖用修服"等环节之间信息系统的脱节，二是不同环节（如研发环节不同系统）之间的知识和信息共享的脱节。

为了更好地展示信息系统孤岛问题，这里列举一个基于企业视角的信息系统孤岛，如图4-6所示。汽车企业常见的信息系统架构包括研发、营销、制造、采购等业务平台以及公司财务、人力、行政等管理平台。这些信息系统之间原本应该直联互通、信息共享，例如基于研发端产品形成的BOM数据在企业资源管理（ERP）系统执行下单申请，然后采购平台执行采购动作后将部件采购进展及入库情况与制造端制造执行系统（MES）连通，从而实现产品有序高效排产和制造。但现实情况是由于各环节信息管理系统的复杂性以及系统本身的问题，信息往往仅能在平台内部形成闭环，平台和平台之间的数据共享还需收集整理后二次输入。这种典型的数据分散、信息不同步、共享不及时以及应用效果不佳等现象就是信息孤岛效应。

在汽车研发过程中，还存在基于某一部门或专业的知识孤岛。这里列举一个汽车研发试验试制过程中的信息孤岛案例，如图4-7所示。在项目研发过程中，试制专业根据样车和样件需求信息安排试制计划，试验专业需要获取在试制过程中的样车状态等数据以便安排试验计划，同时，试验专业还需要知晓样车发运计划和状态，以便安排异地测试。由于各环节之间形成信息孤岛，导致这些信息无法相互共享或在一个系统里无法追溯查询，因此，员工不得不线下问询或者登录不同系统进行查询。这种系统不互通、数据不共享和系统开发标准不统一带来的孤岛效应会降低组织运营效率。

产生信息孤岛现象的核心原因是企业在信息化建设过程中缺乏整体规划和统一管理，导致各个部门或业务线各自为政，只建设自己的信息系统，造成系统孤立和信息碎片化。不同部门或系统对于数据的标准和格式定义不一致，导致数据无法进行无缝对接和整合。不同系统和技术架构之间存在不兼容的情况，例如，一些系统使用了过时技术，或一些闭源的系统与其他现代化系统无法互通。从部门管理的角度来看，一些部门出于安全和隐私的考虑，不愿意共享敏感信息或数据。

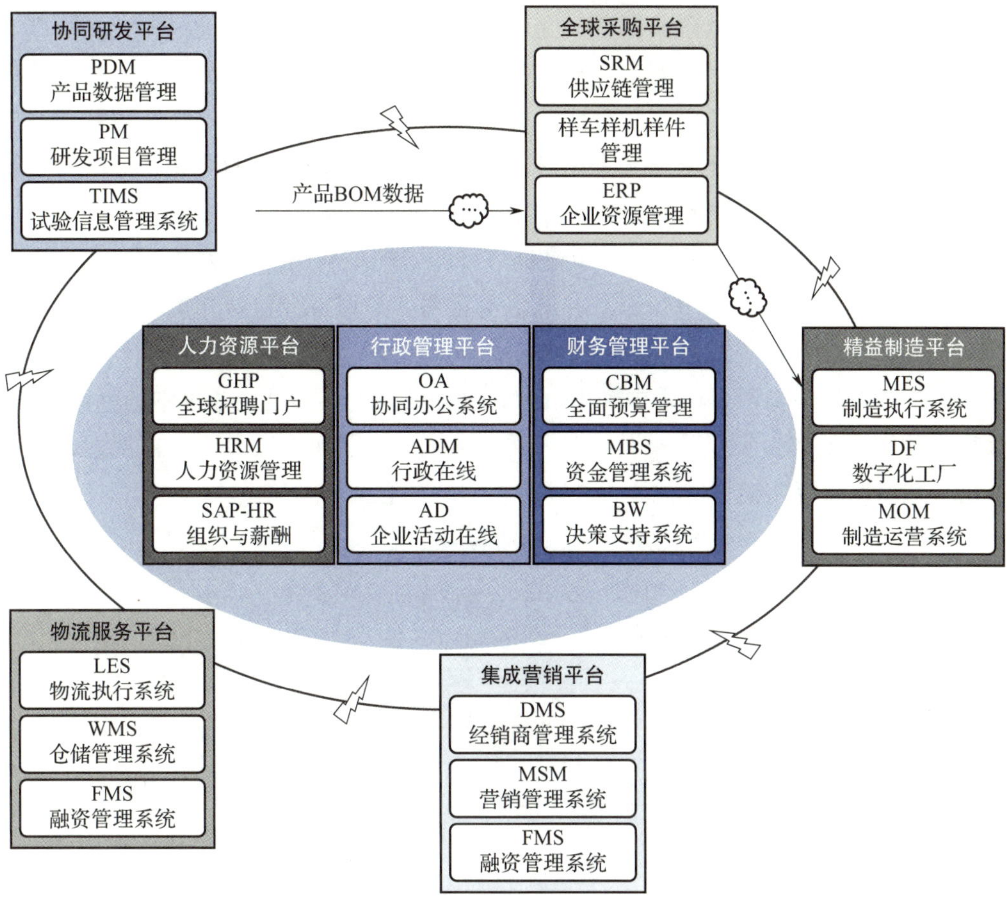

图 4-6　汽车企业信息系统孤岛示意

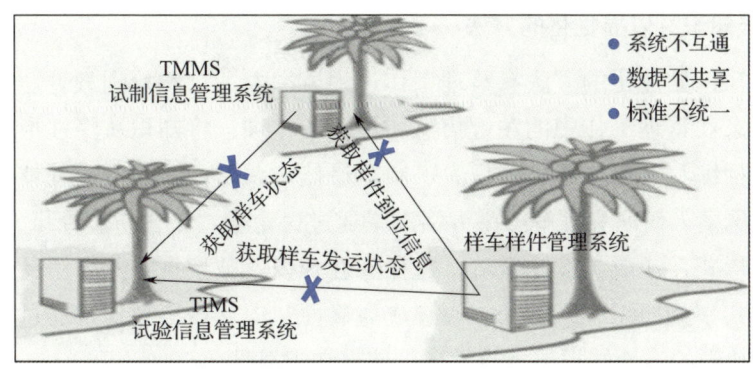

图 4-7　汽车研发试验试制过程中的信息孤岛案例

4.2.2 汽车研发知识问题的解决措施

1. 研发知识散落的解决措施

为了克服研发知识散落的问题，企业可以采取一些措施来促进跨专业、跨部门和跨团队的共享，常见措施有建立统一的知识管理系统、构建交流平台、举办论坛和研讨会、组织跨部门和跨团队合作、树立企业知识共享文化、建立知识管理与传承机制等。通过采取上述措施，企业可以有效地解决知识散落的问题，提高研发知识的获取、整合和应用效率，从而推动创新和竞争力的提升。

在上文列举的措施中，最有效也是最可行的措施是利用 IT 技术构建企业知识管理平台。图 4-8 给出了一个知识平台概念示意图。知识平台包括知识集成系统、知识共享系统等。知识集成系统把各个部门的知识系统、部门服务器和个人计算机上的知识、各种隐性知识等都集中到平台上，这样散落的知识就成为集中的整体知识、碎片化的知识就成为集成的知识。知识共享系统包括了协同工具、知识搜索、知识推送、知识地图等功能，所有员工可以在一个平台上来分享知识。

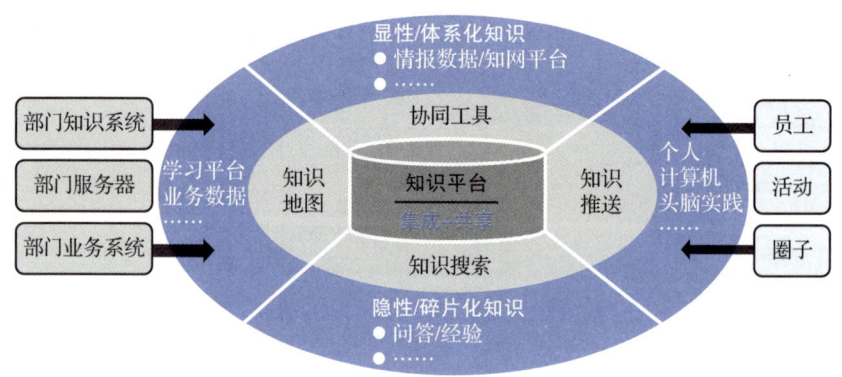

图 4-8 企业知识平台概念示意图

2. 克服知识难以显性化的方法

使隐性知识显性化的方法有整理工作过程、举办活动和培训教育。整理工作过程是通过记录和整理工作中的关键信息、经验和教训，将知识从隐性形式转化为显性形式，包括编写文档、建立知识库、制定最佳实践指南、建立流程体系等，以便知识能够被更多人访问和理解。举办活动是通过讨论会、工作坊、论坛、专家讲坛、项目会议等形式，让成员彼此交流，这样隐性知识就被挖掘并共享了，然后通过某种机制，把共享的知识记录下来，使其成为显性知识。培训教育是通过培训和教育的方式把讲师们的隐性知识传承给学员，使得知识显性化。

在隐性知识显性化的过程中，需要建立完善的知识管理体系和信息化技术支持系统。在知识管理体系方面，需要建立合理的机制和共享激励文化，鼓励和奖励将知识显性化的行为，将知识显性化的工作纳入知识管理系统中。在信息化支持方面，采用协同工具、知识图谱、智能推送、虚拟化和可视化等技术来协助隐性知识的显性化。

3. 知识和研发"两张皮"的解决措施

针对知识和研发"两张皮"的问题，可以采取以下措施来促进知识与研发之间的协同发展。

一是建立有效的沟通和协作机制。知识部门和研发部门之间需要建立良好的沟通渠道和协作机制，如定期会议、工作坊和项目合作等，来帮助彼此更好地理解对方的需求和困难，减少误解和冲突，促进信息的流动和交流。

二是促进知识共享和跨部门合作。建立知识共享平台、专家库或跨部门项目组，促进跨部门的合作与协作，通过交流来分享信息和知识。

三是建立跨部门团队和角色。为了更好地协调知识和研发之间的关系，可以建立跨部门的团队和角色。这些团队和角色负责知识传递、项目协调和问题解决等任务，促进知识和研发的融合与协同。

四是建立知识管理和研发流程。企业制定有效的知识管理和研发的流程，使知识和研发融为一体。通过流程来明确知识分享和知识沉淀的具体工作，包括知识获取、知识应用、知识更新、知识转化、知识沉淀等。在流程下，制订具体的行动规范，让知识与研发的互动成为规定动作，这会极大提高知识和研发的协同效能。

五是培养综合型人才和跨学科团队。为了更好地解决知识和研发之间的矛盾，可以培养具备综合知识和技能的人才，建立跨学科的研发团队。这样的团队能够跨越不同领域和专业，充分利用知识资源，更好地开展研发工作。

4. 信息系统知识孤岛的解决措施

解决企业信息系统孤岛或汽车研发知识孤岛的问题，核心是解决信息和知识共享的问题，具体有下面几种方法。第一，建立企业统一的信息化构架，在构架下建立各种信息系统，并确定不同系统之间的信息流传递路径，使得不同系统之间的信息和知识能够顺畅流动。第二，对于已有的系统，需要建立各个系统之间的兼容性策略，并统一各个系统的数据标准和格式，实现系统之间的无缝集成。第三，从管理上，制定合理的信息和知识的共享机制、目标和路径，各个部门和专业的共享职能和职责。推动企业知识文化的建设，建立部门间或团队之间知识流通和共享的文化氛围。第四，建立统一的信息安全和隐私保护机制，平衡信息共享与安全之间的关系。

4.2.3 企业实践

1. 通过知识共享平台知识库管理解决研发知识散落问题

在现今的知识经济时代，知识传承、利用和增值对汽车产品开发能力提升和设计人员培养的作用巨大。在这个背景下，长安汽车在知识的收集、聚合和分类管理方面开展了积极探索和实践，搭建了智谷研发知识平台。知识工程师和知识经理们从四条渠道来收集散落的显性知识（图4-9）。第一条渠道是将各部门服务器中的知识集成到智谷平台。研发系统有很多部门，如产品开发部门、造型中心、车身部门、智能化部门、仿真部门等几十个部门，它们的服务器上存储了大量本专业的知识。这些知识被搬运到智谷平台后，就成为整个研发系统的知识。第二条渠道是将个人计算机上的知识集成到智谷平台。研发系统有几万人，专家和资深工程师的计算机中存储的知识应首先搬运到智谷平台。从个人计算机上搬运知识是一件非常艰难的工作，需要各个部门领导协调才能完成。第三条渠道是集成其他研发系统，让它们上传的数据和知识与智谷平台连通。长安有产品数据管理（PDM）系统、长安汽车协同管理平台（CMP）、标准化管理系统（SMS）、先期质量管理系统（AQIMS）、研发项目管理（PM）系统等十几个与研发有关的系统，分别存放着各自领域的数据和知识。尽管这些知识的知识源不在智谷平台，但是在智谷平台搜索、推送、展示时，这些知识都会在平台上出现。第四条渠道是将与研发相关的外部知识输入到智谷平台。

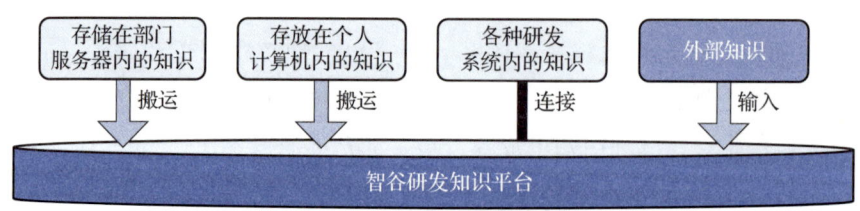

图4-9 将散落知识收集到智谷平台的四条渠道

通过这四条渠道汇聚到平台的知识就构成了智谷知识库，研发系统知识散落的问题就解决了。随后的工作是对知识库进行整理和管理，如图4-10所示。第一步是知识的导入与连接。对来自第一、第二和第四条渠道的知识按照设定的规则批量导入，并连接智谷与第三条渠道，使得其他信息系统的知识源能够顺畅地流入到智谷。第二步是知识分类与组织。对汇聚到智谷的知识资源进行分类、添加标签等，以方便用户快速找到相关的知识，同时，也让散落的知识资源得以重构和增值。第三步是知识管理。知识管理可以实现知识的更新和隐性知识的汇聚。在整个知识库管理过程中，知识的分类显得尤为重要，它可以促使这些散落的知识按照共享和查阅的需要快速找到分类归属，解决研发知识散落的问题，也可以形成良性的知识贡献与共享的组织文化氛围。

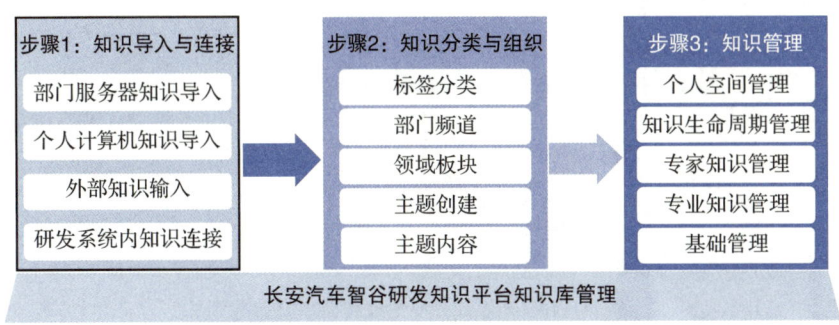

图 4-10　智谷研发知识平台知识库管理示意

2. 通过平台活动运营解决知识难以显性化的问题

汽车研发是一个复杂的系统工程，具备研发流程长、结构复杂、协同难度高等特点，导致大量工程开发和研究经验难以显性化，这就给研发知识的获取和共享带来了困难和挑战。长安汽车知识工程团队建立了知识运营系统，采用内容运营、活动运营和用户运营手段来解决这个难题。例如，智谷平台定期组织智谷专家大讲坛、组建圈子、发布社区问题帖和优秀案例等来挖掘隐性知识。这些隐性知识包括各类项目开发中的经验、项目完成时的 AAR 报告以及专家经验分享等。平台对于这些收集和挖掘的知识会按照既定的规则开展运维与管理，持续地充实到智谷知识频道，从而克服研发知识难以显性化、难以编码等痛点。

3. 通过知识平台与研发项目互动解决知识与研发"两张皮"的问题

长安知识工程团队通过使智谷知识工程平台与线下结合的方法，如智能搜索、智能推送、AAR、复盘等来解决知识与研发"两张皮"的痛点。

知识对研发项目的输出方式有搜索和推送。工程师到平台上搜索产品开发所需要的知识，系统将相关知识和历史数据按照给定的业务逻辑呈现给工程师。例如在场景搜索页面，搜索"CS55 项目空调系统技术方案"，系统将自动呈现相关知识和历史数据。平台通过智能推送、虚拟场景推送等方式把知识直接推送给项目工程师。例如，图 4-11 给出了一个虚拟场景推送的例子。虚拟场景推送是知识平台按照事先设定的业务逻辑规则，将与一项任务相关的知识和历史数据集成在一起形成一个知识包，当工程师接到一个任务（例如阿维塔 15 白车身设计）时，平台会将知识包推送给他。这个知识包包含了车身设计需求、经典白车身设计案例、相关技术资料和车身开发流程资料。

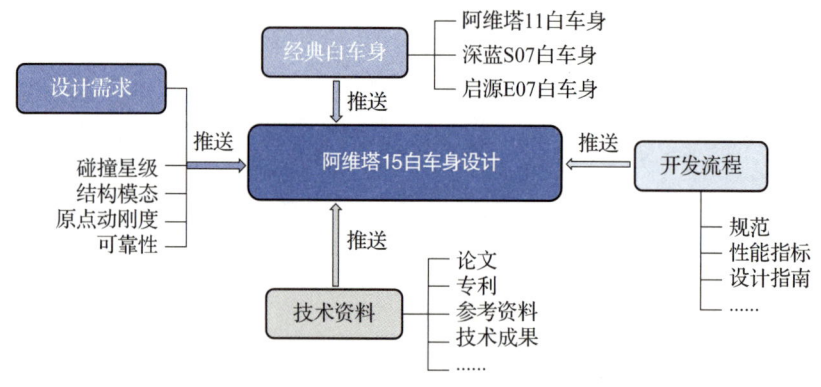

图 4-11 智谷研发知识平台的虚拟场景推送示例

研发项目对知识平台的输入是在研发过程中和项目结束后，项目组成员总结项目的经验，把沉淀的知识输入到智谷平台，这也是隐性知识挖掘的过程。经验总结的方法有 AAR、复盘、案例萃取等，读者可以阅读本章的 4.4 节来详细了解这些方法。

智谷平台对研发项目有知识输入，而项目总结所形成的新知识又沉淀到智谷平台，这样知识与项目之间就有了良性互动，解决了知识与研发"两张皮"的问题。

4. 通过集成子系统解决信息系统孤岛问题

长安研发系统的十几个信息系统（PDM、CMP、SMS、AQIMS、PM、同方知网论文系统、TIMS、TMMS、BenchMark 系统等）彼此的关联度不高，系统间存在数据壁垒，甚至有些系统是信息孤岛。为了解决这一问题，长安汽车一是大力推广低代码、零代码工具在信息系统开发中的应用；二是要求系统间数据开源和共享，能够被其他不同系统获取，例如智谷知识平台集成了这些系统数据，连接了原来的信息系统孤岛；三是统一数据标准和企业级数据访问协议，构建基于数据中台的中央管理系统——数据驱动管理（DDM）系统。DDM 系统是囊括了整个企业"研产供销运"全价值链的信息系统，实现了研发（天狼星）、制造（木星）、采购（北斗星）、销售（火星）等二十余个系统的中央集成，真正实现了在一个系统看到企业各环节的数据，从而助推企业实现信息化和数字化转型。

4.3　显性知识的获取、清理及实践

4.3.1　显性知识的获取

1. 显性知识获取的途径

显性知识的获取是指通过信息化手段来得到明确的、可传授的、可验证的知识

的过程。在数字化和互联网高度发达的当下，获取公共显性知识的方式非常多。如图 4-12 所示，常见的获取途径可分为学习、研究、经验积累、交流合作、技术工具、观察体验六种。

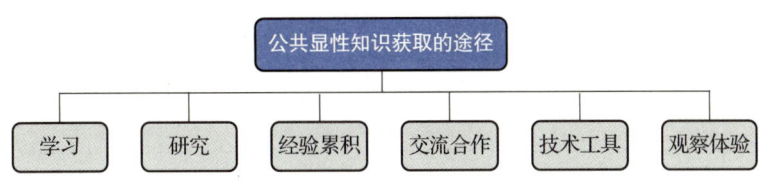

图 4-12　公共显性知识获取的途径

学习是最基础的显性知识获取途径。通过教育、培训、学习课程、自学等方式可以获取新的知识，具体包括阅读书籍、参加课堂教学、观看教育视频、参与在线学习等。研究是指阅读论文、开展调查、参与实验、建立模型、分析数据等活动。科学家和工程师们从研究过程中获取新的知识，这也是常见的获取显性知识的重要途径。经验积累，如总结实际工作经验、实地考察、实验和试错等，是人们通过亲身经历和实践来获取知识的途径。交流合作，如参加研讨会、会议或与他人的合作项目，是通过与专家、同行和其他人的互动来获取新知识的途径。借助技术工具获取知识是通过在互联网上利用搜索引擎及在线数据库来获取各种知识的方法。观察体验是在实践活动中观察自然界、他人的行为和实践，并在这种亲身体验新的事物和情境的过程中来获取知识。

2. 显性研发知识获取的途径

从显性知识的定义中可以知道，人们接触到的可以传播的各种形态的知识都是显性知识，可以是文档、音频、图片或视频等。从出生开始的第一张黑白卡片、第一本绘本、第一条音频、第一部动画片，再到工作后的每一个数据、论文、专利、报告，都属于显性知识的范畴。对于研发而言，我们更应该重视高价值的知识，它可以帮助工程师在研发过程中更高效地解决问题，持续进行技术迭代，促进产品创新。

对研发工程师而言，显性知识既可以在平时的工作中不断积累，也可以站在巨人的肩膀上从外部获取。图 4-13 列举了六种常见的显性研发知识的获取途径，包括阅读学术期刊上的专业论文，了解最新的研究成果和技术进展；研究行业技术标准规范，例如国际标准、国家标准、行业标准、企业标准等；搜索和分析相关专利数据库，了解已有的技术创新和专利申请情况，它们有助于研发工程师掌握当前的技术趋势和竞争情况，同时为其研发项目提供参考和启发；参加行业会议、研讨会和技术交流活动，与同行专家和研究人员进行交流和分享，以获取最新的研究成果、技术创新和行业动态；建立合作伙伴关系，与其他制造商、供应商、研究机构等合作开展研发项目，通过合作获取来自不同领域和专业的知识和经验，促进知识的共享和积累。

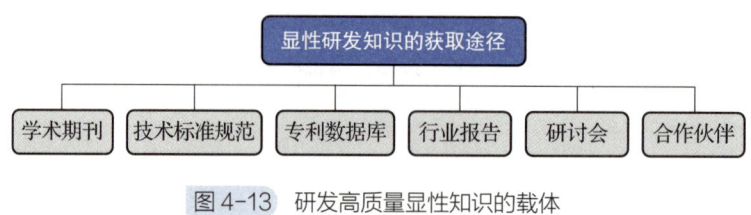

图 4-13 研发高质量显性知识的载体

4.3.2 显性知识的清理

显性知识的清理是指对已有的显性知识进行整理、归类、更新、优化的过程。清理显性知识有助于提高知识的可用性和可理解性，确保知识的准确性和完整性，使其易于传递和应用。如图 4-14 所示，显性知识的清理分为以下五个步骤。

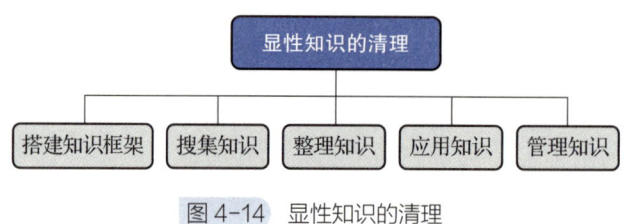

图 4-14 显性知识的清理

第一步是搭建知识框架。遵照一定的原则使知识分类科学合理，帮助企业更好地组织和利用知识。明确知识清理的需求和范围，搭建逻辑体系完整的框架，依照框架逻辑将散落在部门文件服务器、个人计算机和其他相关系统中的知识进行识别筛选与分类，实现资源的统一汇聚。

第二步是搜集知识。收集部门文件服务器、个人计算机和其他相关系统中的散落知识，按照框架分类临时存储在一个地方，实现知识的集中管理。根据专业、项目、岗位、流程、知识类型等进行多维度分类，在知识平台上搭建多维度研发知识框架体系及对应的分类结构树，对集中存放的知识进行整理。与专业人员沟通，了解显性知识的内容，明确合适的收集方式，并最终将临时存储的显性知识直接上传到平台存储空间。

第三步是整理知识。整理知识是对知识的归类，即在平台上对收集的知识进行整理归类。按照知识框架的结构树分类，将显性知识本体移动到指定的存储空间内，并添加适当的标签、描述和元数据，方便后期检索。这样就实现了知识的集中管理，可以促进组织内部知识的流动和共享，提高知识复用率、工作效率和组织创新能力。

针对较复杂的文档信息，可以利用专业软件进行文件查重和内容查重，在文件进入数据库前完成唯一性和权威性的筛查。

第四步是应用知识。经过以上三步，显性知识会按统一架构存储在平台中，尽管是以文件夹的形式分门别类地存储的，但工程师要精准获取一条或几条知识犹如大海捞针，因此，如何让工程师更好地获取显性知识，或怎样将相关显性知识推送给他们是知识应用的关键。知识图谱、数据挖掘和自然语言处理等技术为显性知识的应用插上"隐形的翅膀"。由IT技术构建的"一站式"搜索、头条式推送等为工程师们精准高效获取知识提供了路径。场景化的知识推送能有效促进知识在组织内部的流通与共享，还能为知识共创提供无限的可能。

第五步是管理知识。管理知识的主要工作包括以下四方面。第一是清理过时、重复或不再需要的知识。定期开展知识"大扫除"，保持知识的及时性和精准性，定期检查更新已有的知识，确保其与信息和发展保持一致。第二是修订过时或错误的知识，并添加新的知识以反映最新发现，这是确保知识内容准确、完整和最新的重要步骤。第三是建立定期（如每月、每季度或每年）审核计划，根据文档的重要性和变化频率，对文档进行检查和更新。对于需要更新或修订的部分，采用高亮、下划线或使用特定的修订功能在文档中进行明确的标记，这样可以让读者明确有变动的部分。使用版本控制工具来管理文档的更新和修订，每次进行更新或修订时，创建一个新版本，记录修改的内容和日期，存档和备份旧版本文档，这样可以追溯文档的变化历史。第四是建立审查和批准的流程，包括内部审查、专家审查或相关部门的审批，这样可以确保文档的更新和修订经过适当的审查和验证。综上所述，通过对显性知识的清理，可以提高知识的质量和可用性，更好地为人们所理解和应用。

4.3.3 企业显性研发知识清理实践

在汽车研发领域中开展企业级的显性研发知识清理，不仅仅是将散落在各个地方的显性知识集成在一起的数据搬迁工程，更是利用知识图谱、数据挖掘和自然语言处理等先进的信息技术工具，对散落在各处的各种各样的知识进行自动化高效清理和挖掘，并形成以知识框架为体系的企业级基础知识库。这个知识库集科学管理、信息技术和工程应用为一体，是知识工程落地的基石。

如何高效地将显性研发知识清理出来呢？智谷平台启动之初最严峻的挑战之一是如何将散落在各个研发信息系统、部门服务器和个人计算机中的知识系统高效地清理出来。完成清理之后面临的挑战是解决内部知识分类混乱、形式不一、同一知识存在多个版本等问题。另外，管理获取知识的权限也是一个挑战很大的问题。

为解决这些问题，长安知识工程团队创新性地提出显性研发知识清理"三步走"

总思路，分为建组织、定方法、建框架，清知识、理结构、传系统，以及应用与管理三大阶段，如图 4-15 所示。三个阶段遵循前文阐述地显性知识清理的五大步骤，并基于显性研发知识的特性做出针对性的调整，真正做到步步为营、环环相扣、高效协同、可执行可落地。接下来对清理实践进一步阐述。

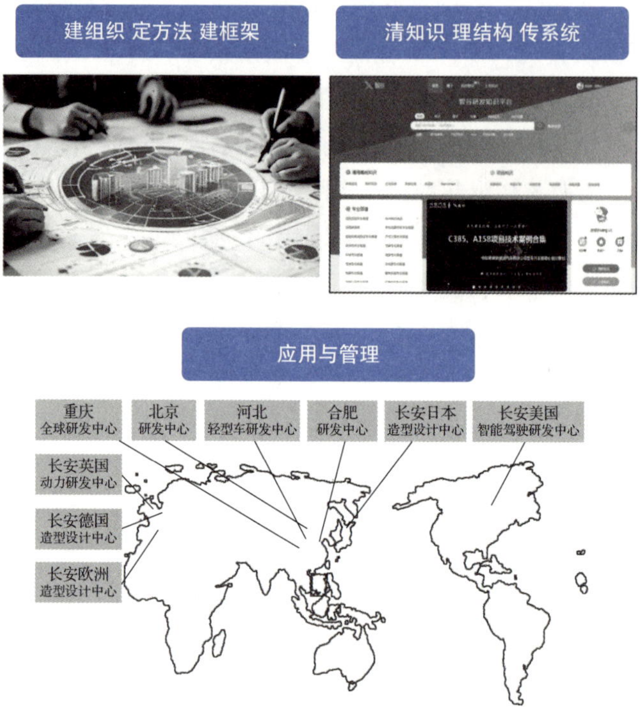

图 4-15　长安汽车显性研发知识清理三阶段

第一阶段是建组织、定方法和建框架。首先需要建立一个专门的组织机构，明确知识清理的参与部门、技术专家，知识清理的范围等关键要素。在组织机构的基础上，需要采用一套科学的方法来指导知识清理工作，包括明确核心高价值知识的获取方法、知识的性质和分类方法、知识存储和传播的方法等。

在清理方法明确后，需要结合研发知识的多样性、复杂性和动态特性，按照业务逻辑规则，构建一套满足各个专业需求的多维多源的研发知识框架。维度的选择既要考虑管理知识维度的可行性，又要考虑用户实际使用知识的场景。最后，长安汽车构建了图 3-9 所示的研发知识框架，既有包括通用知识、项目知识和专业知识的主体知识体系，又有包括了主题知识专栏和产品开发知识地图的辅助知识体系。

研发知识框架是显性知识清理的灵魂，是开启知识宝库的钥匙，是知识清理的索引，引导着知识工程师按照框架完成知识的清理和管理。研发知识框架是后续知识清理和展示的骨架。

第二阶段是清知识、理结构和传系统。在大数据环境下，由于知识数据量的激增和复杂性的增加，清理显性知识变得更加具有挑战性。首先利用小工具去除重复、过时、无关的数据，加快信息检索收集速度，提高清理效率。然后，借助算法从大量数据中提取目标类型的知识，并通过机器学习训练模型来对清理后的知识进行自动识别和分类。利用机器学习和人工智能技术自动化清理可以减少人工干预，大幅提高效率。最后，通过自动化工具将清理后的知识按照对应的结构树上传到知识平台。

如图4-16所示，长安汽车显性研发知识清理针对"有人"管理的知识和"无人"管理的知识分别展开。"有人"管理的知识清理的重点是解决"六国十地"的全球研发布局带来的研发系统知识资源分散、搜索与查阅不便、缺乏统一管理的问题。海量、不同的研发知识散落在不同的信息化系统中，要查找这些知识，就必须分别进入各个系统，而且有的系统还不具备良好的搜索功能，查阅非常不方便。对于此类显性知识的清理，智谷平台与长安汽车内部的CMP、PDM、先期质量管理系统、项目管理系统、TIMS等十几个业务系统对接，同时将外部的同方知网文献、SAE论文、车界"黑科技"等数据和信息输入到智谷平台。在智谷平台上开发"一站式"搜索功能，实现对以上系统的高效搜索，实现了知识的统一存储、管理和服务。

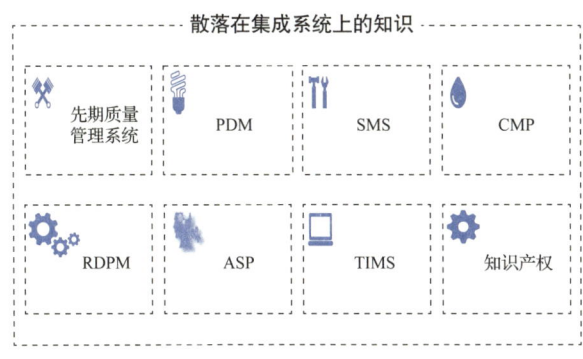
a)"有人"管理

b)"无人"管理

图4-16 "有人"和"无人"管理的研发知识

清理"无人"管理的知识的工作重点是将分散在个人计算机和部门服务器上知识集成和管理起来。基于研发知识资源的现状分析，采用第一阶段的清理方法和知识框架，梳理知识资产，识别关键知识领域，确定知识顶层架构，清理现存的研发显性知识并确保知识和数据源的唯一性。通过建立专业频道的方式，从项目开发、体系建设、能力提升、知识沉淀等方面来进行知识清理和归类。

第三阶段是显性知识的应用与管理。智谷显性知识的应用重点是让知识能够为产品开发赋能，用知识来提高研发效率。虽然长安的研发布局分布在"六国十地"，但是在智谷平台上，世界各地的工程师可以同步共享智谷上的知识。智谷推出了智能检索、"一站式"检索、场景化推送、伴随式学习、知识地图等功能，为用户直接在特定应用场景中获取知识提供了便利。管理的重点是对知识的管理和运营。除了收集、清理和整理知识外，知识管理的另一个重点是对每项知识资源都赋予丰富的多维属性，包括专业领域、知识分类、多维标签以及关键系统等，这样让智谷系统的每个知识都有清晰的定位，以便查询。管理的另一个工作是知识运营，包括内容运营、活动运营和用户运营，以保证知识能够被高效地应用。这种知识管理工作使得员工能够轻松地共享知识资源，从而增加了企业知识资产的积累。

4.4 隐性知识的获取

4.4.1 隐性知识获取概述

1. 获取隐性知识的重要性

正如"冰山理论"所说，20% 的人类知识能够通过事物将其规律表达出来，这是显性知识，而剩下 80% 深藏在人们内心和脑海中的知识称为隐性知识。隐性知识难以表达和传播，这就需要借助更好的获取、共享、转化与创新的方法来获取。华为轮值 CEO 徐直军曾在知识管理大会上说："华为公司最大的浪费就是经验的浪费。我们十几万人的公司，全面推进知识管理，是让经验和知识能够为华为公司创造价值。"

研发知识构成了企业的核心竞争力。然而，研发过程中未被察觉的隐性知识的流失对研发的质量和效率构成了不容忽视的影响。因此，隐性知识的有效获取显得尤为重要，它不仅是知识传承与再利用的关键，还对提高研发成果转化速度有着深远的影响。从目标设定到方案确定，再到数据发布和试验验证，每一个阶段都凝结着研发人员丰富的显性知识和隐性知识。部分项目甚至需要跨越学科界限，融合多种知识与技术，以激发新的创意。同时，研发工作的复杂性、长期性以及涉及多个环节的特点，使得跨单位合作成为常态，这也增加了协作管理的难度。研发项目所需的知识资源，虽然主要来自国内外的专业文献、标准以及对标信息等，但那些未直接体现在成果中的隐性经验同样宝贵，需要及时获取并加以利用。然而，受行业的保密要求以及部门、专业之间壁垒的影响，研发项目之间常常出现重复劳动的现象，这必然是对人力资源、时间和设备等宝贵资源的巨大浪费。

有效捕获并高效传递研发项目中蕴含的隐性知识，以促进其复用，是提升研发效能的关键所在。这一做法能够显著减少研发人员的摸索时间，加速项目进度，并提升整体研发效率。面对核心员工的退休或离职，及时识别、梳理、归纳、总结、分类和存储他们的工作经验和失败教训，能有效防止隐性知识的流失，缩短新员工的培训周期，确保知识的连续性和传承。值得注意的是，研发项目的实施过程中隐藏着大量极具价值的隐性知识，如技能、经验等，这些都是推动创新的关键力量。因此，我们必须采用科学的手段来捕获隐性知识，通过系统地识别、共享及运用存在于立项、技术方案选定、项目进程剖析、任务分配等各个阶段中的隐性智慧，为研发人员提供更加精准的决策支持。这样一来，不仅能帮助他们在关键环节做出更加明智的选择，还能为项目的成功推进与持续发展奠定坚实的基础。

2. 获取隐性知识的主要方法

获取隐性知识的方式多样，包含圈子、AAR、复盘、案例萃取、专家讲座、头脑风暴等，如图 4-17 所示。比如，从专家演讲中可以获得他的一部分经验与认识；举行头脑风暴会议可以就某个主题（或问题）融集体智慧于一体；通过观察专家或师傅的操作可以识别其专长。本节只介绍前四种，即圈子（知识社区）、AAR、复盘和案例萃取。

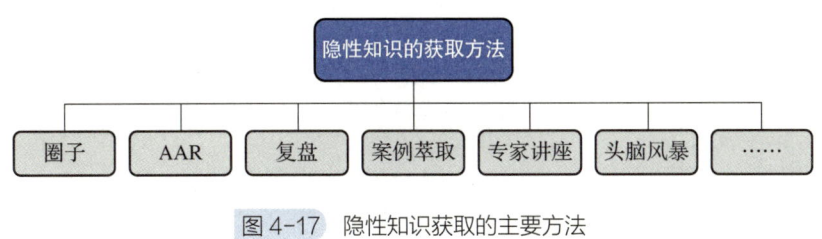

图 4-17　隐性知识获取的主要方法

4.4.2　圈子

1. 什么是圈子

深入交流和讨论问题，不仅能碰撞出思想的火花，更能拓宽我们的思维边界，激发创新思路与方案，从而催生新知识。然而，在忙碌的日常工作中，我们往往缺乏这样的交流机会。即便有所交流，也往往未能及时总结和记录，导致宝贵的知识财富流失。

为了有效解决这一问题，我们可以借助"圈子"这一平台。圈子是一个专注于某一知识领域的社群，它汇聚了对此领域感兴趣的人。他们自愿地组织起来，共同工作、学习，分享和发展该领域的知识。圈子成员围绕同一主题，通过持续的沟通与交流，不断加深自己在该领域的知识与技能。

圈子依托研发知识平台建立，其成员主要包括问题提出者和专家，如图 4-18 所示。在圈子中，问题提出者可以提出自己的疑惑，而专家或其他成员则可以通过回答问题、分享经验和资源来互相学习和帮助。圈子的建立方便成员们获取和分享知识、寻找答案、解决问题，与其他成员进行有意义的交流，并建立专业网络。更重要的是，圈子能够打破地理和时间的限制，让人们能够远程连接，并与世界各地的专家和知识分享者进行互动。这种跨地域、跨文化的交流方式，不仅丰富了知识库，也拓宽了成员的视野，使成员能够从中汲取更多的灵感与启示。

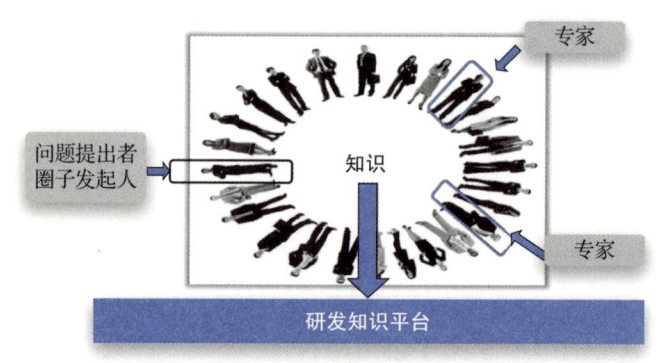

图 4-18　圈子示意图

圈子因其特性而呈现出多样化的形态。有的圈子历经岁月沉淀，稳固而持久；有的则如流星般短暂，专为特定目标而聚，一旦目标达成便各自散去；有的圈子规模虽小，但成员间紧密联系，同处一方；而有的则突破地理界限，以"虚拟圈子"的形式存在，成员遍布四方。

2. 为什么要建立圈子

对于企业而言，建立圈子所带来的价值是多方面且深远的。第一，它促进了隐性知识的显性化，为企业内部专家知识的传承、共享和管理提供了有效途径。这不仅加速了知识的流通，还提升了企业的整体竞争力。第二，通过圈子，企业能够避免"重复发明轮子"的现象，减少了不必要的资源浪费和时间成本，让工作更高效。第三，圈子有助于打破地域和行政壁垒，减少逐级上报的繁琐程序，使企业内部沟通更为便捷，提高了工作效率。第四，圈子比传统的组织单位更为灵活，能够快速响应市场变化，帮助企业调整战略，为企业赢得更多商机。第五，圈子以问题为导向，能够不断产生新知识，推动企业的持续创新和发展。第六，圈子能为潜在的机会和威胁提供早期提醒和预警，使企业在市场竞争中更具前瞻性。第七，通过创建一种知识共享的文化，圈子能够改善企业的文化氛围，提升员工的归属感和忠诚度。

圈子不仅对企业具有不可估量的价值，对于圈子内的每一位成员来说，其价值同样不可忽视。成员们可以得到专家的悉心帮助与指导，开阔眼界，提升专业水平。圈子成为一个宝贵的知识库，成员们可以在此寻求帮助，汲取知识。同时，圈子还使成员们对自己的知识掌握程度有了更为清晰的认知，从而更加自信。此外，圈子提供了一个开放而自由的交流平台，使成员们可以畅所欲言，分享个人的见解与想法，促进思想的碰撞和融合。最后，圈子不仅能够汇聚众多专业的观点，还能助力成员扩大专业知名度，塑造独特个人形象，从而让他们获得更高的自我成就感。

3. 建立圈子的方法

圈子是由成员自发形成的有机组织，其理想状态是成员自主创建。试图"自上而下"地强制构建圈子往往难以成功，但企业却可以为知识圈子的形成"播种"。在企业中，任何涉及知识流动的领域和部门都可以孕育知识圈子，而推动新圈子诞生的最大动力，源于企业成员对特定需求或问题的深刻认识。因此，在创建圈子时，我们需要着重考虑以下四点。首先，明确圈子的知识范畴。每个圈子都应专注一个核心的知识领域，这可以是一个具体的专业学科，也可以是围绕某个特定问题或主题的讨论。其次，确定圈子成员。我们需要思考哪些成员将对这个圈子产生重要影响？谁是这个领域的专家、潜在的领导者和推动者？谁将担任知识管理员的角色？这些角色是由成员自愿承担，还是需要由企业指定？再次，识别共同的需求和兴趣。我们需要了解圈子成员对于圈子的知识领域有哪些共同的需求和兴趣？他们希望从圈子中获得什么？他们的热情将如何驱动圈子的发展？最后，明确圈子的目标和价值。圈子要解决什么问题？满足哪些需求？它的目标是什么？期望的产出成果又是什么？最重要的是，圈子如何为企业增加价值？

随着圈子初建阶段的热情逐渐退却，我们更需关注其持续发展的动力。为了保持知识圈子的活力和持续进步，我们需要从以下几个方面进行管理和维护。

第一是保持成员的兴趣和参与度。一个成功的知识圈子需要成员的热情和积极参与。为此，优秀的管理者应不断探索各种方法。例如，定期组织圈子成员聚会，增进彼此的关系；为成员安排充足的社交时间，促进交流；激励成员为圈子建设贡献智慧和力量；通过引入圈子外的专家，为圈子注入新的观点和思路。保持圈子成员的兴趣和参与度至关重要，一个知识圈子是否成功，关键在于成员能否持续保持的热情，并积极参与其中。

第二是确保圈子的持续发展。随着成员的流动，我们需要不断吸收新成员，为圈子注入新的活力。同时，我们也需要关注新成员如何快速融入圈子，保持圈子的稳定性和凝聚力。

第三是推动圈子知识的发展。圈子应该成为知识发展的平台，通过创建知识地图、建立知识库、识别并填补知识空白等方式，推动相关知识的积累和创新。

第四是实现圈子的价值转化。圈子的最终价值应体现在对企业整体战略目标的贡献上。我们需要将圈子的活动与企业的战略目标紧密结合,确保圈子的发展与企业的发展同步,从而为企业创造更大的价值。然而,在推动圈子发展的同时,我们也需要警惕过度制度化和形式化的风险,以免束缚了圈子的活力和创新精神。

4. 企业圈子实践

企业想要在快速多变的市场环境中持续保持竞争优势,需要将创新参与者通过圈子联系在一起,组建联合团队,套嵌在密集的互动网络中。创新参与者们通过对话题进行深入的交流讨论,碰撞出思想火花,产生新的思路和方案,进而产生新的知识,将高度个人化的隐性知识转化为语言可以描述的显性知识。但是,长安汽车的研发人员在日常工作过程中往往缺乏这样的交流与讨论,即使有,在交流与讨论之后也没有及时将知识沉淀下来,久而久之,这部分显性知识流失。

圈子作为非正式组织,为长安汽车搭建了大量跨专业、非正式的技术沟通讨论渠道。每位研发人员都可以在这里提出新创意,也可以讨论、点评已有创意,为创意提出者建言献策,找到志同道合的伙伴。圈子通过问答平台,以简单的问答互助为切入点,以话题作为纽带,将内容与人相连。

为了能够帮助普通研发人员方便及时地解决遇到的问题,同时将专家的知识显性化,圈子建立了普通研发人员和专家的畅通咨询通道。研发人员可以根据专家的擅长领域、主要经验、知识贡献、参与项目等信息,选择合适的专家答疑解惑。交流问答显性化了专家头脑中的知识,并使其在圈子中转化为知识沉淀下来。

以研发知识工程圈子为例,该圈子的目标和定位十分明确,就是以实现研发领域知识共享化、场景化、智能化和智慧化为目标,为知识工程项目组成员提供一个交流平台。例如一些知识经理在运营专业频道时,会出现一些困扰,他们通常会在知识工程圈子上以话题的形式发出提问,例如"如何才能激发本专业频道人员知识贡献和知识共享的活力,从而把专业频道运营得更好?"有丰富经验的知识经理或者知识工程专家接收到提问后,会结合自身运营的优秀做法,在圈子中给出答案和建议。回答一:"建立专业频道内部运营机制,将本专业各室组在专业频道的知识贡献数据进行定期评比和通报。"回答二:"正向激励,给予做得较好的室组或者个人一些物质和精神激励。"回答三:"将本专业频道人员知识贡献直接与个人荣誉评比挂钩。"圈子中的每位成员都可以对每个回答进行点赞,点赞最多的回答将会被自动设置为最佳精华答案。回答的过程其实就是个人头脑中的隐性知识显性化的过程,回答的内容将成为一条条经验知识,在智谷研发知识平台上沉淀下来,为其他专业知识经理运营专业频道提供很好的参考。知识工程圈子的建立,构建了专业的知识工程分享平台,并通过交流问答有效地显性化了个人头脑中的知识,使其在圈子中转化为知识沉淀下来。

4.4.3 AAR

1. 什么是AAR

AAR（After Action Review）即事后回顾，它最早是美国陆军的标准操作程序。美国陆军将 AAR 定义为，某一行动后，对行动过程的专业性讨论，着重于绩效表现，使参加者自行发现发生了什么、为何发生，以及发现行动过程中的优缺点，并制定措施以纠正错误，固化成功经验。

2. 为什么要AAR

AAR 是一种反思和总结的重要工具，已在多个领域展现出其非凡的价值。通过深入剖析过去的行动，它不仅可以协助团队提炼经验，识别成功要素，更能帮助团队精准地发现问题与挑战，从而制定出有效的改进策略。在这个过程中，团队和个人都能获得宝贵的成长。AAR 能帮助团队提升团队合作能力，精确识别问题与挑战，并可以为绩效评估提供有力依据。团队应用 AAR 能发挥的四大作用如下。

第一，不犯重复错误。聪明人不是不失败，而是不在同一个地方摔两次跟头。有些错误造成的损失巨大，所以必须避免重犯。许多组织相同或相似的问题屡次出现，就是因为缺少 AAR 这个环节。AAR 能帮助组织找出失败之处，从而采取正确的措施，避免错误再次发生。

第二，固化成功经验。通过 AAR，团队能够清晰地认识到哪些做法取得了显著成效，并确定这些需要继续保持的成功要素。这种基于事实的总结，确保了未来的工作能够沿着正确的方向前进，确保重复的成功。

第三，探寻优化空间。在实际工作中，完美往往难以一蹴而就，每个项目或任务完成后，都潜藏着或多或少的改进契机。通过 AAR，我们往往能发掘出更为高效的方法。这些机会中，不乏重大的创新突破点。有时，一些意料之外的状况反而能激发出有价值的发明创造，而不同观念的交汇碰撞，也常常是新颖创意诞生的源泉。

第四，提升员工能力。AAR 本质上是一个知识交流与共享的过程，它根植于实践，又超脱于实践之上。对于参与者而言，这一过程不仅能有效提升他们的专业技能、沟通技巧、分析解决问题能力等多方面的才能，还能极大地丰富他们的知识储备和实战经验，从而实现个人能力的全面提升。

3. AAR的开展方法

AAR 的开展主要分为三个阶段：准备阶段、执行阶段和跟进阶段，其中，执行阶段又包含回顾目标、评估结果、分析原因、总结经验四个步骤，如图 4-19 所示。

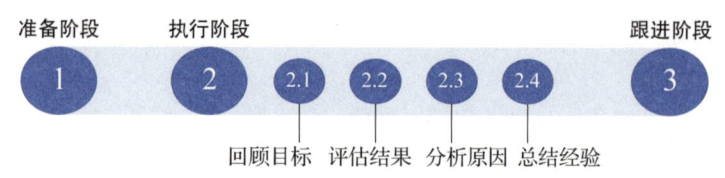

图 4-19 AAR 活动流程

一是准备阶段。准备阶段需要回答以下六个问题。为什么召开事后回顾会议？回答：某个活动结束了，我们需要总结经验教训。回顾什么事情？回答：某个活动的团队目标及个人目标。什么时候开展，具体的时间？回答：活动结束立即开展。由谁来组织引导？还需要哪些人员参与？回答：引导员组织、记录、监督改进，全员参与。在哪里开展？会议室还是办公室早会？回答：不限地点，不限形式。需要多长的时间？回答：不要超过 40 分钟，最长不超过 1 小时。完成了上述问题的回答，我们就具备了开展一次高质量 AAR 的基础。

二是执行阶段。AAR 活动主要包含三个角色，即参与者、引导员以及观察员（图 4-20）。参与者是指活动成员，引导员是指活动的组织人或主持人，观察员主要由 AAR 教练担任，主要负责对活动进行指导和点评。开始前，引导员宣读 AAR 活动指导书，并简要回顾本团队的工作项和总体目标，引导员左手第一位参与者开始陈述个人目标及结果、经验，以及不足和教训，其他人发现其优缺点，并提出改进建议。活动结束后，观察员以第三方的视角客观评价活动存在的问题并提出改善建议。

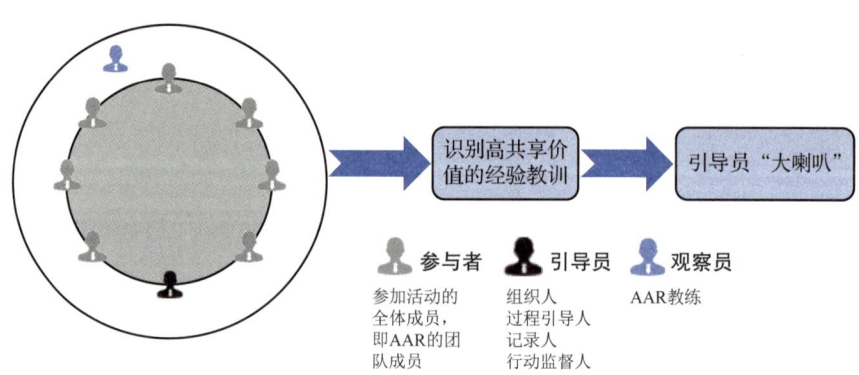

图 4-20 AAR 执行阶段

会前，引导员宣读 AAR 活动原则，包括四点。第一点是 AAR 强调自我陈述，不害怕暴露自己的短处，敢于自我揭短，直接说问题与改进办法，不需要解释。第二点是 AAR 强调团队共同成长，善于发现别人的优点，以及给别人的困难支招。第三点是 AAR 强调积极开放，不批评、不指责、轮流发言、不抢话、不一言堂。第四点是 AAR 提倡多表扬、多提建议、少官腔、不指责、人人参与、积极参与，按步骤开展AAR。开展AAR活动的过程中，对于违反原则的人，引导员应及时制止。

基于以上原则，团队就可以开展AAR活动了，AAR活动主要由回顾目标、评估结果、分析原因和总结经验四个核心步骤构成。

第一个步骤是回顾目标，即我们的目标（期望）是什么。回顾目标时，需要让团队所有的人对清晰的目标达成共识，以防止参与AAR的人员中途偏离目标。团队有总体目标，个人有个人目标，团队成员的个人目标加起来要支撑总体目标。该步骤只回顾目标与期望，不阐述结果，不说原因。

第二个步骤是评估结果，即实际发生了什么。回顾和分析已经发生的事件，看实际结果和预期目标相比，哪些地方做得好，哪些不好，找出亮点和不足，只陈述结果，不说原因。

第三个步骤是分析原因，即为什么会发生偏差。原因分析包含巩固成果类和改正错误类。巩固成果：有哪些经验实现了超预期达成目标？成功的主观因素是什么？团队内的客观原因是什么？改正错误：没有达成目标的主要原因有哪些？重点关注主观原因，不将失败完全推给客观原因。

第四个步骤是总结经验，即下一步我们该怎么做。总结经验包含短期行动、中期行动和长期行动。短期行动是可以被快速采纳与改进，并可立即产生效益的行动。在客观条件一定的情况下，思考我们还能怎样把这个工作做得更好。中期行动是影响系统、政策以及组织的行动，如修改流程规范、管理办法等。长期行动是与组织的使命、战略、目标以及价值观等相关的变更，并非短期内可以实现，应慎重评估。

三是跟进阶段，完成改进措施的闭环。制定改进措施，明确实施人和完成时间，将高共享价值的经验通过知识平台进行更大范围的传播。

AAR过程记录表有两部分。第一部分是基本信息卡，包括AAR主题、人员姓名/团队名称、工作任务开始时间、工作任务结束时间、总体目标共五个部分。第二部分是AAR回顾，有三个步骤。第一步是任务目标描述，第二步是经验提取、教训总结以及下一步行动计划制订，第三步是实施人以及完成时间。

4. 企业AAR的实践

团队学习和持续改善是知识工程建设的重要内容，也是长安汽车正在实践的路径。长安汽车通过应用AAR工具进行问题分析与解决，固化、沉淀相关知识，并建立了相应的流程。

产品开发项目一般持续2~3年，在这段漫长的时间里可能会丢失很多信息，因此需要在行动之后尽快安排事后回顾。长安汽车结合产品开发流程，在目标制定、技术方案、数据发布、工程验证等环节运用AAR工具，以AAR会议记录表的形式记录下开展分析的内容以及措施，产生的经验通过研发知识平台进行存储，支持随时查看，同时会进一步带来流程标准的更新。

长安汽车从上至下推进 AAR 的实践，要求基层主管、经理及继任者都要通过 AAR 的培训认证。通过 AAR 回顾，团队成员相互交流与支招，促进思想的碰撞，隐性知识就这样不断被挖掘和沉淀。这种经验的学习和创新逐步形成一种文化，并转化为团队快速改进的行动。

以新材料研究团队开展的主题为"座椅泡沫性能精益化设计以实现降低成本"的 AAR 活动为例，见表 4-2。该团队共有四位成员，都从事新材料相关的研究工作。团队总体目标是完成泡沫材料精益化设计方案并推广实施。四位成员聚在一起，按照 AAR 步骤开展活动。团队成员们发现，将降本方案推进过程形成固化程序，就像是为团队提供了一张详细的业务地图，使未来开展工作更加顺畅。而将共性方案整个操作流程制作成作业指导书，则像是为后续的新人留下了一本宝贵的指南，让他们能够更好地探索这个领域。最后，针对重大技术方案的推进过程，形成内部交流平台，让每个成员都能站在巨人的肩膀上，看得更远。通过这次 AAR 活动，团队不仅收获了宝贵的经验教训，更将隐藏在每个人大脑中的知识挖掘出来，并以程序文件、作业指导书等形式形成了一笔宝贵的财富。这些知识就像一把金钥匙，为团队未来的探索之旅打开一扇扇新的大门。

4.4.4 复盘

1. 什么是复盘

"复盘"一词来源于围棋术语，具体指的是棋手下完一盘棋之后，将棋局重新摆一遍的过程，通过回顾、分析、反思，找到自己对弈过程中的利弊得失及原因，从中学习到一些实战的经验教训，从而提升自己的棋力和未来的表现。对于成人来说，复盘是从工作实践中总结经验教训，是最有效的学习途径。而企业管理中的复盘，是一种深入学习与自我提升的过程，其核心在于从过往的经验与实际操作中汲取教训，可以助力管理者高效地总结宝贵经验，进而增强管理能力，推动绩效的显著改善。

复盘的本质是从经验中学习，是朴素的经历经过大脑深度思考而升华成的未来决策的信条和做事的方法论。复盘的目的是确保将来遇到类似的情境时能够做出正确决策或快速反应。尽管复盘在形式上与工作总结有所相似，但两者实则存在本质区别，主要体现在以下三个方面：复盘采用结构化的总结方法；复盘明确指向学习目的；复盘强调以团队形式进行。详细来说，工作总结主要聚焦于对过去的回顾，而复盘则在此基础上，同时展望未来，因此，复盘应被重新定义为一种跨越时间的思维方式，它连接着过去与未来。

表 4-2　长安汽车"座椅泡沫性能精益化设计以实现降低成本"的 AAR 活动

长安泡沫系统 AAR 模版（After Action Review）

基本信息卡

本次 AAR 主题	座椅泡沫性能精益化设计以实现降低成本
人员姓名/团队名称	A、B、C、D
工作任务开始时间	2022 年 3 月
工作任务结束时间	2022 年 9 月
总体目标	完成泡沫材料精益化设计方案并推广实施

AAR 回顾

第一步			第二步			第三步		
序号	团队成员	任务目标	做得好的地方	经验提取		做得差的地方	教训总结	
				原因分析	经验教训提炼/下一步行动计划		原因分析	实施人	完成时间	经验共享价值

序号	团队成员	任务目标	做得好的地方	经验提取-原因分析	做得差的地方	教训总结-原因分析	经验教训提炼/下一步行动计划	实施人	完成时间	经验共享价值
1	A	降本方案在 A1 项目组推广实施	提前在 A1 项目组达成推广时间	多次组织项目组领导、同事、供应商进行沟通	未达到最初下达的泡沫密度指标	技术能力不够，与供应商技术对垒时信心不足	将降本方案推进过程形成固化程序，推广实施	××	2022 年 12 月	高
2	B	降本方案在 B1 项目组推广实施	实施效果超过项目组预期目标	全过程管理，每周定期组织工作例会	供应商反对意见较大，该项工作时间占比较少，推动进度缓慢	技术能力不够，信心不足	将共性方案整个操作流程制作成作业指导书	××	2022 年 12 月	高
3	C	负责方案整体推进及技术支持	推动 6 个在产方案落地实施	多次组织采购、一部、二部联合会议，使方案在内部达成共识，分工推动方案落地实施	未能坚守初期制定的极限目标	工艺技术能力不足	针对重大技术方案推进，形成内部交流平台，由点对点转化成交流会进行分享	××	2022 年 10 月	中
4	D	负责方案推动计划、资源协调、上级汇报及风险管控	组织编制金点子案例并获奖	定期开展工作总结会	供应商生产现场支持较少	对硬骨头供应商推动决心不足				

20 世纪 90 年代中期，联想集团创始人柳传志先生将围棋用语"复盘"引入企业管理领域，采用了与 AAR 类似的做法。实践证明，复盘是行之有效的组织学习机制，不仅有利于各级管理者领导力的提升，而且是一种带团队的方法，还可以沉淀组织智慧、激发组织创新、提升组织能力。柳传志先生说："我觉得复盘本身其实很简单，一件事情做完了，你只要有意识，把事情当初定的目标和现在做的情况做对比，是不是按照预定情况出现了，哪些地方没有，为什么没有，无非就是这么做。"

2. 为什么要复盘

从复盘的定义深入探究，不难发现，无论是对于个人层面的成长与进步，还是对于团队及组织层面的能力提升与绩效飞跃，复盘都扮演着举足轻重的角色，复盘是推动个人、团队及组织持续发展的重要驱动力。在当前这个快速变化、环境复杂多变的时代，许多企业已深刻认识到，曾经的成功路径在当下可能已失去效用，而盲目模仿他人的成功模式亦非长久之计。因此，企业唯有通过不断探索和迅速迭代，才能寻找到适合自身且符合当下环境的有效发展策略。为此，复盘这一方法逐渐被更多企业所重视并广泛应用。

复盘可以带来以下四方面价值。第一，它极大地提升了学习和反思的能力。通过复盘，可以全面回顾并梳理整个过程中的得失，总结经验教训，从而更深入地理解行为和决策是否准确，以及背后的动因。这种深度的自我审视有助于不断优化个人和团队的表现。第二，复盘有助于发现问题并找到改进的方法。在复盘过程中，可能会发现之前未曾察觉的问题或疏漏，进而找到解决问题的途径和优化的空间。通过对过程中的不足和挑战进行深入剖析，可以获得对未来工作更全面、更有针对性的指导。第三，复盘还能显著提升工作效率和质量。通过复盘，可以识别和分享最佳实践，找到工作中的优化点，并制定相应的改进措施。这种持续的总结和反思过程能够避免重蹈覆辙，最大限度地发挥个人和团队的潜力。第四，复盘对于促进个人和团队的成长具有积极作用。在复盘过程中，可以深入了解个人和团队的优势与不足，并有针对性地进行个人提升和团队建设。这种深度的讨论和反思不仅能够推动个人和团队的成长，还能提升整体的工作能力和团队协作水平。实际上，不少著名企业，例如联想、英国石油公司以及华为，都已经把复盘作为他们日常工作的一部分，并且建立了系统化的复盘流程。这些企业借助复盘这一方法，收获了极多的益处，极大地促进了组织的成长与发展。

3. 复盘的方法步骤

对任何事件的复盘，都离不开四大基本动作。第一，目标回顾，明确事件或项目的初始目标是什么，即目标是否清晰、具体、可衡量，包含四个方面的回顾：最初行动的动机或目的，期望达成的具体目标，预先规划的行动方案，以及预先设想的应发生的情况。第二，反思-评估结果，反思行动过程中的结果和预想的是否有差距，其原因是什么。第三，分析原因，分析实际情况与预期是否存在偏差，若存在，探究偏差产生的缘由；识别哪些因素阻碍了预期目标的达成；深入挖掘失败的根本原因；若未达成目标，关键缺失因素何在。第四，总结经验，总结本次事件或项目的成功经验和失败教训，为未来的工作提供借鉴，包含四个方面的总结：在过程中获得的新知；若他人进行相同行动，我会提供的建议；我们接下来的行动步骤；明确哪些是我们可以直接实施的，哪些则需向上级报告。

通过遵循这四大基本动作进行复盘，可以更全面地了解事件或项目的全貌，发现问题和机会，提出改进方案，并持续改进个人和组织的表现。

4. 企业的复盘实践

为在项目开发过程中不犯重复的错误、固化成功的经验、明确各管理过程的改善方向、提升各类人员的认识与能力、促进各领域的理解与协作，长安汽车积极开展项目复盘。在项目结束后，对项目过程进行回顾，对经验和教训进行总结，通过复盘，为后续项目提供改善方向，主要开展里程碑节点复盘、开发过程中复盘、产品上市后复盘。

里程碑节点复盘是围绕当期典型案例进行的复盘，包含但不限于业务流程、高风险问题、效率提升、新工艺新方法等，复盘材料将作为下一里程碑节点的交付物进行管理。开发过程中复盘主要复盘问题的解决方案，总结经验，分析规律，提出改进措施。产品上市后复盘主要回顾立项目的、项目目标、关键里程碑设置、品牌与销售目标设置等，对项目结果进行评估，对比目标与结果，分析产品达成效果、亮点与不足等，分析开发过程，回顾项目成功要素、失败原因等。复盘结束后，各部门对行政工作及管理制度进行优化、完善，形成对流程、制度、标准、规范、技术文档等知识的优化提升，并在后续车型上应用推广。

长安汽车的复盘工作由项目组质量工程师统筹，各专业协同，领域专家把关评审，复盘成果均统一存储至研发知识平台，并统一推送至研发人员共享。下面以阿维塔11（由长安汽车、华为、宁德时代三方联合打造的一款高端智能电动汽车）为例来讲述长安研发领域的复盘工作。

阿维塔11上市后不久，研发质量团队迅速组织了一场别开生面的复盘活动，包含复盘启动、复盘报告提交、复盘报告评审优化和复盘报告发布四个阶段。这场复盘不仅仅是为了回顾过去，更是为了更好地迎接未来。

在复盘启动阶段，研发中心负责人亲自动员，各个领域的工程师参加，共同为这场复盘注入活力和智慧，研发质量工程师首先识别出该项目的典型问题，然后形成阿维塔 11 项目复盘计划。

在复盘报告提交阶段，项目组按照既定的四步骤（目标回顾－评估结果－分析原因－总结经验）编制复盘报告，每一个环节都细致入微。下面以一个具体复盘《阿维塔 11 空调冷凝水烧蚀车机问题复盘》为例来讲述这个过程。

复盘者首先阐述问题背景，某一天下午，工厂反馈一辆阿维塔 11 因暖通空调冷凝水滴落导致车机烧蚀。问题原因主要有三点：一是空调使用场景的影响。由于车门敞开，暖通空调总成长时间暴露于高温高湿环境中，通过门窗进入车内的空气未经过除湿，在空调壳体及暖通水管表面遇冷产生凝露，长时间凝露后的水珠聚集并沿着空调箱壳体及暖风芯体水管表面滴落到车机。二是车机防水等级低。三是布置的影响。车机布置在空调箱下方，存在进水风险。解决这个问题的措施如下：通过卡接的方式在车机上部新增塑料防水盖板，少量冷凝水均被塑料防水盖板接收无散落，防水效果能够满足要求。然后进行设计阶段的复盘。1）目标回顾：开发目标为车机布置满足要求。2）评估结果：由于布置设计不当导致空调冷凝水烧蚀车机，未达到目标。3）分析原因（开发阶段为什么没有发现问题）：前期样车使用场景冷凝水滴落量未达到最大值，导致未发现空调冷凝水烧蚀车机问题。4）总结经验：①对于预估风险问题，在有条件的情况下，需主动进行验证，确认风险度；②在《车机布置设计检查清单》中，增加零部件防水设计检查；③在《在整车集成指南》中增加零部件防水布置要求。

在复盘报告评审优化阶段，各领域专家用专业的眼光和独到的见解，重点审视总结经验部分是否具体量化，是否具有可复制性和可推广性，并对复盘报告进行严格的评审，以确保精益求精。在专家的指导下，项目组对报告进行了多次优化，确保其内容的准确性和可操作性。

在复盘报告发布阶段，召开阿维塔 11 项目复盘现场专题会，所有项目组成员均积极现场参会，发布与分享了优质的典型复盘报告。复盘现场专题会结束后，针对总结出来的经验，研发相关部门形成流程、制度、标准、规范、技术文档等知识沉淀，这些知识沉淀均发布在智谷研发知识平台上。通过项目复盘，实现充分获取海量隐藏于工程师头脑中的项目经验教训。

4.4.5 案例萃取

1. 什么是知识萃取

"萃取"作为一个化学术语，指的是利用特定溶剂使混合物中的不同成分因其溶解度差异而分离的过程。在知识管理领域，知识萃取则是借鉴了这一化学概念，并结合了炼丹、冶炼、铸造等过程的隐喻，通过科学方法和工具，系统性地将员工头脑中与工作实践中隐藏的"知识金矿"提炼为结构化或标准化的知识资产。这些宝贵的知识成果可以被团队或组织成员广泛共享和应用。通过知识萃取，我们能够持续不断地总结和推广最佳经验和最佳实践，进而优化和迭代工作流程和方法。这种持续改进的文化不仅有助于组织和个人实力的迅速提升，还能显著降低因重复犯错误而产生的成本。

案例是知识萃取的载体与表现形式，通过知识萃取方法所产生的经验教训将通过案例的方式结构化和显性化地呈现出来，以达到可复制和可推广的效果。麦肯锡的研究显示，组织中的隐性知识往往占据80%以上的比例，这些隐性知识包括洞察、感悟、诀窍、直觉、灵感等，它们如果不能得到有效提炼和应用，将是一种巨大的浪费。因此，知识萃取成为挖掘和利用这些隐性知识的关键手段。

从更宽泛的角度来看，萃取不仅仅局限于传统意义，它还涵盖了利用信息技术，从各类数据（无论是结构化的还是非结构化的）中提炼出机器能够识别或理解的知识信息。这一过程与自然语言处理领域中的信息萃取或信息抽取有着异曲同工之妙。

知识萃取按照个体与组织的不同需求，可细分为四大类别：专家类知识萃取、主题类知识萃取、岗位类知识萃取和业务类知识萃取。专家类知识萃取强调从资深专家处深入挖掘其宝贵的经验。这不仅包含专家对特定项目或事件的深刻见解，还涵盖相关的视频资料、项目过程总结等。这些经验对于组织来说，是极具价值的知识财富。主题类知识萃取聚焦于不同专业、部门间的知识交流。通过选择特定的主题、案例，萃取相关的知识和信息，以促进跨领域的沟通与协作。岗位类知识萃取主要针对各岗位的具体职责和工作要求。通过明确各岗位所需的能力和主要工作描述，萃取与之相关的知识，以支持员工更好地履行职责。业务类知识萃取与企业的战略、流程和项目紧密相关。它通过对企业战略地图的解读，清晰展现企业的战略规划和布局，同时涵盖技术创新、研发路线图以及流程手册等关键信息。这类知识萃取有助于企业更好地实现战略目标，优化业务流程。

2. 知识萃取的方法

知识萃取作为知识管理的重要组成部分，对个人和组织的成长与发展具有显著意义。其本质在于深度总结与提炼，因此，它应成为个人和团队日常学习中不可或缺的一部分，尤其是优秀员工和团队。在企业中，知识萃取的方法多种多样，依据所要萃取经验的复杂程度以及标杆（优秀员工、专家）的自身能力，知识萃取主要包含以下四种方法。

第一种方法是个人萃取。标杆通过自我反思，重现工作场景，总结具体做法，形成方法论，并附加适用情景、注意事项和经典案例，便于他人学习。这种方法适用于经验相对简单且标杆自身萃取能力较强的情境。

第二种方法是访谈式萃取。萃取师（掌握萃取方法的专业人员）和标杆一起，通过访谈技巧引导标杆反思与总结，形成方法论，并在标杆的确认下，完善相关细节，帮助他人掌握。这种方法适用于经验较为复杂，且标杆自身能力较强的情境。

第三种方法是共创式萃取。以标杆为核心，通过萃取师和其他参与者的集体引导和提问（这里的其他参与者是指未来使用经验的人），协助标杆重现工作场景，总结经验的具体做法细节。由萃取师概括和系统梳理出关于某个经验的方法论，并经过和标杆的单独确认后，输出标准化的经验，附加每个经验的适用情景、注意事项和经典案例，帮助其他学习者更容易地掌握。这种方法适用于经验复杂但标杆自身能力较弱的情境。

第四种方法是观察式萃取。萃取师通过跟随标杆作业的方式，亲历标杆的工作场景，附加以适当的提问和思考去了解工作中的具体细节，然后对经验的所有内容进行系统概括和梳理，形成方法论，并给出经验的适用情景、注意事项和经典案例，促进他人掌握经验应用技巧。这种方法适用于经验相对简单但标杆自身能力较弱的情境。

3. 知识萃取的步骤

PREFS 模型是一个集规划、回顾、提炼、制板和螺旋上升于一体的知识萃取方法。该方法有五个步骤：规划设计（Plan，P）、复盘回顾（Retrospect，R）、提炼加工（Extract，E）、制板成型（Form，F）、螺旋上升（Spiral，S）。通过五个关键步骤，确保知识萃取的高效与精准，如图 4-21 所示。

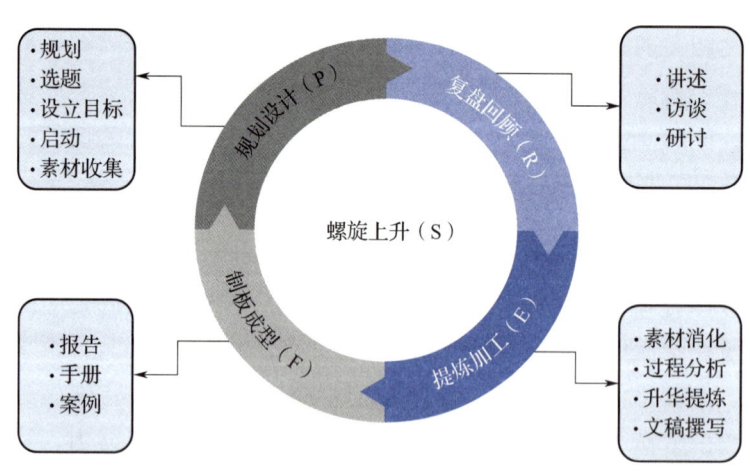

图 4-21 知识萃取 PREFS 方法

第一步，规划设计。知识萃取并非盲目进行的，它始于对组织战略、业务和项目需求的深入了解。我们根据组织内的资源、人力条件，进行有目的的规划和选题。遵循"5-15-80"原则，即战略级知识萃取占5%，战术重点级占15%，通用级占80%，确保优先级清晰、资源合理分配。当我们明确了目标之后，便要着手收集全面的资料，这涵盖了背景信息、现状描述、实施过程的记录以及项目的总结报告，从而为接下来的每一步奠定稳固的基础。

第二步，复盘回顾。我们应采用叙述、访谈、实地考察等多种形式，努力重现过往情境，深入探究其背后的原因及规律。由资深且经验丰富的知识提炼专家领导团队，以中立的第三方角度进行引导，以保障回顾过程的客观公正。我们不仅要进行一对一的深度访谈，还要组织集体讨论会，激发参与者深入思考。

第三步，提炼加工。在积累了充足的素材并进行了详尽分析之后，我们步入深化提炼的环节。此环节着重考验我们的文案撰写与抽象概括能力，旨在迅速构建起知识输出物的核心架构与逻辑脉络，精心编撰案例文档等，力求确保所呈现内容的精确性与精炼度。

第四步，制板成型。我们要借助文字、报告、指南、宝典、实例分析等多种媒介，将提炼出的知识信息具象化展现。同时，融入音频、视频、虚拟现实等多媒体互动方式，使得知识内容更加鲜活、便于流传。在日新月异的互联网经济时代，我们应始终保持与时代同步，确保知识萃取成果的新颖性和时代性。

第五步，螺旋上升。知识萃取是一个持续精进的过程。在完成知识产品的初步交付后，我们秉承工匠精神，不断对其进行优化迭代，实现螺旋式的上升发展。同时，我们从市场人员的角度出发，深思熟虑目标受众与应用场景，对知识产品进行精心设计、包装、宣传与推广，力求让更多人知晓、理解并应用这些知识产品，从而实现其价值的最大化。

4. 企业的案例萃取实践

随着对组织和知识内容质量的要求越来越高，长安汽车通过开展案例萃取，推动项目知识的挖掘、加工、提炼、沉淀，提升项目知识的复制、推广和应用水平。技术领域案例分为问题驱动案例和优秀做法案例两类。

问题驱动案例以产品问题为导向，通过问题描述、原因分析、解决措施及验证过程，来总结与沉淀复制，并用于向他人推广的优秀经验总结案例。当一个项目通过公司级里程碑后，研发知识工程团队立即在各专业开展案例萃取工作。首先，以各专业知识经理为抓手，开展案例选题的报送。各专业按照案例标准，从研发质量总师提供的本项目典型重要问题清单中选题，产品专业案例选题数量不少于5个，性能专业案例选题数量不少于3个。研发知识工程团队将案例选题形成计划纳入管控。

以《R项目背门外装饰件与尾灯高温干涉问题案例》为例来介绍案例的编写过

程。首先对案例的基本信息进行填写，包含案例作者、所在单位（产品开发二部电器开发所）、目标学习者（内外饰和电器工程师）、系统/零部件名称（背门外装饰件、尾灯）、所属项目（R项目）、专业领域（电器、内外饰）、问题发生阶段（A里程碑–B里程碑）、设计变更次数（2次）和整改周期（1个月）。

然后是案例描述，包含问题描述、原因分析、解决措施及验证过程、量产一致性跟踪四部分。①问题描述：在装配下线常规检查时，发现3月初生产的内销车尾灯与背门外装饰件干涉，并导致背门外装饰件外观漆面损伤。常温下故障比例为5%，室外温度升高后故障比例高达30%，严重影响商品车的生产上量及发运。②原因分析：R项目第一次使用了后贯穿灯设计，背门外装饰件和后贯穿灯的搭接方案的断面制作借鉴了塑料件和钣金件搭接的方案，将断面间隙设定在1.5±1.0mm。在造型阶段，模型上没有问题。在装车的时候，也没有问题。可是，到夏天，温度升高之后，出现干涉。最后通过调整间隙来解决这个问题。③解决措施及验证过程（含过程及效果）：控制确保背门总成匹配面合格；在背门外装饰件上增加橡胶条，避免与尾灯分型线直接接触；在背门外装饰件下侧增加2个支撑点；调整工艺确保尾灯总成尺寸合格。④量产一致性跟踪：在对上述措施进行全面落地以后生产的车没有出现干涉伤漆问题，问题整改有效。

最后是思考与总结。对问题的思考主要是从技术、体系、人员三个方面入手。技术方面导致问题出现的原因是对新结构应用分析不到位，专业和项目组对新结构的风险预判不足，跨专业的系统设计考虑不足，系统验证不充分。体系方面导致问题出现的原因是缺少相应的标准规范，对新结构应用的分析不到位。人员方面导致问题出现的原因是对综合问题整改的牵头责任没有落地。总结主要是描述以后该怎么做，即需要写成条目化和可量化的具体行动点，并提炼关键步骤及其相应的方法要点（技术参数等），例如：修订《背门装饰件规范/指南/管理程序》《优化背门外装饰件与贯穿灯断面搭接结构》；在项目组内建立问题通报升级机制，建立问题整改的奖惩机制并落实具体责任人等。

知识工程团队负责对案例的模板和格式进行形式审核，主管从选题恰当、场景精准、基本信息完整、推广价值高、案例描述、思考与总结充分、知识显性七个维度对案例的内容进行质量把关。通过项目案例萃取，总结出可复制、可推广、可量化的方法要点（技术参数等）和工具模板，有效为研发工程师赋能。

Chapter Five

第 5 章
研发知识共享化

获取研发知识是知识工程的第一步,第二步是实现研发知识的共享化。只有让知识大范围地共享,才能让知识成为企业的重要资产,为研发新产品和提升研发水平服务。

研发知识共享平台是以知识共享、交流和创新为核心来设计和构建的,是一个跨专业、跨品牌、跨区域、相对开放的知识共享集成在线平台。知识工程平台架构由知识体系架构和知识互动架构组合而成。知识体系由平台拥有的知识构成,它是知识平台的基石和源泉。知识互动是用户按照使用知识的习惯与平台产生互动(如使用导航、搜索知识、接收推送、下载知识等动作)。研发知识共享平台架构包含知识共享模块、协同工具模块、知识互动模块和知识管理模块。

平台共享的内容包含外部知识和内部知识。外部知识包含国家及行业发展政策、行业资讯及分析报告、市场及用户情报、行业技术前沿、行业创新成果,以及知识产权、国际数据等。共享的内部知识包括知识频道、知识地图和知识专栏等。

知识共享机制是一系列促进知识在组织内部流通、共享和再利用的策略、流程和工具的组合。知识共享涉及企业商业机密,只有制定合理的权限管理机制,才能保证知识共享的安全。

5.1　知识共享概述

5.1.1　知识共享的概念

知识共享是一种在个人、组织或社区之间交流、分享和传播知识的社会化的过程。知识共享是将知识资源和信息开放，让更多人获取和利用知识，让知识来帮助他们开展工作、丰富人生、推动创新。企业研发知识共享的目的是让工程师们分享知识、提升研发效率、避免重复犯错误等。

企业内部的知识共享是指企业员工或团队通过各种渠道进行知识查找、搜索、接收推送来获取所需知识的过程。知识共享可以扩大知识使用的价值，并创造出新知识，从而构造企业的知识优势。企业通常会建立一个知识共享平台，以便于员工学习和利用知识。员工可在平台上查询知识，获得解决问题的方法，让知识反哺于研发，提高研发效率，并不断通过技术创新打造高质量产品。

研发知识共享有一个显著特点，即对共享的任何一方而言，他所拥有的知识不会减少，只会增多，而且这种增长会随着共享范围的扩大而增加。

企业内部研发知识共享需要两大主体、平台和管理规则。如图 5-1 所示，第一主体是研发知识拥有者，他们通过授课、实践、科研、编纂知识、建构档案或知识资料库等方式输出知识。知识输出是知识拥有者将知识外化的过程，让需求者有机会获取这些知识。第二主体是研发知识需求者，他们通过模仿、倾听、阅读、询问等方式来认知、理解和应用知识。企业内部获取共享研发知识的渠道包括面对面的交流，查找开放资料、期刊和数据库，使用开源软件、社交媒体和在线协作平台等，而知识工程平台是最常见和功能最强大的共享平台。研发知识管理规则最重要的是权限管理，既要让知识广泛共享，又要保守企业秘密。

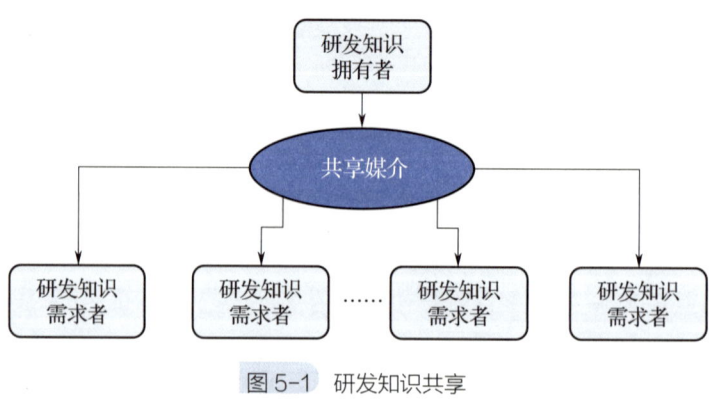

图 5-1　研发知识共享

5.1.2 知识共享的价值

知识共享是研发知识工程的核心,是充分利用知识的前提,是知识创新的基础。知识是企业重要的无形资产,它不会像其他有形资产一样折旧,相反,知识的价值会随着被分享的增加而增加。知识共享程度是衡量知识管理是否成功的最重要的标准。知识共享越多,边际成本越低,边际收益却越来越高。例如,一家汽车研发公司同时研发多款车型,某个车型项目的工程师发现铝制轮辋比钢制轮辋更美观而且提升了车辆的动力性能和燃油经济性,如果他没有将这一发现分享给同步开发的其他车型项目,那么这个发现的价值就没有得到充分利用,对企业而言就是损失。

每个人的思维都有他自己的局限性。通过相互交流,人们往往能产生思想的"火花",创造出更多更好的新知识。知识共享随处可见,小到两个人思想的交流,大到一个企业内的知识共享平台。对汽车研发机构而言,研发知识共享能为企业发展带来巨大价值,主要体现在以下几个方面。

1. 企业资产不流失

中国汽车行业研发人才(尤其是汽车软件人才)的紧缺是普遍现象,他们离职会造成企业研发知识流失,甚至给车企的核心竞争力带来不可估量的损失。因此,将个人经验变成企业知识,可以避免企业资产流失,如图 5-2 所示。推进研发知识工程建设,将个体的经验有效地转化为结构化和流程化的企业智慧,并进行系统管理,将为企业积累巨大的知识财富,同时对企业平稳和持续发展具有十分重要的意义。如果建立了知识共享平台,在遵循管理规则的前提下,每一个知识拥有者都可以在平台上输出知识,使知识以可见的形式(例如文字)留存于公司,那么企业的

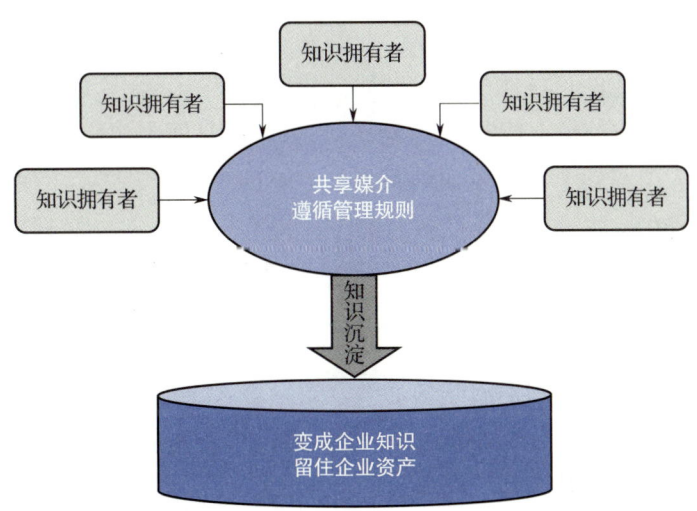

图 5-2 知识共享将个人知识变为组织知识从而留住

知识资产就不会随着人员的离开而消失，而且随着知识积累的增加，企业拥有的知识资源会越来越丰富。还是以前面介绍的工程师发现铝制轮辋的例子来说，假如这个工程师一直没有共享铝制轮辋的诸多优势，公司其他人对此信息就一无所知。当他离开公司后，铝制轮辋比钢制轮辋好的这个知识就流失了，公司的后续产品也因此不能抢占市场优势。反之，如果他在离开公司前将铝制轮辋的优势共享出来了，其他项目组也采用了，公司新产品的成本和性能占优势，新车型就可能在市场竞争中脱颖而出。

2. 打破知识壁垒促进创新和发展

知识共享可以打破跨行政、跨品牌、跨地域的壁垒，能够让知识覆盖更多用户。随着企业组织规模的不断扩张，新建立的组织在管理和技术上都或多或少与原有组织存在一定的差距。通过知识共享将原有的管理体系、技术标准等移植到新组织中，能够实现成功模式的快速复制。

知识共享承载着企业内部知识和信息的流动，企业内高水平的知识交流与分享对研发创新意义重大。内部交流可能会碰撞出新的观点和思想，导致创新点的出现。创新往往需要多部门协同，不同部门成员间的充分协调可能会给企业带来稍纵即逝的创新机会。例如，维基百科是全球免费的、可编辑的在线百科全书，允许用户自由地使用、修改及分发内容。这种共享创造的方式不断促进创新，使得维基百科成为全球最大的在线百科全书。

汽车研发知识共享有助于不同汽车品牌之间互相分享和借鉴技术，实现研发能力的共同进步。技术知识和经验的共享可以激发研发人员的创新思维和设计能力，使其更快地解决研发中的难题，加速新车型的研发进程，提高产品的竞争力。技术知识和经验的共享还有助于整个汽车产业的发展和转型，有助于新技术发展和市场突破，推动汽车产业的可持续发展。例如，特斯拉通过开放其专利的源代码，鼓励任何人使用，从而推动了全球电动汽车技术的发展。马斯克相信，只有开放与共享，才能吸引更多人参与到电动汽车的创新中，才能让电动汽车技术更快地发展。在开放与共享的过程中，特斯拉也能受益。如今，特斯拉的开放之路已经让它在全球电动汽车市场中取得了领先的地位，同时也为更多人提供了参与电动汽车创新的机会。

3. 知识复用提高了工作效率和员工满意度与忠诚度

知识共享有助于扩大知识的共享范围，减少知识的获取时间，从而提高知识被复用的效率。知识的复用程度越高，所产生的价值就越大。

研发知识共享使研发人员站在巨人的肩膀上，这会让研发人员更快地获取和利用知识，提高研发水平并提升效率。前期车型研发过程中出现的问题案例、经验总结、技术方案、对标报告等知识被新研发车型的项目成员学习后，能使他们有效地规避之前遇到的"坑"，即避免重复劳动和重复犯错，另外，这些知识的共享能让工程师们快速找到解决问题的方法，加快研发进度。例如，如果特斯拉没有共享它的专利源代码，其他汽车企业要花大量时间和精力去解决同样的问题，而利用特斯拉分享的知识，解决问题的时间大幅缩短。

汽车研发知识共享对于提高员工的满意度和忠诚度也具有重要意义。知识共享平台使贡献知识的员工感到被重视和认可，奖励积极分享知识的员工会激发他们的积极性，使他们更愿意参与知识共享；定期的培训和知识分享能使员工不断学习和成长，当他们感到公司关心他们的职业发展时，会更愿意长期留在公司并积极贡献；建立透明的沟通机制和鼓励员工之间的交流和合作有助于创造一个积极的工作氛围，增强员工的满意度和忠诚度。例如，长安汽车对于知识分享者，不仅授予讲师资格，还给予讲师津贴，提供培训和发展的机会，这与员工的期望高度吻合，员工的满意度和忠诚度自然得到了提升。

4. 研发知识共享能降低研发成本

通过研发知识共享，公司内部不同品牌和不同车型可以共同承担研发成本，降低各自在研发过程中的投入。这种合作模式可以避免重复投入，减少资源浪费，使各品牌更高效地利用资源。通过研发知识共享，企业内部成员可以快速获取和利用已有的经验和知识，避免重复发现和解决相同的问题，从而减少研发时间和资源投入。

研发知识共享有助于企业内部成员快速学习和掌握新技术、新方法，提高研发效率和产品质量。通过研发知识共享，员工可以及时发现和解决潜在问题，缩短产品上市时间，降低成本。研发知识共享可以促进不同部门和领域之间的交流与合作，使其更好地协同工作，共同解决问题，使企业内部资源得到更有效的整合和利用。研发知识共享使得新员工可以在共享平台快速了解公司的技术、流程和文化，以更快地融入团队和工作，从而降低对新员工的培训成本。

行业内的知识共享会降低行业的研发成本。例如特斯拉共享了自己专利的源代码，使其他汽车企业在电动汽车研发上的成本大大降低。

5.1.3 知识共享的方法和场景

知识共享的方法很多，常用的有五种：在线平台共享、面对面交流、文档和资料共享、开源软件共享及合作伙伴共享。在线平台共享是利用现代信息技术，通过专门的在线平台或社交媒体分享知识，如博客、论坛、在线课程平台、视频分享平台以及专业社交网络等。面对面交流是通过研讨会、讲座、会议、工作坊等形式进行面对面的知识交流，这种方式有助于建立人际关系，加深员工对知识的理解和应用。文档和资料共享是通过分享文档、手册、案例等资料，使知识以书面形式传播，这种方式适用于需要详细说明或知识复杂的场景。开源软件共享是通过开源软件和项目的方式，允许他人访问和使用源代码，从而促进知识的共享和创新。合作伙伴共享是通过建立合作伙伴关系，与其他组织或个人共同开发产品和分享知识，这种方式有助于扩大知识的影响力和应用范围。

在汽车企业中，不同场景采用不同的知识共享方式。常见的知识共享方式有企业知识平台、文档管理系统、在线培训和研讨会、视频会议和在线直播、实践交流、知识库和图书馆、专业论坛和社区、师徒制度、内部出版物、外部合作与交流。企业知识平台是员工共享和交流知识的主要载体，如长安智谷。文档管理系统是集中管理企业各类文件和知识资源的系统，员工可以在系统上查询、下载、上传和分享各类知识。在线培训和研讨会是通过线上培训和研讨会的形式，将知识和技能传递给员工，这种方式可以结合虚拟现实、增强现实等技术，使培训更加生动有趣。视频会议和在线直播是通过视频会议和在线直播的方式，让身处不同地点的员工都能实时参与讨论和分享知识。实践交流是员工在实际工作中互相学习和分享经验，如跨部门、跨领域的实践交流活动。知识库和图书馆提供了各类专业书籍、技术文献等，供员工查阅和学习。专业论坛和社区是员工发表见解和交流心得的平台，这里给员工提供了互动的机会。师徒制度是资深员工向新员工传授经验和技能的渠道，可实现隐性知识的传承。内部出版物是企业内部的报纸、杂志或电子刊物等出版物，以书面形式传播企业新闻、文化、管理理念和业务知识。外部合作与交流是企业与高校、研究机构等外部合作伙伴的交流与合作，通过引入外部的知识和资源，促进企业内部的知识共享和创新。

以上方式都可以帮助企业内部进行知识共享，提升员工的业务水平和综合素质，促进企业的持续发展。具体选择哪种方式需要根据团队的实际情况而定。在信息化时代，借助企业的内部网络和 IT 技术，建立企业研发知识平台是实现知识共享的最好途径。研发知识平台可以让知识、人与业务智慧连接，用知识构筑能力，让知识智慧地伴随产品开发，让知识成为产品开发的重要支柱。

长安汽车创建的智谷平台是一个覆盖全面的研发知识共享平台。这个平台不仅能让知识共享，还实现了知识伴随产品开发。本章后续小节将详细介绍智谷平台的共享构架和共享内容。

5.2　研发知识共享平台

知识共享平台是 2016 年公布的管理科学技术名词[1]，它将个体和组织的知识通过各种交流手段进行共享，为成员提供一个学习、交流和协作的环境。研发知识共享平台，顾名思义，是应用于企业研发领域的知识共享平台。它是企业知识工程体系的载体，通过对内部和外部知识的获取与迁移，面向工程师提供共享化与场景化的知识应用服务，从而推动研发知识的复用与创新。

研发知识通常被认为是企业最重要的财富，而研发知识共享平台是一个重要的载体，它利用现代技术手段促进了知识的传播和共享，是使得知识财富得以实现的重要手段。

5.2.1 建设研发知识共享平台的意义

汽车研发是一个高度集成且复杂的工程，涉及众多专业知识、技术细节和实践经验，因此，在汽车行业建立研发知识共享平台显得尤为重要，它是企业的核心竞争力。下面以复杂的汽车研发领域为例，介绍研发知识共享平台可以给企业和员工个人带来什么，以及创造的价值和财富又体现在哪里。

研发知识共享平台可以实现研发知识的整合与传承。通过建设知识共享平台，企业可以将这些宝贵的知识资源进行整合和集中，实现知识的有效传承，避免因人员流动或遗忘而导致的知识流失。

研发知识共享平台可以提高知识的利用效率。通过建设知识共享平台，企业可以按照知识框架，开展知识清理，将散落在各个系统、文件服务器和个人计算机的知识进行识别、筛选与分类，实现知识资源的统一汇聚。知识共享平台能够集中存储和管理组织内的知识资源，方便员工随时随地获取所需知识，避免因重复收集和整理而浪费时间和精力。

研发知识共享平台可以加速研发进程。通过建设知识共享平台，企业可以为研发人员提供一个便捷的渠道，使研发人员能够迅速获取所需的知识和信息，更快地掌握所需的技能和知识，提高研发效率。研发人员还可以发现并学习其他人的优秀实践和成功经验，从而拓宽知识视野，增强个人专业能力，减少重复工作和错误，加速整个研发进程。

研发知识共享平台可以促进团队协作。在平台上，不同部门和团队之间可以共享研发成果、交流经验和技术。这个互动交流的平台鼓励员工分享自己的经验和知识，能促进知识的交流与传递，打破信息壁垒，促进团队协作和沟通。这种跨部门的合作和交流有助于企业内部和企业间形成合力，推动汽车行业的创新和发展。

研发知识共享平台可以降低研发成本。通过知识共享平台，企业可以避免在研发过程中进行不必要的重复投资，降低研发成本。同时，平台上的知识和经验还可以为企业的产品设计、生产、销售等各个环节提供有价值的参考和支持。

研发知识共享平台可以提高企业竞争力。汽车行业是一个高度竞争的行业，企业需要不断创新和突破才能在市场上立足。通过建设知识共享平台，企业可以汇聚行业内的智慧和力量，应对挑战和机遇，提高企业的竞争力和影响力。

研发知识共享平台可以培养创新人才。知识共享平台不仅是一个信息交流平台，也是一个学习和成长的平台。平台通过建立交流和分享渠道，使研发人员可以不断学习和积累知识、提高自身素质和创新能力，为行业的长远发展培养更多优秀人才。

综上所述，通过整合和共享知识资源，建设研发知识共享平台，企业可以提高研发效率和质量，降低研发成本，促进团队协作和沟通，提高行业竞争力，培养创新人才。这些都将有助于推动企业研发领域的创新和持续发展。

5.2.2 研发知识共享平台的架构

为实现研发知识、员工与业务的智慧连接，知识赋能技术创新，提升研发效率，一些研发机构打造了自己的研发知识共享平台，通过知识工程信息系统的建设，实现了显性知识资源的统一存储和规范管理，挖掘出了大量隐性知识，从而推进了知识传播和便捷化应用。

研发知识共享平台建设的首要任务是建立平台架构，如同房屋、汽车、飞机等都有自身的架构。例如地基、框架构成了房屋的架构，纵梁和横梁构成了汽车的架构。有了架构，才能逐步建设一个完整的体系，比如在房屋架构上加上墙、窗、装饰件等就形成了一个完整的建筑物，在汽车纵梁和横梁上连接车身板、底盘等就形成了一个可以运转的汽车。

网络上给出的架构的定义为"人们对一个结构内的元素及元素间关系的一种主观映射的产物"。现在，架构的概念已经广泛应用到很多领域，如软件架构、电子电气架构、业务架构等。

知识工程架构是由知识体系架构和知识互动架构组合而成的。知识体系由平台上拥有的知识构成，它是知识平台的基石和源泉。在长安智谷知识体系中，知识体系架构由主体知识体系、辅助知识体系、知识地图、知识专栏等组成。主体知识体系包括通用知识、项目知识和专业知识，辅助知识体系包括开发知识地图和主题知识专栏。知识互动体系是用户根据使用知识的习惯与平台互动（如使用导航、搜索知识、接收推送、下载知识等动作）的行动体系。知识互动体系包括知识互动（如搜索、推送、圈子、知识动态显示）和协同工具（如导航、协同工作台等）。

研发知识共享平台架构是以知识共享、交流和创新为核心来设计和构建的。这个架构旨在通过提供一个开放、高效、易用的平台，促进不同用户之间的知识共享与交流，支持团队协作，从而推动知识的增值和升级。

研发知识共享平台业务架构包含知识共享模块、协同工具模块、知识互动模块和知识管理模块，如图 5-3 所示。知识共享模块构成了研发知识体系架构，包括知识频道、行业资讯、知识地图和知识专栏。知识互动架构包括协同工具模块、知识互动模块和知识管理模块。下面对四大模块进行详细的介绍。

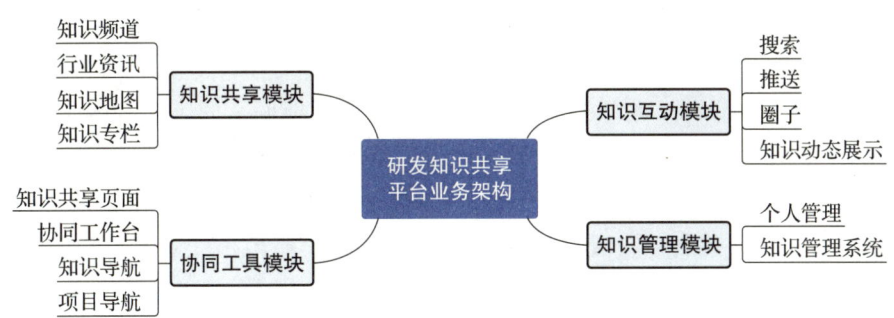

图 5-3　研发知识共享平台业务架构简图

知识共享模块是研发知识共享平台的知识源泉。知识共享模块是知识和信息的集合地，是知识共享平台的核心。一个企业的主要知识都汇聚在知识频道，如汽车研发领域的通用知识、产品知识、专业知识等。知识地图是用清单、图表等方式表示知识分布情况的图，是组织内部的知识向导，用于明确重要知识的方位，指出存储知识的人、文件、数据库等载体。它像一张神奇的藏宝图，点击知识地图上的节点，就能瞬间获得所需要的知识。知识专栏是特定主题知识资源的集合，它使员工能够轻松获取相关主题的知识。知识专栏一般针对一些技术热点和员工关注的主题，如碳排放、碳中和等，将这些主题的相关知识进行集中管理，统一放在知识专栏进行呈现，这样可以满足员工对于热点话题的知识需求。与复杂的知识体系相比，知识专栏减少了员工的学习成本，提供了良好的使用体验。行业资讯动态地提供了行业信息，可以扩大研发员工的视野。

协同工具模块是用户在研发知识共享平台的导航工具汇集，包括知识共享页面、协同工作台、知识导航和项目导航。协同工具可以让用户与知识进行交流。知识共享页面能够让用户在平台上浏览、搜索和下载知识。协同工作台像是一张超大的智能工作桌，可以让不同领域的员工实时地进行在线设计、分析、讨论来完成一项工作任务。知识导航帮助员工通过分类浏览、关键词搜索来找到对应的知识。项目导航是以项目管理为中心，清晰地展示项目的整体结构和进度情况。员工可以通过项目导航，了解每个任务的状态和负责人，确保项目按时按质完成。

知识互动模块是用户之间进行知识分享、讨论和协作的关键部分，包括搜索、推送、圈子和动态知识展示。知识互动模块让用户主动介入知识的寻找，这极大提高了用户使用知识平台的兴趣和参与程度。搜索功能可以给用户提供大量有需要的相关知识。搜索有普通搜索、"一站式"搜索、智能搜索等。用户搜索后得到的知识量很大，他们必须进行阅读才能找到真正所需要的知识。搜索结果的准确性和相关性是用户的首要关注点。然而，搜索功能仅提供搜索结果，但这并不能完全满足用户的需求。推送是在搜索基础上更进一步的知识应用，它通过将用户需要获取的知识与特定的工作场景相结合，实现基于时间、人群或特定条件的推送，为用户提供更全面的知识支持。圈子是由特定人群构成的社群，他们共同围绕着某个知识领域或话题展开讨论和交流。知识动态展示实时更新着来自内部和外部的最新动态和热门话题，并以图文并茂和生动有趣的形式呈现，让用户了解知识的最新趋势和热点。知识互动模块就像一个充满活力的知识交流社区，它让用户能够在这里自由探索、交流学习、享受知识的魅力与乐趣。在这里，每个人都可以成为知识的创造者和传播者，共同为这片沃土增添更多的智慧和活力。

知识管理模块用于存储、组织和维护平台上的知识资源，包括个人管理与知识管理系统。个人管理就像是宫殿中的私人管家，悉心照料着用户的每一个知识需求。用户可以创建个人知识库，将自己散落各处的知识贡献、知识点、笔记、灵感统统收纳其中，让它们井然有序。个人管理还能帮用户设定学习目标，跟踪学习进度，确保用户在知识的道路上稳步前行。知识管理系统运用先进的 IT 技术，对知识进行深度分析和挖掘，发现知识间的联系与规律。通过智能分类、标签管理、全文搜索等功能，系统把各种知识有序地管理起来。知识管理系统是管理和维护知识平台的系统，包括知识体系的管理、IT 技术应用和知识运营。知识运营是保持用户使用平台的重要手段，包括内容运营、活动运营和用户运营，以保证知识活动能够长时间、高质量地持续。

综上所述，研发知识共享平台架构体现了研发知识共享平台的体系构建逻辑，研发知识共享平台需要满足企业内部各种业务场景的需求，从知识汇聚整合到应用创新，从智能推荐到业务决策支持，通过对内、外部知识的获取与转移，面向工程师提供共享化与场景化的知识应用服务，推动企业研发知识复用和创新，为企业提供全面、高效、智能的知识管理服务。

5.2.3 企业实践

1. 智谷的建立

图 5-3 给出了研发知识共享平台的通用架构。各企业在建设自己的研发知识共享平台时，可结合自身需求和用户特性进行调整和定制化设计，形成独特的平台。本小节介绍长安汽车智谷研发知识共享平台架构。

几十年来，长安深耕汽车研发，积累了大量知识，但是这些知识分散在许多互不关联的系统、部门服务器和个人计算机中，还有大量的隐性知识储存在人脑中。为了将这些知识集成到一个平台上，让知识服务于汽车产品开发，公司于2017年开启了打造国内一流、行业领先的研发知识平台之旅，并将此作为长安实现数字化转型的重要组成部分。这个平台取名为"智谷"，寓意着这是一个智慧的聚集地，也体现了其对于未来科技发展趋势的深刻洞察和把握。

智谷平台建设从先期预研、可行性论证、项目立项、详细方案、功能开发到知识共享化、场景化和智慧化的实现，历经六年。在预研阶段，智谷项目组做了扎实的对标工作，深入调研了华为、百度、泛亚、福特亚太、成飞等十余家企业的知识平台建设情况，发现并掌握了知识平台业务的重点、痛点、难点和亮点。同时，通过对内部用户的问卷与访谈调研，收集了长安几千位研发工程师的需求，采用KANO模型和质量功能展开（Quality Function Deployment，QFD）方法把用户需求转化为设计方案。日本学者狩野纪昭（Noriaki Kano）在1984年提出的KANO模型是对用户需求分类和优先排序的有用工具。模型分析了产品性能和用户满意度之间的非线性关系[2]。QFD方法是一种系统性的决策技术，在设计阶段，它将顾客需求准确无误地转换成产品定义；在生产准备阶段，它将产品定义准确无误地转换为产品制造工艺过程；在生产加工阶段，它保证制造出完全满足顾客需求的产品[3]。基于用户需求、长安汽车的研发现状、互联网信息技术和企业战略，智谷项目组采用KANO模型和QFD方法，力求构建出一个完整的知识平台共享架构，为知识应用奠定基础。

智谷共享平台是一个"跨行政""跨地域""跨品牌"的研发知识共享集成网络平台。平台架构由知识共享模块、知识互动模块和知识管理模块三部分组成，如图5-4所示。

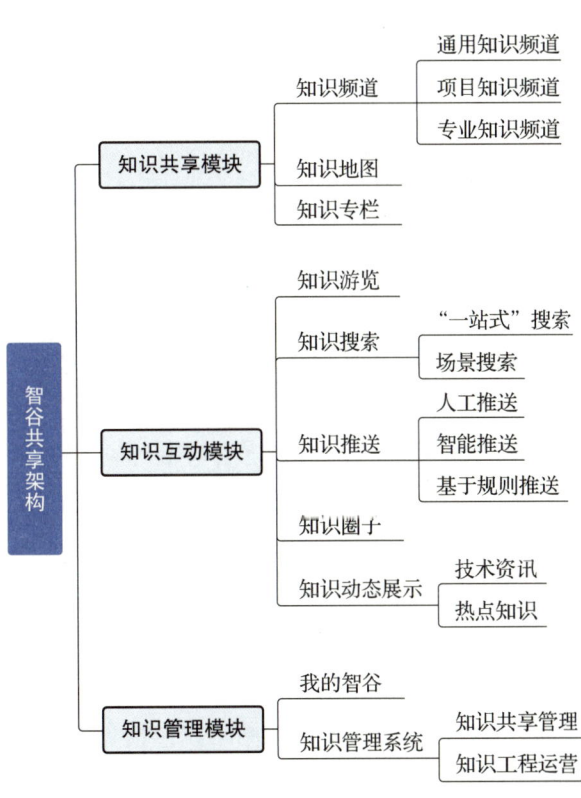

图5-4 智谷共享架构图

2. 智谷知识共享模块

智谷知识共享模块是智谷共享知识平台的源泉，由知识频道、知识地图和知识专栏三部分组成，如图 5-5 所示。

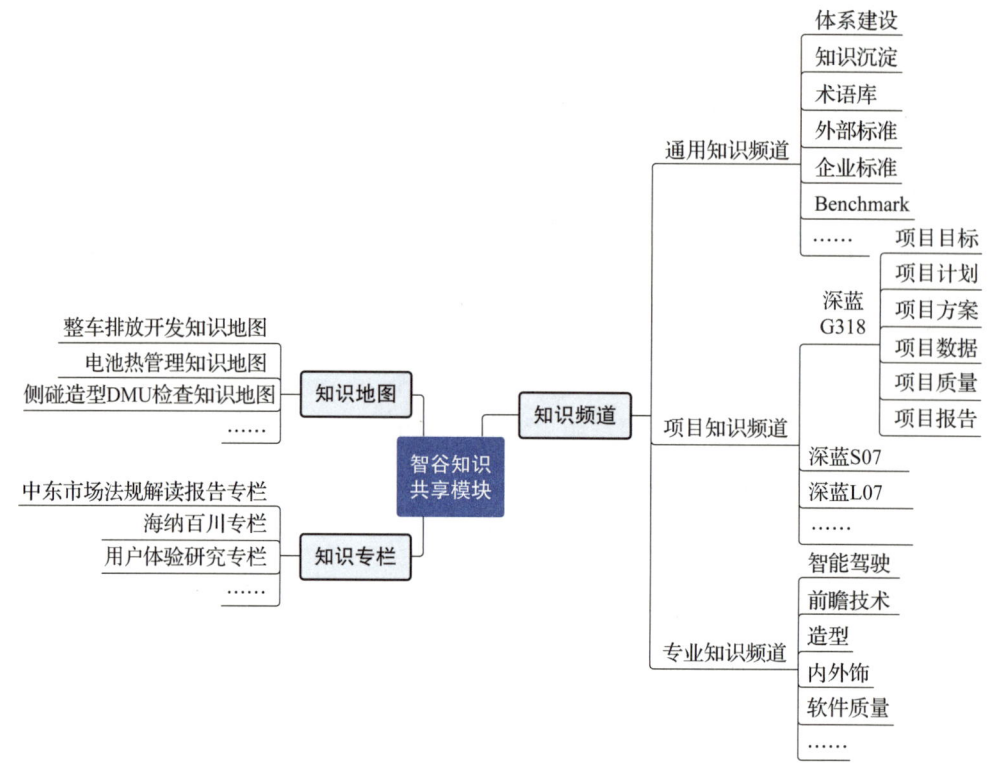

图 5-5　智谷知识共享模块示意图

知识频道包括通用知识频道、项目知识频道和专业知识频道，给用户提供了丰富的知识，是智谷平台的基石。通用知识依据知识类型分为体系建设、知识沉淀、术语库、外部标准、企业标准和 Benchmark。项目知识则是依据不同的项目进行频道划分，如深蓝 G318 频道，并在每个项目频道内，又按照用途分为项目目标、项目计划、项目方案、项目数据、项目质量和项目报告。专业知识频道分类基于开发汽车需要的专业而展开，以"全研发系统、长安全品牌、全球共享"为理念、以跨部门、跨品牌、跨地域的方式来打造。智谷有智能驾驶、前瞻技术、造型、内外饰、软件质量等 28 个专业知识频道。

知识地图是一种知识导航系统，描述了组织内各种知识源的分布、联系及随时间的发展变化状态。知识地图不仅包括显性的和可编码的知识，也涵盖了隐性知识，并通过图形化的方式展现了不同知识存储之间的重要动态联系。以产品开发流程和主题式业务场景为逻辑主线，智谷构建了几百个知识地图。

知识专栏是围绕某个特定的主题或领域建立的知识分享区域,如海纳百川专栏、汽车观察家、海外项目开发共性问题专栏等。专栏允许专家或知识生产者围绕特定主题创建一系列相关的内容,这些内容往往经过精心组织,形成系统化的知识结构。根据用户需求和偏好,专栏提供了细分的知识产品和个性化知识推荐。专栏内容定期更新,比如每周、每月或每季度更新。专栏有订阅功能,当专栏发布新知识后,会同步自动推送到订阅用户的邮箱。

3. 智谷知识互动模块

智谷知识互动模块促进了知识的流动,决定了知识共享的效率与质量。智谷有多种知识共享方式:知识游览、知识搜索、知识推送、知识圈子和知识动态展示。

知识游览是一种系统化、互动化的知识探索与体验过程。在这个过程中,用户通过智谷平台提供的多样化工具和资源,如搜索框、在线课程、专家讲座、互动论坛等,自由地浏览、搜索、学习和交流各类知识信息。知识游览不仅仅是一种简单的信息获取行为,更是一种深度的知识探索与体验。它鼓励用户主动出击,根据自己的兴趣和需求,灵活地选择学习路径和内容,从而实现个性化和定制化的知识学习。同时,用户可以通过与其他用户的互动和交流,拓宽视野,激发创新思维,共同构建和丰富智谷的知识库。智谷平台的知识游览为用户提供了一个便捷、高效、有趣的知识学习平台,帮助用户不断提升自己的知识水平和创新能力,实现个人和组织的共同发展。

基于业务的需求,智谷建立了独特的知识搜索方式,支持"一站式"搜索和场景搜索。在还没有智谷平台时,工程师若想了解某个东西,想要获取其所有的相关资料,就需要在不同的系统进行搜索查询后再下载。例如,想要了解汽车天窗的相关资料,查找专利需要在知识产权管理系统进行查询,查找研发过程中出现的相关问题需要在先期质量管理系统中进行查询,查找售后出现的相关维修记录需要在 DDM 系统中进行查询等。这种查询方式不仅效率较低,且受人的思维局限,易导致遗漏。在智谷平台上搜索时,输入一个搜索词组,就可以把智谷平台和非智谷的其他十几个系统的相关知识一次全部搜索到,这种搜索被称为"一站式"搜索。

智谷平台的知识推送有人工推送、虚拟场景推送和智能推送。人工推送功能,如图 5-6 所示,是支持基于业务

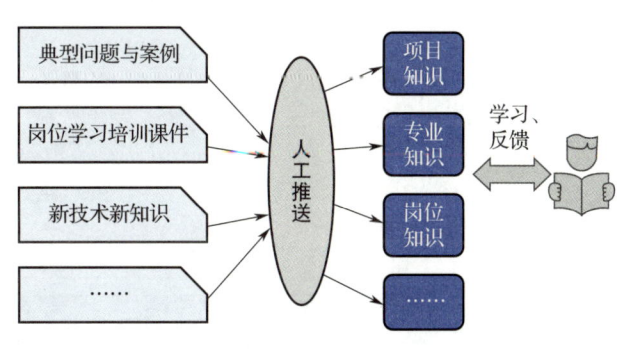

图 5-6 人工推送功能示意图

需要，人为识别选取本专业需要学习的内容，如典型问题与案例、培训课件、新技术新知识等，直接推送给相关人员，这样可以让一些员工快速掌握相关知识和技能。虚拟场景推送是一种半智能的推送。知识工程团队事先设计了很多知识包，并将工作任务与知识包匹配，员工接收到一个任务的同时，对应的知识包会自动推送给他。智能推荐基于用户检索、下载、点赞、收藏等行为，匹配用户意图，形成推送模型，自动把知识推送给员工，提供千人千面的知识智能推送服务。第 6 章将详细介绍虚拟场景推送和智能推送。

知识圈子是指一群拥有共同兴趣、目标或专业知识的人所组成的社群，成员们通过分享、讨论和实践，共同深化对某一领域或主题的理解。圈子和专栏类似，但与专栏不同的是，专栏不能进行交流，但圈子可用于进行交流和讨论。圈子的交流可以是公开的，也可以是私密的，这取决于圈子的设置。一定程度的隐私保护允许了用户在更安全的环境中交流，有助于增强成员在圈子中的身份认同与归属感。在智谷平台，知识圈子是通过各种形式存在的，有帖子，如××基础知识问答、整车控制常见术语等；还有热门圈子，如当前汽车研发领域重点开展的"六新技术"（新功能、新结构、新材料、新工艺、新生态产品、新供应商）保驾护航圈、软件质量圈等。圈子是一个便捷的交流空间，成员能够随时随地分享知识、讨论问题、交流心得，还可以邀请专家回答问题。以 CS75 PLUS 仪表板氛围灯结构布置方案为例，CS75 PLUS 仪表板负责人建立圈子，发起话题讨论，邀请其他项目以及领域的专家参与讨论。通过经验交流与思想碰撞，快速得到了仪表板氛围灯布置结构的最佳方案。这样的圈子实践不仅仅让这个项目实现知识转化，当知识沉淀到智谷平台后，这些经验也能为其他项目的工程师所借鉴，如图 5-7 所示。

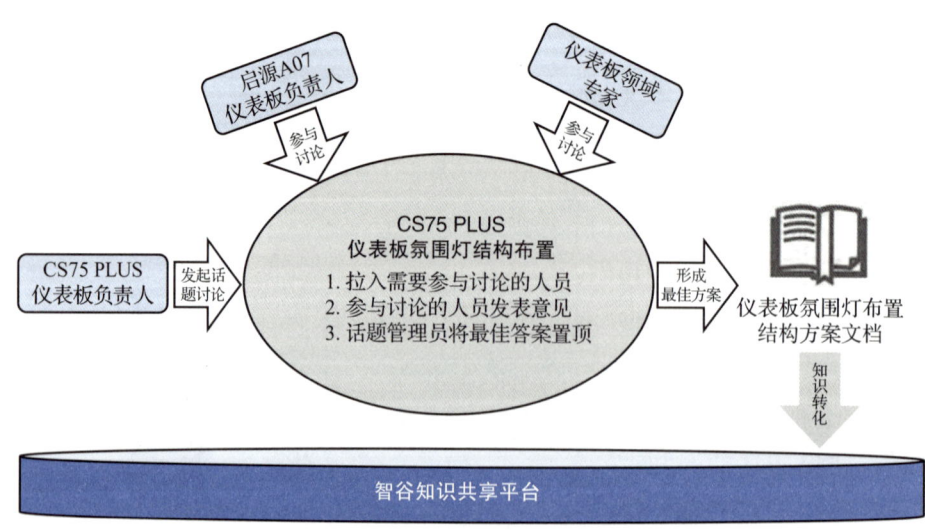

图 5-7　知识圈子示例

知识动态展示包括技术资讯和热点知识，他们都是通过 IT 手段提取行业发展动态和知识频道内的知识所获得的。技术资讯提取行业动态和知识频道内特定领域的最新知识；而热点知识是基于平台内所有用户的浏览量、分享次数、评论数量等指标综合衡量内容热度后进行排序所获得的。

4. 智谷知识管理模块

智谷知识管理模块包括我的智谷板块和知识管理系统模块。我的智谷板块提供了丰富的个人信息管理服务。用户可以在我的智谷版块查看和编辑自己的基本信息，如头像、昵称、个人介绍等，这有助于建立用户在平台上的身份和形象。我的智谷板块集成了与用户相关的各种功能的入口，如我的代办、协同创作等，方便用户访问和使用产品的各项服务。这个板块还包含了用户在平台上的关键数据记录，如知识贡献、个人动态、我的收藏等，使用户能够快速了解自己在平台的行动轨迹与偏好。知识管理系统模块则在智谷知识管理中扮演着至关重要的角色。这个模块是一个综合性的平台，通过知识共享管理以及知识工程运营，旨在帮助组织对知识资源进行有效的收集、组织、存储、检索、共享、分析等。

总的来说，智谷共享平台除了集中展示企业内部的知识外，还将行业内最新的政策、标准、行业资讯等外界各种繁杂的信息在智谷平台上分门别类地展示，并通过知识聚类、知识分类、场景定义及知识推送等功能服务，帮助研发工程师更精准、全方位地获取汽车研发知识和信息，推动研发知识复用和创新。智谷共享知识平台极大地提升了研发知识的复用率，并为企业创新力的发展提供了基础。

5.3 研发知识共享平台共享内容与方式

研发知识共享平台为用户提供了知识发布、知识共享、获取推送知识的舞台。平台上有丰富的知识供用户共享，而且提供了许多共享的方式。

5.3.1 研发知识共享平台共享内容

1. 共享内容

智谷研发知识平台是一个跨专业、跨品牌、跨区域的相对开放的知识共享集成平台，集成了内部研发知识并吸纳了大量外部知识，能为研发工程师提供知识共享渠道。智谷平台共享的内容包含外部知识和内部知识，如图 5-8 所示。

共享平台涉及的外部知识包含国家及行业发展政策、行业资讯及分析报告、市场及用户情报、行业技术前沿、行业创新成果、知识产权及国际数据等。根据智谷知识共享架构（图 5-5），智谷共享内部知识的模块包括知识频道、知识地图和知识专栏，其中知识频道包含通用知识频道、项目知识频道和专业知识频道三大板块。内部知识的来源是组织和个人贡献的知识及其他研发系统（如 PDM 系统、试验信息管理系统、先期质量管理系统等）上的知识。

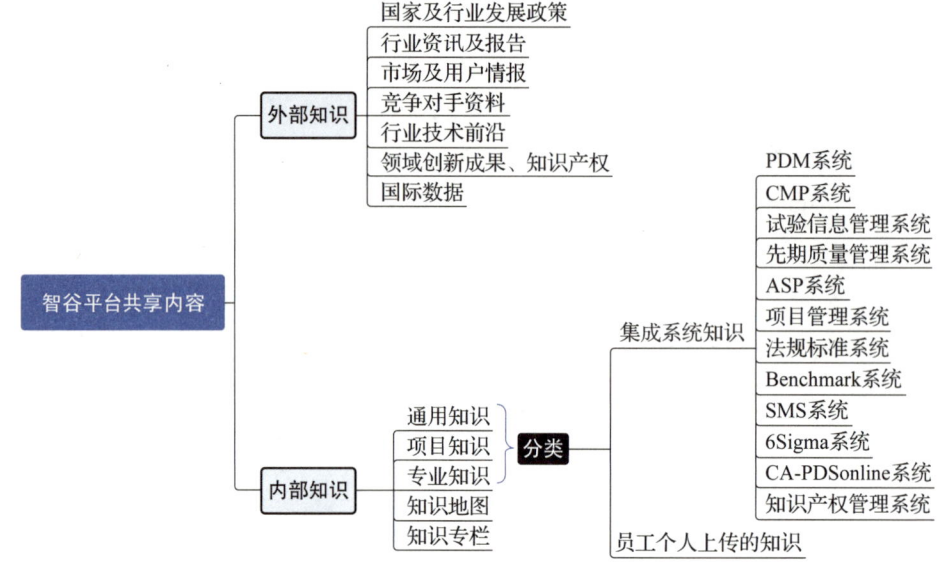

图 5-8　智谷平台主要共享内容

2. 通用知识频道共享内容

通用知识频道的共享内容主要包含体系建设、知识沉淀、企业标准、外部标准、术语库和 Benchmark 等，如图 5-9 所示。

体系建设相关文件包含程序文件、管理办法、作业指导书、各部门的工作模板、各类体系文件和公文，如《×××作业指导书》《×××管理程序》《×××技术规范》等。

知识沉淀包括通用的或各专业的培训学习相关资料、专利、内外部论文、零部件失效模式分析报告和 6sigma 报告等，如《电动汽车充电协议转换器总成技术规范》《一种预防车辆行驶速度异常的主动控制方法、装置、车辆、设备及介质》《自动驾驶域控制器总成（APA7.0）技术规范》等。

企业标准包括各种技术标准、机制建设文件和法规标准系统，其中技术标准又包括整车级技术规范、系统级技术规范、零部件级技术规范、功能定义文件、设计检查清单、设计指南、设计规则、基础 FMA、工程验证规范、工程属性目标、属性目标分解模型、材料规范和技术通用规范等。

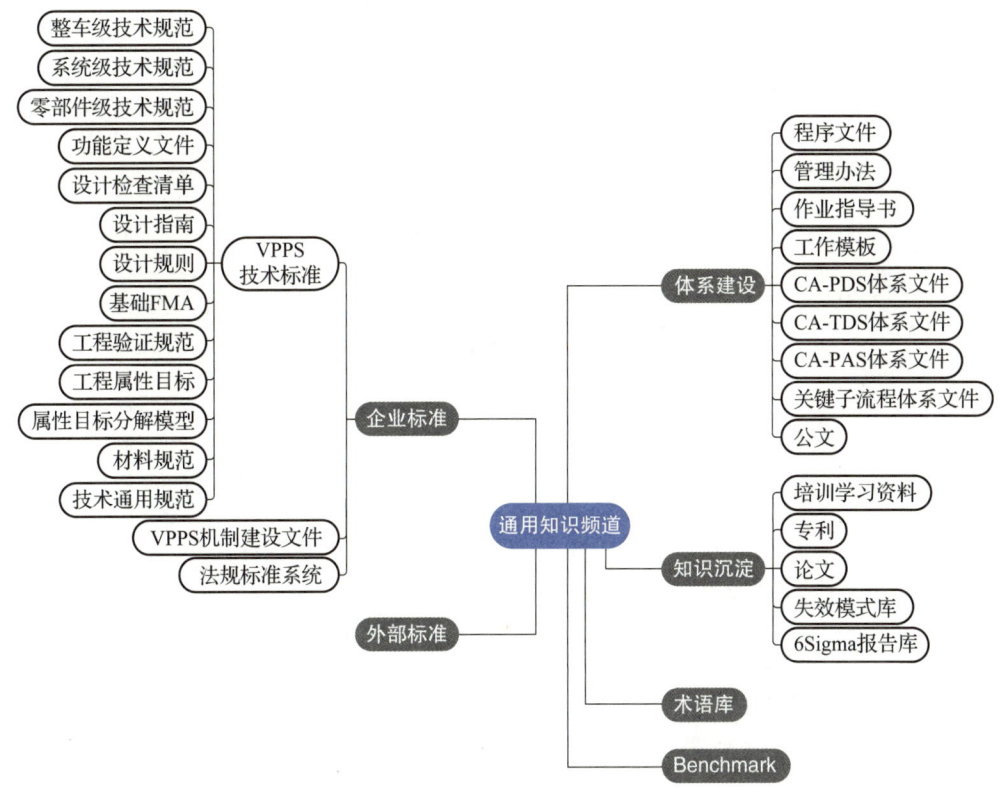

图 5-9 智谷通用知识频道共享内容

外部标准主要是由企业外部机构或组织制定和发布的标准，包括国际标准、国家标准、行业标准、地区标准和认证体系等，如 GB/T 20234.2—2015《电动汽车传导充电用连接装置 第 2 部分：交流充电接口》等。

术语库主要包含的是在特定领域或行业中使用的专用词汇，如外部客户、荷电状态（SOC）、能量密度、智能化等。

Benchmark 即一些行业对标报告，如《车规级芯片国产化替代策略以及验证方案》《电动车低温热泵三角循环的性能及策略研究》等。

3. 项目知识频道共享内容

项目知识频道共享的内容包括项目目标、项目计划、项目方案、项目数据、项目质量和项目报告，如图 5-10 所示。

项目目标要包含整车或系统的性能目标、可靠性目标、重量目标、质量目标和零部件的产品开发技术要求，如《整车工程属性目标书》《项目背门外装饰件总成产品开发技术要求》等。

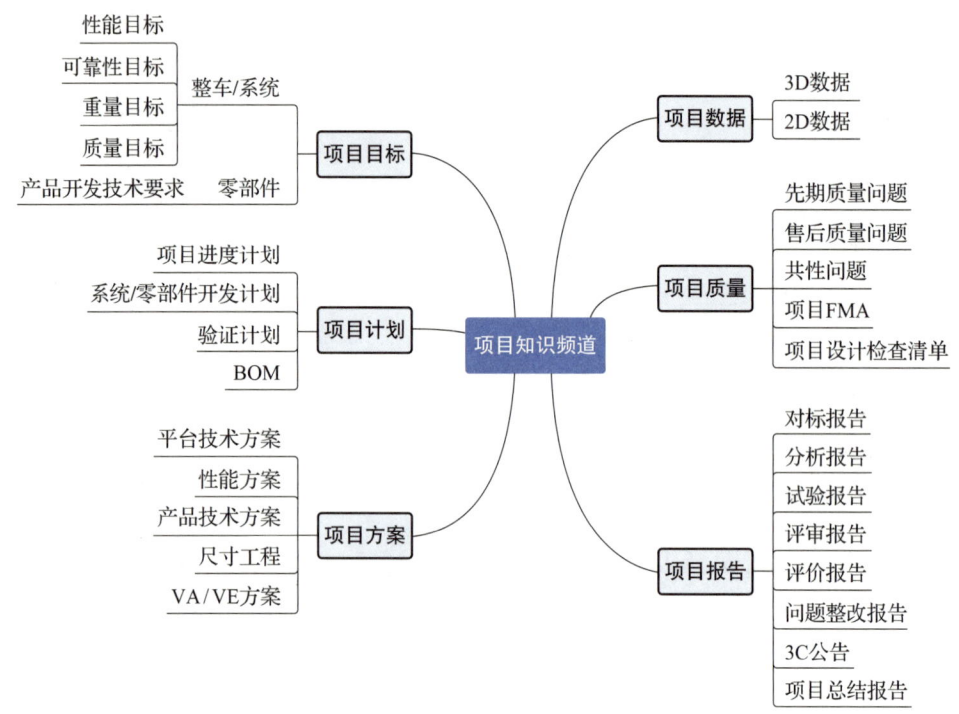

图 5-10 智谷平台项目知识频道共享内容

项目计划包括项目进度计划、系统或零部件的开发计划、验证计划和 BOM 相关文件，比如《×××项目控制器三级网络图》《×××项目工艺验证计划——总装》等。

项目方案包括平台技术方案、性能方案、产品技术方案、尺寸工程和 VA/VE 方案，比如《×××整车间隙、面差技术规范》《×××自动驾驶端到端的技术方案》《×××路噪控制的方法》等。

项目数据包含 3D 数据和 2D 数据。3D 数据主要是用于 BOM 搭建的 3D 数模和模具设计等内容，如《×××电池盖罩总成 3D 数据》《×××项目前门内板测量基准指示书》等；2D 数据则主要是与 3D 数据对应的二维图纸以及一些设计说明书等，如《×××项目模具加工数模说明书》。

项目质量包含先期质量问题、售后质量问题、共性问题、项目 FMA 和项目设计检查清单，如《前门解锁拉索与车门横梁干涉》《信号采集线束总成设计检查清单》等。

项目报告包含对标报告、分析报告、试验报告、评审报告、评价报告、问题整改报告、3C 公告和项目总结报告，如《热系统竞争车产品对标分析报告——项目启动》《×××项目四驱空弹杂合车转向性能客观测试试验》《国内产品认证批复结果》等。

4. 专业知识频道共享内容

专业知识在各个专业频道内共享。智谷建立了 28 个专业频道，包括智能驾驶专业频道、造型品质专业频道、NVH 专业频道、集成验证专业频道、内外饰专业频道、热管理专业频道、车身专业频道、电气专业频道、法规认证专业频道、试验专业频道、研发策略专业频道、动力专业频道、新能源电池专业频道、新能源电驱专业频道、新能源电控专业频道、总体设计专业频道、底盘专业频道、材料专业频道、试制专业频道、行驶性能专业频道、整车体验评价专业频道、总布置专业频道、安全技术专业频道、仿真工程专业频道、尺寸工程专业频道、项目案例库、软件质量专业频道、前瞻技术专业频道。

这些专业频道知识共享的基本构架一致。由于专业之间存在差异，每个专业频道内的架构略有不同。图 5-11 给出了车身专业频道的知识共享内容，包含专业体系建设、项目开发、知识沉淀和专业知识四个部分。

车身体系建设主要包括设计检查清单、产品技术规范、CAE 和试验规范、程序文件等体系文件，以及中保研汽车技术研究院有限公司和 C-NCAP（中国新车评价规程）等国内、国外的法规标准和一些频道管理等相关内容。

项目开发包括产品开发、产品质量、法规资料、性能和试验四个部分。其中，产品开发包括网络计划 & 同步图、技术方案、竞品对标、专题 & 方案报告、BOM 清单、主断面、间隙、断差等相关知识；产品质量包含造型 A 面 &CAS 面检查、应避免问题清单、特殊特性清单、数字化样机（DMU）检查、试制问题、售后问题等相关知识；法规资料包括法规件型号对应表、认证证书、自我声明文件和强制检定报告等；性能和试验包括整车性能目标、CAE 性能目标、NVH 性能目标、碰撞性能目标、车身试验报告和控制器测试报告等。

知识沉淀主要涉及技术积累、培训学习、论文及专利和专业报告等相关知识。

车身专业知识版块主要包含三个部分：车身模块化架构、设计布置和专业模板。车身模块化架构主要包含异味 &VOC 规划、系统方案规划、性能目标规划、车身外 DTS 规划、标准主断面、标准 2D 图、外专业与车身接口定义、平台电气接口定义、平台功能诊断定义等相关方面的知识。设计布置主要包含边界图、参数化设计模型和设计布置检查相关方面的知识。

为了做好项目开发和产品设计，工程师们不仅要从企业内部获取知识，还要了解相关行业资讯。智谷知识平台设立了行业资讯板块，提供大量共享知识内容，包括科技洞察、外部资讯报告、内部技术研究和专业对标信息。科技洞察提供了行业内的技术科技资讯、先进技术发展趋势和方向；外部资讯报告提供了行业内的政策新闻、报告等影响行业变革的资讯；内部技术研究提供了企业内部的自主技术研究报告；专业对标信息提供了与同行业同专业其他企业的对标参考报告。

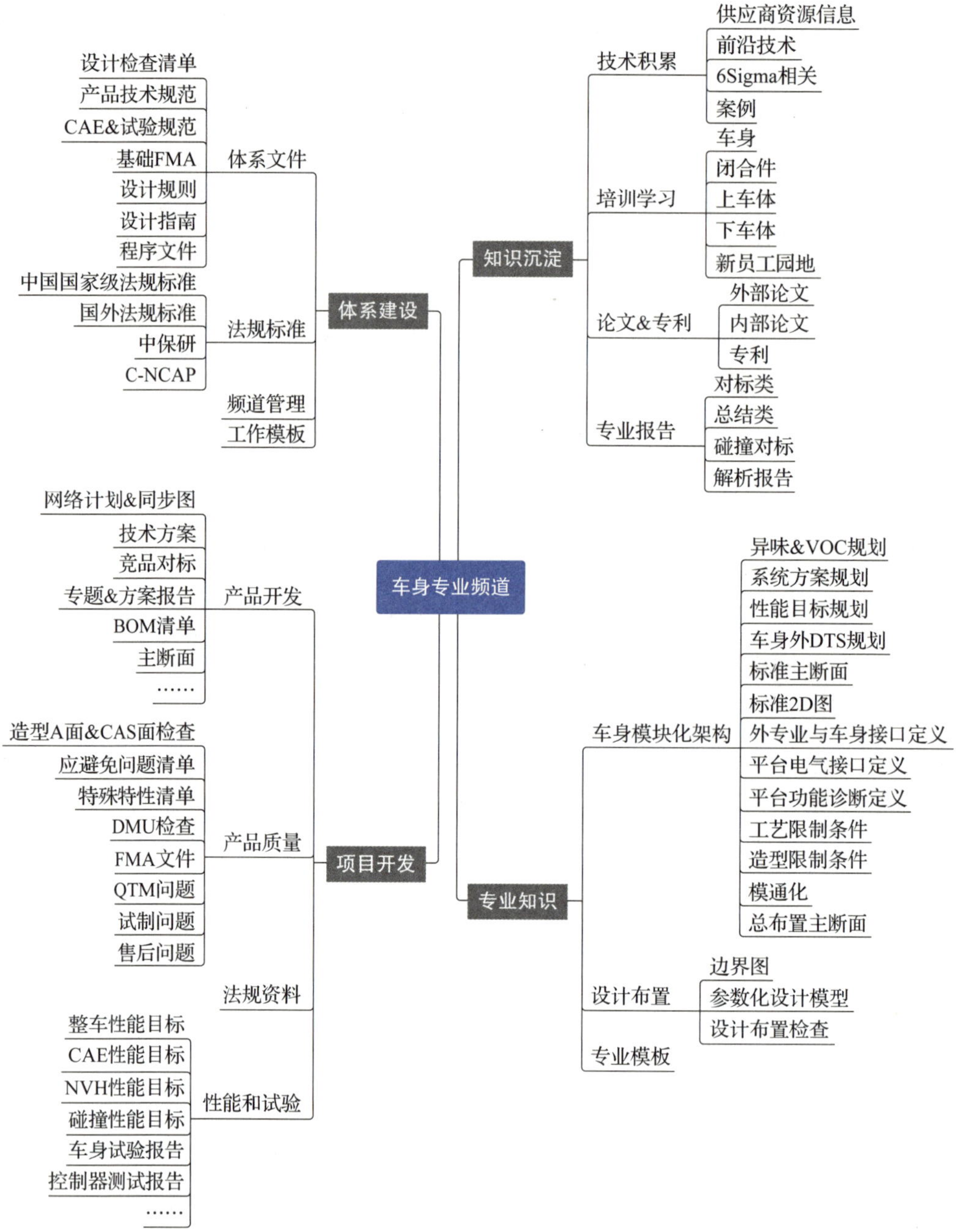

图 5-11 智谷平台车身专业频道知识共享内容

5. 知识地图共享内容

知识地图是帮助用户快速知道相关知识的知识管理工具。它以产品开发流程和主题业务场景为逻辑主线，通过萃取与提炼专家隐性知识，对知识进行分类/聚类展示，实现以任务为导向的流程、模板、标准规范、质量要求、历史数据、工作TIPS自动推送，提升知识服务的能力与体验，高效赋能研发项目开发活动。第3章3.3节详细地介绍了知识地图的概念和功能，本章再以产品开发过程项目节点体系审核为例，给出知识地图的知识分享内容，如图5-12所示，其围绕审核维度、审核准则、审核要点、典型案例等建立了体系运行指引。站在产品工程师的角度，构建出这个产品开发过程中体系审核要点知识地图。这个地图可以引导工程师去了解这项任务要做哪些事情，参照什么标准去做和怎么去做，同时融入审核员自身经验作为指导，并将与之相关的程序文件进行链接作为参考。这样的知识地图能够有效地指导并支持工程师开展项目工作，实现产品开发过程中体系审核知识、经验的沉淀与传播。

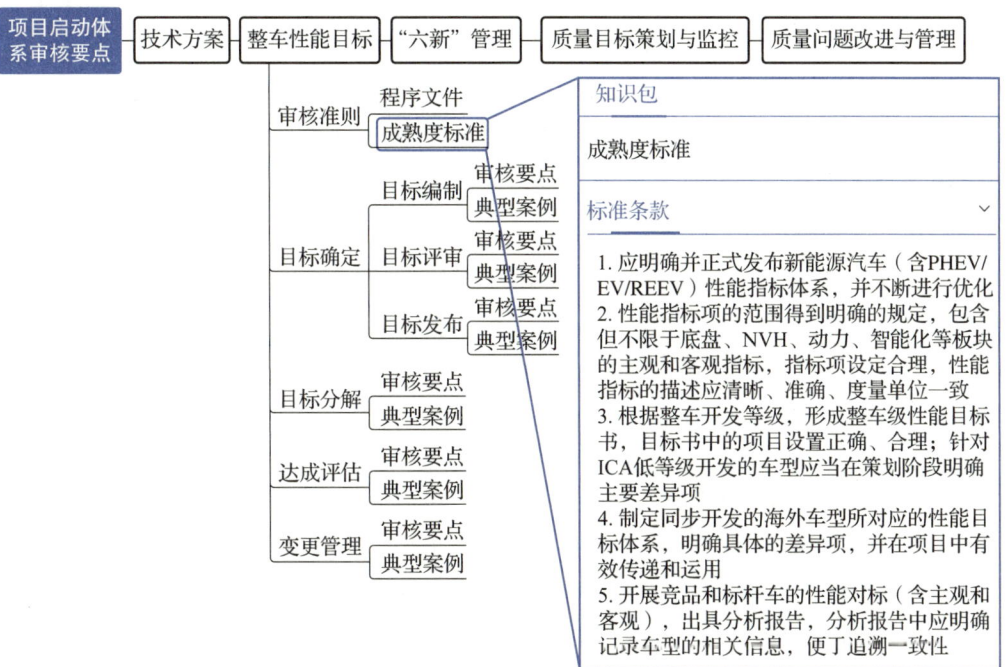

图5-12 产品开发过程中体系审核要点知识地图

6. 知识专栏共享内容

知识专栏是围绕某个特定的主题或领域建立的知识分享区域。智谷知识专栏共享内容包含主题专栏和人物专栏。

主题专栏以汽车研发为核心建立,如海纳百川专栏、海外体系能力建设及共性问题专栏、用户体验研究专栏、智能体验评价对标专栏、产品创意知识专栏、法规咨询专栏、智谷专家大讲坛、芯片应用专栏、ChatGPT知识共享专栏、极致效率案例专栏等。

人物专栏是由技术带头人、资深技术专家、技术活跃份子等建立的,如某某首席专家专栏、某某博士专栏等。人物专栏是专家或知识生产者围绕特定主题创建的一系列相关的内容,这些内容往往经过精心组织,形成系统化的知识结构。

平台通过专栏可以实现知识产品细分,根据用户需求和偏好提供个性化推荐,帮助用户发现和获取适合自己的知识内容。专栏的内容通常是定期(如每周、每月或每季度)更新的,且具备订阅功能,当专栏发布新知识后,可自动推送相关知识到订阅用户的邮箱。

总之,智谷知识平台共享知识内容汇聚企业内部和企业外部各种知识资源,共享内容丰富多彩,不断推陈出新。这些知识共享促进了知识的复用和研发的创新。

5.3.2 研发知识共享平台知识共享方式

智谷研发知识共享平台知识共享方式主要有以下几种:知识游览、知识搜索、知识推送、知识圈子和知识动态展示。当用户没有明确的获取目标时,会通过浏览的方式来发现知识;知识搜索是用户在知识平台上,以自己的身份权限登录系统后,进行的有目的性的主动知识搜索;知识推送是指知识管理者或知识作者将知识发送给目标人群;知识圈子是一批具有相同爱好、兴趣或者为了特定目标而共享相关知识的人群组成的社群;知识动态展示是指通过动态交互的方式,将知识以生动而直观的形式呈现给用户,以增强用户的理解和记忆。以下分别进行详细介绍。

1. 知识游览

智谷知识游览提供了丰富多样的知识共享体验。登录网站,看看专业领域的新知识,掌握专业发展趋势,了解专业新闻,丰富自己的生活和提高专业能力,已成为大家每天都在做的事情。智谷知识游览可以从智谷知识的类型、用户游览的目的以及知识游览的效果三个方面来阐述。

智谷知识类型包括通用频道、项目频道、专业频道、知识圈子、知识地图、知识专栏等,只要用户权限满足,就可以在平台上通过游览活动来共享和获取这些知识。当然,通过这种游览,这些知识也得到了传播。

当用户没有明确的寻找知识的目的时,他可以通过知识游览活动来了解知识世界。只有当一个平台具有吸引性和友好的游览界面时,才能吸引用户深入地了解相关知识,增强游览的趣味性和互动性。

知识游览的效果体现在用户对平台的喜爱、获取知识的多少和给他们工作带来的帮助。好的游览效果还体现在他们对平台的认可、积极与平台互动、帮助知识的传播。

2. 知识搜索

在工作和生活中，当人们遇到某个问题时，第一时间就会通过大脑记忆来分析问题的背景信息，梳理前因后果，并作出判断，为下一步行动做出安排，大脑的这个过程就是搜索。

搜索是指仔细查找和搜寻。用户在检索框内输入关键词后，知识共享平台系统就会从已有的数据库中摘录出相关的知识并呈现给用户，这就是知识搜索。搜索方式有各种搜索引擎、专业数据库检索系统、场景搜索等。在知识共享时代，人们遇到不懂的知识时，就会想到去问别人或登录各种网页搜索引擎（如腾讯、百度、搜狗、谷歌等）去搜索。只要在对话框中输入关键词，点击搜索按钮，各种相关的词条、文章、视频短片、链接就会呈现给读者。

"一站式"主动知识搜索是智谷平台的一个特点，其搜索界面如图5-13所示。主动知识搜索设置有普通检索和高级检索，通过检索可以在平台上快速、精准地搜索行业资讯、专栏、圈子、知识地图以及各种知识系统链接的知识等。智谷研发知识平台集成了许多企业内部高频使用的业务系统，通过"一站式"知识搜索，打破了各个系统各自为政的"信息孤岛"，实现一次检索即可搜索到工程师想要的所有资源，包括各类数据、经验和知识，使他们能在最短的时间内获得比较深入、准确而全面的参考知识信息，提升知识搜索获取效率，提高知识共享服务水平。搜索结果会精准展示，按照浏览量、置顶等多维度将知识检索结果排序，并且将知识分类展示。例如，在智谷搜索框中输入"控制器"，便会弹出相应的标准规范、程序文件、工作模板、案例、相关报告、论文以及术语等，这些知识的来源包括智谷本身和其他研发信息系统，而这个搜索是在智谷"一站式"完成的。智谷"一站式"搜索提供搜知识、搜帖子、搜圈子、搜同事、搜论文、搜地图六种搜索方式，就算是员工不清楚知识具体存放在哪个系统，也可以通过"一站式"搜索轻松获取自己想要的知识，例如在搜索对话框输入"控制器"，检索结果如图5-14所示。搜索结果包含相关的标准、规范、程序文件、工作模板等，结果还可以按"相关度、发布时间、浏览量、置顶和官方"几种方式进行排序。官方知识是指有专门部门进行管理的知识，有严格版本要求，通过选择"官方"知识排序方式，可以解决知识版本混乱的问题。

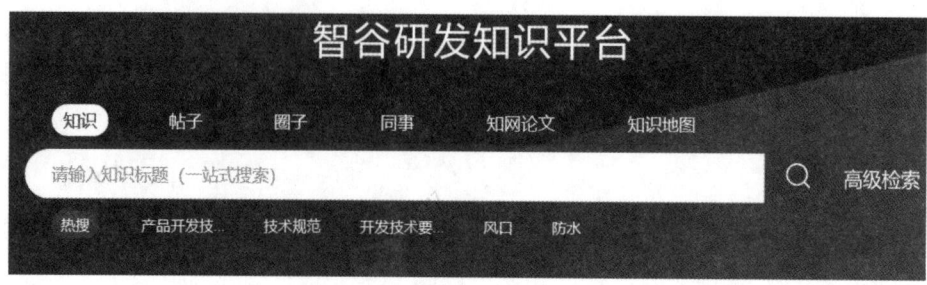

图 5-13 智谷研发知识搜索界面

图 5-14 "一站式"知识搜索结果案例

知识场景搜索是把搜索知识与场景应用结合为一体的搜索。场景化是将知识生产、传播及使用与场景紧密结合，构建一个人与知识交互一体、沉浸感受、想象丰富的三维动态虚拟空间。为满足不同的用户，智谷设计了不同的场景展示以供搜索。第 6 章将详细介绍知识场景化，读者可以将知识场景化与知识搜索结合来理解场景搜索。

3. 知识推送

主动式知识共享方法有知识发布提醒、知识管理置顶、任务推送、知识大讲坛和知识推荐等。知识所有者或知识管理者为了提高平台的影响力，乐于用主动式知识共享的方法来推广知识。知识推送是一种应用广、效率高的个性化主动式知识共享方法，可以帮助用户快速获取所需的资料和知识，提高学习和工作效率。智谷平台对于新知识的推送方式有智能推荐和人工推荐，如图 5-15 所示，推送可以让用户及时了解最新知识并进行选择性学习。

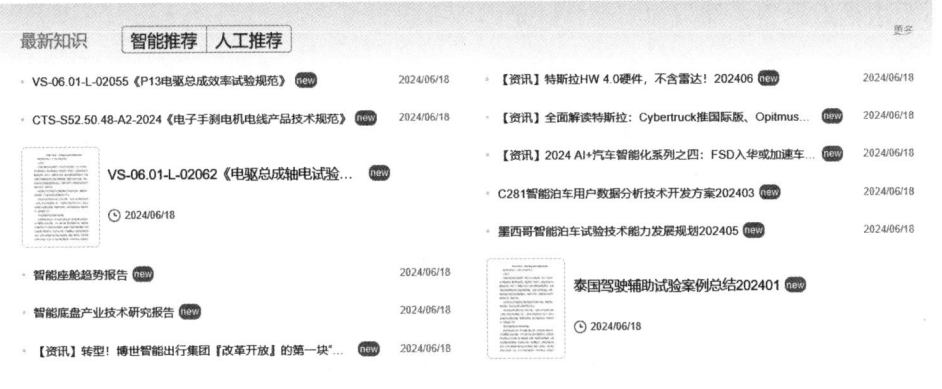

图 5-15 智谷知识智能推荐和人工推荐界面

依据接收信息的及时性，知识推送分为两类：在线实时的智能推荐和离线的电子媒介推送。

在线实时智能推荐是基于用户的历史行为和偏好进行相关内容的推荐。这类个性化推荐机制（如抖音的推荐）包含构建用户画像、内容特征分析、个性化推荐、热门内容推荐、互动反馈机制等。用户画像构建是系统获取用户基本信息、观看历史和互动行为等数据来构建用户画像，从而了解用户的兴趣和偏好。平台通过算法来分析用户看视频的特征，如标签、分类、主题等，推荐与用户兴趣相匹配的内容；甚至进一步分析用户使用特征，进行个性化推荐。再根据当前热门内容和趋势，以增加视频的曝光度和传播范围为目的，为用户推送当前的热门内容。系统平台会对用户的点赞、评论、分享等互动行为进行分析，建立反馈机制并作为推荐的重要参考。平台还会根据用户的地理位置和观看时间来推荐内容，从而获取大量热度和流量。

离线的电子媒介推送主要是电子邮件推送和移动应用通知。电子邮件推送是通过电子邮件定期或不定期发地送内容给用户，如企业通过电子邮件推送产品促销信息、期刊推送新论文给研究人员等。移动应用通知是通过短消息等方式发送通知，提醒用户查看新内容和参与活动。在一定程度上，推送有助于提高用户的参与度和满意度。

智谷平台同样集成了在线和离线推送两种方式，即在线的智能推荐和离线的人工推送。智能推荐是基于用户的个性化需求和偏好，通过分析他们的历史行为和习惯，利用自然语言处理和机器学习等技术，自动筛选和过滤出符合他们需求的知识和信息，并主动推送给用户。第 6 章 6.3.3 节将详细介绍智能推送。智谷的人工推送方式主要有两种，一种是知识发布者在知识上传时就推送给相关人员，例如知识专栏或者知识圈子是以邮件提醒的方式进行实时推送的；另一种是在知识上传后根据具体需求推送给相关部门和同事，这是迟后推送。

4. 知识圈子

具有相同兴趣或者为了某个特定目标而联系在一起的人群构成了圈子。在圈子里面，成员通常以发帖子的形式开展活动，一方面分享自己的知识，另外一方面吸引其他人参与讨论和分享知识。

智谷平台有自己的圈子园地，称为圈子广场，如图 5-16 所示。智谷平台上已建成许多内容丰富的圈子，例如线控底盘可持续发展技术研究项目组分享圈子、自动驾驶测试圈子、大数据应用圈子、动力电池圈子、失效模式库圈子、试验之家圈子、新能源电控交流学习圈子等。员工可以自主选择自己感兴趣的一个或多个圈子加入。当员工选择加入某一圈子后，作为该圈子成员，便可以在圈子里发帖，也可以在别人发表的帖子下面评论。圈子成员之间这样的相互交流沟通的过程就是一个知识共享的过程。

图 5-16 智谷圈子广场

圈子提供了一个平台，让人们分享自己的经验和知识。圈子成员在分享经验和知识的过程中，可以一起解决一个难题；在交流中可以获得新的想法和创意，促进个人和集体成长。通过让不同人不同思想碰撞，圈子可以激发出新的想法和创意。

5. 知识动态展示

知识动态展示是指通过动态和交互的方式，将知识以生动而直观的形式呈现给用户，以增强用户对知识的理解和记忆。智谷平台的知识动态展示包括技术资讯和热点知识。

技术资讯包括科技洞察、外部资讯报告、内部技术研究、专业对标信息。科技洞察提供与汽车产业相关的报告，外部资讯报告分享汽车产业的相关政策，内部技术研究是公司内部的研究报告，专业对标信息提供与其他企业的对标参考报告。用户可在技术资讯中浏览自己感兴趣或对自己有帮助的信息。

热点知识根据用户浏览量实时更新，平台会将用户浏览量最高的一些知识展示出来，供更多的人查阅。这些知识可能是内部的一些报告、规范标准或某些案例，也可能是外部的某些报告。热点知识会随着时间的推移而不断变化，体现了用户不同时间内关注焦点的不同。

以上，我们分别介绍了智谷研发知识平台知识共享的几种方式。虽然研发知识共享非常重要，但是研发知识是企业非常重要的资产，因此，必须建立一定的共享机制进行知识资产的管理和知识产权保护。下一节介绍研发知识的共享机制，研发知识共享机制在最大化发挥知识价值的同时也能实现企业知识的有效管理。

5.4 研发知识共享机制

在研发型企业中，知识是非常重要的一项资产，如何充分发挥出知识资产的价值尤为重要。知识充分共享是发挥知识价值的一个重要途径。知识共享能够帮助企业在产品研发过程中避免"重复发明轮子"，避免在同类型的设计中犯同样的错误，增加工程师们的知识储备和经验积累，从而提升产品研发的效率。因此，知识管理者会不遗余力地推动知识在企业内的充分共享。但是，要实现高效且顺畅的知识共享，离不开企业知识共享机制。知识共享机制是指一系列促进知识在组织内部流通、共享和再利用的策略、流程和工具的组合。每个企业都会根据战略发展、组织结构、人力资源状况等制定一套适合的知识共享方法和保障机制。

5.4.1 研发知识共享类型

第1章详细介绍了知识分类。根据汽车研发的特征，企业通常根据三种知识分类方式来制定共享策略，如图5-17所示。这三种知识分类方式将知识分为显性知识与隐性知识、内部知识和外部知识、实时知识和过时知识。

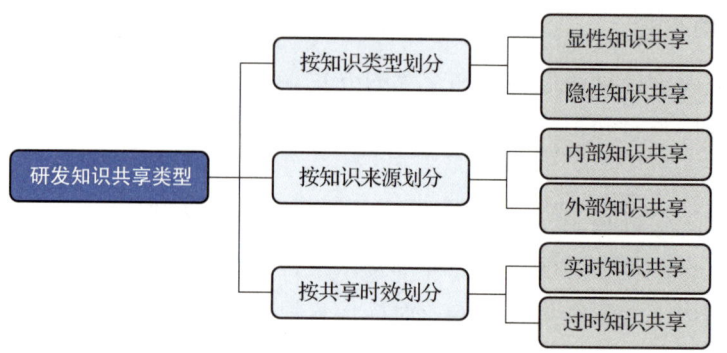

图 5-17　汽车研发知识共享的类型

显性知识是明确的知识，如规范、操作流程、技术文档、研究报告等，容易在研发系统内共享。可以根据设定的原则来制定研发知识的贡献范围和权限。有了共享权限后，就可以在平台上通过搜索、推送等方式获取显性知识。隐性知识是存在于个人头脑中而没有明确表述的知识，如经验、直觉、技巧、洞察力等。隐性知识的共享比较难，只有通过一些方法将得隐性知识显性化之后，才能共享。比如，一位经验丰富的老工程师拥有独特的解决复杂技术问题的技巧，他与团队一起讨论问题并现场指导操作，将自己的思考方式、判断依据、操作要点等传授给其他成员，而其他成员在观察、聆听和实践过程中领悟和掌握这些知识，这样，老工程师头脑中的隐性知识就得以传播和共享。

研发知识有内部产生的知识和从外部获取的知识。如第 1 章第 1.1.1 节所述，内部知识是研发系统内部产生的知识，有些通用知识可以让全员共享，而有些涉及企业秘密的知识只能在一定范围内共享；外部知识大多数是公开的，可以让所有人共享，少部分是通过知识产品购买的外部知识只会在一定范围内共享。

汽车产品研发有时效特征，即产品与时间相关，因此，研发知识可以分为实时知识和过时知识。如第 1 章第 1.1.1 节第 2 小节所述，实时知识是指正在研发的产品和课题所产生的新知识，属于企业秘密甚至是机密，如新车型的造型，其分享只限制在一定范围内；过时知识是指产品和课题完成后被解密的知识，如一款新车公开发布后的造型就是过时知识，成为公开知识，所有人都可以共享。

企业知识管理者会根据知识的类型和使用场景来制定相应的共享方式。比如，针对显性知识，可以结合知识地图、使用场景、复用人群等来制定精准的共享机制；而针对隐性知识，需要策划一些知识共享的会议、知识策划活动、圈子、专栏等来开展知识的共享，即在共享知识的同时，也挖掘了知识，是隐性知识转化成显性知识的过程。

长安在研发知识管理实践中，采用了将多种知识共享类型相结合的方式以实现高效且最大化的知识共享。针对隐性知识的共享，长安策划了大V说、项目复盘、AAR、案例编写及发布交流等活动。通过制定知识分享计划，举办论坛会议，邀请知识"大V"对本领域的知识进行分享介绍及答疑，使各领域的知识得以挖掘和共享。在产品开发过程中，针对关键过程事件，组织AAR活动进行经验总结和改进提高。在项目结题阶段，组织开展项目复盘总结，对项目开发过程中成功和失败的经验进行总结，并举办复盘总结发布会，将总结的知识充分共享，提升知识复用的效果。隐性知识共享之后会形成显性知识，这些知识会被上传到智谷平台，并由平台推送至各专业，让其他项目的工程师和研究人员充分吸收前人的经验。而对于显性知识的共享，本章5.3节已经介绍了很多方法，如搜索、知识推送、知识地图等。

5.4.2 研发知识共享范围

对于研发型的企业，知识的重要性不言而喻。知识的共享范围越大，知识的价值越大，但是知识作为企业的一个核心资产，涉及企业商业机密和行业竞争力，合理的权限管理机制能保证知识共享的安全。企业会把知识共享管理划定范围，再根据共享范围设定相应的权限。权限一般分成以下六类。

第一类是基本权限。基本权限按照角色的不同划分的不同的权限方案需求，例如普通员工只能看到和查阅日常工作有关的知识，而管理人员具备更高的管理权限，可以访问公司的管理应用和敏感信息，这样可以满足不同角色的工作需要，如图5-18所示。

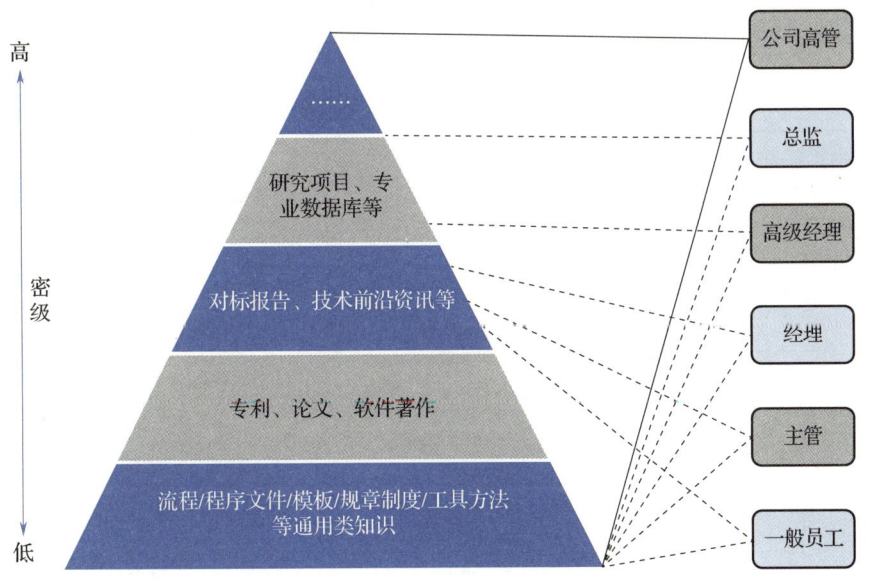

图5-18 组织中常见知识共享原则

第二类是按照层级划分的权限。除了基本权限外，基层员工根据工作需要对某些产品知识和/或专业知识有权限，员工超越这些权限需要其他没有权限的知识时，需要提出申请，只有权限获得批准后，才能查看到所需知识。高层级管理人员一般具有更多权限。一般情况下，级别越高，权限越多。

第三类是按照团队来划分的权限。有些知识只限于某些有权限的团队查看，以保证项目的敏感信息不被泄露。例如某个正在研发的项目A，只有本项目组成员才有权限查看项目A的资料，而项目B的成员无权限。如果项目组B从事车身开发的成员想查看项目A的车身资料，他必须根据流程提出权限申请，得到审批后才能查阅使用。

第四类是按照知识类型来划分的权限。比如设计方案、某些质量信息、图片信息、视频信息等只能开放给部分特定的人员。这些材料只有经过脱敏处理后，其他人才能共享。

第五类是按照时间限制的权限。例如正在开发中的项目知识只对项目组成员开放，但是在项目结题并到了解密期以后，就可以让更多人共享。

第六类是特殊权限。这一类是按照流程审批原则赋予的权限，即针对一些关键的知识，员工需要经过一定层级的审批才能够获取相应的权限。

在企业知识的管理过程中，知识共享的原则、范围和权限不是一成不变的。根据公司的战略发展、市场与产品的变换、人力状况等，授权需要不断地动态调整，在信息安全和知识共享中寻找平衡点，在保证企业知识安全的前提下，使知识高效赋能企业业务发展。

长安在汽车知识管理的实践中，采用了多种权限方案相结合的方式。表5-1给出了不同知识的使用权限。智谷的知识共享原则如下。

表5-1 长安汽车研发知识共享原则

知识类别		共享类别
知识沉淀	培训课件	全研发系统共享
	论文、专利	全研发系统共享
	案例	跨行政部门同专业共享
	对标报告	全研发系统共享
专业知识	前沿技术、行业动态	全研发系统共享
	技术研究	跨行政部门同专业共享
	工具方法	跨行政部门同专业共享
体系建设	模板	全研发系统共享
	流程、程序文件	全研发系统共享
项目开发	项目目标、方案、数据、报告等	专业自定

针对通用知识，如培训课件、流程规范、模板、论文和专利等，采用全研发系统共享的方式。

针对某一个专业领域（如自动驾驶、车身领域）的知识，采用领域类最大化共享的原则，即跨部门但是同专业的员工可以共享案例、目标策略、方案、数据对标报告、技术方法、研究信息等。但是对核心敏感的知识，如正在研发的产品类知识，会设置权限，跨部门员工需要申请并得到审批后才能共享。

针对项目开发类知识，按照团队和时间来划分权限。在开发过程中，仅项目组成员具备查阅权限，而项目上市解密后，权限逐步放开。

通过以上多种知识共享原则的组合策略，实现了知识共享最大化与知识保密的平衡。另外，知识管理经理需要根据公司战略发展、产品规范、技术发展等对权限进行更新。

5.4.3 研发知识上传机制

知识的创造者是知识的源泉，只有他们将知识上传到平台上，他人才能共享这些知识。如果没有良性的知识共享机制，知识共享化将成为无源之水，难以长久地良性运转。因此，制定积极有效的知识共享上传机制是知识共享化的必要前提。

在研发型企业的知识管理中，企业需要建立一套完整的知识上传管理方法，如图 5-19 所示。知识上传一般遵循以下几个步骤来实施。首先是确定知识上传的渠道，比如设立专门的知识管理平台或系统，如企业内部的知识平台、标准库、项目库等文档管理系统，作为研发知识上传的主要渠道。渠道有明确的各种知识类型的上传方式，如在线编写、附件上传或附件导入等。其次，明确知识上传人员或团队的上传责任，并设置细分领域的知识上传责任人。再次，明确知识上传的审核流程和审批机制。规定什么类型的知识需要哪些领域的技术专家或部门主管进行审核，以确保知识的准确性、完整性和合规性。同时，为了保证知识的质量及准确性，必须对知识的版本管理进行控制，确保上传的知识是有效的，且历史知识可以被追溯。第四步是建立激励和约束制度。鼓励研发人员积极上传有价值的知识，例如给予奖励、表彰或与绩效挂钩等，而对于未按要求上传知识的行为进行约束或处罚。最后，为研发人员提供知识上传流程、标准和工具使用的培训，确保他们能够熟练操作，并且定期检查和更新上传的知识，以保证知识上传机制良性运转。

长安知识上传管理方法清晰标记了知识上传的位置目录、命名规则，明确了员工的知识上传职责和知识经理的审核职责，规定了与上传知识有关的活动和宣传，这样，在全公司营造出了良好的知识上传分享文化，使得知识管理活动深入人心，实现了知识活动的高效运营。

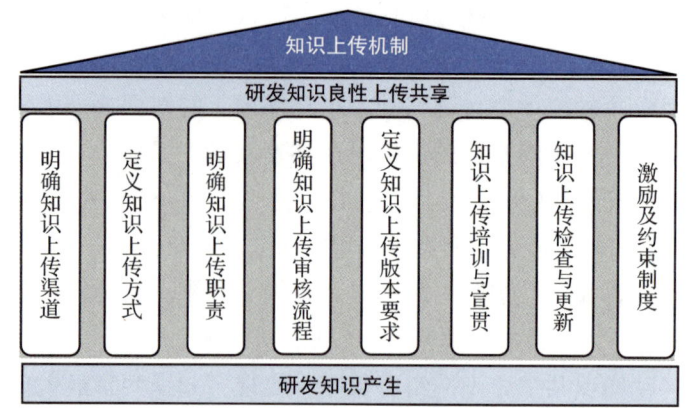

图 5-19 知识上传管理方法

5.4.4 研发知识下载和借阅

研发工程师在使用知识平台时，通常会使用到下载和借阅功能。下载通常是指将知识平台上的文件或者文档数据下载到个人设备上，以便离线查看和进一步处理和使用。借阅则是指员工从知识平台借阅特定的文件、文档或资料，并在一定的时间内使用。借阅通常会有时间限制，以确保知识资源的合理共享运用。下载和借阅可以帮助员工方便地使用知识资源，更快更好地推进工作，提升工作质量和效率。

为了在保证知识高效共享的同时有效保护知识的安全，企业会设置下载和借阅权限。设置权限需要考虑的因素有员工的工作职责、工作需求、下载或借阅知识与工作的关联度、知识类别、是否为商业秘密等，如涉及商业秘密的材料只能申请借阅而不能下载。权限设置需要有一个完整的审批流程，流程规定借阅人员、下载人员、审批人员对知识保密的职责，制定定期内审的步骤等。由于研发知识涉及企业利益，企业审计部门可能会介入下载和借阅知识的审计。当然，下载和借阅权限需要不断动态调整。

智谷平台有操作高效便捷的借阅和下载功能。例如不同部门的同专业知识可以共享，但是下载权限不同。同一部门的工程师可以直接下载文件，可是跨部门的工程师需要提出下载申请，审批通过后才可下载。例如某工程师在智谷上可以查看《压缩机总成技术规范》，他想下载却没有权限，但是他可通过图 5-20a 所示的申请下载按钮发起申请流程。当员工查阅某个文件，发现没有权限时，可以点击借阅，发起借阅流程。例如某工程师在智谷上搜索到《背门行囊总成设计检查清单》时，他想查看，但由于有权限限制，他看不到，于是提供借阅按钮（图 5-20b）发起借阅申请，审批通过后即可查阅。

a）下载权限申请显示界面

b）借阅权限申请显示界面

图 5-20　长安汽车智谷平台权限申请界面

　　智谷集成了许多其他研发知识系统，如 PDM、先期质量管理系统。集成系统上的知识受到各自系统权限的约束。如果在智谷上搜索到一个存放在集成系统上的知识，当无法查看时，就需要向对应集成系统管理部门申请权限。

　　借阅和下载权限是知识共享权限的一部分。与在平台上游览和查看相比，借阅和下载相对繁琐些，因为只有合理的权限设置才能在提高知识共享效率和保护知识产权上保持平衡。

Chapter Six

第 6 章
研发知识场景化

研发知识场景化是一种将抽象的专业知识与具体的应用场景结合起来的一种知识应用方法。通过这种结合，研发人员能够更直观地理解知识的实际应用价值，快速定位问题，找到解决方案。研发知识场景化是连接理论与实践的桥梁，不仅能够提升工作效率，还能激发创新思维，推动科技进步。根据工作场景的真实程度，知识场景化分为虚拟场景化和业务场景化。

将一项工作所需的知识预先设置好，形成一个知识包，当研发人员接到这项工作时，工作包会同时被推送给他们，知识伴随着工作，这就是知识虚拟场景化。知识虚拟场景化包括知识地图、虚拟场景推送和实践社区。

通过信息检索和智能推送等技术，将大量整合的知识和信息应用于具体的业务场景中，帮助用户快速和准确地解决特定领域问题，就形成了业务场景化。业务场景化包括知识伴随业务、智能问答和智能推送。

6.1 从共享化到场景化

当前，信息网络技术呈现指数级飞速发展，互联网中存在海量信息。一方面，日益发展的检索技术极大降低了信息查找和获取的难度，人们日常需要的大量信息不再是只能通过图书、期刊或者专门的门户网站获得的，获取信息的渠道也越来越多。另一方面，网络上的内容质量往往参差不齐，大量的数据和信息并不能直接驱动知识生成，用户也不知道如何选择对自己有用的信息，对信息内容本身的评估和转换成为知识获取的最大成本。

未来，知识工程的建设应该是在通过信息的摘取和重组形成符合需要的知识的基础之上，加入知识场景化。以用户体验为核心，将知识生产与场景塑造相匹配，建立一个交互和沉浸的"空间"。让合适的人在合适的时间，于合适的场景之中不断地去深化理解知识，从而获取合适的知识，以满足用户某种特定的知识或技能需求，帮助其找到或形成有效的解决方案。

6.1.1 知识共享化的局限性

尽管当前汽车行业针对知识共享化已经建立了一套相对完整的体系制度与信息技术，但随着技术的快速进步和行业的不断发展，尤其是在汽车研发领域，知识共享化面临着新的挑战。

首先，汽车研发领域的知识密度高、知识体量大、知识复杂性强，这使得知识的有效管理和共享变得更为困难。传统的知识共享方式可能无法高效地处理如此庞大的知识量，也无法充分满足复杂知识的共享需求。其次，知识共享化可能引发"知识疲劳"现象。由于汽车研发领域的知识更新迅速，工程师可能需要不断地吸收新的知识，这可能导致他们对知识共享的热情降低，甚至出现抵触情绪。此外，大量的知识共享也可能导致信息过载，使得工程师难以从中筛选出真正有价值的信息。

综上所述，虽然知识共享化可以在一定程度上促进企业知识的流动和传播，提升工程师获取知识的效率，实现车型研发经验的传承和复用，但知识共享化也伴随着一系列不可忽视的缺点，其最主要的三个方面为知识共享交互弱，知识利用率低，以及知识共享价值可评估性差。

1. 知识共享交互弱

传统的知识共享模式仍然是采取"内容为王"的传播理念，这种模式往往侧重于内容的单向传播，而较少关注受众的实际需求和体验。在面向研发领域工程师等知识型受众时，这种模式的局限性尤为明显，其主要体现在以下三点。

第一，传统的知识共享模式往往是自上而下的，即知识从专家或权威人士流向普通受众，工程师作为高度专业化的受众群体，他们不仅需要获取知识，更需要与同行交流、探讨和分享经验。这种模式忽略了受众的主动性和参与性，导致知识传播的效果有限。

第二，传统的知识共享模式往往是单维度的，即主要通过文字、图片或视频等形式进行传播。这种形式虽然能够传递一定的信息，但难以展现知识的多维度和复杂性。工程师在工作中需要面对各种复杂的问题和挑战，他们需要更全面、深入的知识支持。因此，单维度的知识传播方式难以满足他们的实际需求。

第三，传统的知识共享模式往往忽略了受众体验的重要性。知识内容与受众体验的黏合度是影响知识传播效果的关键因素之一，如果知识内容与工程师的实际工作需求脱节，或者难以被理解和应用，那么即使再有价值的知识也难以发挥其应有的作用。

举两个简单的例子做对比。

案例1为某科技期刊报道的科研成果，这份报告既可以体现这项成果存在的信息，也可以描述这项成果的具体内容（知识）。工程师在被分享到这份报告时，可以由此同时获得关于这项成果的信息与知识，但这些信息与知识不一定是完整、全面和系统的，工程师需要将报告中海量的信息和知识进行转化，代入到他的工作场景下，提炼出对他当前乃至将来的工作场景有帮助的信息。如图6-1所示，人是"活"的，置身于报告之外，无情感共鸣；报告是"死"的，主动性缺失，形式单一。人和报告之间存在"隔阂"，人与知识之间交互弱。

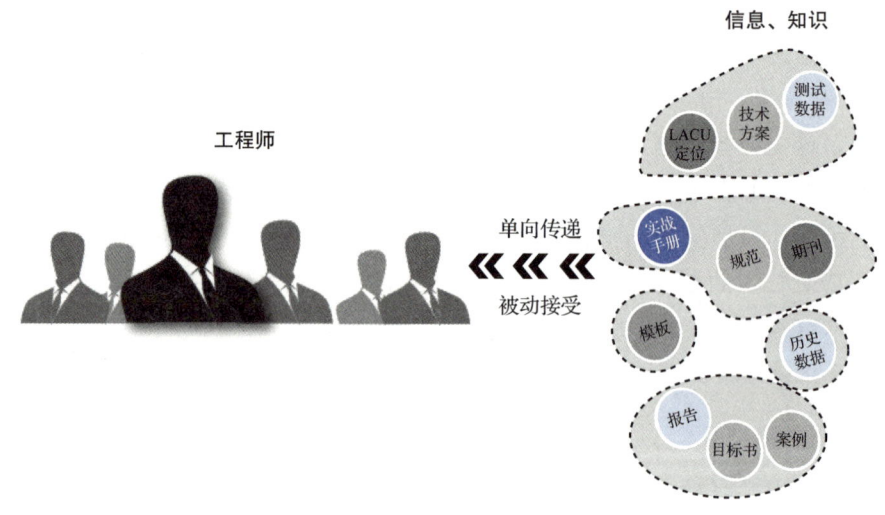

图6-1 知识向人的单向传播

案例2是2015年8月，大英博物馆与韩国科技巨头三星公司携手，推出的一项创新性的教育活动——"青铜时代体验之旅"。这次活动的核心是利用先进的可穿戴式头盔和开放式虚拟现实（VR）设备，使受众能够沉浸式地探索青铜时代的科技发展，体验其独特的文化魅力。

在大英博物馆的特定区域，参与者可以通过这些技术设备，进入一个精心设计的青铜时代世界，参与以历史、科技等为主题的教育活动。通过高度逼真的虚拟环境，参与者可以亲身感受古代的生活场景，涵盖古人祭祀、文化礼仪、科技发展等多样的内容。

通过这种形式，参与者不再是被动地接收知识，而是通过互动和体验，更深入地理解和体验青铜时代的文化与科技发展。如图6-2所示，这种场景化的教育活动不仅仅是一种展示，更是在促进参与者与知识之间的连接与互动，激发参与者的兴趣，并使其在体验中进行知识的转化和吸收，从而形成更为综合和多元的知识体系。

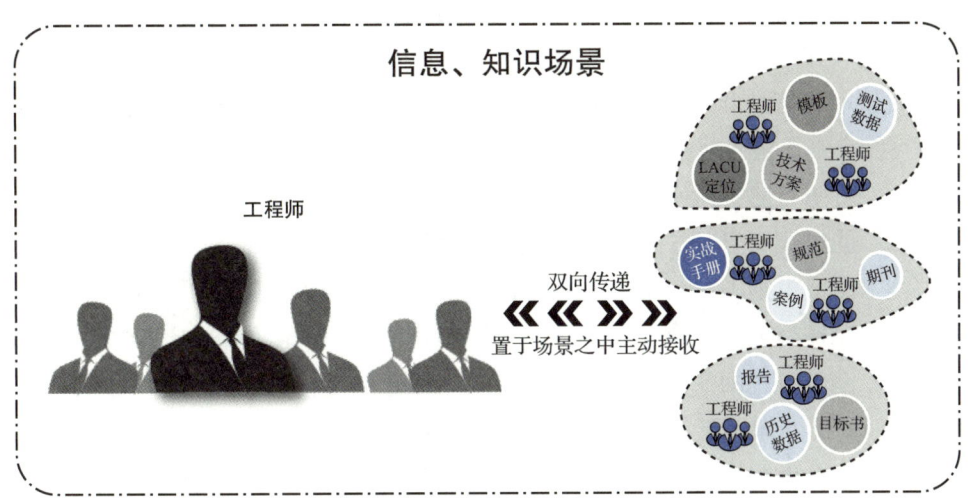

图6-2 人与知识连接与互动

由此可见，相较于案例1中共享的"科研成果"，案例2中的"青铜时代体验之旅"不再是二维式的一串文字、一行字母或者一张图片，平铺直叙地将知识传递给接收者。而更多的是以人的需求为基本导向，将人和知识的关系从二维转向三维，人与知识之间的实时互动不再局限于枯燥的文字对话，而是可以将人的感官体验与心理情绪纳入其中，使人对空间内的知识内容有着更完整、更细致的观察与体验，对知识的理解、思考更加深刻。

2. 知识利用率低

何谓知识利用率？即知识利用的效率或概率。

当人与知识之间无法产生高频的互动，无法感受沉浸式的体验时，大部分的知识就难以真正转化为个人的能力和组织的资产，久而久之，知识库就很可能变成"数字垃圾场"。在组织层面导致知识利用率低的最主要原因有如下四点。

第一，当前汽车行业往往只是一味地扩充知识的来源，追求知识的数量，重"量"而不重"质"。企业希望工程师大量汲取各个领域的知识，但是忽略了知识本身的质量和工程师实际工作的需求。这种供需失衡导致了大量的知识虽然被引进和分享，却没有得到充分地利用和消化。如此往复，知识的供给和需求失调会造成源源不断的知识被接收，在企业内进行传递与分享，却没有人愿意花时间去"汲取"

这些知识。

第二，汽车企业研发中心存在大量"过时"的知识是一个普遍而严重的问题。在汽车行业这样一个重技术型的工业领域，无论是显性知识还是隐性知识，都是企业的核心智力资产，对于企业的研发创新和竞争具有至关重要的作用。然而大部分企业并未真正考虑到知识的效益和作用具有时效性，知识的价值会随着时间的推移而发生变化。如果企业未能及时更新和淘汰过时的知识，就无法确保工程师能够基于最新的技术和信息开展研发工作。一旦知识的共享和传递不准确、不及时，那么工程师可能会基于错误或过时的知识做出决策，导致研发效率低下甚至研发失败。

第三，由于当前各汽车企业的信息技术基础薄弱，企业针对内部的知识并未真正做到统一的协调和管理，知识共享范围大多局限于部门内，跨区域、跨专业、跨产品的技术交流渠道不畅。加之在传统的金字塔式组织结构中，通常强调层级和垂直管理，这往往会导致信息流通不畅，难以实现跨部门的协作和知识共享。各部门可能过度专注于自身的职责和领域，缺乏对整体业务目标的全面理解，因此难以充分利用企业内部的知识资源，实现知识的共享和创新。

第四，等级森严的涉密权限机制在保障企业研发领域知识保密性和安全性的同时，可能阻碍知识的有效传播和利用。在这种机制下，不同职务级别的员工拥有不同的查阅权限，导致知识在企业内部无法顺畅流通。对于一般工程师而言，他们可能只被允许查阅与其工作直接相关的有限信息，而无法接触到更广泛的知识资源。这限制了他们的视野和创新能力，使他们难以充分利用企业内部的知识积累来提升工作效率和质量。企业知识分别存储在不同的系统上，并针对不同部门设有不同的查阅权限，如图6-3所示。如果知识库里的知识无法有效地传播与分享，而权限设定在管控范围内限制了对知识的自由获取，那么，知识库就变成了一个只是记录和储存文档及资料的文件夹，知识共享的使用率就会大大降低，知识库也就失去了其核心意义和使用价值。

3. 知识共享价值可评估性差

在知识经济时代，知识作为一种特殊的资源，在当今社会中发挥着越来越重要的作用，知识的存量已经是评估现代企业竞争力的重要指标之一。然而与物质资源相比，知识共享化的价值评估却面临着诸多挑战和困难。

首先，知识自身特质所带来的无形性以及在实际应用中的复杂性，给知识的价值评估带来了极大的挑战。传统的物质度量方法无法直接应用于知识价值的评估，因为知识不像物质资源那样具有明确的物理属性和可度量性。在实际工作中，我们往往只能观察到知识共享化的表面现象，比如知识查阅次数、下载量、转发率等，这些指标虽然能反映知识在一定程度上的传播和受关注程度，但并不能准确反映知识的实际应用情况和价值。例如，一篇论文的引用次数高可能只是因为其话题热门或易于理解，而并不一定因为其学术价值或创新性高。同样，一个网页的访问量高可能只是因为其标题吸引人，而其内容可能并不具有实际价值。

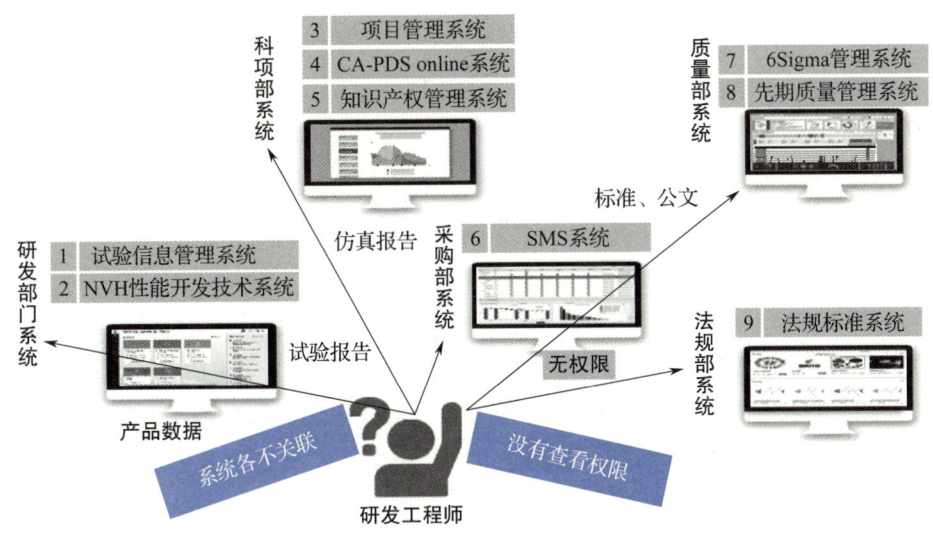

图 6-3　企业知识共享不足

其次，知识共享的价值受主观因素的影响显著。由于每个人的认知能力和水平都有所不同，导致在理解和评估知识时，会产生不同程度的偏见和误解。认知水平较高的个体可能更能深入地理解知识的内涵和价值，而认知水平较低的个体可能只能停留在表面，难以把握知识的精髓。而每个人不同的生活、职业以及学习经历等，都会影响其对知识的理解和评价。具有丰富经验的个体可能更能从实际角度出发，对知识的实用性和价值性进行准确判断，而缺乏经验的个体可能难以对知识进行有效的应用和评价。此外每个人对知识的兴趣和偏好不同，同样也会导致在知识共享过程中，个体更倾向于关注对自己感兴趣或擅长的领域，而对其他领域的知识则可能缺乏兴趣和热情。这种兴趣偏好的存在，使得对知识共享价值的评估也可能存在一定的片面性和主观性。

最后，知识共享价值的评估确实面临着缺乏统一量化标准的挑战，这使得对知识价值的衡量变得相当困难。目前，尚未有成熟且全面的评估体系能够准确反映知识共享的价值。量化标准的缺失，导致评估结果往往容易受到主观因素的影响，这无形地增加了评估结果的不确定性，进而影响评估结果的客观性和公信力，导致知识共享的价值难以被广泛接受和认可。例如，一项颠覆性的科技创新可能需要长时间的研究和积累才能产生，而在这个过程中，传统的评估方法可能无法给予足够的认可和支持。

6.1.2 知识场景化

1. 场景化

在讨论知识场景化之前,首先要了解什么是场景。

"场景"一词在日常生活与多个领域中被广泛使用,但其定义目前尚未统一。人们对场景的认识主要基于《现代汉语词典》《现代汉语大词典》等权威词典的释义,这些释义主要包括以下两方面。

一种是指戏剧影视中的场面。在戏剧、电影或电视剧中,场景指的是某个特定的时间、空间内,人物进行活动或事件发生的具体画面,是构成作品情节的基本单位。

另一种泛指生活中的情景。更广泛的含义是用来描述生活中的各种情景或环境,涵盖了人与周围事物之间的关系及互动,体现了特定时空下的生活片段或情感氛围。

"场景"的概念最早起源于戏剧和影视剧,它指的是在某个特定时间和特定空间内,由一定的人物行动或人物关系所构成的具体生活画面。它是构成戏剧和影视剧作品的基本单位,包含了时间、空间、人物、事件等多个元素,共同营造出一个具体、生动的生活画面。

场景化的概念则是由场景概念衍生而来的,场景在本质上是人与所处环境之间的相互作用、影响以及由此产生的各种体验和感受的关系总和,而场景化是以人为中心,嵌入某些特定元素,让人们在特定时空环境中产生交互体验和情感交流,来满足人们需求的一种环境。场景化关注人的体验,引导人们参与到某个活动中或触发他们对相关事物的联想,使人与环境融合,并获得情感交流或体验到某种价值。

最容易让人联想到的场景化是戏剧舞台的场景。在舞台上,演员们穿着特制的衣服,在某个环境下,演绎出一个故事,构成了一幅生动的场景。观众被情节带入,有的人会产生情感,喜欢或憎恨某些角色或情景。这是传统的场景化。虽然观众会被带入到场景中,但是没有参与到场景的表演中。

现代场景化则强调人与场景的互动,例如游乐场的场景化和营销场景化。在游乐场内,人们通过乘坐过山车、逛街等活动融入场景中,获得了体验感和精神上的满足,同时,他们还可以参与到某些互动中。在现代营销手段中,场景化是吸引顾客非常重要的方式,比如人们去逛山姆、宜家这样的超市,他们可以体验按摩座椅、试吃各种食品,而且他们可以发表自身的感受和对产品改进的要求。从这两个例子中,可以看到人与场景的互动是非常活跃的,这是现代场景化有别于传统场景化的核心。

随着 VR 技术的不断发展,未来的场景化会更加触及人的心灵感受。比如,人形机器人的出现,再叠加 VR 技术,人们不仅仅能与场景有互动,感情获得极大满足，而且心灵与环境能融为一体。可以预测，未来的场景化是心灵沉浸式的全场景化。

2. 知识场景化的概念

对知识传播而言，场景化是将知识的生产、传播和使用与场景紧密结合，构建一个人与知识一体交互、沉浸感受、想象丰富的三维动态虚拟空间。知识场景化以人核心，让人们体验到知识的吸引力和趣味性，深入理解和消化知识内容。知识场景化有三个特征：人与知识一体交互、沉浸感受和想象丰富。

人与知识一体交互是指人与知识内容进行密切互动，通过思考、提问、讨论、分享等方式，吸收知识并且传播知识。这种互动不仅会提升人们的参与感和归属感，还能激发他们传播知识的激情，形成良好的知识生态环境。

沉浸感受是指人们置身于知识所描述的情境之中，通过生动和直观的感受来加深对知识的理解和记忆。以这种身临其境的体验方式传授知识，有助于激发人们对知识的求知欲和探索欲，让他们由被动学习知识变为主动。

想象丰富是指人们在知识场景中，能够形象地获取他们想要的知识，从而打开他们的想象力和创造力。在这种特定的场景中，他们在理解知识的基础上，能够产生新的思考和见解。

综上所述，知识场景化通过将知识与具体场景相结合的方式，使人们既能学习到知识内容，也有贴近现实的学习和应用体验，还对知识的传播与利用、价值评估产生了积极影响，从而促进了知识创新。

3. 知识场景化的价值

从知识场景构建的时代特征来看，基于场景传播的知识传播模式不仅可以使知识资源得到深度开发，还可以使受众的心理状态与知识相连接，突破传统的知识传播方式，从而推动知识传播在内容开发、体系完善等方面取得阶段性成果，同时提升受众对知识体系以及实质的认知与思考。具体来看，知识场景化的价值主要体现在以下几个方面。

第一方面是让受众更容易掌握知识。知识场景以沉浸的方式和独特的知识图景来展示知识内容，这样受众对知识会有更加直观的感受。这种方式会激起他们对知识的好奇心和探求欲，从而对所学习的知识有更加深入的思考，他们掌握的知识也会更加牢固。

第二方面是增强知识与社区的互动。知识虚拟社区是知识场景化的一种方式，人们在社区里面分享知识，探讨问题，形成了知识与社区的良好互动。这种方式还可以激发他们的创新思想。

第三方面是对知识进行导航并提升利用率。知识场景化具有很强的导航功能，例如知识地图，它以可视化的形式展示知识以及知识之间的相互关系，帮助用户快速、方便地找到所需要的知识。知识导航的功能越强，知识的利用率越高，知识循环就会加速。

第四方面是知识传播更广更快。知识的共享是让受众单向接受知识，而场景化使得受众与知识互动。在互动过程中，人们会更加积极地寻找知识，进而与其他人分享知识，这样会使得知识的传播更广更快。

第五方面是将隐性知识显性化。场景化知识环境中的活动可能会激发受众的灵感，使得他们将经验总结出来，并输入到知识体系中，这样他们大脑中的隐性知识就显性化了。

第六方面是协助人力资源管理。在人力资源管理方面，知识场景化也可发挥很大的作用，它不仅有助于人力资源部门对新员工开展培训学习，还可以判断员工在企业运作中的重要程度，帮助企业更好地建立良好的工作团队。

4. 知识场景化的分类

知识场景化根据场景的真实程度分为知识虚拟场景化和业务场景化应用两种情况，如图6-4所示。知识虚拟场景化一般有知识地图、虚拟场景推送和实践社区三种应用形式。业务场景化则根据业务场景模式的不同分为知识伴随业务、智能问答和智能推送。

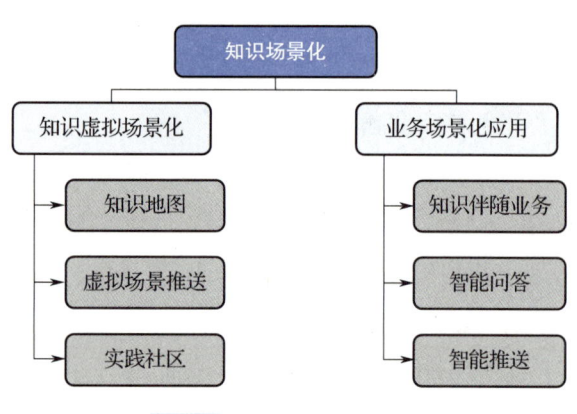

图6-4 知识场景化的分类

6.2 知识虚拟场景化

知识虚拟场景化是指用信息化技术将某个真实业务场景与预设该业务场景下所需要的知识结合起来，实现用户对这些知识的应用。一般有以下三种应用场景：知识地图、虚拟场景推送、实践社区。

6.2.1 知识地图

知识地图是一种知识导航系统，如图6-5所示，它可以通过图形化的方式将业务场景（工作任务）与所需知识（知识描述、知识来源、知识链接）的关系进行展示，形成可视化的知识导航。如果知识地图是以用户业务场景进行组织的，那么知识就可以很好地与业务场景融合，让用户在场景中学习，促进知识的应用并提高解决问题的能力。知识地图能够清晰地展示知识的来源和位置，降低在知识寻找和获取过程中的时间和精力成本，帮助用户快速找到所需的知识。知识地图被视为一种有效的工具，用于组织、显示和共享知识。

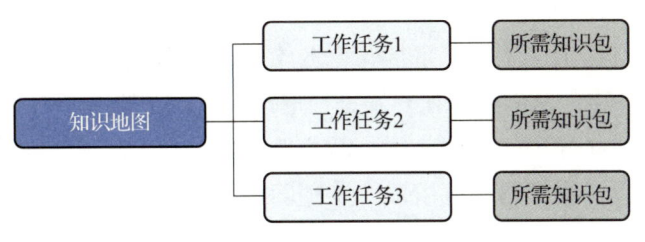

图6-5 知识地图结构示意图

下面以长安汽车研发领域质量体系审核工作场景的知识地图建设为例，介绍知识地图的构建过程。质量体系审核工作涉及的工程师范围广、工作频次高且容易出现审核问题，这种场景非常适合制作知识地图。将质量体系审核工作的工作知识制作成知识地图，可以很好地指导工程师开展工作，从而规避审核问题的出现。

建设知识地图首先需要定义知识地图的用户，质量体系审核知识地图的用户是产品工程师。该地图的作用是使产品工程师通过地图了解项目开发过程中的体系审核要求，从而在日常工作中按要求执行，避免因不符合公司要求而带来的质量问题。研发工程师的工作是基于项目开发流程的维度开展的。质量体系审核知识地图的制定逻辑是以项目任务（如技术方案的制定）为知识节点，关联开展技术方案中这项任务的审核准则（包含程序文件、成熟度标准）、每项任务的审核要点和问题案例。如图6-6所示，以技术方案中的这项任务为例，其下包含了审核准则、方案策略和策划执行。审核准则下分为程序文件和成熟度标准，方案策略下提炼了审核要点和典型案例，策划执行下面有方案编制。

知识包（图6-6中所示的审核要点和典型案例）与知识地图中的任务相关联。知识包下知识的来源既可以是在知识包下直接输入的（比如提炼的审核要点，审核要点一般是由审核专家萃取出的经验，也是对审核依据

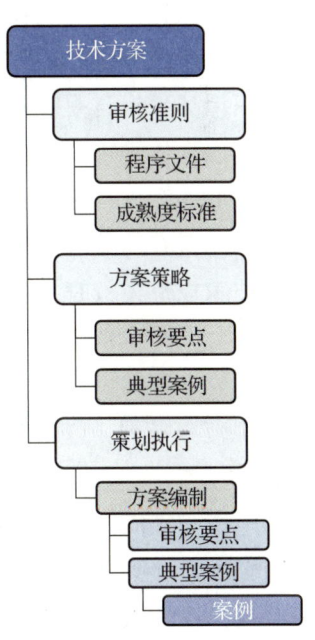

图6-6 产品开发过程中体系审核要点知识地图

高度提炼），也可以是通过系统关联抓取的其他系统的知识（比如审核依据一般都是公司已经发布的管理文件，这些文件一般都会发布在公司相应的管理平台中），这种知识就可以通过系统关联抓取到知识包下，并做到自动更新。问题案例是对以往审核过程中出现的典型案例进行的提炼，让员工能更深刻地理解审核要求，将知识内化。通过将这些审核知识与任务相关联，可以避免研发工程师花费大量时间学习公司各种管理规定，极大地提升了研发工程师对质量体系审核知识的掌握效率，降低了学习成本。通过这个质量体系审核知识地图，研发工程师可以清晰地掌握体系审核的要求与注意事项，从而可以在开发过程中按此执行，提升业务质量。

知识地图在建立好后，它的应用也需要考虑场景化。除了让工程师根据需要主动学习以外，可以根据项目不同阶段、工程师不同专业的需求，采用邮件、企业微信等通信工具，将场景化知识地图定时定向地推送给相关用户。例如在各个项目关键节点以及内外部审核前，提前向产品工程师推送相应的知识地图，让他们在场景化的氛围中应用这些知识。

6.2.2　虚拟场景推送

在数字化时代，人们对于知识的获取变得越来越依赖搜索引擎，搜索结果的准确性和相关性是用户的首要关注点。然而，仅仅提供搜索结果并不足以满足用户的需求。虚拟场景推送是在普通搜索基础上更进一步的知识应用，它通过将用户搜索时所需的知识与特定的工作场景相结合，为用户提供全面的知识支持。

虚拟场景推送是在用户检索某个知识时，假定用户是为了完成某项工作任务，并识别出完成这项工作任务需要哪些知识，然后将用户检索的结果和假定的工作任务所需要的知识一并展示给用户。这样，用户通过一次检索就可以获得这项工作任务所需的所有知识，从而提升完成工作任务的效率和质量。例如，用户在知识平台检索技术规范模板时，则假定该用户的工作任务是完成一项技术规范的编制，那么系统就会同时识别出编制技术规范需要技术规范模板、技术规范发布流程、技术规范审核要点等知识。系统在检索结果中展示出技术规范模板、技术规范发布流程和技术规范审核要点。这样用户通过一次检索就获得了编制技术规范所需要的所有知识。

虚拟场景推送可以提升用户获取知识的效率并促进知识的复用，主要体现在以下四个方面。第一是提升知识全面性和准确性。虚拟场景推送不仅提供用户所搜索的结果，还推送相关的知识，使用户对特定工作场景中的知识有更全面的了解。第二是提升工作效率。通过一站式的知识推送，用户可以更快速地获取到所需的知识，提升工作效率，减少重复搜索和筛选的时间。第三是辅助解决问题。虚拟场景推送的知识是通过业务整合的，知识之间更具备逻辑性，便于用户更好地解决问题和完成任务。第四是提供个性化体验。通过个性化定制，用户可以得到更符合自己需求和兴趣的知识推送，提升用户体验和满意度。

虚拟场景的推送需要预设业务场景，构建知识与业务场景的关系，因此，构建虚拟场景推送一般分为以下五个步骤（图6-7）。第一步是数据采集和整理，收集并整理相关领域的知识资源，包括文献、报告、案例、实践经验等。第二步是场景设置和用户需求分析，明确用户的工作场景和任务需求，分析用户对知识的搜索和应用模式。第三步是知识整合和标注，通过自然语言处理和机器学习技术，将采集到的知识进行整合和标注，以便与用户的搜索词和工作场景相匹配。第四步是推送展示和交互设计，将整合和标注后的知识以可视化且直观的方式展示给用户，同时考虑用户的交互需求，提供用户友好的界面和操作方式。第五步是个性化定制和优化，通过对用户行为和反馈数据的分析，不断优化虚拟场景推送系统，提供更加精准和有效的推送内容和方式。

图6-7　虚拟场景推送的一般步骤

下面以长安汽车空调技术方案制定这一业务场景介绍虚拟场景推送的应用。

空调技术方案制定是一个非常复杂、涉及多知识应用的工作。工程师在制定项目空调技术方案的业务流时，首先需要获取该工作的设计输入（性能目标、质量目标、成本目标、法规标准要求、竞品车测试数据、边界尺寸、应规避的问题、竞品方案等），然后进行平台项目、竞品车技术方案的对标，最后根据技术方案模板编制本项目的空调技术方案。通过以上流程可以看出，整个过程涉及十几种知识，且这些知识都存储在不同的地方。获取这些知识的传统方式是工程师一个个查找，而这需要花费大量时间，是非常繁琐的操作。对新员工而言，他不知道要哪些知识，更不知道去哪查找这些知识。

为了提升工程师查找资料的效率和提升空调技术方案制定的效率，使用虚拟场景推送是一个很好的解决方案。例如，一名工程师在制定某项目的空调系统技术方案时，就到智谷（长安研发知识平台）上用虚拟场景来搜索。搜索之后，系统除了显示空调系统技术方案外，还额外推送该项目的性能目标书、空调系统质量目标、空调技术规范、空调系统应规避的问题、空调系统技术方案模板和其他项目的空调技术方案，如图6-8所示，这样就避免了工程师繁琐的查找和搜索工作，提升了知识应用的体验。这个虚拟推送场景是事先设计好的，即对空调系统技术方案这个任务，将关联的知识，如相应的任务输入、工作交付模板、质量标准、工作操作指导、工具、规范等，包含在这个场景中。当工程师搜索这个任务时，这些知识就被虚拟场景推送出来。

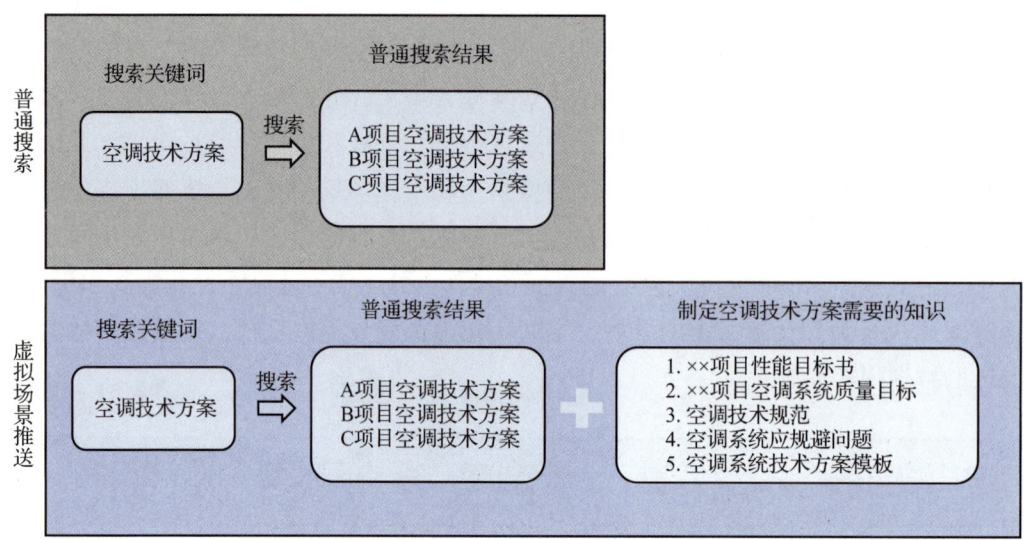

图6-8　普通搜索与虚拟场景推送的比较

当然，虚拟场景推送存在一定的局限性，所有的业务场景是已经预设好的，相关知识也是预先识别出的，需要花费一定的人力资源来设计场景。在人力有限的情况下，可以先设计出一些重要业务的虚拟推送场景。

6.2.3　实践社区

正所谓无场景，不社群。企业需要的是能够利用知识解决问题的人，而解决实际问题所需要的知识非常多。如果一个人靠着个人试错和探索，那么他需要长时间的积累才能够成为解决问题的能手。实践社区是一种知识场景化的应用方式，它能够让人们在具体的社区环境中集体学习、实践和创新，促进知识的应用和共享，让人快速地成为解决某个问题的能手。

实践社区是以特定的领域、行业或兴趣为基础的社区，社区成员共同关注和探索某个领域的知识和技能。实践社区的特点包括共同目标、互惠互助、共享资源和经验、相互学习和创新等。通过聚合具有共同兴趣和目标的人们，实践社区创造了一个有利于知识应用和共享的环境。

实践社区会针对特定行业或领域中的实际问题展开讨论并探索解决方案。成员们可以分享理论知识、实际经验和应用技巧、特定场景下遇到的挑战，共同探讨最有效的解决问题的方法，使得知识能够更贴近实际工作场景，为解决实际问题提供实用性的指导和建议。

实践社区提供了一个场景化的学习环境，成员们可以在特定场景下进行知识交流和互动。这种学习方式能够帮助成员们更好地理解知识的应用场景，从而提升在实际工作中的应对能力和创新能力。

通过这些方式，实践社区有效地将知识与场景相结合，使知识不再是抽象的概念，而是能够在特定场景中得到应用和验证的实用性内容。

当然，构建实践社区需要注意以下关键要素。第一是共同目标和共享价值，实践社区需要具有明确的共同目标和价值观，以便吸引和团结成员，并形成共同的努力和认同感。第二是学习和创新机会，社区成员需要有机会学习新知识、共享经验和创新实践。提供培训、研讨会、论坛等形式的活动可以促进成员之间的学习和创新。第三是协作和共享机制，社区应提供相应的协作和共享机制，如在线平台、知识库、合作项目等，以方便成员之间的沟通、协作和资源共享。第四是网络和沟通渠道，构建实践社区需要建立起有效的网络和沟通渠道，以便成员之间的交流和互动。在线社交媒体、邮件列表、定期会议等可以成为有效的沟通工具。

这种以人的连接为导向的知识场景化实施模式已成为知识工程的一个方向。长安汽车知识工程也非常重视人的连接，因此在研发领域构建实践社区，内部称为圈子。圈子主要是为一些新技术领域的知识分享与交流构建平台，比如线控底盘圈子。

线控底盘是指通过计算机或遥控装置控制车辆底盘的运动和行驶方向的系统。线控底盘通过电子控制系统和传感器，实现对车辆底盘各个部件的精确控制来提高车辆的操控性能和安全性。线控底盘技术主要涉及以下几个方面：电子稳定控制系统、主动悬架系统、转向系统和制动系统。它可以根据不同驾驶条件和车辆状态，实时调整底盘的动态特性，提供更好的操控稳定性和舒适性。线控底盘是汽车领域新兴的技术，它的开发涉及控制器、执行器、软件等多个部门。

新技术团队成员往往需要学习大量新知识，而跨部门协作又需要更大程度的知识共享。圈子作为一个社区共享平台很好地满足了这两个需求。圈子成员来自线控底盘技术研究项目组。在这个圈子里，有两种场景，第一种是圈子成员分享自己获得的前沿知识，如线控底盘可持续发展技术研究项目介绍等，让大家共同学习与成长，如图6-9所示；第二种是技术问题讨论，圈子成员对某个技术问题展开讨论，吸取专家和群众的智慧。圈子成员贡献排行榜能激发员工知识分享的动力。本书第4章详细地介绍了圈子的构建与运营过程，此处不再赘述。

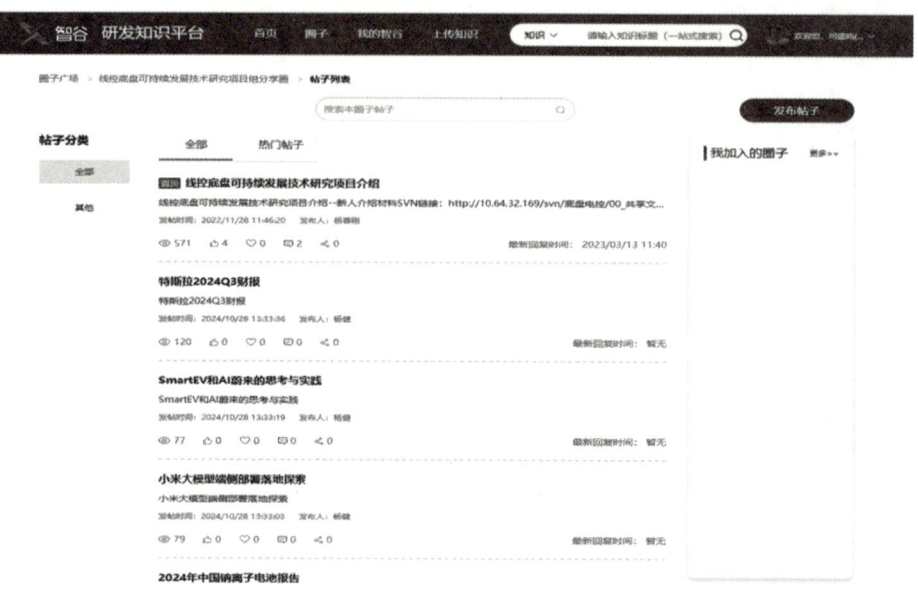

图 6-9 圈子成员分享知识示例

6.3 业务场景化应用

业务场景化应用是指将知识和信息应用于具体的业务场景中，通过提供知识支持，以解决实际问题。它结合了知识管理、信息检索和智能推送等技术，将大量的知识和信息整合，并转化为真正有实际应用价值的知识和解决方案，帮助用户快速和准确地解决特定领域的问题，提高工作效率。这种方法不仅减少了信息泛滥和信息不对称的问题，还为各个领域的用户提供了更好的决策和行动的指导。

业务场景化根据场景的不同可以分为以下三种形式：知识伴随业务、智能问答和智能推送。

6.3.1 知识伴随业务

知识工程的目标是让知识与业务如影随形。知识从业务中产生，经过提炼和整理后又回到业务中去，为业务服务。传统的知识管理平台往往是一个知识共享平台，知识与业务彼此分离。随着知识数量指数级增长，对知识的精准获取变得十分困难，单纯的知识共享无法满足用户对知识应用的需求。人们学习知识的目的是精准地获取相应的知识,并将知识与工作任务紧密结合,解决工作中的问题。

从知识管理到知识工程是一个巨大的跨越,知识管理是单向的,而知识工程是双向的。知识工程应用的一个例子是知识伴随业务,它是双向的。知识伴随业务有两个方向,第一个方向是知识应用,即将业务活动所需要的知识梳理出来,形成一个知识包,让知识包伴随着业务工作。第二个方向是知识产生,即业务活动所产生的知识进入知识库,来丰富知识库并被其他场景应用。

在知识伴随业务的场景中,知识与业务流程必须紧密结合,以确保知识在业务中得到有效应用。具体来说,就是要在业务流程的各个环节中,明确所需要的知识和技能,以及如何获取、整理、存储和应用这些知识,即知识支撑工作任务。有了知识包,员工就无需花大量时间到知识库去找知识,而是通过流程,让知识包自动找人。在知识产生方面,如何源源不断地创造高质量知识是个难题,传统的知识管理对此无能为力,而知识工程通过知识伴随业务可以很好地解决这个难题。

根据知识与场景的结合程度,知识伴随业务可以分为知识推送与知识嵌入工具。

1. 知识推送

知识推送是指当员工开展一项工作任务时,系统自动地将该任务所需要的知识,如输入信息、输出质量要求、工作标准规范、参考的流程指南、历史经验与专业知识等,推送给员工。

下面以长安汽车研发过程中工程师进行质量问题整改的工作场景为例来介绍知识推送的应用。

汽车产品研发是一个人员密集、知识密集型工作。每个车型开发项目在研发阶段一般需要解决1万个左右的质量问题,因此,研发工程师需要花费大量的精力和时间解决这些问题。然而,解决产品质量问题需要大量经验和知识,如产品设计要求、技术标准、以往项目是否发生过类似的问题,以及类似问题发生的原因以及当时的解决措施等。这些知识散落在不同的业务系统中,比如技术标准存储在企业标准系统,设计要求存储在项目交付系统,以往项目发生的类似问题存储在问题管理系统,技术案例存储在知识系统或案例库等。工程师想获得这些知识,就需要在不同的系统中进行检索。另外,对新入职的工程师而言,他们可能不清楚这些知识存储在哪些系统中,查找和学习更无从下手。

在知识工程系统中,首先需要梳理产品质量问题整改任务所需要的知识类别,如标准规范、历史问题情况及解决措施、历史问题案例等,将这些知识打包成一个知识包。然后通过算法建立产品质量问题与知识之间的匹配关系,对每个质量问题精准提供相匹配的知识包。最终将知识推送功能嵌入到产品质量问题管理系统中,如图6-10所示。当工程师接收到一个质量问题整改任务时,他会同步收到知识工程系统推送的知识包，这样他获取知识的效率大幅提升。这种推送方法称为知识伴随业务的推送，也是一种预先设置好的半智能推送。

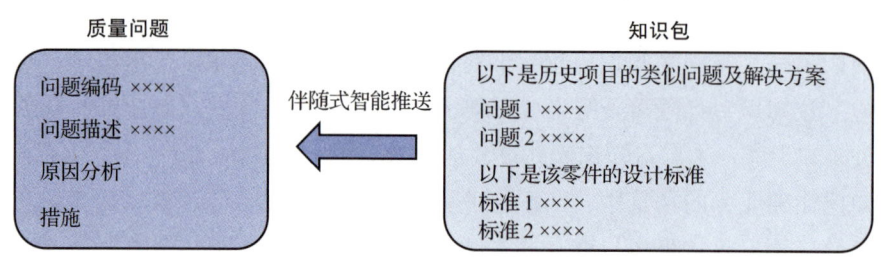

图6-10　质量问题整改知识推送示例

2. 知识嵌入工具

在工程设计过程中，专家们沉淀了大量的专业知识与经验积累。如果这些经验只是以知识文本的形式存储在知识平台上，那么知识的复用率往往不高，但是如果将这些知识嵌入到工具中，它们必然会被使用到。

知识嵌入工具是将专业经验与知识转化为可执行的规则和算法，沉淀为辅助工程师开展设计和分析的工具。它不仅可以加快设计过程，减少重复犯错，还能够提高设计的准确性和可靠性。

构建知识嵌入工具分为两个步骤。第一步是知识提取和建模，通过与专业工程师合作或使用机器学习等技术手段，将专业经验和知识进行提取和建模，例如从工程师的经验中收集规则和模式，并将其转化为数学模型、算法或规则引擎。第二步是工具技术实现，将提取和建模的知识嵌入到工具软件中，将规则和模型转化为可执行的代码或算法。另外，还要设计出使用便捷且具有美感的图形界面，让工程师可以流畅地使用工具来进行设计和分析。

在工程开发中，对于3D数据的自动化检查就是将知识嵌入设计工作的一项典型应用。企业积累了大量的设计数据与经验，并形成了相应的检查标准。原有模式是在工程师在完成3D数据制作后，根据检查标准，人工选择数据进行逐项检查。复杂零件的检查标准往往有几百项，而数据检查工作是一项重复性和结构化程度都非常高的工作，这可能导致人工检查极容易出现漏查和错查。可是，将检查边界和标准等知识嵌入到3D数据设计工具中，比如CATIA，工程师只要点击"数据检查"按钮，CATIA就可以自动根据检查标准进行数据检查。这样既避免了漏查和错查，也极大地提高了检查效率。

知识嵌入工具的另一个例子是在设计上的应用。在零部件结构设计上，可以将一些典型结构直接嵌入到设计工具中，工程师在设计时只需选用即可，如CATIA的参数化设计。参数化设计是一种基于参数化模型的 CAD 设计方法,通过修改参数来改变结构的几何形状,从而快速生成和修改设计方案。这种知识嵌入工具的方法在标准件(如螺栓、螺母、卡扣、轴承等)的设计上尤为便利,即将标准件的典型特征和参数解析植入工具中。例如,工程师在设计轴承时,从标准件库中选择特征(如内径、外径、轴承类型等)的关键参数,设计工具(如 CATIA)可以自动生成轴承的 3D 数据,而不需要工程师画图。

这种将专业知识与技术工具相结合的方法,为设计师提供了更强大的工具和支持,使设计过程更加高效和可靠。随着人工智能和大数据等技术的发展,这种知识嵌入的设计工具将不断演进和创新,工程设计将迎来更加智能化的未来。

6.3.2 智能问答

智能问答通过网页搜索的方式来链接知识库中的相关信息,用简洁、准确的自然语言来回答用户的问题,是信息检索系统的一种高级形式。与传统的搜索引擎相比,智能问答能够结合用户的使用场景,提供更为精准和定制化的知识,快速且准确地回答用户的问题。智能问答系统与搜索引擎的最大区别在于其问题导向性。传统搜索引擎根据关键词匹配搜索结果,而用户需要阅读、分析和筛选这些结果。智能问答系统能够理解用户提出的问题,并直接给出对应的答案,从而节省用户寻找和分析信息的时间。

智能问答系统能分析用户的问题和问题的背景信息,理解用户需求,并结合用户使用场景,提供个性化的答案。例如,在医学领域,智能问答系统可以根据用户的病症和健康记录,提供精准的医疗建议和治疗方案。

智能问答系统可以基于结构化数据或自由文本进行问答。基于结构化数据的系统通过查询结构化数据库,给出问题的答案。这种系统适用于特定领域,如汽车行业,能够快速查询和调用相关数据库,为研发遇到的问题提供解决方案。基于自由文本的系统通过自然语言处理和机器学习技术来理解和分析用户提出的问题,并从大量文本数据中抽取答案。这种系统适用于搜索引擎、文档查询和虚拟助手等功能,如百度知道就是基于自由文本的问答系统。

1. 基于结构化数据的智能问答系统

基于结构化数据的智能问答系统首先对问题进行分析,然后把问题转化为一个查询,在结构化数据库中开展查询,最后将返回的查询结果作为问题的答案。这种方法存在局限性,一般只能在特定领域中使用。基于结构化数据的问答系统处理流程一般有五个环节,如图 6-11 所示。

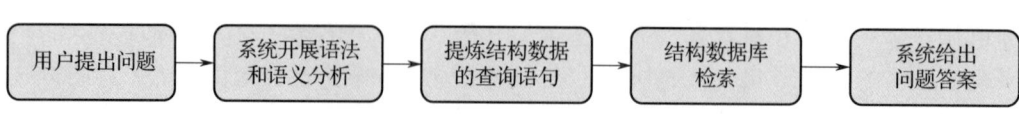

图6-11 基于结构化数据的智能问答流程

第一个环节是用户通过问答界面向系统提出问题；第二个环节是系统根据问题开展语法和语义分析；第三个环节是系统根据问题特点来分析问题，产生一个结构数据语言格式的查询；第四个环节是将产生的查询结果提交给管理结构数据库，根据查询的限制条件筛选数据，缩小答案范围；第五个环节是把匹配的数据作为答案提交给用户。

基于结构化数据的问答系统需要具备两个关键要素：第一是构建一个特定领域内完备的结构数据库，第二是准确、高效地把问题转化为查询语言形式来进行查询。在汽车领域中存在大量数据库，如试验数据库、性能目标数据库，通过智能问答可以调用这些数据库的数据来解决研发中的问题。例如，工程师想了解质量为1100~1300kg的车型的能耗（油耗/电耗值）水平，就可以在问答系统中提问，系统就会给出答案。

2. 基于自由文本的智能问答系统

基于自由文本的智能问答系统是一种分析和解答用户以自由文本形式提出的问题的系统。与基于结构化数据的智能问答系统相比，建设基于自由文本的问答系统更具有挑战性，因为自由文本问题涉及更广泛的知识领域和更多的语义理解。系统需要使用自然语言处理和机器学习技术来理解和分析用户提出的自由文本问题，并从大量文本数据中提取出与问题相关的信息，给出答案。这个处理过程分五步完成，如图6-12所示。

图6-12 基于自由文本的智能问答流程

第一步是用户通过问答界面向系统提出问题。

第二步是问题理解。用词性标注、实体识别、语法解析等技术来分析和理解用户问题的语义。通过这些技术，系统确定问题所属的领域，提取问题中的重要实体等。

第三步是文本检索。基于用户问题的关键词，系统会在大量的文本数据中进行检索，以找到与问题相关的文本片段。

第四步是信息抽取。从检索到的文本片段中，系统使用自然语言处理技术，如命名实体识别、关系抽取等，从中抽取出与问题相关的答案。

第五步是生成答案。基于抽取得到的信息，问答系统会通过模板填充、自然语言生成等技术，生成最终的答案。

基于自由文本的智能问答系统有三种主要应用场景。第一种是搜索引擎，用户可以在搜索引擎中使用自然语言提问，并获得答案。第二种是文档查询，用户可以在大型文档库中采用自由文本来提问，并得到特定的信息。第三种是虚拟助手，应用于虚拟助手和智能音箱（如小米的小爱音箱）中，用户可以以自由文本的形式提问，如咨询天气、订票、查询新闻等。例如，在采用了基于自由文本的智能问答系统的长安汽车 CAanswer 上，员工可以自由提问，如公司战略、销售数据、业务管理要求等，CAanswer 很快就能给出相应的答案。

6.3.3 智能推送

6.2.2 节描述的虚拟场景推送需要人工事先设定好场景和知识包，而人工预设的工作量相当大，不仅需要人员具有专业的知识背景，还需要对各种可能的场景进行全面预测和设定。另外，虚拟知识场景推送的场景设定和知识包预设基于某些局部假设和主观判断，而这些假设和判断可能会受个别人或群体的观点和经验的影响，无法完全代表所有用户的需求和工作场景。要完成大量虚拟场景推送的预设工作几乎不可能，另外，对于新兴的或变化较快的领域，无法快速地完成这些预设，因此，虚拟场景推送的局限性很大。

基于用户真实行为和画像的智能推送能够克服虚拟场景推送的缺陷。这种智能推送通过分析用户的兴趣、行为和偏好，自动筛选和推送相关内容，满足用户的需求。它利用机器学习、自然语言处理等技术，从海量数据中识别用户的兴趣和行为模式，找到精准内容，实行个性化推送。与传统的信息推送方式相比，这种智能推送更加注重用户的个性化需求，通过智能算法和数据分析，确保用户可以接收到关联性极强的内容。基于用户真实行为和画像的智能推送有以下几个优势。

第一是能提供个性化的用户体验。系统分析了用户的兴趣和个性化需求，可以推送顾客非常喜欢的内容，提升了用户的体验感。由于智能推送向用户推送了符合其兴趣和需求的内容，因此增强用户对平台或服务的满意度。

第二是增加用户参与度。系统对用户的了解基于他们的输入，因此，用户和系统之间的互动性高。用户可以帮助系统来完善内容，提高推送精准度。

第三是优化运营效果。通过了解用户画像和行为数据，推送系统可以对产品开发、市场营销和客户服务等方面提供有针对性的决策依据，能够更好地满足用户需求，提升产品的市场竞争力。

智能推送是一种基于用户场景的推送，在用户存在需求时，给用户提供真实需要的服务。这种服务模式是从推送的内容、方式和时间方面都精准捕捉用户的需求，从而向用户提供个性化的推送。基于用户画像的智能推送能够很好地满足用户的需求。

下面以长安汽车研发知识平台——智谷中依据用户画像开展的智能推送为例，描述智能推送建立的全过程。如图6-13所示，通过用户使用场景提炼用户行为特征，建模构建用户画像，在知识数据库中通过用户画像模型匹配，针对用户新场景进行个性化推送知识，形成一个业务循环。

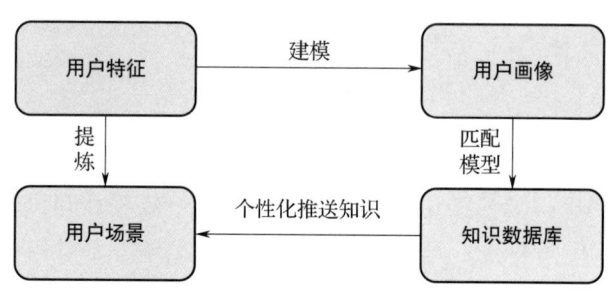

图6-13　智谷智能推送的业务流程

在建立基于用户画像的智能推送的过程中，核心是要建立用户与知识的匹配。对研发知识平台用户建立精准的用户画像模型是关键。用户画像模型可以从用户身份特征、专业特征、项目特征和行为特征四个维度进行构建（如图6-14所示）。研发工程师的身份特征包括部门、岗位、职务、工作年限、爱好等，例如工程师张三在智能化研究院工作、岗位为资深工程师、工作年限为12年。专业特征是指他从事的专业方向、细分专业和跨专业特征，例如张三的专业方向是智能化、细分专业是自动驾驶、跨专业是软件设计。项目特征是指工程师承担的车型开发项目或基础研究项目，例如张三承担了车型SUV1项目中的自动驾驶软件设计工作、自动驾驶变道决策控制的基础研究项目。行为特征主要是他在知识平台上的搜索、浏览、下载、借阅、分享、点赞、上传知识、提问等行为，比如张三在知识平台上经常查看汽车自动驾驶趋势、智能驾驶的软件构架等知识。

基于收集到的数据，智能推送系统利用机器学习和数据挖掘技术构建用户画像。有了用户画像，系统就可以构建基于用户画像的内容模型。根据用户画像和内容模型，智能推送系统筛选出与用户兴趣相关的内容并进行内容匹配。同时，推送系统还设计了定制的推送策略，包括推送时间、推送方式、推送频率等，确保推送内容能够最大程度地引起用户的注意并引发其兴趣。

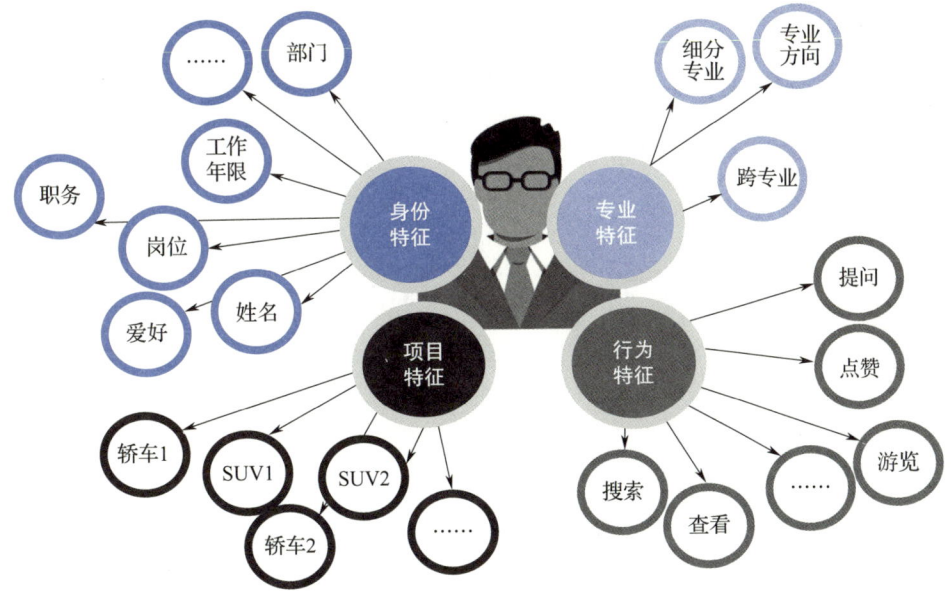

图 6-14 用户画像维度

为了能够给用户推荐所需要的知识,还需要构建每个知识的标签。根据用户画像和知识内容标签,建立合适的知识推送算法模型,从而实现针对用户的智能推送。为了让推荐内容越来越符合用户需求,还需要建立反馈机制用于收集用户对推送内容的反馈和评价。这个反馈包含用户是否点击了该知识、查看该知识的停留时长、关闭的时候对推送知识的满意度评价等。收集的这些数据可以用于不断地优化智能推送的算法模型。

总之,知识只有在场景下才能发挥更大的作用,不同形式的场景化应用让知识与业务场景融合地更紧密,从而促进知识产生与应用良性循环。

Chapter Seven

第 7 章
知识工程智能化

在智能化时代，大数据和人工智能技术为知识工程的发展提供了强有力的支持，使得更多复杂而智能的业务场景变为现实。研发知识工程的智能化有智能工作台、知识图谱和智能语言模型三条途径。

智能工作台是基于研发流程，集任务分解、协同办公、工具集成、知识管理为一体的智能化研发平台。通过研发流程引导，工作台将各专业工作内容结构化，明确上下游输入输出关系，员工按照工作包的指向来实现任务的分配和交付。工作台还将在线设计、自动化仿真、智能助手等数字化工具嵌入业务环节中，在产品研发过程中实现自动调用。知识图谱是一种结构化的语义知识库，是一种可视化的知识映射地图。研发知识图谱清晰地表征了各个项目、车型、系统、部件、性能等之间的关系，让工程师和管理者对项目的进展、性能等一目了然。智能语言模型是基于自然语言处理建立的能够通过人类语言与计算机进行沟通的一种模型，其中生成式语言模型是一种典型代表。它可以通过学习之前的知识和语言规则，生成新的文本和文章。通过将智能语言模型与研发知识平台结合，能够开发出智能语言服务工具，让用户可以直接与研发平台对话，从而快速而精准地获取知识。

7.1 智能时代与知识工程的发展

7.1.1 智能时代下知识工程技术概览

随着科技的飞速发展，智能化正日益成为推动社会进步和经济发展的重要力量。

智能科技的兴起，特别是大数据、人工智能和云计算等技术的广泛应用，给人们的生活方式、工作方式、思维模式乃至社会结构带来了深刻的变革。

知识工程的研究和开发在智能技术的推动下面临新的挑战与机遇，这导致智能化知识工程应运而生。通过先进的智能化技术来处理和使用研发知识就产生了智能化研发知识工程，它正在逐渐成为推动行业发展和提升企业竞争力的核心动力。智能化研发知识工程涉及很多智能化技术，如机器学习、知识图谱、自然语言处理、数据挖掘、大模型、图像识别、语言识别、云计算等，而这一切的基础是大数据。本节简单描述一下大数据分析和人工智能的原理，后续几节将详细描述人工智能技术在研发知识工程中的具体应用，包括研发智能工作台、知识图谱和智能语言模型。

7.1.1.1 大数据分析

随着信息时代的到来以及互联网的普及，人们生活随时随地都被记录着，如访问网站、使用手机、驾驶汽车、使用社交软件、发送邮件等。这些行为会产生各种各样的数据，包括文字、图片、语音、视频等。在工业界、医疗界等领域，同样会产生大量数据，如工程设计数据、医疗诊断数据、测试数据等。人们生活和工作产生的数据每年都以指数级的速度增加，可以说，我们已经生活在一个没有边际的数据宇宙中。

这些数据包含着巨量的宝贵信息。如果能够用恰当的方法来处理这些数据，人们将获取大量有价值的东西，这能够帮助人们更好地生活，帮助企业做出更好的决策，提高企业的运营能力，赋予社会创新力。大数据技术之所以有价值，除了因为它量大，还因为大数据有三个独有的特征：多维度、及时性和全面性。

大数据的第一个特征是多维度。多维度是指大数据不仅仅局限于传统的结构化数据，还包括非结构化数据，如文本、图像和视频等各种形式的数据。这些数据可以从多个维度来呈现问题，帮助人们深入了解问题的本质，提供更全面的信息。比如，在研发知识工程中定义一个人，除了传统数据的性别、年龄、专业等多种维度外，还有他的爱好、阅读习惯、喜欢的内容、参与的项目、角色等维度，这样的多维度数据可以更清晰地描绘和定义这个人。

大数据的第二个特征是及时性。随着科技的发展，数据产生和记录的速度越来越快，传统的数据处理方式已经无法满足对数据实时分析的需求。快速计算、分析和大数据储存技术提供了快速且高效的数据储存和处理的能力，能够在短时间内分析海量数据，并找到数据之间的规律，即时提供有价值的结果，帮助人们及时把握市场动态和机会。

大数据的第三个特征是数据的全面性。一个社会的大数据涵盖了各个领域和行业的数据，包括社交媒体数据、传感器数据、金融数据等。这些全面的数据可以帮助政府有效地管理一座城市、一个乡镇。一个研发企业的数据包括设计数据、测试数据、技术分析数据、市场反馈数据等。企业这些全面且彼此关联的数据不仅可以帮助新产品的研发，而且还可以带来创新的机会。

尽管大数据有以上三个特征，但是使用大数据并找出有价值的东西犹如在一堆沙子中淘金。没有经过处理的原始数据几乎没有价值，更无法产生新知识，而使大数据产生价值的途径是高质量地挖掘数据。数据挖掘是从大数据中挖掘隐藏的规律、关联关系和模型的技术，包括数据采集、存储、处理和分析。在数据采集方面，收集各种数据，包括结构化数据（如数据库中的表格数据）和非结构化数据（如图像、音频和视频）。在存储方面，大数据技术有多种存储方式，如分布式数据库、数据仓库、图形数据库、分布式文件系统等，能够高效地存储海量数据。在数据处理方面，大数据技术包括数据清洗、集成、转换等技术，能够将原始数据转化为可用的格式。在数据分析方面，大数据技术运用了各种算法和模型，如机器学习、图像处理、知识图谱等，能够从数据中提取有价值的信息和知识。

如今，大数据技术在许多领域得到广泛应用。在汽车研发方面，大数据也有大量应用，如用大量测量和流场计算的风阻系数来分析新车型的风阻，用大量底盘数据来构建新的车型平台等。但是，在研发知识工程方面，大数据的应用还比较少，还处在探索阶段。长安智谷项目用大数据进行了一些知识分析的探索，如用数据来分析用户想要的知识并根据他们使用知识的习惯推送知识，用现有车型的性能数据来推算出新车型的性能表现等。

7.1.1.2 人工智能

人工智能是一种模拟人类智能的技术科学。通过计算机程序，使得机器具备类似于人类的感知、学习、理解、推理、决策和解决问题的能力。如今，人工智能应用已经非常广泛，包括机器学习、自然语言处理等。

机器学习是使机器通过分析和学习数据，找到数据规律并建立算法和模型，使得机器像人一样有分析问题和解决问题的能力。机器学习包括监督学习、无监督学习、半监督学习、强化学习、深度学习等。其中，深度学习是机器学习的一种强大方法，在图像处理、语言识别、计算机视觉、多模态数据分析等方面得到了广泛应用。深度学习是通过多层神经网络来模拟人脑神经元，通过对数据进行提取和转换来学习事物内在的规律。数据、神经网络和算力是深度学习的基础。

自然语言处理是指利用计算机来理解、分析和生成人类语言的技术。它对语言进行定量处理，产生人与机器都能理解与使用的语言，使得人与机器能够对话。它可以用于文本理解、语音识别、情感分析、语义分析、机器翻译等应用场景，能够支持知识的自动提取和分析。

知识和数据是人工智能的基础,而人工智能给知识工程的发展注入了巨大活力。在美国著名人工智能专家费根鲍姆于1977年提出知识工程的概念之后,大量专家知识库开始涌现。特别是近二十年来,由于人工智能技术突飞猛进,知识应用已经从知识管理发展到知识工程。智能化使得知识的应用呈现爆炸级的增加,使得知识使用的效率极大提高。

人工智能和大数据结合能够使得很多重复、繁琐的设计与分析工作被自动化完成;能够使得跨国汽车企业在项目管理和产品开发的跨地域和跨国界工作上协同更加高效;同时会推动研发知识工程快速发展,使知识如影随形地伴随研发。

7.1.2 智能时代知识工程发展形式

知识是产品设计的关键要素。当前,很多企业的研发基于知识共享平台,即知识以文档形式存储在知识库中,供使用者查阅和学习。知识没有融入研发过程,也没有融入设计过程和工具中,没有对研发活动起到支撑作用,使得知识与研发"两张皮",所以这样的知识平台只属于知识管理范畴。随着智能化技术的发展,人们才能将设计工具嵌入到开发过程中,使知识主动推送给用户,即对知识的使用已经从知识管理上升到知识工程。知识工程是利用人工智能技术来处理和管理知识和数据,让用户更好地使用知识,使知识高效率地支撑研发。

在智能时代,智能工作台、知识图谱和智能语言模型是研发知识工程的三种主要智能应用形式。

研发智能工作台是一种集成了多种人工智能能力并自动处理大批研发工作的平台,旨在为工程师们智能地提供知识,智能辅助设计与数据分析,为决策提供支持。在智能工作台上,工程师们可以利用平台自动获取任务和完成任务需要的知识,上下游的工作链可实现彼此畅通、数据自动获取,很多工作可以依靠智能工具来完成,任务评审可自动进行等。

知识图谱是一种结构化的语义知识库,是一种将实体、属性和关系进行结构化表示的知识表示方法,是一种可视化的知识映射地图。知识图谱可以通过智能方法从多个数据源中抽取和整合知识,并提供丰富的语义信息。知识图谱已经应用到智能搜索、智能推荐和智能问答等多个领域。在汽车研发中,知识图谱能够清晰地表征各个项目、车型、系统、部件、性能等之间的关系,让工程师和管理者对项目的进展、竞争力等一目了然,因此,它在研发知识工程方面将有广阔的应用前景。

智能语言模型是基于自然语言处理建立的可利用人类语言与计算机进行沟通的一种模型,如科大讯飞的讯飞星火、百度的文心一言。而生成式语言模型是一种典型代表，它可以通过学习之前的知识和语言规则，生成新的文本和文章，如 Chat GPT。在汽车知识工程中，可以将智能语言模型与研发知识平台结合，开发出智能语言服务工具，让用户能直接与研发平台对话，从而快速而精准地获取知识。

7.2 研发智能工作台

7.2.1 研发智能工作台定义及架构

研发智能工作台是基于研发流程，面向工程师打造的集任务分解、协同办公、工具集成、知识管理等功能一体的数字化工作平台。研发智能工作台从业务上以产品开发流程为载体，运用人工智能、大数据等新兴技术，嵌入自动化工具、算法，使研发工作效率大幅提升，并提供辅助决策能力，如图 7-1 所示。

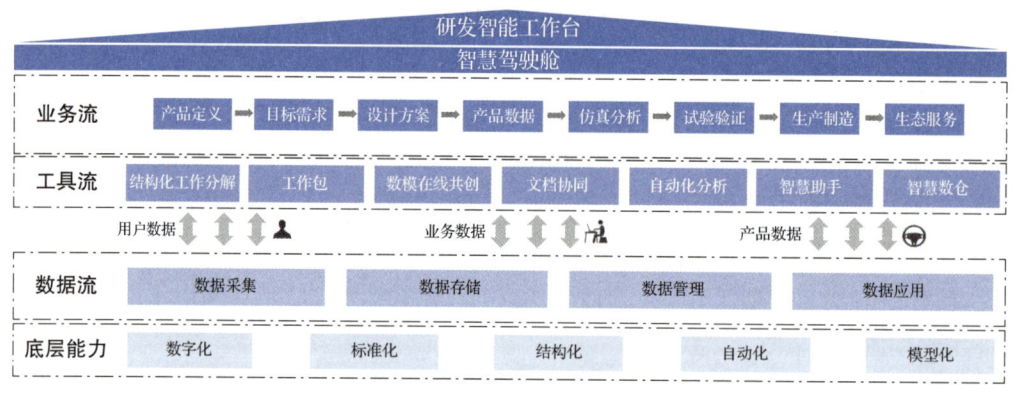

图 7-1 研发智能工作台框架图

在业务流层面上，研发智能工作台覆盖产品研发全过程，包含产品定义、目标需求制定、设计方案制定、产品数据冻结与发布、仿真分析、试验试制验证，广义上还延伸到制造和售后端，涵盖生产制造、生态服务等。通过对全业务流程从上至下的梳理，形成标准化、结构化的工作流程，明确并定义各业务环节的工作任务及步骤、上下游输入输出关系、工作交付质量及要求等，使其在工程师角色的工作台上，形成基于该角色的工作包。研发工程师在工作台上开展相应工作，协同办公，打破了物理界限，保障了工程师做正确的事，具体将在 7.2.2 节将展开介绍。

在工具流层面上，工作包本身也成为一种工具显现在工程师的工作台上。除此之外，数字化工具还包括产品数据的在线实时创作工具、文档协同创作工具、数字化仿真的自动化建模和分析工具、知识管理的智慧助手等。这些工具嵌入到智能工作台中，与工作任务相集成，构成工程师的一站式作业工作台。在工作任务中，工作台自动调用工具集；工作完成后，成果自动交付到工作台上。整个工作过程不需要线上线下反复切换，大大提高了工程师的工作效率，具体将在7.2.3节将展开介绍。

在数据流层面上，产品研发过程中会产生大量的数据，数据伴随着业务流转，贯通数据采集、数据存储、数据管理和数据应用，这就要求在数据流转使用的过程中，要建立标准，保证一致性，避免不同的部门对同一业务对象所展示的数据指标不一致等问题出现。各业务系统的数据需要以标准化的元数据被存储，同时，要通过算法模型的建立，在数据底层上开发出符合业务需求的数据应用，为业务的发展提供数据支撑。

7.2.2 研发流程与工作包

研发智能工作台以研发流程为基础，串联整个研发业务活动，将所有工作开展的内容都集中在这个工作台中进行。通过对业务流程的结构化梳理，固化各专业工作内容，形成各工作角色的工作包，明确上下游输入输出关系，在工作台上实现任务的分配和交付。因此，研发智能工作台是研发流程数字化的载体。

复杂产品的研发伴随着复杂的研发流程和大量的研发活动。如果缺乏结构化的研发流程，任务分发和工作配合基本靠约定俗成的潜规则，那么在工作效率和质量方面都将大打折扣。结构化研发流程有利于明确每个研发活动的准确工作内容，将使复杂而技术含量高的研发实现更专业化的分工，减少重复工作。另外，研发活动的前后顺序明确，并且按照规范来完成，因此，研发流程既具有引领作用，又具有枢纽作用。以汽车产品开发为例，整个研发流程清晰地说明了产品定义、目标需求梳理、设计方案、产品2D/3D数据、仿真分析、试验验证，并延伸到生产制造、售后生态服务等环节的工作。

研发流程管理以工作结构分解为基础，形成典型的工作分解结构和工作包。工作分解结构是指以交付成果为导向，对工作任务进行自上而下逐级分解，直至分解到最底层可直接分派到个人去完成。以汽车研发为例，图7-2给出了产品开发过程的逐层分解图。汽车研发分解出产品策划、性能开发、产品开发等工作任务。产品开发继续往下分解出造型设计、数据制作、样车样件制作。数据制作又可继续往下分解出工程数据制作、数据装配、数据检查、数据冻结与发布。各环节都还可以继续往下分解，直至分解到个人可操作的工作包，这种分解有助于工作的分配与执行。

工作包是工作分解结构的最底层元素，是最小工作单元，也是最小的可交付成果，如图7-3所示。一个工作包包含工作任务及步骤、工作要求和质量控制要求、所需知识工具等关键要素。通过输入输出的纽带，形成工作分解结构的工作单元。

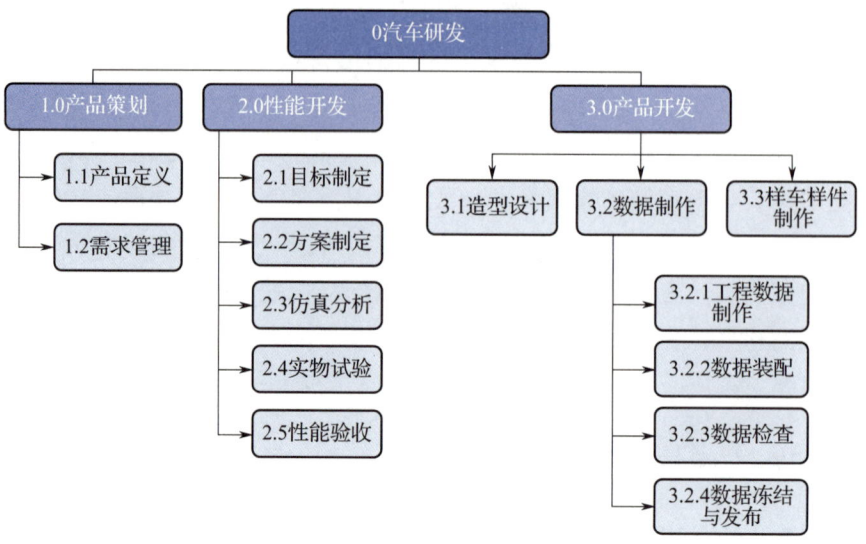

图 7-2 工作分解结构示意图

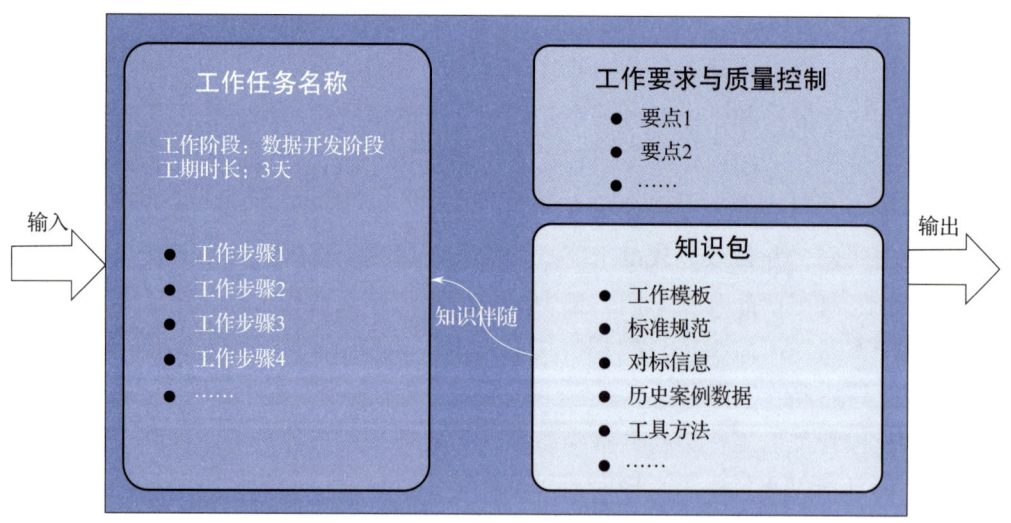

图 7-3 工作包示意图

一个用于项目管理的工作结构分解必须分解到工作包层次，才能够成为一个有效的管理工具。项目管理者以研发流程为依据，添加每个研发活动的人、财、物、时间等信息，形成项目计划。利用研发工作分解结构，实现研发过程中工作任务的有序进行。工作包的输入输出以工作分解结构为基础前提，而各个工作包之间形成的工作单元按照研发流程来连接。

研发流程结构化采取"横向分段，纵向分层"的方式，横向分解为多个研发阶段，纵向将每个研发阶段分解为多个层次以形成工作包。工作包之间形成多人协同的任务，也可以是多工具协同的任务，还可以是多技术协同的任务，这三类协同任务通常是逐层嵌套的。

流程管理者把研发项目的具体任务进行工作结构分解，然后在智能工作台中来运行。按照流程，项目工作人员自动获得工作包，而系统根据项目交付要求定义出具体任务以及完成工作的时间和质量要求，流程明确了各工作包的输入输出数据。这些数据按照流程设定的规则自动流转，即上游完成工作后，下游会自动获得数据；如果下游对数据有要求，可以通过流程告知上游。

研发流程、规则结构分解和工作包相互协同，能够使研发工作任务清晰、管理有序、进度可控和协同有效，从而提升研发的规范化和标准化。

7.2.3 智能工作台的数字化工具

数字化工具是研发智能工作台的重要组成部分，它融入整个研发流程，内置到工作包中。当一个研发结构化工作的步骤确定之后，就可以将数字化工具应用到固化的业务中，形成封装的软件工具，而这种软件工具可以复制到所有项目的相同角色中。在智能工作台上，数字化工具伴随着工作任务，工程师可以直接在智能工作台上调用，实现了业务和工具的融合。下面举几种数字化工具的例子，如在线设计产品工具、自动化仿真分析、智慧助手等，来说明这种融合。

在线设计产品工具可以让不同专业的工程师在一个平台环境来进行同一个产品的设计与开发。由于数据实时在线，一个专业的工程师修改了设计之后，所有其他专业的工程师同时获得新的设计数据，他们在这个新数据的基础上开始各自专业的设计，这样就实现了跨专业的数据实时共享。这种数据实时传递的开发模式不仅解决了数据不同步带来的不同专业工作之间的混乱和重复工作，而且加强了团队成员的合作，有利于实现跨专业的敏捷式开发。

自动化仿真分析是将研发项目分析内容嵌入到软件中，实现让软件自动化处理和优化项目工作。在汽车研发中，常见的自动化工具有自动化数据检查工具和自动化仿真分析工具。自动化数据检查工具是将数据检查的内容和标准，如客观量化的标准参数，内置到数据设计软件中，当工程师使用软件绘图时，工具将根据内置的标准自动检查他的绘图并给出设计优化方向。自动化仿真分析工具将算法模型和分析内容通过软件开发封装成一个自动化集成的工具包。工程师只需要在仿真工作任务界面调用这个工具包，并设置好约束条件，工具包就会自动运行计算，并自动输出标准化格式的分析报告。

智慧助手是基于人工智能技术开发的一种知识库应用工具，旨在为用户提供全面、准确、及时的信息查询和解决方案。当智慧助手接收到用户的语音或文字输入后，就采用自然语言处理技术和机器学习算法来处理，在理解用户意图的同时，根据历史数据给用户精准回答。如果没有相关或足够的历史数据，它会通过网络爬虫等方式来获取新数据，并加入数据库中。智慧助手嵌入到研发智能工作台中，伴随工程师的整个研发工作过程。它能够随时被唤醒来回答工程师的问题、提供相关信息。人与智慧助手这种智能交互方式极大地提高了工程师获取知识信息的效率和信息量。

在研发智能工作台中，数字化工具还结合了结构化工作流程和工作包，嵌入到工程师的工作界面中，让他可以根据工作实时调用。

7.3 知识图谱

在知识数据智能应用实践中，知识能以图谱的形态聚合管理。利用图谱可以将企业各种分散的数据和知识连接和聚合，将大量的数据表、非结构化数据以业务需求的图谱形态管理起来，从而帮助人们更全面、系统地了解知识体系。这种将知识用图谱来管理和表征的过程推动了知识图谱的诞生。将知识图谱应用于产品开发，人们就能通过可视化和交互式的方式与机器进行知识互动，推进人机协同。

在本节中，我们将探讨知识图谱的定义、技术体系和发展趋势，并以长安汽车的故障知识图谱作为案例进行阐述，分析其在实际应用中的价值和前景。

7.3.1 知识图谱的定义

知识图谱是谷歌公司在2012年提出的，最初用于加强搜索引擎查询结果的可解释性，后逐渐被应用于智能搜索、智能问答、个性化推荐、情报分析等领域，现已成为人工智能的一个重要分支。

知识图谱是一种可视化的知识映射地图。它以符号形式描述客观世界中的概念、实体及其关系，将各种信息表达成更接近人类认知的形式。概念是对现实世界中具有相同属性的事物的概括和抽象，比如职业、国家。实体是概念对应的现实世界中的具体事物，是知识图谱中的最基本元素，比如工程师、中国。关系则用来表达不同实体之间的某种联系，比如职业与职业之间的合作关系、国家与国家之间的友好关系。属性则是指实体或关系在抽象方面的刻画，如一个职业的学历要求、一个国家的建国时间等。

知识图谱的基本组成单位是"实体–关系–实体"三元组，以及实体及其相关"属性–属性值"键值对，这里的属性值即某项属性具体的值。以图7-4为例进行说明，该图描述了知识图谱的概念模型，这个模型包括了本体层和实例层。本体层描述的是抽象的概念（用节点表示，即图中实心圆）及其属性（图中实线矩形框表示）、概念间关系（图中有向边表示），比如图中展示的"车型"与"部件"就是两种概念，具备"编号"和"标签"两种属性，属性是按需定义的，它们之间的关系是"组成"，表示车型由部件组成。本体层设计是知识图谱构建过程中很重要的一步，又称本体建模，在7.3.2节的技术体系中会详细介绍。实例层则是对本体层的实例化，记录了每种概念所对应的具体实体，如"车型"对应"CS75 Plus"，"部件"对应"发动机"和"空调"。实例层的关系类型和属性类型与本体层保持一致，且给每个实体的属性赋予了具体的属性值，构成"属性 – 属性值"键值对，如空调的"编号 –BJ0002"和"标签 – 部件"。

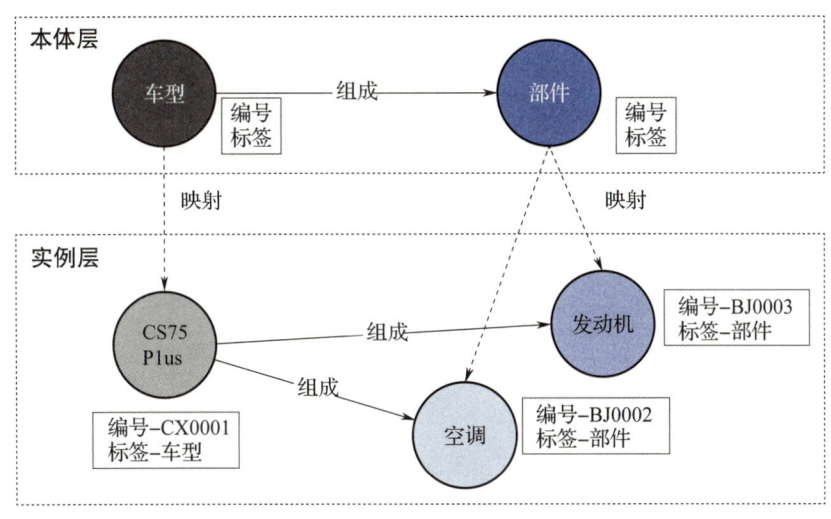

图 7-4　知识图谱概念模型示例

知识图谱通常由丰富的节点类型和关系类型组成，以满足组织和管理海量信息的目的。比如对图 7-5 中新增一类概念"公司"，同时对各概念对应的实体进行扩展，引入更多关系类型，就可以得到一个汽车领域的知识图谱（通常是描绘实例层）。通过该知识图谱，就可以很直观地对长安汽车的车型信息进行分析。在实际的知识图谱构建过程中，将基于大规模数据抽取出丰富的知识进行关联，可得到用于工业场景的复杂知识图谱。

从分类上来说，知识图谱通常分为通用知识图谱与领域知识图谱。通用知识图谱，如 DBpedia、Freebase、Wikidata、YAGO 等，可以形象地看成一个面向通用领域的结构化的百科知识库。它包含了大量的现实世界中的常识性知识，覆盖面广，形态通常为结构化的百科知识，针对的使用者主要为普通用户。领域知识图谱又叫行业知识图谱或垂直知识图谱,通常面向某一特定领域,如医疗、金融等领域。因其基于行业数据构建,有着严格而丰富的数据模式,所以对该领域的知识深度、知识准确性有着更高的要求,针对的使用者为行业内的从业人员以及潜在的业内人士等。两类图谱本质相同,其区别主要体现在覆盖范围与使用方式上。

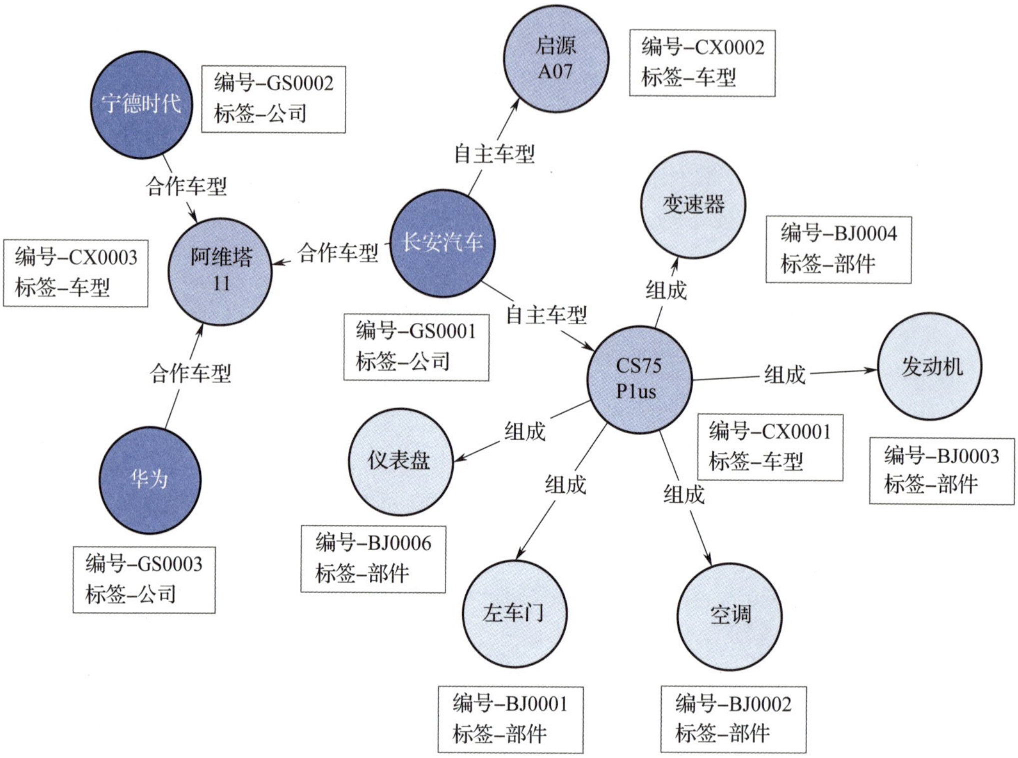

图 7-5 知识图谱示例

7.3.2 知识图谱构建

1. 技术体系概述

针对特定领域的知识应用,研究人员通常需要构建领域知识图谱来作为数据支撑。领域知识图谱作为一种非常重要的知识表示方法,能够将特定领域的知识以图形化的方式表示出来,有助于人们更好地理解和应用知识。

一种主流的知识图谱技术体系(图 7-6)包括数据获取、数据处理、信息抽取、知识融合、知识加工、知识存储和知识应用阶段。可以简单概述如下:在数据获取阶段,收集各种结构类型的数据。在数据处理阶段,完成故障数据的预处理和初步的本体建模。在信息抽取阶段,从处理后的数据中提取出实体、关系和事件,将它们存入知识库的本体层和实例层。然后，对不同来源的数据进行知识融合，实现实体消歧和共指消解。知识经过加工后会进行评估，最终合格的数据放入知识图谱中进行下游应用，如语义搜索、智能问答、推荐系统等。

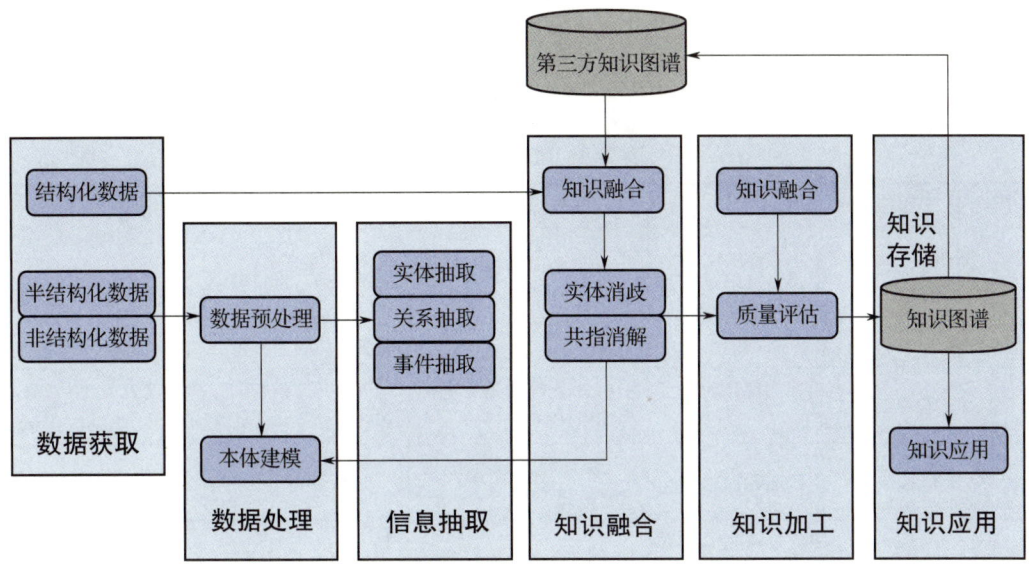

图7-6 知识图谱的技术体系

对知识图谱整个技术体系有了一个初步的认识后，下文将以长安汽车故障知识图谱的实际构建与应用过程为载体，对技术体系中的关键步骤进行展开介绍，使读者更进一步地了解知识图谱的构建与应用过程。

2. 数据获取

建立一个知识图谱首先要获得数据，这些数据就是知识的来源，它们可以是一些表格、文本、数据库等。数据根据类型的不同可以分为结构化数据、非结构化数据和半结构化数据。结构化数据为表格、数据库等按照一定格式表示的数据，通常可以直接用来构建知识图谱。非结构化数据通常是文本、音频、视频、图片等，需要对它们进行信息抽取才能进一步建立知识图谱。半结构化数据是介于结构化数据和非结构化数据之间的一种数据，其具有一定的结构性但不能直接使用，也需要进行信息抽取才能建立知识图谱。

在当前的汽车后市场中，汽车故障维修质量问题一直是消费者关注的焦点。维修数据是汽车研发的宝贵资产，它直接反映了车辆在实际使用中的性能表现和故障模式。这些数据可以帮助工程师识别设计缺陷，优化零部件耐用性，提升汽车的整体质量和可靠性。通过分析维修记录，能精准定位问题根源，加速技术改进，减少召回风险，同时也为新技术的验证和融入提供实证支持，从而缩短研发周期，使产品更贴近市场需求，增强竞争力。维修数据作为一种知识资产，成为汽车企业研发与消费者建立连接的重要数据内容。其中，维保记录就是一种典型的反馈信息，它通常是由汽车维修店的记录生成的，数据包含了车系信息、故障信息、经销商信息等。从故障知识图谱构建的角度，数据包括车系名、维修措施、故障原因、故障现象和维修元器件的信息，见表7-1。

表 7-1 维保记录表示例

序号	车系名	维修措施	故障原因	故障现象	维修元器件
1	车系1	更换自动泊车控制器总成后故障消失	是自动泊车控制器内部问题，需要更换自动泊车控制器总成	1) 客户反映泊车探头故障一直报警 2) 客户反映泊车探头故障一直报警	DF727A01-108
2	车系2	给予更换自动变速器总成	经排查确认是变速箱内部损坏	车主反映该车没有档位	C201099-1000C201100-0700
3	车系3	更换通气管总成	经维修技师检查属通气管故障引起	故障等亮	H16001-1901
4	车系4	更换电泳侧围外蒙皮（右）；右前门焊接总成；更换后故障消失车辆恢复正常	经检查确认为右前门锈蚀自身原因；右侧围锈蚀自身原因	客户反应车辆右前门锈蚀；右侧围锈蚀	B501068-07105 CT0005103 C201075-0501
5	车系5	申请更换前制动盘（左右）请领导批准为谢	维修技师检查出来前制动盘（左右）平面度不相同导致刹车异响	踩刹车异响	A101036-1000

注：表中各类错误均为该表实际应用中出现的错误。

从表 7-1 中可以看出，除了车系名和维修元器件是结构化数据外，其他三种字段（故障现象、故障原因和维修措施）都是以非结构化的文本形式存在的。这类数据在分析后存在以下问题：①描述缺失，如"车主反映该车没有档位"；②错别字现象，如"故障等亮"；③内容重复，如："1) 客户反映泊车探头故障一直报警 2) 客户反映泊车探头故障一直报警"；④中英文标点符号混用等。因为上述问题存在，所以非结构化数据是接下来数据预处理的重点。

3. 数据处理

在数据处理阶段，一方面进行数据预处理操作，针对文本的数据预处理就是进行文本预处理。常见的处理方法包括去除停用词、重复标记清理、大小写转换、词形还原、去除多余的空格、去除特殊字符等操作。经过文本预处理后，可以清洗数据，剔除掉无用的信息，提取出有效的特征和模式，以提高后续信息抽取的准确性和效率。另一方面，需要进行本体建模，该内容将在下一小节进行介绍。

在进行数据预处理时，针对维保记录中存在的问题，项目提出了一个通用的文本数据预处理流程，该流程为三段式处理流程，如图7-7所示。

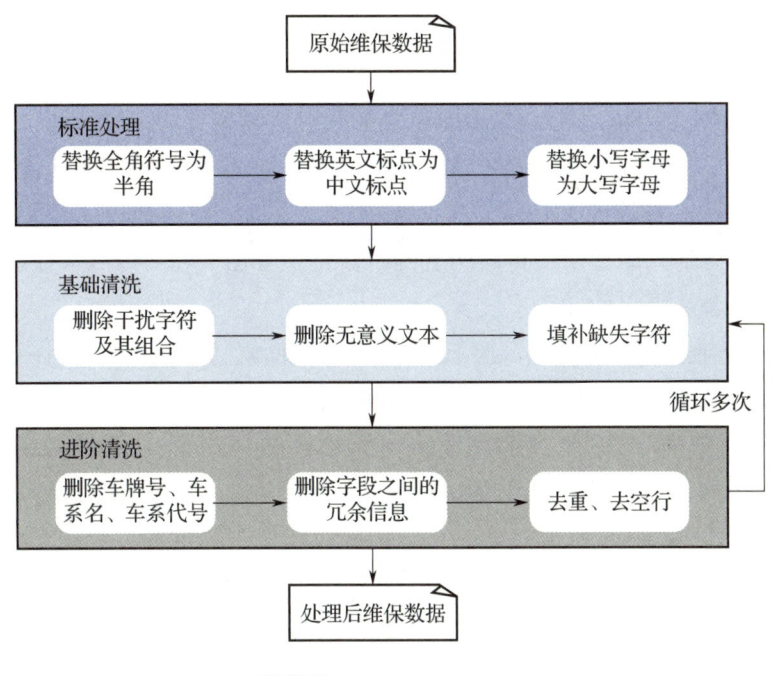

图 7-7　数据预处理流程

首先进行标准处理，完成全半角符号、中英文符号和大小写字母的统一。

然后进行基础清洗，通过数据分析，人工筛选出干扰字符及其组合，如字符串开头的"*@"，以及无意义的文本，如一个字段中只有一个字"无"；对缺失的字符按规则进行填补，如只有一个左括号，填补一个右括号。这个阶段完成后，数据之间比较明显的噪声会被清除。

接下来，对数据进行进阶清洗。进阶清洗方案视数据特点和需要保留的信息进行制订，比如删除对知识图谱构建无意义的车牌号、车系代号等信息。另外，单条文本内容中可能存在着明显的冗余信息：一种情况是机械重复，如"打方向有异响打方向有异响打方向有异响"，这种情况是输入时复制粘贴导致的；还有一种情况是描述重复，如在故障原因中重复描述故障现象。针对这些问题，往往需要通过构建正则表达式来进行识别和处理。每进行一种操作，都可能会产生新的重复行或空行，因此需要进行一次整体的去重和去空行。

进阶清洗完成后，文本中的字符发生了变化，原本在基础清洗阶段中未被识别为噪声的字符或字符串能够被重新识别出来，所以需要进行多次基础清洗与进阶清洗，设定一定清洗次数或通过人工采样审查清洗结果。需完成多轮循环清洗，以得到较为干净的处理后的维保数据。

4. 本体建模

在数据处理阶段，另一个重要的操作是进行本体建模。本体建模即完成知识图谱本体层的构建，是一个提取出数据中的概念及概念之间语义关系的过程，提取出的结果就是本体，换句话说，本体即概念的集合，是对于该领域知识的抽象表示，一般不会改变，如图 7-4 中的"车型"和"部件"。本体建模通常有自顶向下和自底向上两种方法。自顶向下是指先定义数据模式，从最顶层的概念开始往下进行细化，再把实体添加到概念中。自底向上则刚好相反。在实际的领域本体建模过程中，往往同时会结合使用两种方法。

在实际的构建过程中，本体建模通常不是一蹴而就的，往往要进行多轮迭代和修改。该故障知识图谱项目提出了一种故障领域本体建模方法，首先在数据清洗阶段，除了对数据进行分析和处理，还人工归纳提取出数据中的概念类型及关系，此时可以形成一个初步的、顶层的、粗粒度的模式层。然后在知识抽取和知识融合阶段，基于开发人员对数据模式的认知逐渐深入，完成对模式层的更新与细粒度的概念分解。

如图 7-8 所示，通过对长安汽车维保数据进行多轮分析，得到汽车故障知识图谱的本体，其由多种概念、关系和属性组成，对故障现象实体进行了细粒度刻画。

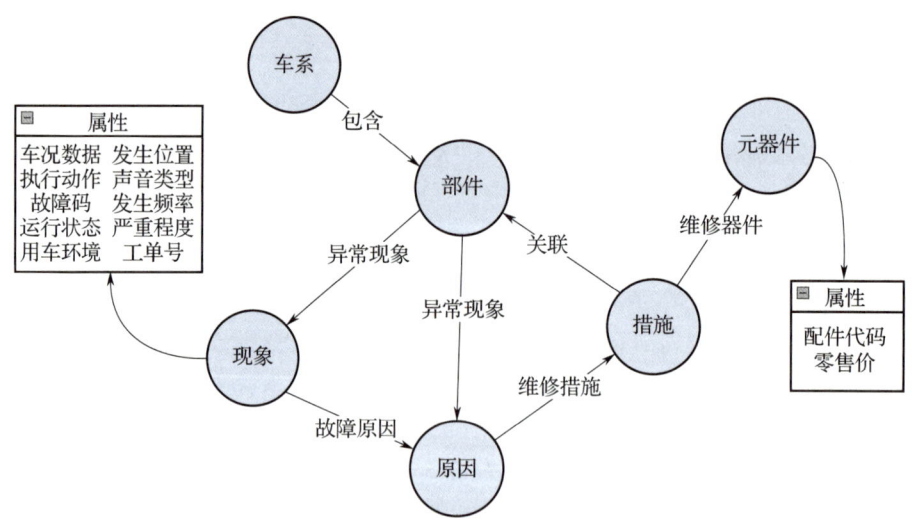

图 7-8 故障知识图谱概念层设计

在进行本体建模时，一方面，应尽量构建较细粒度的概念及关系，这样才能够更好地支撑领域应用场景，完成实体间复杂的关联与推理。但另一方面，概念粒度越细，则进行实体和关系标注的成本就越高，模型在训练时更容易出现样本不平衡的问题。因此，在实际的本体建模过程中，本体建模的概念粒度需要在应用和训练中找到一个平衡点，同样以图 7-8 为例，在设计"部件"这一个概念时，项目包含了"系统"的概念，之所以没有将"系统"分解出来作为一个新的实体类型，是因为通过分析维保记录发现"系统"这类实体（如胎压系统）出现的频次非常低，极容易导致该类实体在信息抽取阶段出现错误抽取和漏抽取的问题。所以，读者在进行本体建模时也需要综合考虑概念分解的粒度。

5. 信息抽取

信息抽取是知识图谱中最核心的一步。知识图谱领域的信息抽取任务通常包含实体抽取、关系抽取和事件抽取。实体抽取是指抽取出文本中的原子信息，形成实体节点，如"发动机异响"包含的实体有发动机（部件）和异响（故障现象），实体的类型可视故障场景和建模粒度进行制定。关系抽取是指从文本中抽取出两个实体之间的语义关系。如上述例子中，三元组是"发动机–现象–异响"，现象是两个实体之间的关系。事件抽取指的是从文本中抽取出用户感兴趣的事件信息，需要抽取出事件元素并判断元素扮演的角色，如"制动时抖动"，"制动时"就是一个事件元素，其扮演的是汽车运行状态。

故障知识图谱构建过程是结合数据特点进行实体抽取和关系抽取。按两者抽取方式的不同，可以分为流水线抽取和联合抽取两种方式。流水线抽取是指先进行实体抽取，再抽取实体间关系，两个任务是分开进行的，没有信息交互，优点是可以分别进行优化，缺点是实体抽取的错误会传递给关系抽取，这类抽取方式典型的算法模型有 PURE、PL-Marker 等。联合抽取是指共享实体抽取和关系抽取两个过程的参数，使两个过程的信息能够交互，同时或分阶段地提取出知识三元组，这类抽取方式典型的算法模型有 CasRel、TPLinker、oneRel 等。

本项目采用流水线抽取方式，先进行实体抽取，获取维保记录中的车系、部件、故障现象、维修措施等实体，然后再用关系抽取来对两两实体对的关系进行分类，得到知识三元组进行存储。需要说明一下的是，这个方案不一定是最佳的方案，读者还可以尝试一下其他抽取算法，如直接使用联合抽取算法得到知识三元组，甚至可以考虑结合大模型优秀的自然语言理解能力来进行信息抽取，目前在学术界和工业界已经有这方面的应用。最终，在信息抽取阶段，本项目提取出了 324 万个实体和 758 万条知识三元组，构成了本体建模层的核心概念及关系，每一条知识三元组，都是"实体–关系–实体"的三元组，如："CS75 Plus–组成–发动机"，其可视化之后，发动机节点有一条边指向异响节点。实体的类型及节点数量统计见表 7-2，其中汽车部件、故障现象/原因及维修措施节点数量占比较高，能够建立故障因果关系之间复杂的联系。

表 7-2　抽取实体类型、节点数量统计及示例

实体类型	节点数量	实体举例
车系	54 个	UNI-T、CS75 Plus、悦翔 V7
汽车部件	65.37 万个	车门、车窗、安全带、发电机故障灯、四轮、四门、玻璃升降器
故障现象/原因	218.68 万个	异响、亮、不亮、不工作、收不回去、无法调节、翘起来了、声音很哑、声音大、黑屏开不了机、调节失效、不合缝、显示不准、时常亮、关不起、支撑不了、缺制动油、老化断裂、发卡
维修措施	36.45 万个	更换、搭电处理、喷漆处理、除锈喷漆、升级
维修元器件	4.14 万个	车身控制器总成（H15）、离合器主缸总成、正时传动带、电喇叭总成

从表 7-2 中也可以看出，故障现象和故障原因被划分到同一实体类型中，因为通过分析维保记录发现，故障现象和故障原因的组成要素都是部件 + 部件状态。它们的本质都是部件的某种状态，现象和原因之间只是部件状态的转换，是引起和被引起的关系，一个部件状态在一条维保记录里面出现在故障现象中（作为故障现象），在另一个维保记录里面可能就出现在故障原因中（作为故障原因）。因此，在故障知识图谱的实际信息抽取和知识存储时，故障现象和故障原因实际都是部件状态。若一个部件状态是由另一个部件状态导致的，则前者扮演的是故障现象，后者扮演的是故障原因，两者之间是"故障原因"的关系。

简言之，信息抽取部分是知识图谱构建的核心，感兴趣的读者可查阅更多资料进行学习。

6. 知识融合

在知识融合阶段，若存在多个知识图谱，就必须对不同数据源的数据进行对齐和匹配，包括本体对齐和实体对齐。本体对齐主要是对多个数据源的本体层进行对齐，解决的是一个相同概念在不同数据源中表述不同的问题，如在一个数据源中是"部件"，在另一个数据源中是"零部件"，两者本质是同一个概念。此时需要对两个概念名进行统一，如统一为"部件"，这个过程称为本体对齐。实体对齐则是针对实例层进行对齐，包括实体消歧和共指消解两个子任务。

实体消歧是指解决同名实体存在一词多义的歧义问题，将文本中出现的命名实体映射到一个已知的无歧义的结构化知识库中的技术，如"制动"既可以表示制动踏板这个部件，也可以表示汽车制动这个状态。共指消解是指将现实世界中同一实体的不同描述合并到一起的过程，例如，"打不燃火"和"点火失败"指向同一故障现象，需要将它们进行统一。

在实践中，实体消歧发生在信息抽取阶段。采用 BERT 类的动态词向量算法可以很好地识别实体的语义。BERT 是一种预训练语言模型，使用双向上下文来捕捉

句子的深层次语义信息，具有强大的语言理解能力和广泛的适用性，能够为各种自然语言处理任务提供强大的基础模型，不需要再对实体的一词多义问题进行处理。所以，知识融合的重点在于解决共指消解问题，一种最简单的方法是基于规则的方法，构建映射词典进行对齐，如构造一个故障现象的映射词典，待融合的实体作为键，统一指称作为值，这样每一个待融合的实体都能一一映射到统一指称，例如将"打不燃火"和"点火失败"都映射为"点火异常"。另一种常用的方法是将对齐任务视为聚类问题，利用机器学习算法将相似的实体归纳成一类，一个解决方案是Canopy+Kmeans，这是一种聚类算法的组合，它结合了Canopy聚类和K-means聚类的优点，核心思想是先利用Canopy算法对全部实体向量进行粗聚类，得到若干个子集，此阶段可以看作数据预处理。然后使用传统的聚类方法，如Kmeans进行细粒度的聚类，将相似的实体聚为一类，以达到实体对齐的目的，两种算法相结合，可以提高聚类时的效率。

在本项目中，结合了上述两种方法进行共指消解，先通过人工的方式构建了一部分映射字典进行融合，然后对于字典无法处理的实体，则采用聚类算法进行归类，并设定阈值进行判断，得到最接近的实体指称。

7. 知识加工

在知识加工阶段，需要对融合后的知识进行质量评估，通常可以从以下维度进行评估：①完整性评估，评估知识图谱是否完整，即是否包含了所有相关的实体和关系，可以通过对比知识图谱和领域本体或其他数据源进行评估。②一致性评估，评估知识图谱中的实体和关系是否一致，即是否存在冲突和矛盾，可以通过对比知识图谱中的实体和关系进行评估。③准确性评估，评估知识图谱中的实体和关系是否准确，即是否符合实际情况，可以通过人工审核或领域专家审核的方式进行评估。④覆盖率评估，评估知识图谱中的实体和关系是否覆盖了所有相关领域，可以通过与其他数据源进行比较的方式评估。通过质量评估可以对构建的知识图谱的质量有一个直观的认识。

不同业务场景侧重于不同的维度。故障知识图谱的评估主要评估完整性、一致性和准确性，一方面结合信息抽取和知识融合阶段的算法性能指标进行判断，另一方面通过人工随机抽检，进行综合判断。若存在低质量的抽取结果或融合结果，则对对应环节进行针对性地改进，因此，从信息抽取到知识加工是一个多次迭代的过程。

经过多次迭代之后，最终得到结构化的知识图谱，此时可以基于已有的知识图谱进行知识推理。知识推理是指利用图谱中现有的知识，基于逻辑思维能力，推导出新的、隐性的知识。具体来说，知识图谱推理主要能够辅助推理出新的事实、新的关系、新的公理以及新的规则等。例如，原来的知识图谱中有两个知识三元组，

"CS75 Plus-组成-发动机"和"发动机-组成-活塞",通过知识推理,可以得到"CS75 Plus-组成-活塞"。在知识推理过程中,可以运用多种方法,例如基于逻辑规则的推理、基于图结构的推理、基于分布式表示学习的推理、基于神经网络的推理以及混合推理等,读者可以自行了解。

8. 知识存储

得到知识三元组之后重要的是进行存储。知识图谱是一种关联密集型的数据,以有向图结构进行表示,因此适合以图数据库进行存储。图数据库在关联查询的效率上会比传统的关系数据存储方式有很大的优势。常用的图数据库有 Neo4j、JanusGrap、OrientD、ArangoDB 等,以 Neo4j 为例,其作为一种应用广泛的图数据库,与传统的关系型数据库不同,它以节点、关系和属性的形式存储数据,除了能够像普通的数据库一样存储一行一行的数据之外,还可以很方便地存储和可视化数据之间的关系信息。

本项目采用 Neo4j 进行知识存储。当数据导入到 Neo4j 中后,对知识图谱进行可视化分析就是一件非常容易的事情。图 7-9 给出了一个用 Neo4j Bloom 展示的图谱局部示意图,Bloom 是 Neo4j 自带的一款可视化查询工具,利用该工具不需要编写查询语句就可以对图数据库进行探索和可视化分析。图中展示的是"车系-部件-状态(故障现象)-状态(故障原因)-维修措施-维修元器件"的标准链路,可以看到图上存在着一个明显的聚集区,表示一个基于某款车系进行关联和展开得到的局部子图。

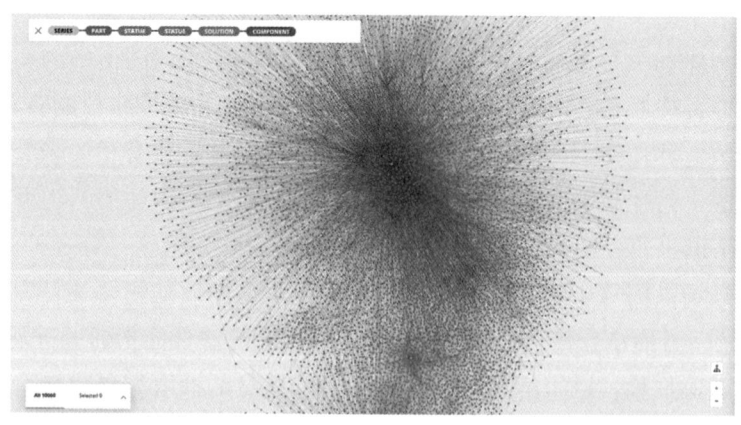

图 7-9　用 Neo4j Bloom 展示的故障知识图谱局部示意图

图 7-10 给出了用另一个 Neo4j 自带的 Browser 软件展示的故障知识图谱局部示意图,图中包含了车系、部件、部件状态、维修措施、维修元器件这几类节点,同时可以直观地观察到各节点之间的关系(如图中红色箭头和标注的节点名称所示)。

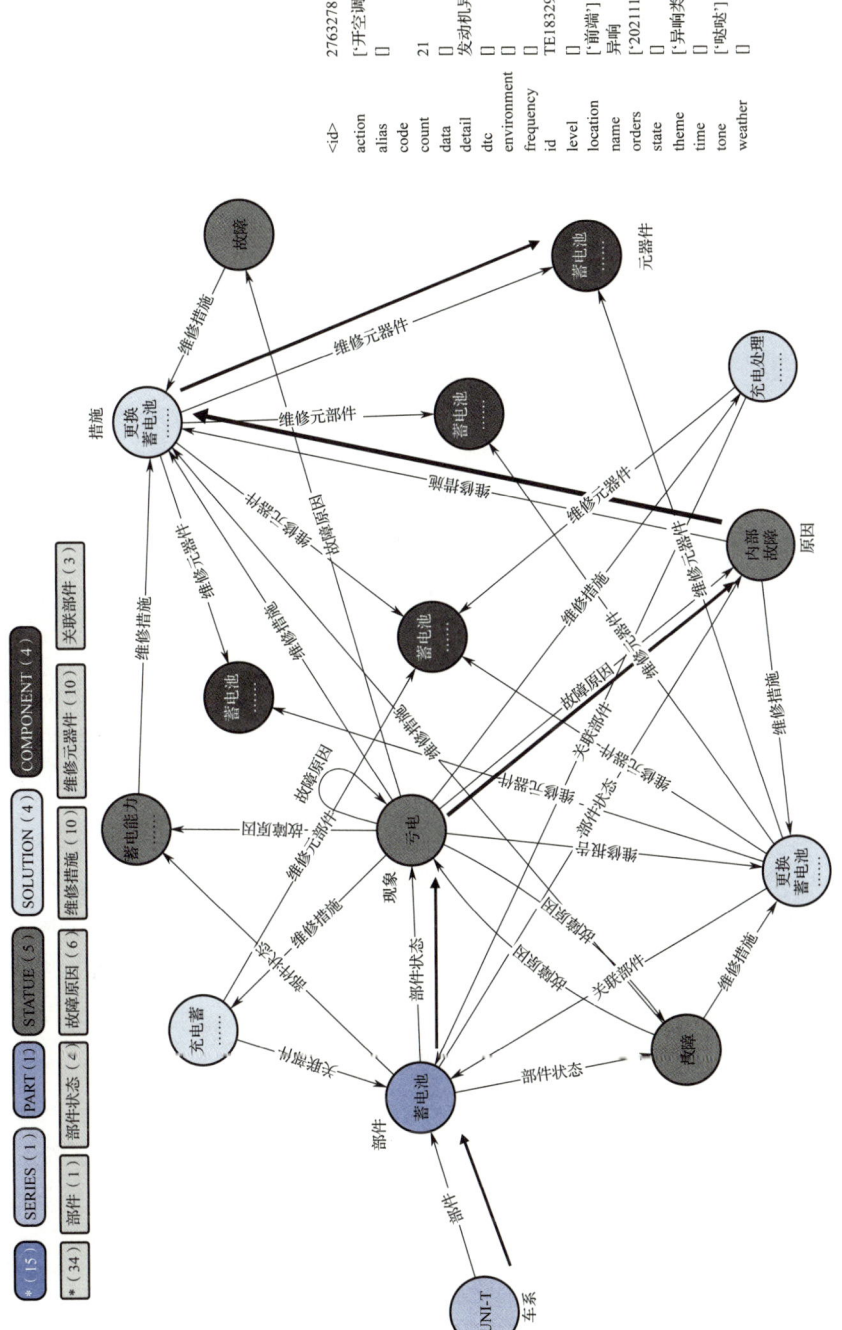

图 7-10 用 Neo4j Browser 展示的故障知识图谱局部示意图（主要表达关系）

完成了知识图谱构建之后，就可以基于知识图谱进行知识应用。

7.3.3 知识图谱应用

知识图谱作为知识工程领域的一个重要工具，对于理解和利用知识具有显著的价值。通过知识图谱的研发，我们可以将原本分散且形式多样的知识组织成一种更加结构化的形式，这不仅便于查询、推理和应用，也能帮助我们发现知识之间的隐含关联，从而揭示出更深层次的信息和知识。

在知识工程的具体实践中，知识图谱的应用范围极为广泛。从构建知识库到支持问答系统和搜索引擎的研发，再到提升决策支持系统的效率和精度，知识图谱都发挥着不可或缺的作用。尤其是在智能推理和机器学习领域，知识图谱为算法提供了丰富的背景知识，增强了系统的理解和预测能力。同时，在自然语言处理和机器翻译等技术领域，知识图谱的应用进一步提高了语言理解的准确性和全面性。

在知识工程实践中，本项目构建了基于故障知识图谱的企业故障知识库，帮助企业将原有的零散知识资源转化为有序的知识库，极大地提升了知识的质量。通过这种方式，企业不仅能够更有效地管理和维护其知识资产，还能进一步结合知识问答、个性化推荐等先进技术，整合更多的领域知识。该系统实现了以下功能。

1）语义检索：用户输入一句描述故障现象的自然语言，系统提取出故障信息中的实体。例如在语句检索中，用户输入"发动机老是打不着火是怎么回事"，系统的语义检索功能能够准确地识别用户表达的查询意图为故障原因查询，提及的实体为"发动机"和"打不着火"，前者为标准的部件描述，能够直接在知识库中进行链接，后者为不标准的故障现象描述，系统能够将其按语义转换为规范化的"点火失败"，并基于以上规范化的实体描述在知识库中进行检索，并准确给出用户问题的答案。

2）模块检索：系统同时提供了一种直观简单的模块检索功能，包括车系、部件和故障现象三种查询条件。在检索过程中，每个选项可以实时检索图数据库并给出可选项，用户可以通过下拉选项进行选择或采用手动输入的方式指定查询条件，不需要掌握任何查询语言即可完成对故障知识库的检索操作，如在车系下拉列表中选择"CS75PLUS"，在部件下拉列表中选择"汽车顶棚"，在故障现象下拉列表中选择"异响"。

3）智能推荐：在用户没有检索时，故障知识库可以推荐知识图谱中的高频故障；当用户进行了模块检索或语句检索后，可以根据用户查询的故障进行相似故障的推荐，为用户扩大故障查询范围。如图7-11的"热门问题推荐"板块展示的是根据用户输入的"CS75PLUS空调异响的故障原因"推荐的相似故障现象。

4）可视化分析：对检索结果按知识图谱方式进行展示，如图7-11所示的

"CS75PLUS空调异响的故障原因"的因果链路,其包含了从车系到维修措施的整个链路,图中不同颜色表示了不同的节点类型,例如红色为车系、蓝色为故障原因、紫色为维修措施等。以车系节点作为第一个节点开始往下观察,可以定位到空调和异响,异响就是问题描述中的故障现象,对齐展开可以得到其故障现象集合,如图中的暖通空调总成异响(图中A节点)、暖通空调损坏(图中B节点)、鼓风机故障(图中C节点)等。知识图谱上方区域列出了全部原因结果集合中排名前五的原因及其概率。用户可进行交互操作,点击某个节点来隐藏或展开其下层节点,进行人工主动分析。图谱所示即为对"鼓风机故障"节点展开后的结果,可观察得到其维修措施的集合,如更换鼓风机总成、更换压缩机等。

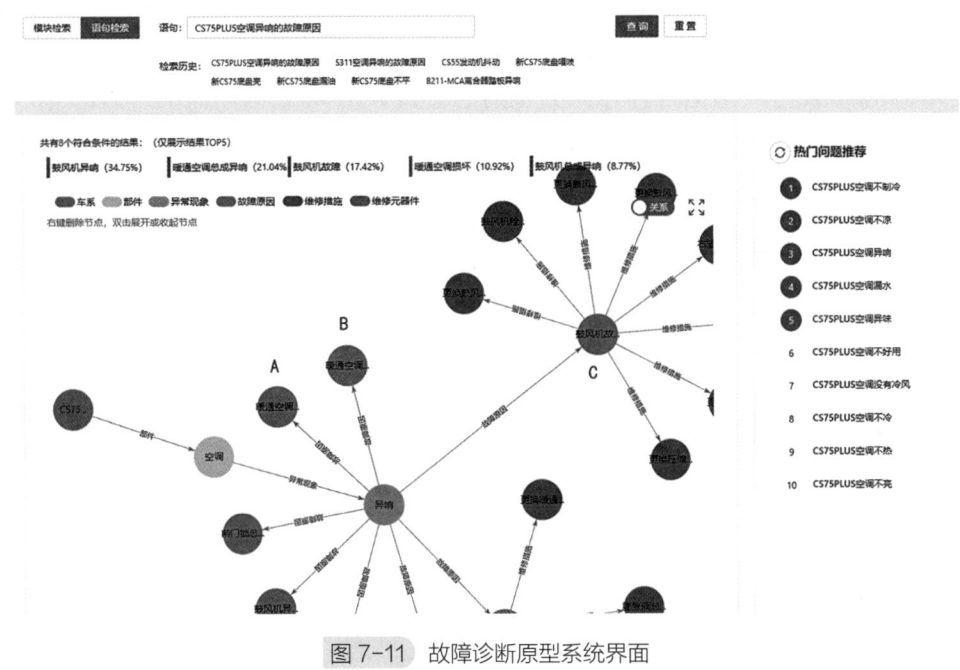

图 7-11 故障诊断原型系统界面

对企业而言,通过知识图谱找到了一种有效提取维保数据中有价值信息的方式,并形成结构化、可复用的诊断知识库。企业可以通过知识图谱发现某款车型的热点故障、高频故障部件、高频维修元器件等信息,为智能诊断、智能维修、维保大数据等业务分析及决策提供有力的数据支撑。

除本项目所构建的企业知识库外,知识图谱还被广泛应用于搜索引擎、智能推荐、智能问答等方向,下面对这几个应用方向进行简单介绍,以给读者提供启发。

1)搜索引擎:知识图谱最开始起源于搜索,也一直服务于搜索。知识图谱可以为搜索引擎提供更丰富的搜索结果和更准确的答案,从而提高搜索的效率和质量。其中比较关键的技术是语义搜索,与传统的基于关键词进行搜索方式不同,语义搜索利用知识图谱可以准确地捕捉用户的搜索意图。例如在百度搜索中查询"车身老是响是怎么回事",它可以准确地识别出查询问题是查询故障原因,并给出符合意图的强相关答案。

2)智能推荐:知识图谱常常作为一种有效的辅助信息被引入到推荐系统中,不仅能够实现更精确的个性化推荐,而且也增加了推荐结果的可解释性,因此得到广泛应用。图7-12展示的是一个基于汽车领域知识图谱的推荐系统示例,其中将汽车、变速器类型、品牌和车型作为实体,将实体间的联系作为关系。通过知识图谱,将汽车和用户与不同的潜在关系联系起来,有助于提高推荐的效果。例如用户1喜欢比亚迪的"汉DM-i",在知识图谱中,可以获取到该款汽车的类型为轿车,变速器类别为自动档,那么根据这些信息,向用户推荐具有相同类型和厂商的"秦PLUS"可能会比较符合用户1的兴趣偏好。类似的,基于用户2喜欢的"深蓝S07"和"CS75 PLUS",可以向他推荐相同类型的"哈弗H6"和相同厂商的"启源Q05"。

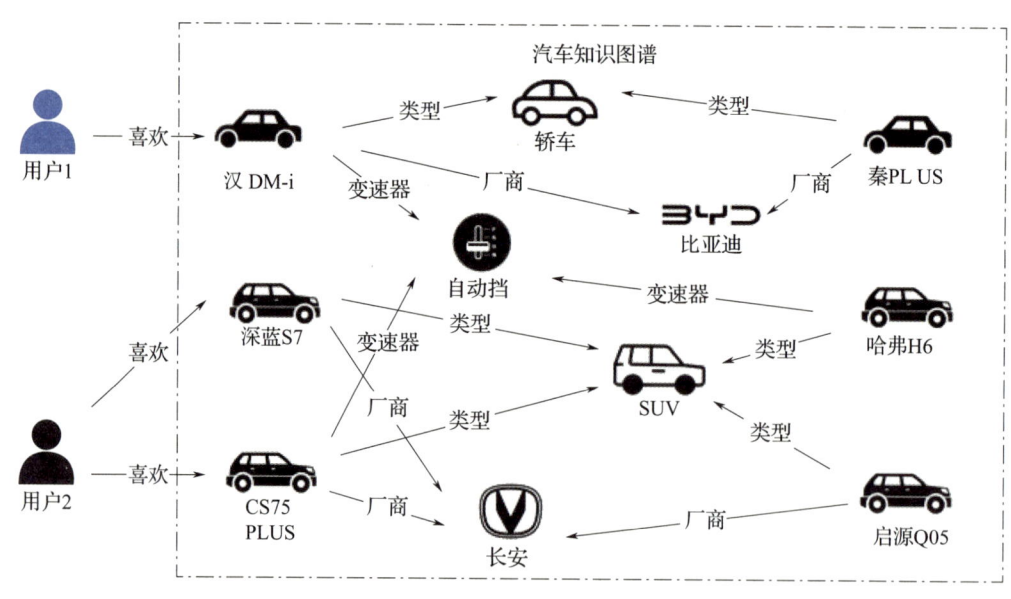

图7-12 知识图谱在推荐系统中的应用

3)智能问答:智能问答系统是信息服务的一种高级形式,能够让计算机自动回答用户所提出的问题。不同于现有的搜索引擎,问答系统反馈给用户的不再是基于关键词匹配的相关文档排序,而是精准的自然语言形式的答案。智能问答系统目前较多地应用于智能客服领域,如京东的智能客服、汽车之家的家家小秘等,针对用户输入的自然语言进行理解,从知识图谱或目标数据中给出用户问题的答案,其关键技术及难点包括准确的语义解析、正确理解用户的真实意图,以及对返回答案的评分评定以确定优先级顺序。

7.3.4 知识图谱发展趋势

目前，知识图谱领域的发展趋势主要体现在以下几个方面：①技术创新：随着深度学习、自然语言处理等技术的不断发展，知识图谱的构建和应用技术也在不断创新。例如，通过使用知识图谱，我们可以实现更加精准的实体识别、关系抽取、语义理解和知识推理等任务。②应用场景拓展：知识图谱的应用场景也在不断拓展，从最初的搜索引擎、推荐系统等领域，拓展到金融、医疗、教育等领域的智能化服务。例如，在金融领域，通过构建金融知识图谱，可以实现智能投资、风险管理、反欺诈等应用。③数据处理：知识图谱的数据处理也是一个重要的发展方向。随着数据量的不断增加，如何高效地处理和利用这些数据成为一个亟待解决的问题。知识图谱可以通过本体的方式，实现对数据的统一建模和整合，从而更好地支持数据分析和挖掘等任务。

大模型时代下的知识图谱也在发生新的变化。大模型可以通过先进的自然语言处理技术和语义理解与推理技术，提高知识图谱的建模和推理能力，从而更好地支持各种应用场景，如问答系统、智能客服等。目前一种主流的思想是将大模型与知识图谱进行互补，形成双驱动，大模型存储的参数化知识是一种隐性知识，人不可理解，同时还存在严重的知识幻觉和灾难性遗忘问题，而知识图谱在可解释性、符号推理方面具有明显的优势。因此，未来的一个重要的发展方向就是知识工程借力大模型，将大模型作为资源和工具，并将其用到知识图谱全生命周期中以提升整体质量。

7.4 智能语言模型

2022 年 11 月，美国开放人工智能研究中心（OpenAI）推出了人工智能工具 ChatGPT。该工具一经发布，便风靡全球，它可对海量文本知识进行融合与重构的能力引发了广泛关注。作为新一代智能语言模型，ChatGPT 在自然语言理解与生成方面独领风骚，堪称智能时代知识工程最杰出的代表。本节内容将介绍智能语言模型，主要包括智能语言模型的定义和概念、构建方法和典型应用、智能语言模型的未来发展趋势。

7.4.1 智能语言模型的定义

人工智能应用程序大多数是以深度学习模型为基础构建起来的。图 7-13 为一个典型深度学习模型的网络结构，由输入层、隐藏层和输出层三部分组成。图中左侧为输入数据和输入层网络。中间为隐藏层，由层层叠加、前后依次连接的网络结构组成。右侧是输出层网络和输出数据。图中纵向一列为一个隐藏层，而含有多个隐藏层的神经网络模型即为深度学习模型。深度学习模型技术日趋成熟，并广泛地应用到各个领域。

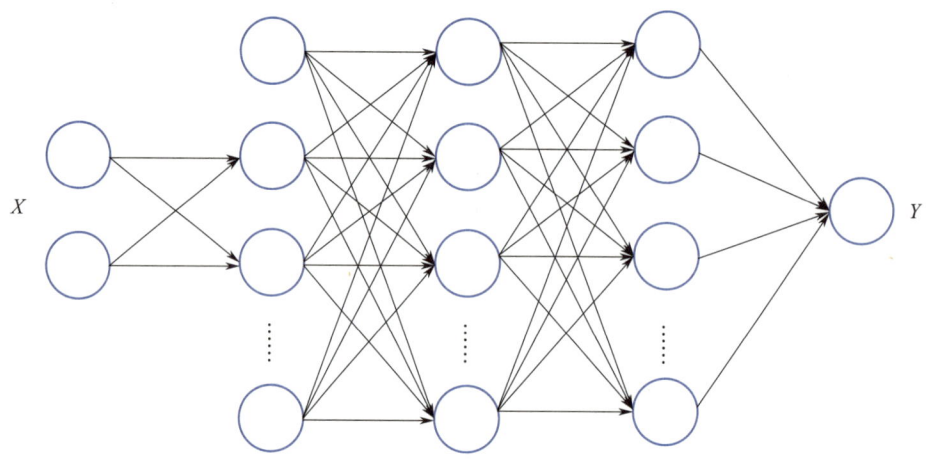

图 7-13　深度学习模型网络结构

多年来，学者们一直渴望着利用大数据，开发出能够与人类流畅交流的虚拟智能体。这种智能体称为智能语言模型，或简称为语言模型。

将人类日常使用的文本语句视为时间序列数据并作为输入，再根据某种规则建立起数学模型，计算之后的输出也是语言文本序列，这就构成了一个语言模型。所以，语言模型是一种序列到序列（Seq2Seq[Sequence to Sequence]）模型[4]。语言模型研究和开发的目的是利用计算机来高效智能地处理特定自然语言任务，实现语言智能化，例如智能知识问答、网络舆情监测等。

我们正处于信息大爆炸的年代。语言模型用到的数据越来越多，参数量呈现出指数级形式的增长，达到亿甚至千亿级规模。例如，百度公司开发的 ERNIE 3.0 常规版模型[5]参数约 100 亿、训练文本数据达到 4TB 之多，GPT-3 模型的参数量达到了 1750 亿，训练数据集中的单词数量约 3000 亿。这种参数巨大的语言模型被称为大语言模型，简称大模型，所以，没有数据就没有大模型。

大多数语言模型基于 Transformer 架构，该架构在 2017 年由谷歌团队发表的"Attention is All You Need"论文[6]中提出。这类模型采用了独特的多头自注意力机制及层叠并行的网络结构，其优势是能够理解文本的上下文、精准挖掘与分析语义。

近年来，智能语言模型犹雨后春笋般大量出现，从 2017 年至 2023 年，近百种模型相继面世，图 7-14 给出了部分模型的发展分布与历程。

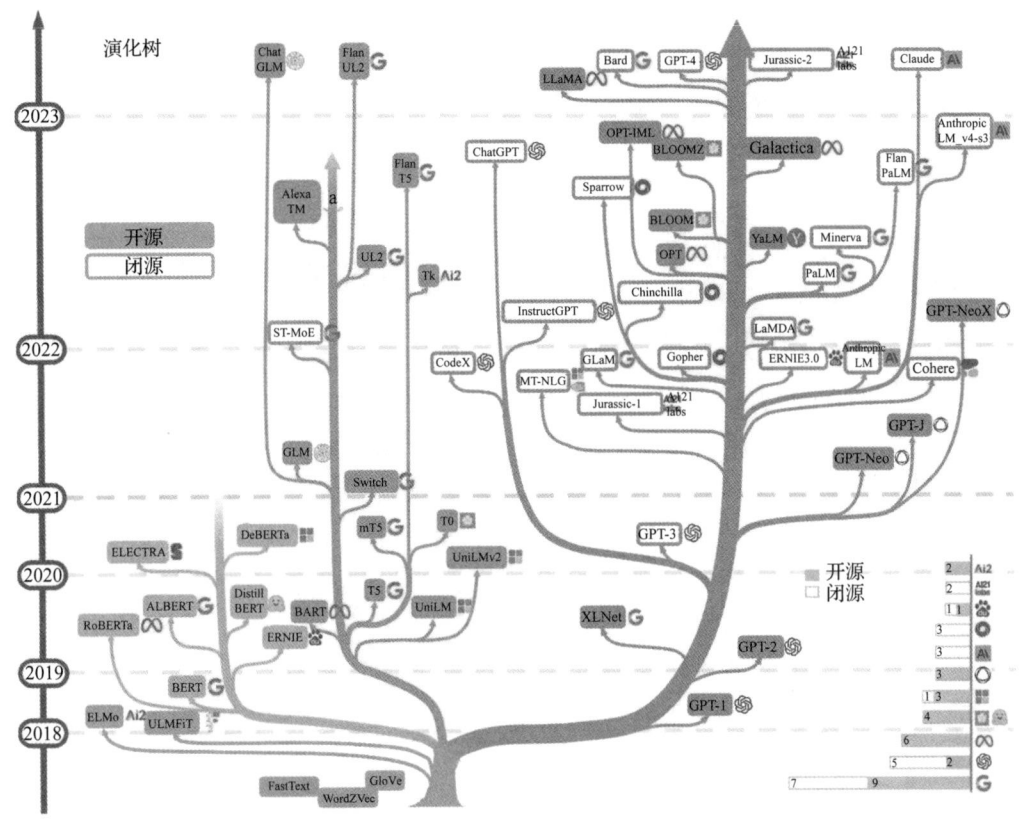

图 7-14 部分智能语言模型的发展分布与历程[8]

一个完整的 Transformer 类语言模型包括词向量、编码器及解码器这三个组件，Transformer 模型结构如图 7-15 所示。

编码器由词向量编码模块和编码器模块组成。

词向量编码模块由嵌入层及位置编码组成，它的功能是将自然语言文字符号转换为便于计算机处理的数字，实现文本编码。一个语言词输入到嵌入层中，会转换为一个稠密的向量。在转换过程中引入位置编码，给向量中的每个字符确定它在语句中的位置，这样就保留了原始语序信息。这些带有编码的词向量将送入编码器模块或解码器模块，以执行各种自然语言处理任务。

编码器模块（图 7-15 左侧点画线框部分）由多个模块化的编码器单元构成，而一个编码器单元由多头自注意力（Multi-Head Self-Attention）机制模块和位置前馈网络两个部分组成。编码器模块的功能是对输入序列进行编码，即将前一个编码器单元的输出传递给下一个编码器单元，作为其输入。一个单一注意力机制可能无法同时捕捉到输入序列中的多种模式和关系，而由多个单一注意力机制组成的多头注意力机制将计算过程分为多个"头"，并对同一个输入分别计算，得到不同注意力额权重。位置前馈网络在每个位置上独立作用以增加模型非线性特性，可以捕捉输入输出信号的复杂特征。这样，多头注意力机制就能够捕捉到输入序列中的多种模式和关系。

解码器模块（图 7-15 中右侧点画线框部分）也由多个解码器单元组成，与编码器模块基本相同，差异仅仅在于内部解码器注意力机制。

编码器和解码器从不同的维度给予每个字符不同的特征权重系数，而这些系数在训练过程中不断优化，直至适应所给数据集，实现文本语句中各字符在语法上和语境信息上的分解与重构。

图 7-15 是一个典型的完整 Transformer 模型，包括编码器和解码器，而有的 Transformer 模型只有解码器，如生成式语言模型的代表 GPT，如图 7-16 所示。这种编码器模型被称作只有解码器（decoder-only）类语言模型。

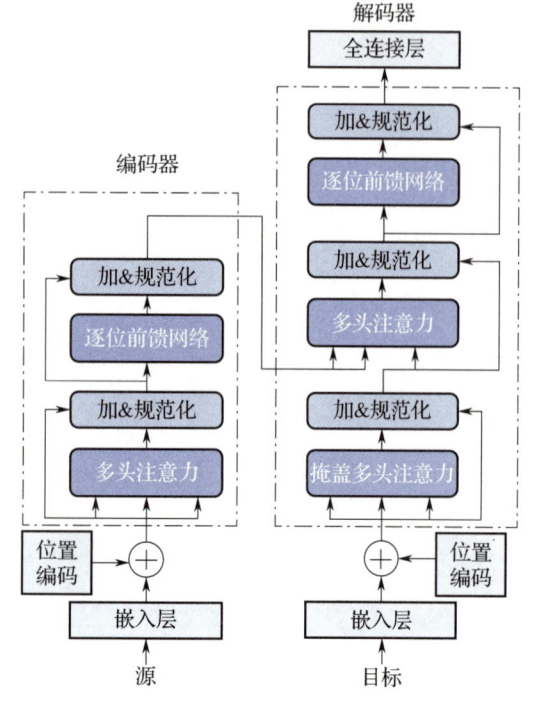

图 7-15 Transformer 模型结构

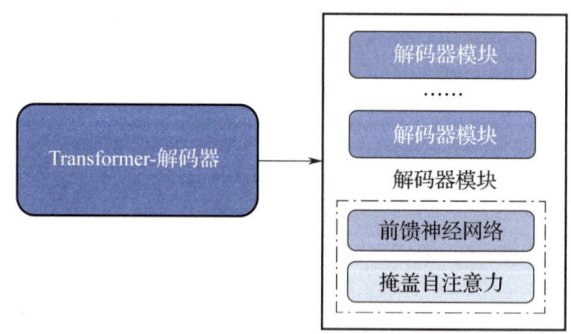

图 7-16 只有解码器（decoder-only）类语言模型

智能语言模型是自然语言处理领域的一个重要突破，是人工智能发展历程中的一个里程碑。现在，很多语言模型（如 GPT-3、RoBERTa、T5 等）的功能接近甚至超过人类的平均水平。智能语言模型的出现正在重塑人类与信息的互动，将对人类社会的发展产生深远的影响。

7.4.2 生成式语言模型的构建

2018年，OpenAI首次推出GPT模型之后，世界上的大型科技公司纷纷推出各种各样的模型，如谷歌的BERT模型、百度的文心一言、科大讯飞的星火大模型等。大语言模型已经成为人工智能领域的一个重要发展方向。生成式语言模型是智能语言模型中最活跃的一种。构建生成式语言模型的过程非常复杂，涉及如下七个方面的工作。

第一是定义模型的目标和需求。首先明确模型的目标，比如文本生成类模型，或机器翻译类模型，或者是情感分析类模型。其次确定应用场景，不同的应用场景对模型的架构选择、数据准备、性能指标、应用效果、资源分配等的要求不一样。最后确定模型的大小和性能要求。

第二是数据处理。数据处理包括文本数据的准备与清洗和构建词汇表两方面。文本通常会以token的形式拆分成最小可处理单元。一个token可以是一个标点符、一个特殊标记符、英文单词的一个词根或词缀、中文的一个汉字等。语言模型的token规模通常在亿级或十亿级。文本数据包括web网页文本、文章、新闻、社交媒体帖子等。数据质量对于模型训练的效果至关重要，因此，数据清洗是数据处理过程中非常重要的环节。数据清洗包含去除重复值、缺失值处理、错误修正、数据标准化等过程。

第三是模型设计与选择。基于模型的目标与需求，选择合适的模型架构、参数（如层数、隐藏单元数以及注意力机制）。

第四是模型训练。模型训练是用训练集数据来训练模型，包括模型预训练、专业强化训练和高效微调。

模型预训练是利用已有的基础类文本数据对原始参数空白的神经网络模型进行规模化迭代优化的过程，将海量的文本知识转化到模型参数单元中，得到一个初具通用知识能力的AI智能体。与汽车研发类比，预训练模型如同车型平台化或部件的模块化，它们是具体车型开发的基础。根据预训练策略的不同，语言模型分为自编码（Auto Encoder，AE）模型和自回归（Auto Regressive，AR）模型。自编码模型的最佳代表是BERT模型[8]，自回归模型的典型代表是GPT模型，其结构如图7-17所示。自回归模型根据给定的句子输入计算下一个字符，并附加在原始句子之后，作为模型新一轮计算的输入。如此循环计算，直至得到一个完整的句子输出。

专业强化训练（post-pretrain）是一个迁移预训练的过程。如果将预训练比作试验田中的秧苗，那么强化训练就是将秧苗迁往普通农田栽种的过程。如果没有秧苗，那么在农田里直接种植庄稼所需的人力和物力将非常大。同样，没有预训练模型，就必须花大量时间和试验来构建模型。

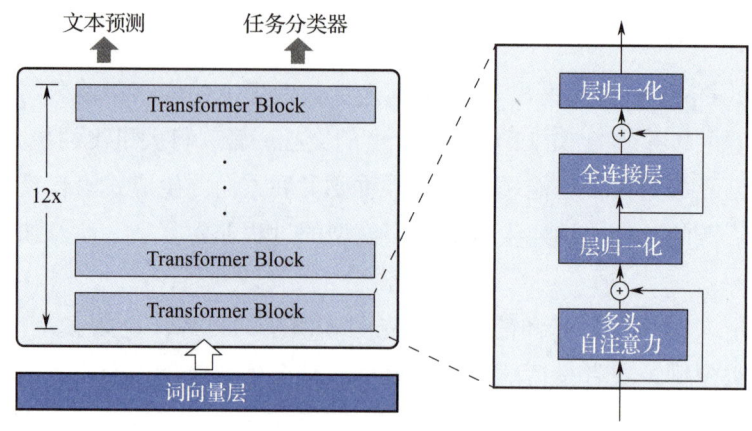

图 7-17 GPT 模型结构[8]

最高效的微调是基于具体应用场景，对模型进行少量而简单的监督训练，达到期望效果后即可投入使用。微调训练中所需数据量少，更新的模型参数少。

第五是模型评估。用量化评测指标（如准确率、错误率、精确率、召回率、F1 度量等）来评估模型。例如准确率和错误率分别表示分类正确和错误的样本数占样本总数的比例，精确率表示预测结果为分类正确的样本占所有样本的比例。

第六是语言模型的部署与优化。模型部署包括服务端部署、客户端集成和测试与验证。语言模型优化是通过模型剪枝、量化、蒸馏、分布式训练等方法提升模型性能。

第七是伦理与安全性。在开发语言模型的过程中，需要考虑偏见与歧视、误导信息、隐私侵犯等伦理问题，还要考虑知识产权与版权、责任归属和人机交互影响等安全问题。通过数据清洗、隐私保护等措施来避免这些伦理与安全性问题。

7.4.3 智能语言模型的应用

语言模型（如 GPT-4、BERT、XLNet 等）被广泛地应用，其应用场景包括内容创作与文本生成、自然语言理解、翻译与多语言理解、软件开发、数据分析、知识检索等。在内容创作与文本生成方面，ChatGPT 是最典型的代表，它撰写文章、报告、新闻报道等。在自然语言理解方面，聊天机器人和语音助手的应用最为广泛。语言模型能够理解和解释人类语言的意图和含义，为用户提供智能问答，为客户提供交互式服务。在翻译与多语言理解方面，模型能够将一种语言准确地翻译成另一种语言或多种语言。在软件开发方面，模型能够用于代码写作和开发、自动化编程等。在数据分析方面，模型可用于产品开发数据、市场数据、财务数据等的分析，并给出行业发展趋势。在知识检索方面，模型能够智能检索知识、快速查找资料等。

在汽车产品迭代开发速度日趋加快的形势下，智能语言模型能够用来提高研发效率和产品质量。在汽车研发过程中，除工程试验类数据之外，大量项目知识以文本形式存储于企业内部。想要充分利用这部分数据，现有的常规工具无法较好地发挥作用，但这恰恰是语言模型擅长处理的。因此，在 AI 科技发展越来越成熟的今天，汽车知识工程可以用语言模型拓展开发，实现智能语言模型服务。例如，长安汽车的智谷研发知识平台为更好地进行知识的转化与复用，研发了智谷 AI 小助手，以机器人的形式嵌入先期质量系统，应用于先期质量问题的问题整改。当工程师使用该系统来分析质量问题时，智能小机器人会像助手一样，根据业务环节进行智能知识推送，比如根据当前的质量问题推送历史相似问题发生的根本原因与历史解决方案，为工程师提供数据以供参考，这样就实现了知识与业务的深度融合，可以帮助工程师更好更快地解决问题。

语言模型在研发知识工程领域的应用正在迅速扩展，它们通过自然语言处理技术为知识的获取、表示、推理和应用提供了强大的支持。第 6 章介绍的知识场景化中的智能推送和智能问答、本章 7.3 节介绍的知识图谱、知识智能检索都属于智能语言模型在汽车研发领域的应用。下面从语言模型的角度，简单描述一下知识图谱、智能知识检索和智能问答的特征。

1. 语言模型与知识图谱

语言模型能够帮助知识图谱的构建。在知识抽取方面，语言模型可以自动从大规模文本数据中抽取结构化知识，如实体、关系和事件，为知识库的构建提供基础；在实体识别与消歧方面，语言模型能够准确识别出文中的实体，并解决可能存在的实体歧义问题；在关系抽取方面，语言模型能够理解实体之间的逻辑关系，如因果、并列、层级等，从而构建起知识图谱中的连接结构；在知识融合方面，语言模型可以整合来自不同来源的知识，解决知识之间的冲突和冗余，形成一致且完整的知识图谱；在语义搜索与查询方面，语言模型通过对知识图谱的理解，可以提供更加精准的语义查询服务，帮助用户更有效地检索信息；在知识推理与扩展方面，语言模型不仅可以从已有的知识中学习，还能够进行一定程度的推理和预测，为知识图谱的扩展提供新的知识线索；在多语言知识图谱构建方面，语言模型支持多语言处理，有助于构建覆盖多种语言的知识图谱，促进全球范围内的知识共享和交流。

在知识图谱的构建与应用过程中，数据的更新和维护是一个巨大而持续的挑战。知识图谱需要定期更新以保证知识的时效性，而语言模型可以通过持续学习最新的数据和信息来动态地更新和维护知识图谱。当然，语言模型也面临着数据偏差和模型可解释性的挑战，因此，在利用语言模型构建知识图谱时，需要考虑数据与模型的关系和相关影响因素，以确保知识图谱的质量和可靠性。

2. 语言模型与智能知识检索

语言模型能够理解用户查询的深层含义，因此，它能够提供比传统的用关键词的搜索更准确的结果。以智谷研发知识平台为例，若想要查找文中含有润滑脂的零部件技术规范，如果用关键词搜索，那么搜索范围会被限制在润滑脂和零部件规范，然后进行全文搜索，用户获得一系列有关答案之后，再做筛选；如果用智能知识检索，直接输入对应的自然语言就可以获得精准的结果。

3. 智能知识问答

语言模型是智能问答系统的核心。

用户在智能问答系统上提出问题后，语言模型能够理解用户的语义内容，提供直接准确的答案，这样就减少了用户筛选和处理信息的时间，并且有接近人类交流的体验。以智谷研发知识平台为例，针对"遮阳帘滑动异响是什么原因"这个问题，用关键词搜索可得到 146 条与之相关的记录，有的包含了这个问题发生的根本原因，有的没有，这样用户必须花费大量的时间去查看与分析。在智能知识问答系统提问，用户可直接得到答案"遮阳帘滑动异响可能是由于遮阳帘滑块与遮阳帘拉杆间干涉量不足，导致遮阳帘运行时卷轴拉动拉杆 Y 向窜动"。

语言模型为工程师提供了一个强大的工具，智能问答系统可以帮助他们更高效地查找、挖掘、理解和消化工程知识，并精准地将知识应用于产品设计开发、营销及售后服务等场景。随着智能语言模型的不断进步，它们在知识工程中的应用将更加广泛和深入；而随着知识工程研究应用的不断发展，越来越多的智能知识模型也将有更多应用，并提供更精确、更有帮助的问题解决方案。

Chapter Eight

第 8 章
数字化研发知识工程

数字化研发知识工程是将数字技术应用于研发过程中的知识管理与工程实践，旨在提升研发效率和创新能力。它整合了先进的数字工具和技术，如大数据分析、人工智能和机器学习，构建了一个高效灵活的研发环境。通过共享化和场景化的知识整合，数字化研发知识工程优化了知识管理、研发流程和团队协作，从而推动创新发展，并为科研机构和企业提供强有力的支持。

共享化知识工程的重点是建立和维护系统化的知识库，以支持知识的高效存储、管理和共享。在数字化环境中，研发团队可以通过云平台或知识管理系统集中存储实验数据、技术文档和研究成果，使团队成员能够随时访问和利用这些信息。这种共享化不仅避免了重复劳动，还提升了团队的协作效率，帮助成员基于已有知识进行更高效的研究和创新。

场景化知识工程是将知识工程技术与特定领域或场景的需求结合，通过构建、管理和应用知识图谱、知识库等手段，实现对该场景下知识的有效获取、组织、分析和应用。在场景化知识工程中，使用机器学习、知识推送、知识问答等技术来实现场景化，使得知识库能够智能推荐相关信息，提高知识检索的精准度和效率，从而使研发人员在面对不同问题时能够迅速找到相关的解决方案或参考资料，从而提高工作效率。

8.1 概述

8.1.1 数字化研发知识工程定义与内容

随着信息技术的迅速发展，特别是大数据、人工智能和云计算等领先技术的广泛应用，数字化转型已逐渐成为推动行业发展和提升企业竞争力的核心动力和目标。在这个技术革新的背景下，数字化研发知识工程应运而生。数字化研发知识工程即通过整合先进的数字工具和技术，如大数据分析、人工智能、机器学习、云计算等，来优化研发工作中的知识处理和应用。当前，数字化研发知识工程的作用显得尤为重要和突出，它不仅是汽车行业科学研究与技术创新之间的关键纽带和桥梁，更是提升企业研发效率和创新能力的有效途径和方式。

在汽车研发的知识工程领域，利用数字化技术和方法对研发过程中生成的知识进行有效管理和应用，构成了数字化研发知识工程的重要实践。这些知识工程技术及相关应用已成为提升数字化研发质量和效率、积累研发经验的关键工具。其主要目标是建立一个全方位的知识工程体系，该体系融合了知识资源、工具与方法、制度组织等。该体系不仅有助于企业更好地整合和应用研发知识，还能推动创新，增强企业决策能力，使企业在竞争激烈的市场中获得优势。同时，它还促进了团队之间的合作与信息共享，从而确保了研发过程的高效性与一致性。

通过数字化技术和方法对知识进行收集、整理、存储、共享、应用和创新等一系列活动，企业可以利用信息技术手段，如大数据分析、人工智能和云计算，来高效管理和优化研发过程中产生和需要的各类知识资源，以提高研发效率和创新能力。这也包括挖掘和洞察潜在模式，形成可指导决策和促进技术进步的知识资产。数字化研发知识工程的关键模块包括知识采集与整合、知识加工与增值、知识存储管理、知识应用与创新和知识智慧辅助五个关键模块，如图8-1所示。

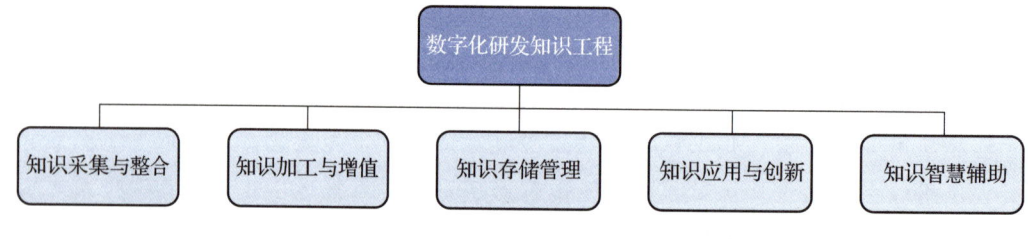

图8-1 数字化研发知识工程关键模块

知识采集与整合是整个知识工程的起点和基础，涉及新知识的生成以及外部知识的获取。汽车行业的发展背景及其发展规律导致了知识工程体系的建设需要从多个来源进行知识数据采集和整合,并将其集成到一个统一的平台上。

知识加工与增值需要将原始知识转化成易于计算机系统理解、处理和应用的格式或模型,并通过专业方法进行深度挖掘和优化,以提升知识的实用性和价值。

知识存储管理可以理解为对知识库(Knowledge Base),即存储知识的数据库的知识检索、更新和维护。知识管理系统(KMS)提供了一套完整的解决方案,用于管理知识的生命周期,包括但不限于知识的收集、分类、存储、搜索和分享等功能。

知识应用与创新主要是将知识应用于实际的研发工作中,支持决策制订、问题解决和新产品的设计与开发。这包括但不限于利用知识支持的仿真分析、优化设计、故障诊断等活动。

知识智慧辅助是基于创新知识,通过深入思考和创新方法,培养具有前瞻性和策略性的智慧,为未来的研发活动指明方向。这一过程不仅包括对现有知识的深度挖掘与增值,还强调通过创新思维和系统性分析,提炼出能够引领技术趋势和市场需求的关键洞察。

数字化研发中的知识工程涉及多个方面,其中共享化知识工程、场景化知识工程和智能化知识工程尤为突出。共享化知识工程关注的是如何构建知识库、开发知识共享平台、使知识高效地在组织内共享和传播。场景化知识工程侧重于根据特定应用场景来定制知识应用工具,以满足实际需求。本书第 7 章"知识工程智能化"已经详细介绍了智能化知识工程,本章不再赘述,而重点介绍共享化和场景化知识工程。

8.1.2 数字化研发知识工程的特点

数字化研发知识工程作为一种融合了现代信息技术与传统研发流程的创新实践,经过时间的积累与技术的沉淀,目前概括起来具备以下几个显著特点,如图 8-2 所示。

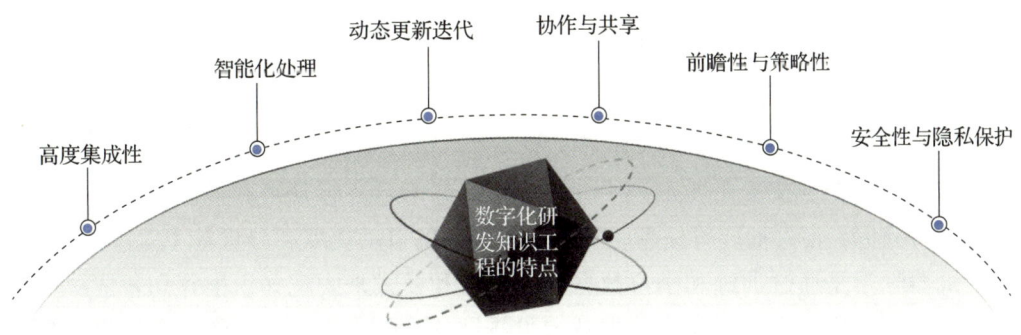

图 8-2 数字化研发知识工程的特点

第一个特点是具备高度集成性。在构建数字化研发知识工程体系的过程中，采用了一系列先进的技术手段来有效整合不同来源、不同格式的知识资源，涵盖文本、数据、图像、视频等多种类型的信息。通过标准化和结构化的处理，实现了知识资源的高度集成，使得跨领域、跨团队的知识共享和应用变得更加便捷和高效。

第二个特点是智能化处理。通过运用人工智能、大数据分析、云计算等先进技术，实现对知识的智能化处理，包括知识自动提取、分类、推荐等功能。智能化处理不仅提高了处理知识的效率，还能够深度挖掘知识之间的关联，为研发决策提供更为精准的支持，最终形成数字化研发知识工程的智能化处理模式。

第三个特点则是动态更新与迭代。随着外部环境的变化和内部研发活动的推进，知识库中的内容需要不断更新和迭代。引入数字化研发知识工程不仅提供了快速的知识更新机制，确保知识资源能够及时跟进最新发展，更能够满足研发过程中的实时需求。

第四个特点是协作与共享。通过建立统一的知识管理平台，可实现知识的有效共享和协作。平台不仅打破了组织内部的信息孤岛，促进了知识的流动和再利用，还可以支持跨组织、跨地域的合作，加速知识的创新和应用。

第五个特点是前瞻性与策略性。通过对大量知识资源的深入分析和挖掘，能够形成具有前瞻性和策略性的洞察。这些洞察为企业研发战略的制定、产品创新的方向和市场竞争的布局提供了重要指导。

第六个特点是安全性与隐私保护。在知识收集、存储、处理和共享的过程中，数字化研发知识工程不仅具备上述特点，同时还充分考虑了数据安全和隐私保护的要求，通过采用加密技术、访问控制、数据脱敏等手段，确保了知识资源的安全性和合规性。

8.1.3 数字化研发知识工程的关键技术

研发知识工程的数字化关键技术涵盖信息技术、人工智能、数据科学等多个领域，包括知识图谱、自然语言处理、机器学习、数据挖掘、虚拟化和仿真技术等。

知识图谱技术指的是将结构化数据以图形化方式表示，以便于组织、检索和推理知识。知识图谱有助于建立实体之间的关系，支持知识的语义化表示和智能应用。

自然语言处理技术主要是利用计算机对自然语言进行理解和处理，用于文本理解、语义分析、信息抽取等任务，从而支持知识的自动提取和分析。

机器学习是通过训练和学习数据中的规律和模式来实现知识推荐和智能决策支持。机器学习模型可以使用大数据技术进行存储、管理和分析，以处理海量的研发数据。

数据挖掘是从大规模数据中挖掘隐藏模式、趋势和关联规则的技术。它贯穿于整个工作流程中，有助于发现新知识、潜在问题和机会。而大数据技术是用于管理和处理大规模数据的技术和工具，包括分布式存储系统、分布式计算框架等，支持对海量研发数据的存储、分析和可视化。

除上述关键技术之外，虚拟化和仿真技术与智能协作与协同工具也是数字化研发知识工程中常用的技术。虚拟化和仿真技术可以用于创建虚拟的研发环境，支持产品设计和工艺优化，通过虚拟化和仿真技术还可以降低研发成本，加快产品上市速度。智能协作与协同工具可以支持团队之间的协作和知识共享。这些工具结合人工智能技术能够帮助团队成员开展智能协作，共享知识和资源，提高团队的生产效率和创新能力。

为了实现数字化研发知识工程的部署和运行，云计算和边缘计算技术提供了灵活、可扩展的计算和存储资源，支持数字化研发知识工程的各个环节。

综上所述，通过将知识图谱、自然语言处理、机器学习、数据挖掘、大数据技术、虚拟化与仿真技术、智能协作与协同工具，以及云计算与边缘计算等技术相互结合，构建的数字化研发知识工程技术体系不仅能提升研发效率和创新能力，还能为企业提供强大的工具和平台。

8.1.4 数字化研发知识工程的发展前景

数字化研发知识工程在科技不断进步和应用场景不断扩展的背景下，未来可以发挥的作用会越来越大，发展前景非常广阔。一方面，数字化研发知识工程不仅能够为企业提供更加智能化的决策支持，促进企业内部及跨部门的智能协同创新，帮助企业在产品设计、工艺优化和市场营销等方面做出更准确、更快速的决策。另一方面，通过共享知识工程、场景知识工程和智能化知识工程的相互关联与相互促进，可以构建一个生态体系，全面支撑知识管理和应用的各个环节，从知识的创造、存储、共享到应用，使每个环节都相互依赖、相互作用，从而推动整个体系的发展，如图8-3所示。数字化研发知识工程正逐步成为许多行业的核心竞争力之一，其关键趋势和前景未来可能聚焦于以下几个方向，如图8-4所示。

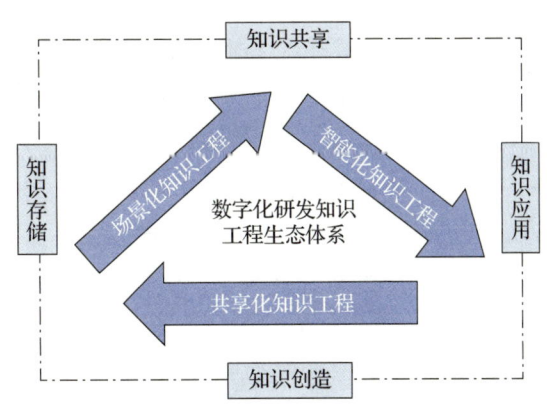

图8-3 数字化研发知识工程的生态体系

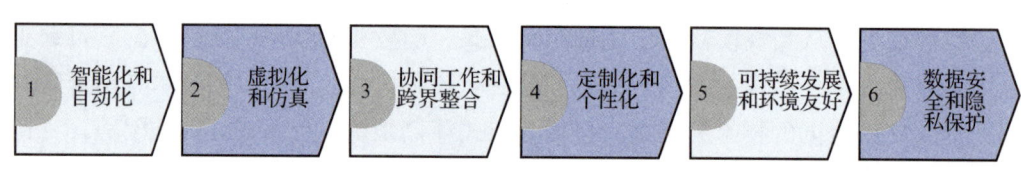

图 8-4 数字化研发知识工程的发展方向

在智能化和自动化方面,人工智能、机器学习和大数据技术的进步推动着数字化研发工程更加智能化和自动化。这意味着工程师可以利用数据驱动的方法进行设计、模拟、测试和优化,大幅缩短产品开发周期并提高产品质量。

在虚拟化和仿真方面,虚拟现实(VR)和增强现实(AR)技术的应用使得工程师能够在虚拟环境中进行设计和测试,减少实际原型的制造成本和时间,提升创新速度。

在协同工作和跨界整合方面,数字化知识工程使得不同领域的工程师和团队能够更好地协同工作,共享数据和信息,促进跨学科和跨领域的整合创新。

在定制化和个性化方面,数字化研发工程支持定制化生产和个性化设计,通过数字化的方式满足消费者个性化需求,提升产品市场竞争力。

在可持续发展和环境友好方面,数字化研发工程可以帮助企业优化资源利用,减少能耗和废物排放,支持可持续发展和环境保护。

在数据安全和隐私保护方面,随着数据在数字化工程中的广泛应用,数据安全和隐私保护将成为一个重要的发展方向,需要不断创新、改进技术并完善政策。

8.1.5　数字化研发知识工程的优势

企业面临着激烈的市场竞争,如何快速、准确地应对市场变化并持续推出创新产品,成为企业发展的关键。传统的研发模式已经难以满足企业的需求,数字化转型成为企业发展的必然选择。数字化研发知识工程在这一大背景下应运而生,已成为企业创新和增强竞争优势的关键因素。数字化手段能够有效整合企业内外部的知识资源,提升企业研发效率和产品创新能力,促进团队协作,增强创新能力,提高产品质量,降低开发成本,并加速产品上市,从而帮助企业在激烈的市场竞争中获得竞争优势。数字化研发知识工程的优势体现在以下几个方面。

首先,在提高研发效率、优化知识管理以及促进团队协作方面,先进的数字化技术和工具显著提高了工作流程的效率和准确性。例如,将自动化工具用于数据采集和处理,有效减少了手动操作和重复性工作。数字化研发知识工程运用智能分析和预测技术,帮助团队及时发现潜在问题,减少了研发过程中的返工和错误,并打破了信息壁垒,促进了团队间的协作和交流。统一的知识平台将分散在各部门和项目中的知识整合，形成全面、准确且可检索的知识体系，这使得团队成员能够快速获取所需的知识和信息，避免了重复工作和资源浪费。平台可实现信息的实时共享和传递，为不同部门和团队成员提供了随时随地进行沟通和协作的渠道。

其次，在增强创新能力和提升产品质量方面，数字化研发知识工程发挥着重要作用。一方面，它能够激发团队的创新能力。通过数据挖掘和分析，团队可以发现潜在的市场需求和技术趋势，为产品创新提供有力支持。数字化研发知识工程还能帮助团队突破传统思维模式，拓宽思路和视野，推动产品和服务的创新发展。另一方面，数字化研发知识工程通过精确的数据分析和模拟测试，提高了产品的可靠性和性能。在产品设计和开发阶段，数字化研发知识工程能够帮助团队进行精确的仿真和预测，确保产品的各项性能指标达到预期要求，还能对产品的生产和制造过程进行全面的监控和管理，确保产品的一致性和稳定性。

最后，在降低开发成本和加速产品上市方面，数字化研发知识工程同样具有显著的优势。一方面，通过减少重复性劳动和资源浪费，数字化研发知识工程能够帮助企业节约人力和物力成本，提高产品的可维护性和可扩展性，从而降低后续的维护和升级成本。另一方面，借助数字化工具和平台，团队可以更快速地完成产品的设计和开发工作，及时发现和解决潜在的问题，减少产品上市前的风险和延误。

总的来说，数字化研发知识工程在企业降本增效中扮演着至关重要的角色，而加强数字化研发知识工程的建设是提升企业核心竞争力、实现可持续发展的重要途径。

8.2 共享化知识工程

8.2.1 共享化知识工程的定义

共享化知识工程指的是将知识管理和知识应用的过程标准化和系统化，以促进不同组织、部门或个体之间的知识共享和交流。它涉及建立有效的机制和平台，确保知识的一致性和互操作性，便于跨平台、跨系统、跨部门的共享和应用。共享化知识工程的目标是构建一个跨部门、跨团队乃至跨组织的知识共享平台，打破知识孤岛，提高知识的可用性和价值，促进知识的创新和应用，提升组织的竞争力和创新能力。第 5 章介绍了研发知识共享平台，而本章主要从数字化的角度来讲述共享化知识工程，包括知识的获取、管理和应用。图 8-5 给出了共享化知识工程的框架，详细的实施步骤可以参见第 8.2.2 节。

在长安汽车的数字化研发知识工程中，共享化知识工程作为基础模块扮演着关键角色。该工程建设过程中目标明确，即通过构建有效的机制和平台，确保知识的一致性和互操作性，实现跨平台、跨系统、跨部门的知识共享和应用。这一过程包括知识的标准化存储、检索和共享，为场景知识工程和智能化知识工程提供丰富且可靠的知识资源。

在以目标为导向的建设路径中，长安汽车的共享化知识工程不仅仅是对知识的整合，更重要的是通过建立有效的机制和平台，确保知识能够被广泛共享和应用，推动整个数字化研发流程的优化和创新。在这一过程中，需要克服诸如知识来源的多样性、知识质量参差不齐和知识更新周期短等挑战，以确保所提供的知识资源既丰富又可靠。

通过建立开放的知识共享机制，鼓励员工积极贡献自己的知识和经验，并借助先进技术手段，如人工智能和大数据分析技术，提高知识的获取、管理和应用效率。共享化知识工程将成为长安汽车数字化研发的核心支撑，为其提供持续的创新动力和竞争优势。

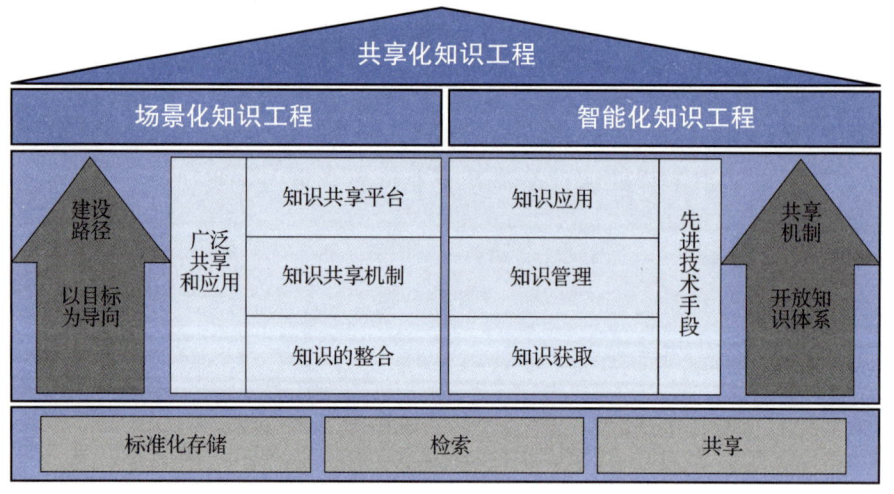

图 8-5　共享化知识工程

8.2.2　共享化知识工程的关键步骤

共享化知识工程已成为有效管理和利用知识的关键环节，涉及知识的采集、加工、整合与集成、存储与管理、检索与推荐五个步骤，如图 8-6 所示。知识采集确保知识整合到统一平台；知识加工需要统一识别和处理来自不同来源的数据；知识整合与集成是将来自不同来源的知识汇聚到一个统一的平台，以便提供一致的信息和服务；知识存储与管理是有效管理知识的操作；知识检索是通过技术，让用户快速获取所需的知识，而知识推荐是利用平台、会议、社区等形式促进知识共享和交流。

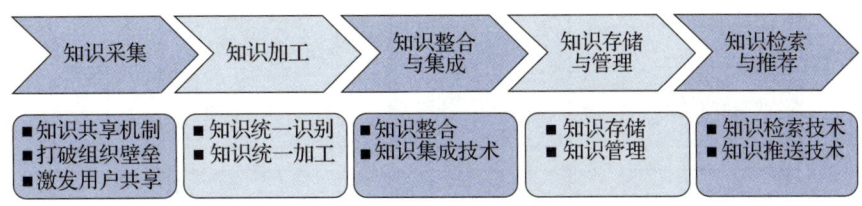

图 8-6　共享化知识工程关键步骤图

8.2.2.1　知识采集与加工

1. 知识采集与加工的定义

知识的采集与加工是共享化知识工程的起点，涉及从各种内部和外部渠道收集相关知识资料，通常包括文献检索、专家访谈、数据挖掘等多种方法渠道。知识采集的挑战在于确保收集到的知识既广泛又具有实用价值，能够满足不同用户和场景的需求。知识采集的渠道如图 8-7 所示。

知识的加工环节主要是对采集到的原始知识进行清洗、分类、摘要和标注等处理，以便转化为易于管理和使用的格式。通过应用自然语言处理、文本分析等技术，这一步骤增强了知识的准确性和一致性，但同时也面临处理大量异构数据的挑战。

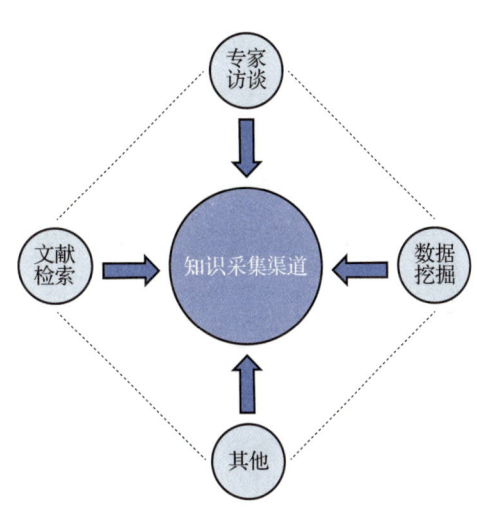

图 8-7　知识采集渠道

知识加工流程（图 8-8）是利用数字化设备和智能化技术，实现文档从非电子化文档到电子化文档的转化，进而将电子文档转换为矢量 PDF，以及从单层 PDF 转换为双层 PDF。进一步的加工步骤包括全文级加工和题录信息的结构化处理。可扩展标记语言（Extensible Markup Language，XML）作为一种用于标记电子文件结构的标记语言，能够有效实现信息的结构化，允许用户定义自己的标记，用于标识文档中的数据片段。此外，对知识元进行加工能够深度结构化定义和指标等内容，从而使章节、段落、图片和公式等信息更加系统化和易于管理。

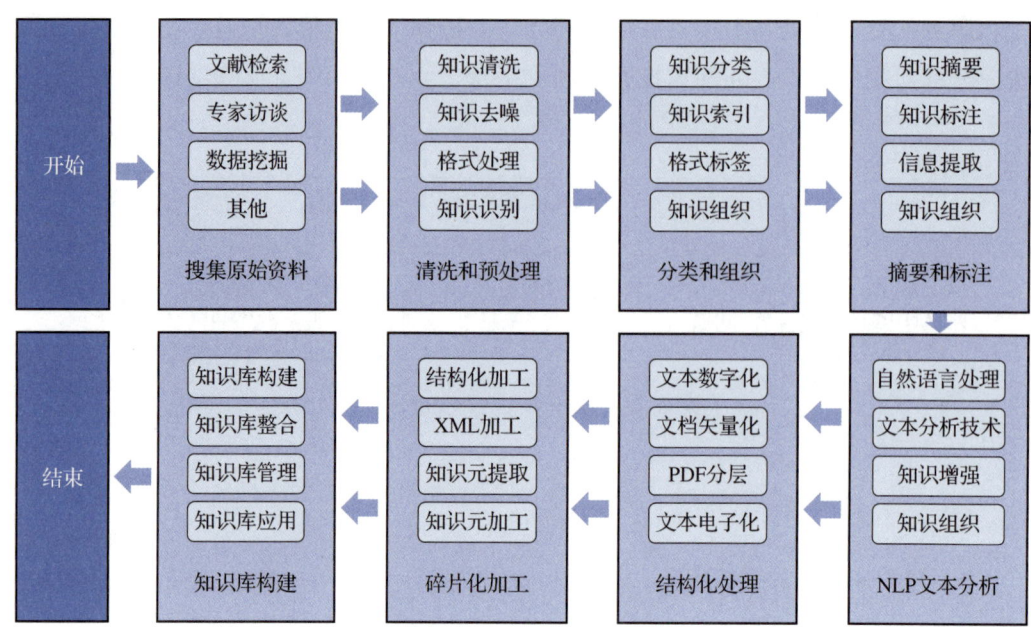

图 8-8 知识加工流程图

2. 知识加工技术体系

在数字化研发知识工程中,知识加工技术体系指的是一套用于整理、加工和利用知识的技术方法和工具体系。在共享知识方面,建立和完善知识加工技术体系非常重要。一方面,这能提高知识的质量和效率;另一方面,也能促进知识的共享和传播。图 8-9 展示了知识加工技术体系的基本架构。

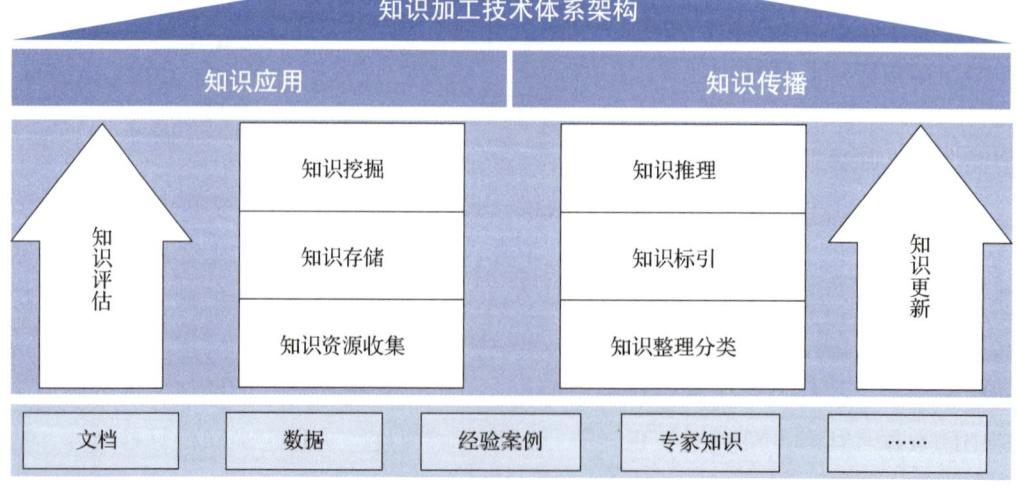

图 8-9 知识加工技术体系架构

从图 8-9 的架构中可以看出，首先需要从多种来源中收集知识资源，如文档、数据、经验案例和专家知识等。然后对这些资源进行整理和分类，建立清晰的知识体系和结构。接下来，将整理好的知识存储到数据库、知识库或文档管理系统中，以备后续的检索和利用。在整个知识加工过程中，需要对知识资源进行标引，即添加标签、关键词或元数据，以提高检索效率。接着，进行知识挖掘，利用数据挖掘和文本挖掘技术，发现隐藏在知识资源中的潜在信息和规律。此外，知识推理也是关键环节，即基于已有知识进行推导和推断，生成新知识或解决问题。

评估和监测知识的质量、有效性和影响力，及时调整和改进知识加工流程，定期更新和维护知识资源，保持知识的时效性和可用性，都是确保数字化研发知识工程持续发展的关键。

上述知识加工的方法相互交织在一起，构成了一个完整的知识加工技术体系，该体系能够有效地支持共享知识工程的建设和运营。这种基础架构与多种场景结合可以产生多种不同的体系，如全文级数据加工技术体系、XML 碎片化加工技术体系、知识元加工技术体系、个性化加工工具集、三层多维知识标引技术体系等，如图 8-10 所示。

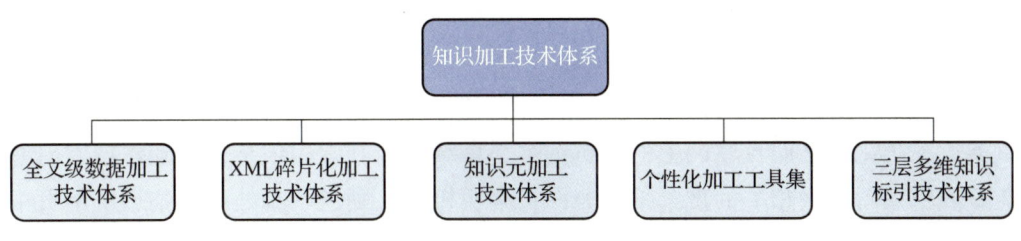

图 8-10　常见知识加工技术体系

在智谷的知识加工技术体系中，每个技术体系都配备了智能化应用工具或手段，为整个企业的数字化转型和智能化发展提供了强有力的支撑。全文级数据加工技术体系处理大量文本数据，提取关键信息和知识要点。XML 碎片化加工技术体系将复杂的 XML 数据分解和处理，增强其管理和利用的便捷性。知识元加工技术体系识别、提取和组织知识元素，实现对知识的精细化管理。个性化加工工具集体系根据用户需求提供定制化的知识加工服务，优化用户体验和使用效率。三层多维知识标引技术体系构建多维度知识索引，实现对知识的立体化管理和检索，进一步提升知识利用效率和智能化水平。这五大技术体系相互交融、相辅相成，构建了一个高效、精准、智能的知识加工平台。

（1）全文级数据加工技术体系

全文级数据加工技术体系所使用的智能手段有智能版面分析机器人、智能图文识别机器人、网页采集机器人、网页解析机器人、元数据标准转化机器人和内容审查机器人，如图 8-11 所示。

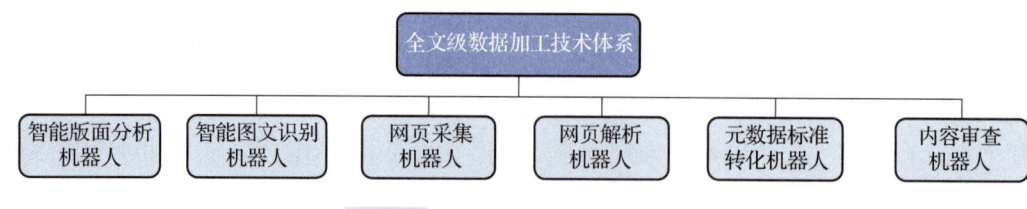

图 8-11　全文级数据加工技术体系

当涉及全文级数据加工时，智能版面分析机器人成为一个关键工具。该机器人集成了光学字符识别（OCR）、机器视觉和人工智能技术，能够自动识别并解析各类文档和图像中的结构化和非结构化信息布局。这种先进的技术使得智能版面分析机器人能够智能化地分割和识别扫描文档、PDF 文件、网页等图文混排内容，显著提高了信息处理的效率和准确性。

智能图文识别机器人利用图像处理、计算机视觉和自然语言处理技术高度自动化地识别和提取图像中的文字信息，并将其转换为可用的文本数据。此外，它还能对文本进行进一步的分析，如分类、情感分析和关键词提取，为用户提供更全面的信息处理服务。

在数据采集方面，网页采集机器人（也称为网络爬虫）扮演着关键角色。这些机器人系统化地访问互联网上的网页内容，持续更新和索引信息，以确保搜索引擎能够提供最新和最相关的搜索结果。网页解析机器人则进一步处理和整理从网页中提取的数据，将其转化为结构化信息，提升数据处理的效率和准确性。

元数据标准转化机器人在数据整合和共享方面发挥着重要作用。它通过提供统一的元数据格式，简化了不同系统和应用之间数据迁移的复杂性，确保了数据的一致性和可用性，从而提升了知识数据的整合和利用效率。

内容审查机器人应用于监控和筛选用户生成的内容或网络上的信息。利用人工智能和机器学习技术，内容审查机器人能够识别和处理不适宜发布的内容，如色情、暴力或违反社区准则的内容，有效减轻了人工审查的负担，确保了在线平台的安全和合规性。

（2）XML 碎片化加工技术体系

在全文级数据加工技术体系处理了大量的文本数据，并提取出其中的关键信息和知识要点以后，需要采取 XML 碎片化加工技术将复杂的 XML 数据进行分解和处理，使其更易于管理和利用。

分解（碎片化）的过程是指将完整的文本内容分割成小块或片段的过程，这些片段可能是句子、段落或更小的单元。基于文档资源的深度结构化信息（包括篇、章、节结构，全文中的注释、图片、表格，以及文后的参考文献信息），进行数据的存储、重组和利用。在知识工程体系中，为了支撑 XML 碎片化加工技术体系的工作，需要用到以下几种智能手段，如图 8-12 所示。

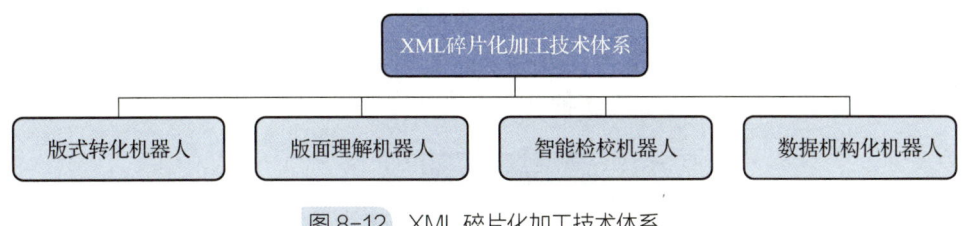

图 8-12　XML 碎片化加工技术体系

版式转换机器人是一种能够将各种数据、信息和知识转换为版式结构的机器人，被用于处理大量的数据和信息，并将其转换为易于理解和分析的版式结构。它可以提高数据处理的质量和效率，减少人工干预，降低成本，也可以为用户提供更加直观和易用的数据分析和利用工具。

版面理解机器人是基于人工智能技术的自动化工具，用于理解和分析文档的版面结构和内容分布。它能够识别和提取文档中的标题、段落、表格、图片等元素，并根据版面结构和内容分布来理解文档的主题、关系和重点。

智能检校机器人主要是结合了人工智能和机器学习技术的自动化工具，用于对文本、数据或文件进行精确而高效的检查与校对。它能够实现的功能包括但不限于：文本错误检测、数据一致性校验、法规合规审查、内容审核、校对出版物等。

数据结构化机器人利用人工智能和机器学习算法来处理非结构化或半结构化的数据，并将其转化为结构化的格式，应用于数据集成、数据分析、知识图谱构建及数据库录入等场景中。

（3）知识元加工技术体系

知识元是指知识的基本单元，可以是一篇文章、一个概念、一段文字、一张图片、一个数据表格等。

在知识采集与加工的过程中，知识元加工技术体系主要是综合应用人工智能、自然语言处理和知识图谱等技术的方法，用于从大规模的原始文本数据中提取、加工和组织这些知识元素，如图 8-13 所示。它的目标是将非结构化的文本信息转化为结构化的知识表示，即标注体系，以便更好地进行知识发现、知识推理和知识应用。

实体识别与标注是自然语言处理技术的核心组成部分，其主要任务是在文本中识别并标注特定实体，如人名、地名、组织机构名和日期等。同时，语义关系识别与标注利用自然语言处理技术，进一步识别和标注文本中实体之间的语义关系，包括语义相似性、概念关联和事件关联等。此外，自动识别与标注技术还能够处理包含图片、表格和公式的内容，帮助计算机理解这些非文本信息。在文本处理过程中，通过对具有特定意义的指标进行识别和分类，可以实现更精准的数据分析。这些技术不仅能够支持数据分析、知识图谱构建和智能决策支持系统，还显著提升了计算机对信息的理解与提取能力。同时，通过对文档中的结构化元素（如方法、定义和结论）进行标识和分类，增强了计算机处理复杂文档的能力，从而实现自动文摘、文献综述生成和智能问答系统等多种自然语言处理应用。

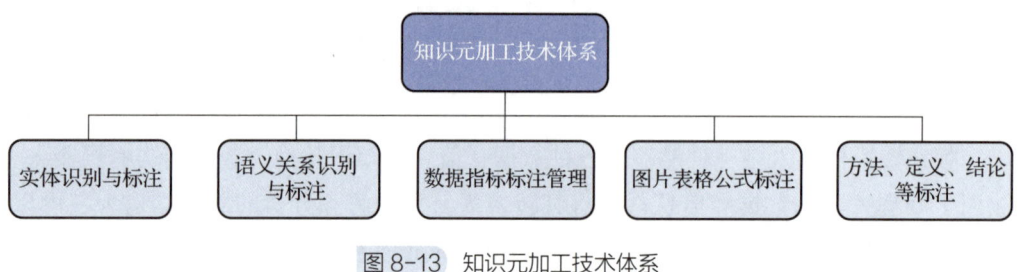

图 8-13 知识元加工技术体系

（4）个性化加工工具集

知识采集与加工的过程中除运用相关的知识加工技术体系外，知识工程个性化加工工具集也是必不可少的。知识工程个性化加工工具是指一套用于根据个人需求和偏好对知识进行加工和定制的工具集。它结合了知识工程和个性化推荐技术，旨在为用户提供个性化的知识获取、整理和应用体验。在知识工程体系中，它涉及数据清洗、自动分类、数据库建库、数据标注和多元发布等工具，如图 8-14 所示。

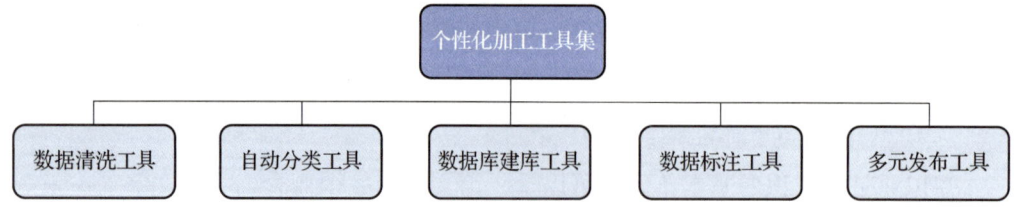

图 8-14 个性化加工工具集

数据清洗工具用于清洗数据、去除重复信息、进行数据转换和整理，通常用于处理大量数据，帮助用户快速清理、验证和标准化数据，使数据满足业务需求。

自动分类工具是一种能够自动或半自动地将数据分配到预定义类别或标签中的工具。该工具利用机器学习、人工智能和其他技术来识别数据中的模式和特征，并将其归类到相应的类别中。

数据库建库工具是指用于创建和管理数据库的软件或工具。它通常提供数据库设计、建模、创建、配置和管理等功能，帮助用户快速建立和管理数据库。

数据标注工具用于对数据进行标注、注释和分类。它能处理大量数据，帮助用户快速准确地标注数据，以满足机器学习和其他应用的需求。

多元发布工具用于将数据发布到多个平台上，将数据转换为多种格式，以便在不同的平台或设备上使用。

（5）三层多维知识标引技术体系

在知识加工技术体系中，除运用全文级数据加工技术体系、XML 碎片化加工技术体系、知识元加工技术体系以外，还会用到更为复杂和精细的知识组织方法——三层多维知识标引技术体系，包括中英文关键词标引机器人、对象属性标引机器人、研究层次标引机器人、主题标引机器人、新词发现机器人、自动分类机器人、跨语言翻译机器人、知识关联机器人等，如图 8-15 所示。三层多维标引不仅包括知识的内容和上下文，还包括知识的空间、时间和情感等多个维度。通过进行三层多维标引，可以构建多维度知识体系、知识关联、知识图谱、语义网和知识本体，实现更高效的知识管理和检索。

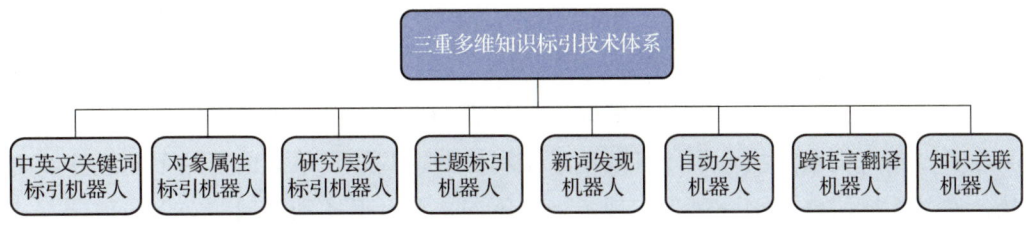

图 8-15　三层多维知识标引技术体系

中英文关键词标引机器人是一种智能化工具，主要用于自动识别和提取文档、网页或数据库中的关键信息，用中英文关键词进行标注。这类机器人通常结合了自然语言处理、机器学习以及信息检索技术，以实现对中英文内容的深度理解与精确索引。

对象属性标引机器人是一种人工智能系统，主要用于自动识别和提取图像、视频或文本中描述的对象及其相关属性，并进行精准的标签标注。结合计算机视觉、自然语言处理以及机器学习等先进技术，对象属性标引机器人可以有效提升数据处理效率，为后续的数据检索、分析、智能决策等提供结构化且易于处理的基础信息。

研究层次标引机器人是一种专门针对学术文献、研究报告或其他类型研究资料进行深度内容分析，并根据学科分类体系或特定研究框架生成多层次主题标签的自动化系统。这种机器人采用了先进的自然语言处理、信息抽取、机器学习和知识图谱技术。

主题标引机器人是一种运用人工智能和自然语言处理技术的自动化工具，主要功能是快速识别并提取文本、文档或多媒体内容中的主题信息，实现精准的标签标注，可以大幅提升对大量数据进行分类、索引和检索的效率。

新词发现机器人利用自然语言处理技术、统计语言模型和机器学习算法来自动化地从大量文本数据中检测出潜在的新词汇、术语或短语。新词发现机器人能够实时追踪并报告新兴词汇的发展变化，有助于及时更新语言资源库，也为社会科学研究和市场趋势分析提供了有力的数据支持。

自动分类机器人利用机器学习、深度学习和自然语言处理等技术来自动对输入数据（如文本、图像、音频或视频）进行分类，能够显著提高信息处理的效率。

跨语言翻译机器人是一种运用人工智能和机器学习技术的自动化工具，它能够实时地将一种语言的文字或语音内容转换成另一种语言。

知识关联机器人是一种运用人工智能和大数据技术的智能工具，它的核心功能是通过分析大量的信息资源，发现并建立不同知识点之间的联系，形成知识网络或知识图谱。

8.2.2.2　知识整合及集成

知识整合是将来自不同来源的知识汇聚到一个统一系统中，以提供一致的信息和服务。集成则通过技术手段有效地连接和协调这些知识系统内部的不同组件或模块，使其无缝协作。这一过程实现了来自不同来源、形式和领域的知识的整合，进而建立更全面、更有用的知识体系或知识库。具体而言，它涉及将文本、数据、图像、视频等信息整合到一个统一的平台，并利用技术手段将其相互连接和组织，从而形成更高层次的语义关系和知识结构。

与此同时，基于知识工程对企业的深远影响，知识工程系统的建设是一个循序渐进的过程，需要经历多次变革和迭代，以适应技术和时代背景的变化。因此，业务架构必须不断革新，以应对如雨后春笋般涌现的数字化产品。这种适应性变化确保了企业能够在快速发展的数字环境中保持竞争力。

故从2018年开始，长安汽车启动了研发知识工程体系建设，经历了三次变革后，业务架构逐步创新，最终形成了智谷——一款成熟的智能型知识产品。智谷以知识为核心，采用了平台即服务（Platform as a Service PaaS）服务技术，选用Java开发语言，采用微服务架构来构建系统。在微服务架构中，不同服务利用阿里巴巴的高速服务框架（High-speed Service Framework，HSF）进行高效的远程通信。

除了HSF，部分非实时业务采用了事件驱动的方式，实现了业务解耦。通过事件发布和订阅，不同业务模块之间提高了系统的灵活性和可扩展性。所有业务模块都运行在长安的企业级分布式应用服务（Enterprise Distributed Application Service，EDAS）中台上，EDAS 是基于阿里云的云原生应用平台，支持微服务架构下的开发、部署和运维，有助于提高系统的稳定性和可靠性。

智谷知识工程需处理高复杂度、大数据量和多样化功能需求的知识数据。为实现模块化可扩展、职责分工明确、满足多功能需求和便于系统维护管理，系统采用了软件即服务（Software as a Service，SaaS）、平台即服务和基础设置即服务（Infrastructure as a Service，IaaS）三层次的协作配合。图 8-16 给出了智谷知识工程的整体技术架构，包括 SaaS、PaaS 和 IaaS 三部分。IaaS 提供了最大的灵活性和控制权，适用于定制化和自主管理场景；PaaS 提供了更高层次的抽象和快速开发部署体验；SaaS 则提供了最简便易用的通用业务应用服务。

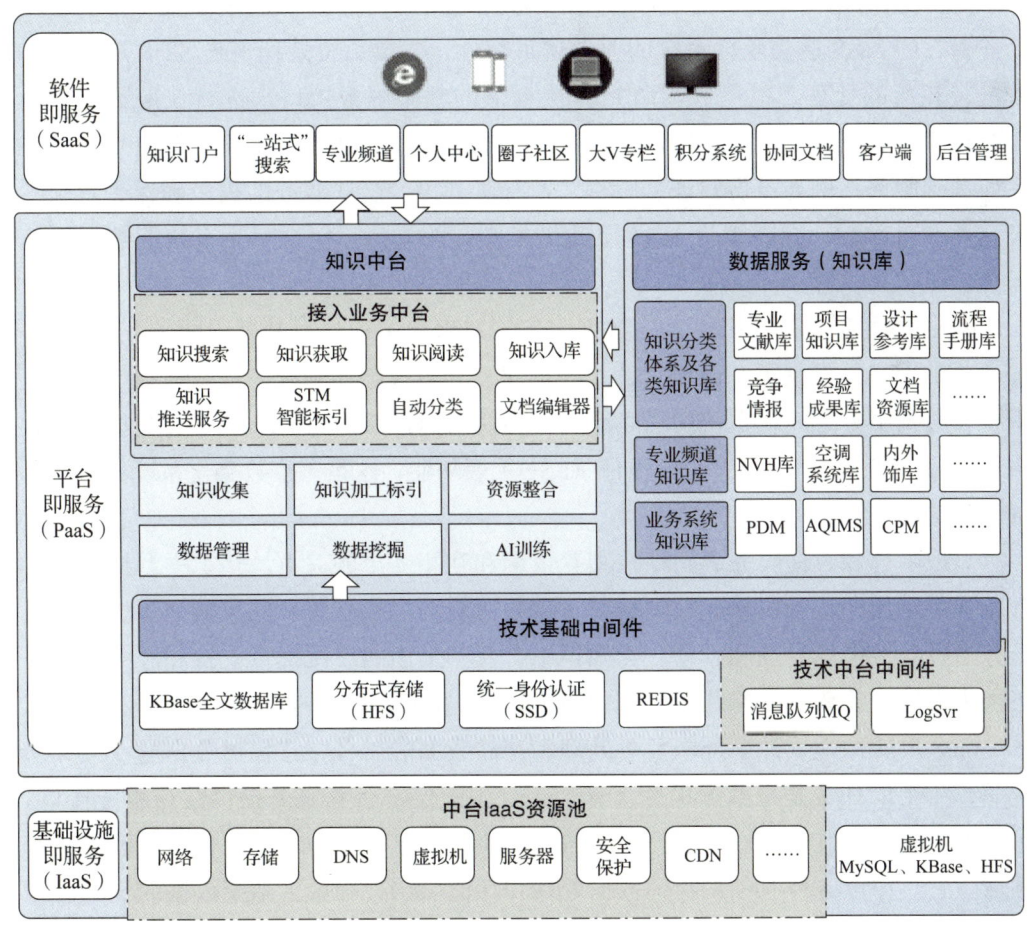

图 8-16　知识工程技术架构图

在整体知识工程技术架构中，SaaS 层为展示给用户的网页和移动端界面，并将用户的请求传递给 PaaS 层。PaaS 层承担着处理业务逻辑和提供各项基础服务的工作，负责知识管理、处理和推理等功能。IaaS 层则负责提供计算机硬件的基础支持，包括计算和存储资源，用于进行大规模数据的存储和处理。这个技术架构实现了对知识的数字化存储、处理和应用。每个部分都起到了重要的作用，相互配合，使整个系统能够高效、可靠地运行。

软件即服务 SaaS 层是指软件系统的用户界面部分，包括各种页面、功能模块等，用于处理用户的交互操作和向用户呈现数据。SaaS 层支持多种终端设备访问，如手机、平板计算机和笔记本计算机等。在智谷的架构中，SaaS 层的主要功能包括知识门户、"一站式"检索、专业频道、个人中心、圈子社区、"大 V"专栏、知识地图、积分系统、协同文档、客户端和后台管理等多个模块。这些模块共同构成了一个完整的智谷 SaaS 层，为用户提供了高效便捷的知识服务和管理体验。

智谷的 PaaS 层是软件系统的业务逻辑部分，主要负责处理来自 SaaS 层的请求并进行相应的处理，也负责调用 IaaS 层提供的基础服务接口来进行获取数据等操作。在中台架构中，PaaS 层承担着重要的角色，它负责处理业务逻辑，并提供一系列基础服务，例如身份验证、缓存、消息队列等。这些服务的提供确保了系统的稳定性和可靠性，同时也为 SaaS 层提供了必要的支持，使得整个系统能够高效地运行。

PaaS 层主要包括知识中台、数据服务（知识库）和技术基础中间件三个部分。技术基础中间件提供了基础能力，如数据库、分布式存储和统一身份认证等。知识中台和数据服务之间存在密切的联系。智谷使用的是知网的 KBase 全文数据库、分布式存储（HFS）以及统一身份认证（SSO）等功能，这是每个数字化系统都需要具备的基础能力。

知识中台和数据服务之间存在相互依赖和互相支撑的关系。知识中台提供了标准化和可复用的业务逻辑和数据接口，为数据服务提供了统一的数据来源。而数据服务通过对数据的处理和管理，为知识中台及其上面的应用提供支持和服务。这种紧密联系的关系确保了系统的稳定性和高效性，提升了企业的数字化能力。

IaaS 层就像是软件系统中负责处理和存储数据的后台，它包括数据库、文件系统等，主要的任务是把数据保存下来，并且为上层平台和服务提供数据服务接口。可以把 IaaS 层比作 IT 系统的基石，它涉及网络、计算、数据存储、数据管理等技术领域。它支撑着各种业务系统的数据处理和存储需求，确保了系统数据的安全性和可靠性。

除上述架构中所提到的整体架构以外，智谷平台还需要与许多系统进行知识的集成整合，如产品数据管理（PDM）和长安汽车协同管理平台（CMP）等。在设计集成架构时，需要重点关注的是不同知识管理系统之间的协同关系，并考虑未来可能需要共享的支撑环境。需要在各个应用系统之上考虑整体应用体系，并关注各种共性机制，以避免应用系统各自为政导致整体应用环境混乱，重复过去的孤立结构。

8.2.2.3 知识存储与管理

知识存储与管理是系统化地保存、组织、检索和使用知识的过程，旨在确保知识能够高效地被访问和应用，如图 8-17 所示，包括对数据、信息和知识的收集、分类、存储、维护和分发。知识存储与管理的目的是优化知识的可用性和利用率，从而支持决策、创新和持续改进。存储的面临的主要挑战在于确保知识存储的安全性、稳定性和扩展性，以支持长期的知识管理和利用。

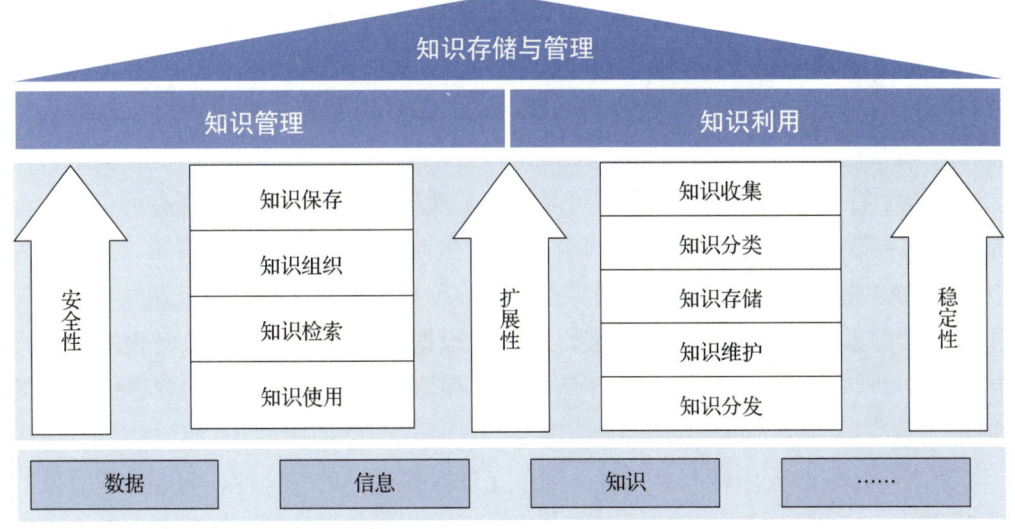

图 8-17　知识存储与管理

1. 知识存储与管理技术的特性

数字研发知识工程体系在共享化知识工程方面需要同时构建能够高效存储、处理和分析大规模知识数据的系统，并满足海量知识数据的管理和保存需求。这些知识数据通常包括各种结构化和非结构化信息，例如文本、图像、音视频等。为了建立适应海量知识存储和管理的基础设施，该体系通常具备以下几个重要特性，如图 8-18 所示。

第一个特征是大容量存储介质。随着信息量的激增，需要使用大容量、高密度的存储介质来满足海量数据的存储需求。例如，可以使用大容量硬盘、固态硬盘、磁带库等设备来扩展存储空间。

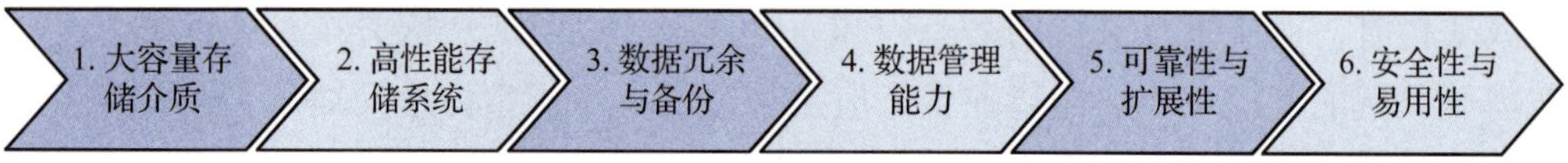

```
1.大容量存  →  2.高性能存  →  3.数据冗余  →  4.数据管理  →  5.可靠性与  →  6.安全性与
  储介质         储系统         与备份         能力           扩展性         易用性
```

图 8-18　知识存储与管理技术的特性

第二个特征是高性能存储系统。除了存储容量要大外，存储系统的读写速度也要快，以确保对数据的高效访问和处理。为此，可以采用高速磁盘阵列（如 RAID）、分布式文件系统等技术来提升存储系统的性能。

第三是数据冗余与备份。为了保障数据的安全性和可靠性，需要进行数据的冗余备份，以防止数据丢失或损坏。这可能涉及本地或远程的数据备份策略，如使用多副本存储、异地备份等方式来实现数据的冗余备份。

第四个特征是数据管理能力。对于海量数据，系统需要具备有效的数据管理能力，包括对数据的组织、分类、索引、搜索等功能，以便快速准确地找到所需信息。可以利用全文检索、数据分类标签、元数据管理等技术来实现对数据的高效管理。

第五个特征是数据长期保存的可靠性与扩展性。对于需要长期保存的数据，存储系统需要保证数据的稳定性和可靠性，防止数据随时间推移而损坏。为此，可以采用数据备份、数据迁移、数据完整性校验等技术来确保数据能长期保存。扩展性是指存储系统应具备良好的扩展性，能够根据未来数据量的增长轻松地扩展存储能力。例如，可以使用分布式存储技术、存储虚拟化等方式来实现存储系统的扩展。

第六个特征是安全性与易用性。为了保证数据存储的安全性，需要采取有效的安全措施，如访问控制、数据加密等。这样可以防止数据被非法访问和篡改，确保数据的机密性和完整性。易用性是指存储系统应该方便使用和维护，降低管理复杂度，提高工作效率。可以采用自动化运维技术、用户友好的管理界面等来简化存储系统的操作和管理过程。

2. 知识存储与管理的技术体系

在知识工程建设过程中，由于知识数据量巨大、类型多样、处理速度要求高、价值密度低且安全性要求严苛，知识存储和管理工具面临着极高的技术要求。解决这一核心问题的关键在于采用全文数据库进行存储与管理。这种方式需要处理海量的非结构化、半结构化和结构化数据，并具备智能信息处理能力，能够统一访问和管理异构数据源。

一方面，采用全文数据库进行存储与管理不仅能够实现高效准确的全文检索服务，而且支持多服务器群集。该方式通过虚表的方式集成多表，实现分布式计算，提供了大规模并发处理的能力。此外，它能够支持实时信息排重，采用全切分算法切词，准确率高、查准率高、查全率高，并引入核心词典，包括概念词典、同义词典、中英词典、主题词典等。

切分词技术是自然语言处理的重要技术，因中文语言的特点而具有一定难度，例如中文缺乏明显的单词边界，一个汉字可以独立成词或作为多个词的一部分，词语之间没有显著分隔符（如空格或标点）。因此，中文分词技术需考虑这些难点，选择合适的算法和模型进行分词。常见的分词方法包括基于字符串匹配的逆向最大匹配法（RMM）、正向最大匹配法（FMM）、双向匹配法、最短路径分词法及长度优先搜索法；基于理解的方法（依赖对句子的语义和句法理解）；基于统计的方法，如隐马尔可夫模型（HMM）、条件随机场（CRF）；基于 n-gram 语言模型；基于深度学习的方法，如循环神经网络（RNN）、长短时记忆网络（LSTM）、门控循环单元（GRU）；以及基于 Transformer 的模型，如 BERT。选择适用的算法和模型能够提升全文数据库检索服务的效率。

另一方面，全文数据库的存储与管理系统集成了多种技术，包括排重技术、分布式存储技术、数据压缩技术、数据冗余技术、数据索引技术、数据清洗和去重技术、数据加密技术、对象存储技术、存储优化技术、备份和恢复技术、性能监控和调优技术、自动化运维技术等。其技术说明见表 8-1。

表 8-1　全文数据库的存储与管理系统技术体系

序号	技术名称	技术说明
1	排重技术	识别并去除重复数据项，提高数据质量和分析正确性。常用技术包括哈希方法、词频-逆文档频率（TF-IDF）、机器学习方法和深度学习等
2	分布式存储技术	处理和存储海量数据，将数据分散存储在多个物理位置，提高存储效率和数据访问速度
3	数据压缩技术	节省存储空间和提高数据传输效率。常用的压缩算法包括 Huffman 编码、LZ77、LZ78、Deflate 等
4	数据冗余技术	保障数据安全性的冗余备份技术，常用技术包括独立硬盘冗余阵列（RAID）、数据镜像、数据复制等
5	数据索引技术	快速检索数据的高效技术，常用的技术包括 B 树、B+ 树、哈希表等
6	数据清洗和去重技术	提高数据质量的技术，消除重复、错误或不完整的数据
7	数据加密技术	保护数据安全性的技术，防止数据被非法访问和篡改。常用的加密算法包括 AES、RSA、SHA 等
8	对象存储技术	非结构化数据的存储技术，将数据存储为对象，并提供基于对象的访问接口
9	存储优化技术	提高存储效率的技术，如数据分层存储、冷热数据分离等
10	备份和恢复技术	防止数据丢失的备份和恢复技术，常用技术包括本地备份、远程备份、增量备份等
11	性能监控和调优技术	确保存储系统稳定性和高性能的技术，实时监控系统状态并进行优化

(续)

序号	技术名称	技术说明
12	自动化运维技术	降低管理复杂度的自动化技术,包括自动化部署、自动化监控、自动化备份等

8.2.2.4 知识检索与推荐

1. 知识检索

知识检索是共享化知识工程中面向终端用户的核心应用模块,也是整个知识工程体系中应用的入口,在知识应用中起着最核心的支撑作用,其目标是协助用户快速准确地在海量资源中找到想要的知识。高性能的知识检索也推动了知识工程的发展,促进了更高效、更智能的知识表示和推理技术的创新,知识检索体系结构如图 8-19 所示。

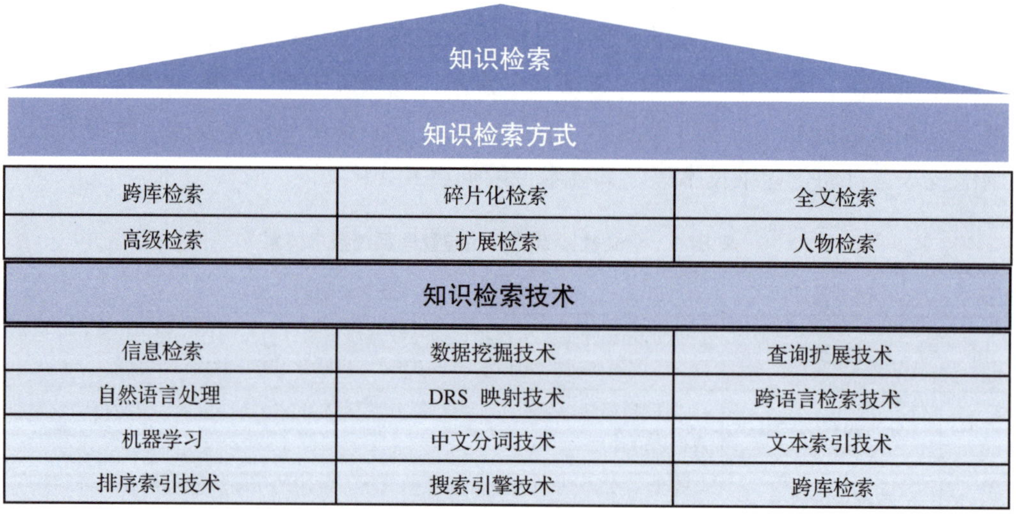

知识检索		
知识检索方式		
跨库检索	碎片化检索	全文检索
高级检索	扩展检索	人物检索
知识检索技术		
信息检索	数据挖掘技术	查询扩展技术
自然语言处理	DRS 映射技术	跨语言检索技术
机器学习	中文分词技术	文本索引技术
排序索引技术	搜索引擎技术	跨库检索

图 8-19 知识检索体系结构

(1) 知识检索方式

知识检索是一种从大量信息中找到相关和有用信息的过程。它可以在各种场景中使用,如数据库查询、文献搜索、网络搜索等。数字化研发知识工程采用的检索方式包括跨库检索、高级检索、全文检索,还有比较进阶的碎片化检索、扩展检索、人物检索等,主要的知识检索方式如图 8-19 所示。

跨库检索是在多个数据库或信息资源库中进行统一的搜索查询。它允许用户在一个界面上输入查询条件,系统在后台并行地对多个数据源进行搜索,包括文档、报告、研究论文、专利、新闻、论坛等,并将汇总结果返回给用户。它可以显著节省用户的时间，提高检索效率，尤其适用于需要从多个领域或来源中获取信息的复杂查询。

高级检索提供了比简单关键字搜索更复杂的查询选项，包括但不限于布尔运算（AND、OR、NOT等）、范围查询、字段指定查询等。在知识工程体系中，用户可以利用这些高级功能构造更精确的查询语句，使用多个检索条件和逻辑运算符来精确地定位信息，支持复杂查询，可提高检索的相关性和准确性。

全文检索是对文档或数据库中所有文字内容进行搜索的技术。它不仅检索标题、摘要等元数据，还检索文档的全部正文内容。全文检索系统能够快速地从大量的文本数据中检索出包含某些关键词的文档，适用于需要深入分析文档内容的查询。

碎片化检索用于从文档中提取出小片段（如句子、段落）作为检索结果，而不是返回整个文档或数据集。该方式适用于用户需要快速获取具体信息点而非整篇文章的场景，碎片化检索可以提高信息获取的速度和针对性。

扩展检索是通过自动或半自动扩展用户的原始查询词，利用同义词、相关词等来增加检索的覆盖面和发现潜在相关知识点的机会，使用户能够获取比最初查询结果更广泛的搜索结果。这种方法适用于处理模糊查询或用户不确定如何精确描述他们的信息需求的情况。

人物检索是知识体系中的一个复杂而重要的部分，它涉及多个技术领域的交叉应用。随着人工智能和大数据技术的发展，人物检索的准确性和效率将不断提高，为用户提供更加丰富和精准的信息服务。人物检索是一项关键功能，它专注于从大量数据中准确地检索与特定人物相关的信息。这包括但不限于人物的个人资料、历史贡献、社会活动、相关文献和新闻报道等。人物检索在多个领域都有广泛应用，如学术研究、新闻媒体、在线教育和社交网络分析等。

（2）知识检索技术

在知识检索环节，通过关键词搜索、语义查询等方式，用户可以快速准确地找到所需的知识。知识检索技术包括信息检索、自然语言处理、机器学习、数据挖掘等，其中使用率比较多的技术手段又可以细分为数据库关键词 DRS[⊖] 映射技术、中文分词技术、查询扩展技术、跨语言检索技术、文本索引技术、排序索引技术、搜索引擎、跨库检索等。

知识检索需要应用到数据库关键词 DRS 映射技术，该技术是将数据库中的关键词与相应的数据资源进行关联，建立关键词与数据资源的映射关系，实现对数据库

⊖ DRS（Data Replication Service）为数据复制服务，是一种用于数据库在线迁移和实时同步的云服务。

中数据的快速检索和定位。其中，DRS映射技术的核心思想是将数据库中的关键词与相应的数据资源进行关联。

中文是一种没有明显单词边界的语言，一个汉字可以作为一个单独的词语，也可以作为多个词语的一部分。而且中文中的词语之间没有明显的分隔符，如空格或标点符号等。因此，中文分词技术也是必不可少的，它是自然语言处理中的一个重要环节，其主要目的是将连续的中文文本切分成有意义的词语序列。

在知识检索环节，查询扩展技术也是搜索引擎中常用的技术，其目的是通过对用户输入的查询进行扩展，从而获取更多的相关信息。查询扩展技术的应用，使搜索引擎可以更好地理解用户的查询意图，从而帮助用户更快地找到所需的信息，提高搜索效率和准确性。

除此之外，跨语言检索技术和文本索引、排序索引技术也是知识检索环节常见的两种技术手段。跨语言检索技术是一种将不同语言的文本进行比较和分析，以实现跨语言信息检索的技术，主要应用于搜索引擎、推荐系统、问答系统等领域。文本索引技术在知识管理系统中主要用于高效存储、检索和管理文本数据，主要作用是加快搜索和查询速度，从而帮助用户在大量文本数据中快速找到相关的信息。排序索引技术是对海量数据进行快速排序和分组的机制，排序之前必须将数据按照排序词典建立排序索引，在排序索引建立之后，才可以利用排序索引进行排序和分组。

由于知识工程具有数据体量大、知识结构复杂等特点，加之现如今大数据技术快速发展，因此在知识检索的过程中，大数据搜索引擎与跨库检索技术成为处理大数据和多源异构数据时的重要工具，帮助用户实现高效的信息检索。

2. 知识推荐

在共享化知识工程建设过程中，知识推荐技术指的是一种信息检索和过滤的方法，旨在根据用户的需求、偏好和行为，自动向用户推荐相关的知识资源。这些资源可以是文档、文章、书籍、视频、课程、研究论文、产品等。知识推荐技术目前在电子商务、社交媒体、在线教育、企业知识管理等领域有着广泛应用。

长安汽车知识工程体系中的知识推荐可以综合分析用户的基本属性（包括用户标签、岗位、教育程度、爱好等）、行为属性（包括课程学习、阅读历史、检索数据等）、业务协同属性（包括参与项目、常用业务、审批历史等）和工作属性（包括部门属性、关注好友、族群关系等）。通过分析各类属性并建立数学分析模型，利用机器学习技术对各个属性的内容进行大数据比对分析，最终形成用户的360°画像。随后，将这些画像嵌入到流程管理环节中，为用户当前所处的业务流程提供具有针对性的实时动态智能知识服务。知识推荐技术的应用不仅提升了知识的利用效率，还促进了知识的流通和创新。在共享化知识工程中，知识推荐技术的实施通常涉及几个主要流程，如图 8-20 所示。

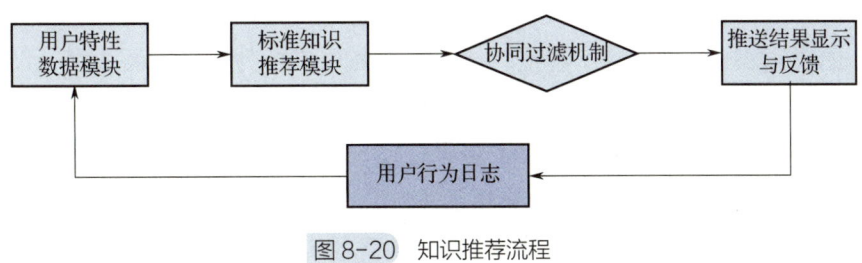

图 8-20　知识推荐流程

第一，建立用户特征数据模块。系统会自动收集已登录用户的姓名、部门、岗位、专业等信息，以建立初步的用户特征数据集，形成用户画像。

第二，通过数据挖掘建立推送模型，对用户群体行为和个体行为进行数据分析和挖掘，以建立标准知识推荐模型。该模型基于自建体系、数据库类型、岗位类型、专业类型四个维度，对标准知识进行推送。

第三，利用协同过滤算法筛选标准信息。使用推荐算法可以计算用户群体和个人行为，为用户推荐最符合其检索意图的文献，并将推送结果进行显示，推荐专业领域相关知识等内容。

第四，推送结果显示与反馈。系统通过记录用户对推荐知识的下载、收藏行为，并将其记录到行为日志库中，为用户行为日志挖掘提供足够的参照样本，从而不断提升推送与显示结果的准确性。同时，系统还可结合相似统计方法，找到具有相似爱好或兴趣的相邻用户，进行相似推荐，即基于用户的协同过滤或基于邻居的协同过滤。

8.3　场景化知识工程

8.3.1　场景化知识工程的定义

场景化知识工程是将知识工程技术与特定领域或场景的需求结合，通过构建、管理和应用知识图谱、知识库等技术，实现对该场景下知识的有效获取、组织、分析和应用。在当前的场景化知识工程应用中，重点在于将通用的知识工程方法与具体场景下的数据、需求和业务逻辑结合，以提升对该场景下知识的理解和利用效率。

场景化知识工程作为一种新兴的知识管理策略，旨在将传统的数字化知识转化应用到具体的研发场景中，以实现知识资源的最大化利用和效率提升。它不仅关注于知识本身的积累与整合，更侧重于如何根据特定环境、需求和用户行为设计符合实际应用需求的知识服务方案。

在当今快速发展的科技环境下，场景化知识工程的重要性日益凸显，它能够帮助企业和研究机构更加精准地定位知识服务，提高研发效率和创新能力。在长安汽车的数字化研发知识工程中，代表产品智谷是场景化知识工程的具体实践案例。该产品通过深入挖掘和分析研发环境、任务需求和用户行为等多方面数据，设计定制化的知识服务方案，提高知识的适用性和应用效率，为研发人员提供更精准、高效的知识支持。场景化知识工程是数字化研发知识工程模块的重要组成部分，与共享化知识工程、智能化知识工程等模块相互协作，共同促进知识的高效应用和管理。

8.3.2 场景化知识工程的技术体系

在场景化知识工程的场景实施过程中，不仅需要深刻理解研发任务和用户需求，还需要借助相关的先进技术手段，以实现对知识资源的高效管理和利用。随着技术的不断进步和知识经济的发展，场景化知识工程将在促进科技创新和提升企业竞争力方面发挥越来越重要的作用，其主要技术体系包含数据分析与挖掘、语义识别、场景化知识图谱、嵌入式知识服务、知识推送、知识问答等方面。

8.3.2.1 数据分析和挖掘技术

在知识工程中，研发工程师通过项目知识地图、岗位知识地图、主题知识地图等，可以高效体系化地掌握前人已经总结的复杂的研发知识，不需要再自行翻查大量资料，从而保障了研发的效率和质量。在这个基础上，如果研发工程师进一步通过知识发现，获取新知识，可以更好地推动技术进步和创新。然而，这个过程需要数据分析和挖掘技术的支撑。

通过对用户行为数据进行分析，可以发现用户的偏好和需求，从而为用户提供更加个性化的精准推送服务；通过对文档内容进行分析，可以发现文档之间的相似性和关联性，从而帮助用户快速找到相关的文档等，使用户在知识管理系统中对知识进行发现的过程变得快捷、高效而精准，提升对专业知识的研究效率。知识地图是一种图形化工具，用于表示和管理知识的结构、关系和演化过程。数据分析和挖掘技术可以帮助识别知识点之间的关系，并进行聚类分析，将相似的知识点归为一类，形成层次结构的知识地图；再通过数据的关联规则挖掘，可以揭示知识点之间的关联关系，构建具有复杂网络结构的知识地图，能够帮助用户找到与知识相关联的脉络知识，以导航图的形式来展现各个关联知识集中的具体内容，使无序的知识信息以有序的面貌呈现在用户面前，提升知识的利用率。

1. 技术方法

数据分析是指采用合适的统计分析方法对大量数据进行处理和分析，以提取有价值的信息并形成有意义的结论。这一过程能够为管理层提供重要的决策支持，帮助企业更好地理解市场和用户需求。

数据挖掘则是一个更为深入的过程，旨在从庞大的数据集中挖掘出潜在的有价值的信息。依托于人工智能、机器学习、模式识别、统计学、数据库技术和数据可视化等领域的先进技术，数据挖掘可以自动化地分析数据，通过归纳和推理，帮助管理者优化市场策略，做出更加明智的决策。常见的数据挖掘方法见表8-2。

表8-2 数据挖掘的主要方法

序号	数据挖掘方法	描述
1	分类（Classification）	将数据分配到预定义的类别中。常用算法包括决策树、朴素贝叶斯、支持向量机、K-近邻和神经网络
2	回归（Regression）	预测数值型数据，将数据映射到一个连续的值域。常用算法包括线性回归、逻辑回归、岭回归和Lasso回归
3	聚类（Clustering）	将数据集划分为若干组，使得组内数据相似性高，组间数据相似性低。常用算法包括K-均值、层次聚类、DBSCAN和高斯混合模型
4	关联规则学习（Association Rule Learning）	发现数据集中属性之间的有趣关系。常见算法包括Apriori、Eclat和FP-Growth
5	降维（Dimensionality Reduction）	减少数据集的特征数量，使其更易于分析。常用技术包括主成分分析、线性判别分析、独立成分分析和t-SNE
6	异常检测（Anomaly Detection）	识别数据集中不符合预期模式的数据点。常用方法包括孤立森林、基于统计的方法、支持向量机和密度模型
7	频繁模式挖掘（Frequent Pattern Mining）	发现数据集中频繁出现的子集或子序列。常见算法包括Apriori和FP-Growth
8	时间序列分析（Time Series Analysis）	处理和分析时间序列数据。常用方法包括自回归模型、移动平均模型、自回归滑动平均模型和自回归积分滑动平均模型
9	文本挖掘（Text Mining）	从文本数据中提取有价值的信息。常用技术包括自然语言处理、主题模型和情感分析
10	神经网络与深度学习（Neural Networks and Deep Learning）	处理复杂和大规模数据，特别是图像、语音和文本数据。常见模型包括卷积神经网络、循环神经网络和生成对抗网络

2. 应用场景

在长安汽车的知识工程体系建设中，数据分析和数据挖掘相互配合，如图8-21所示。在场景化知识工程应用上最为直观的体现为以下两点。

第一点是知识地图。知识地图作为一种图形化表示工具，不仅展示了知识的结构和关系，还记录了知识的演化历程。在场景化知识工程中，知识地图的主要作用体现在两个方面。一方面是技术研发工程师可以通过项目知识地图、岗位知识地图、主题知识地图等系统化工具，高效地掌握前人积累的复杂研发知识。另一方面，通过深入分析用户行为数据和文档内容，知识地图不仅能够揭示用户偏好和需求，加速相关文档和知识的检索过程，还能以直观的导航图形式展现各个知识集的具体内容和相互联系，从而极大地提高了知识的可访问性和利用率。

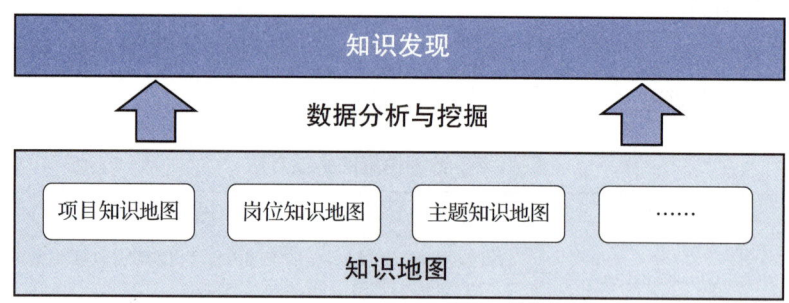

图 8-21　数据分析与挖掘技术的应用场景

第二点是知识发现。知识发现则是在知识地图的基础上，通过数据分析和挖掘技术的进一步应用和推广，拓展了知识工程的边界。知识发现可以帮助工程师获取新知识，推动技术创新目标的实现，为研发工程师提供了强大的支持。

8.3.2.2　语义识别技术

1. 技术方法

在知识体系工程的实施中，语义识别技术扮演了至关重要的角色。它主要用于实现对知识库中丰富资源的统一和高效检索。智能搜索引擎作为基于人工智能技术的先进应用，在整个工程中融合了机器学习和自然语言处理（NLP）技术，能够提供更精准、快速且用户友好的搜索服务。因此，一个优秀的智能搜索引擎的核心竞争力在于其高效的语义识别技术。语义识别技术的体系包括核心的自然语言处理、机器学习和语义识别基础技术。

语义识别技术逐步成为知识工程领域研究和应用的热点。该技术旨在深入分析自然语言中词汇、短语之间的关系、含义及上下文等多个维度，从而准确理解人类指令的真正意图，并执行相应操作。其核心原理通常包括几个关键步骤：分词处理将连续文本分解为有意义的单词或短语；句法分析分析单词结构关系；语义分析深入理解每个词汇和短语的具体含义；意图识别确定用户的真实需求。通过这一系列复杂而精细的处理，语义识别技术能够有效捕捉并理解人类语言的微妙差异，从而在汽车知识体系工程中发挥重要应用价值。无论是提升知识检索准确度还是优化用户交互体验，语义识别技术都是实现智能化知识管理不可或缺的关键技术之一，其核心技术体系包含自然语言处理技术和机器学习两个方面。

自然语言处理技术是人工智能领域的重要分支，旨在实现通过人类语言与计算机进行有效沟通。通过将人类自然语言转化为计算机可理解和处理的格式，NLP技术显著拓展了计算机应用的范围，尤其在知识工程体系中发挥着核心作用。该技术涵盖文本分析、语音识别、机器翻译等多个方面，不仅提升了处理人类语言的效率和精度，还改善了用户交互体验，促进了知识的快速获取、整合和共享。NLP技术的应用不仅可以加快知识提取和管理，还改进了知识库的构建和更新机制，使得知识的存储、检索和分享更加高效。通过深入理解和分析人类语言的复杂性，NLP技术使得知识工程体系能够更准确地满足用户需求，提供更为丰富和个性化的知识服务。

机器学习是一种让计算机从数据中学习来提升性能的方法，包括监督学习、无监督学习和强化学习等类型。监督学习通过带标签的数据训练计算机，使其能预测新数据的标签。在语义识别中，监督学习用于训练计算机识别不同单词或短语。无监督学习则从未标记的数据中自动发现模式和结构，这种方法不需要预先给定标签，计算机通过分析数据本身来提取信息。在语义识别中，无监督学习可用于发现文本中的相似性和关联性。强化学习是一种交互式学习方法，通过与环境交互，让计算机学习做出最优决策。在语义识别中，强化学习用于训练计算机在不同情境下做出正确决策。

2. 应用场景

语义识别技术在智能助理和智能搜索中应用广泛，通过学习和分析海量数据，计算机可以模拟人类的判断力，理解人类的语言，并返回相关的结果。

智能助理依托语义识别技术，可生成高度契合用户需求的内容。它既能回答问题、提供建议，又能执行任务，助力用户顺利完成各类操作。智能助理能够理解自然语言输入，并依据用户的意图与上下文，给出个性化的响应。用户只需通过简单的问答形式，即可获得问题的答案。

智能搜索充分利用语义识别技术，帮助用户快速获取所需知识。它可实现企业级全文搜索、垂直搜索以及图谱搜索等场景的数字化升级。通过深入分析用户的语言特征与搜索意图，智能搜索能够精准匹配最相关的搜索结果，为用户提供更准确、更有用的信息。令用户感触颇深的体验是，仅需搜索某个关键词，如"红楼梦贾府关系图"，即可获取贾府关系的知识图谱，并实现节点访问。

语义识别技术的主要作用在于深刻理解用户的搜索意图，进而提供更为精准的搜索结果。它通过对用户语言的深入分析与理解，更好地满足用户需求，提供个性化、高效的搜索体验。正因如此，智能助理和智能搜索成为工作中不可或缺的得力工具。

8.3.2.3 场景化知识图谱技术

1. 技术方法

场景化知识图谱可以理解为一个定制的知识网络，专门用于特定领域的信息整理和理解。就像我们平时在生活中使用地图来导航一样，场景化知识图谱可以帮助我们在某个领域中更好地获取和理解相关的知识。在知识工程体系中，知识图谱与知识工程相互依存、相互促进。

作为知识工程的重要组成部分，知识图谱在研发过程中被广泛运用。它能够管理和组织制造过程中的各种知识，包括产品设计规范、生产工艺、设备参数和质量标准等。通过实体（如产品、设备、流程）和关系（如包含、使用、遵循）的表示，实现知识的结构化和系统化。例如，通过构建设备状态的知识图谱，可以实时监测设备状态，预测潜在故障，并分析 FMEA 数据，提供排除故障的指导。在质量控制方面，知识图谱也能用于监控生产过程中的关键质量指标，及时发现问题，并通过与历史数据比较，提供改进建议。

一般情况下，知识图谱的构建过程从原始数据出发，采用一系列自动或半自动的技术手段，提取出知识要素，并将其存入知识库的数据层和模式层。这是一个迭代更新的过程，包括数据整合、词表构建、知识抽取、知识融合、监督学习和知识入库等步骤，如图 8-22 所示。

图 8-22　知识图谱的迭代更新过程

场景化知识图谱技术还需要利用以下几个关键技术进行实现，见表 8-3。

表 8-3　场景化知识图谱关键技术利用

序号	技术领域	内容描述
1	指标本体构建技术	通过双策略结合的方法，利用关键词加权排序来确定领域概念，减少对领域专家的依赖
2	数据碎片化技术	处理非结构化或半结构化数据，使用数据碎片化和自然语言处理技术识别和利用数据
3	基于 XML 的动态重组技术	通过内容对象和动态生成机制，实现报告的结构化和多样化发布，满足跨媒体和个性化需求
4	大数据自然语言处理技术	1. 中文文本处理：提升分词、句法分析等技术的准确性和效率 2. 深度学习表型组抽取：减少人工干预，提高效率

（续）

序号	技术领域	内容描述
5	大数据分析技术	1. 数据采集：使用 ETL 工具提取、清洗和集成数据 2. 数据存取：包括关系数据库、NoSQL 数据库等 3. 基础架构：云存储和分布式文件系统 4. 数据处理：自然语言处理和人工智能技术 5. 统计分析：假设检验、回归分析等 6. 数据挖掘：分类、预测、关联规则等 7. 模型预测：机器学习和建模仿真 8. 结果呈现：云计算和可视化技术展示数据
6	大数据存储技术和系统	无共享集群架构（shared-nothing），适用于高可用和高性能的存储系统。软件方面，使用 HDFS 和 Amazon S3 等文件存储系统
7	大数据业务模型建模	NoSQL 数据库分为键-值存储、列族存储和文档存储三类，适用于不同的应用场景
8	大数据搜索引擎与跨库检索技术	1. 多模态数据索引：支持不同数据类型的索引和检索 2. 分布式检索：适用于跨数据库的统一检索 3. 交互式可视化检索：用户友好的数据检索和浏览方式
9	大数据信息安全与隐私保护技术	1. 隐私数据脱敏：通过数据屏蔽、匿名化等技术保护隐私，并评估泄露风险 2. 信息安全体系：覆盖数据采集、存储、传输等环节

2. 应用场景

在汽车行业的知识工程体系中，场景化知识图谱主要通过工作台的丰富应用模块得以生动体现。这些应用模块犹如强大的引擎，使制造企业能够全方位、深层次地充分利用数据资源。通过对数据的高效挖掘与分析，企业得以显著提升生产的智能化水平，进而在竞争激烈的市场中脱颖而出，占据优势地位。本书第 7 章 7.3 节详细介绍了知识图谱的理论和应用，本章再对知识图谱使用到的技术和应用前景进行描述。

场景化知识图谱在汽车行业拥有极为广泛的应用领域，范围涵盖数据预处理、统计分析、机器学习算法、神经网络、深度学习、聚类分析、分类以及回归分析等诸多关键方面。这些先进的技术手段能够为汽车行业注入强大的动力，有力推动生产过程的持续优化、质量控制的精准强化、智能维护的高效实现以及创新设计的蓬勃发展。在数据预处理阶段，知识图谱能够对海量的原始数据进行清理、整合和规范化处理，为后续的分析和应用奠定坚实基础。统计分析则可以帮助企业深入了解生产数据的分布特征和趋势变化，为决策提供可靠的数据支持。机器学习算法、神经网络和深度学习等技术能够实现对生产过程的智能预测和优化，提高生产效率和产品质量。聚类分析和分类技术可以对汽车产品和用户进行精准分类，为个性化定制和市场细分提供依据。回归分析则可用于建立生产过程中的各种变量之间的关系模型，为优化生产决策提供定量分析。

可以预见的是，随着技术的不断进步与创新，知识图谱在智能制造领域的应用必将更加深入且广泛。它将如同智慧的灯塔，为企业提供更多智能化、自动化的生产决策依据与有力支持。知识图谱将与新兴技术深度融合，如物联网、大数据分析、人工智能等，实现对汽车生产全流程的实时监测、智能分析和精准决策。企业可以利用知识图谱构建更加智能的供应链管理系统，优化生产计划和库存控制，降低成本，提高响应速度。同时，知识图谱还将在产品创新方面发挥重要作用，通过对市场需求、技术趋势和用户反馈的深度分析，为企业提供创新的思路和方向，推动汽车行业不断迈向更高的发展阶段。

未来，随着技术的不断进步，知识图谱在智能制造领域的应用必将更加深入且广泛，为企业实现更加智能化、自动化的生产提供决策依据与有力支持。

8.3.2.4 嵌入式知识服务技术

1. 技术方法

嵌入式知识服务是指将知识服务（如自然语言处理、推荐系统、智能搜索等）直接集成到其他应用或系统中，以提供更丰富的功能和服务。这种嵌入式的知识服务能够为用户在其日常使用的应用程序中提供实时的、个性化的知识支持，而不需要切换到其他专门的知识服务应用。

在汽车研发知识工程体系的建设中，嵌入式知识服务主要是将知识融入企业研发等业务流程中的服务模式，以提供实时、个性化的知识支持。通过紧密结合知识与业务过程，员工在业务研究过程中可以得到有效的知识伴随，同时也促进了知识的共享和最大化应用，从而提高了企业的创新能力和竞争力。

举例来说，嵌入式知识服务可以是一个智能语音助手，并集成到智能手机的操作系统中，用户可通过语音与该助手交互，获取信息、设置提醒或执行命令，不需要打开独立的应用。另外，嵌入式知识服务也可以是一个智能推荐系统，整合到电子商务平台中，根据用户的偏好和行为推荐相关商品，提升用户的购物体验。

2. 应用场景

在汽车研发应用中，嵌入式知识服务的核心聚焦于知识伴随这一应用层面。知识伴随不但涵盖产品研发的整个周期，还涉及用户画像、知识画像以及场景画像的运用。借助标准化接口，知识能够被推送至每个人的工作场景之中，从而提升研发效率与产品质量，加快新产品的市场应用步伐。在研发知识工程中，知识伴随的应用主要体现在以下几个方面。

首先，知识伴随的应用体现在知识的快速获取与传递上。在传统模式下，知识的获取与传递通常需历经复杂的流程，效率偏低。嵌入式知识服务通过将知识直接嵌入业务流程，使得员工在工作时能够迅速获取所需知识，极大地提高了工作效率。例如，当员工运用设计工具进行产品设计或撰写文档时，设计工具可通过知识服务系统调取相关设计知识与经验，同时，员工可以向智能助手提出疑问并获得解答，知识获取与传递在学习与创作过程中同步进行，助力员工快速完成设计任务。

其次，知识伴随在个性化推荐方面发挥重要作用。嵌入式知识服务能够实现知识的个性化推荐，即嵌入式知识推荐。它与具体的业务应用场景深度融合，实现了知识管理与服务的场景化、智能化以及自动化。例如，系统能够依据员工的用户画像，推荐相关知识资源与培训课程，帮助员工有针对性地提升专业能力，进而提升企业整体的业务水平。

最后，知识伴随在知识共享与业务协作方面也有着广泛应用。传统的知识管理常常受到地域和时间的限制，而嵌入式知识服务通过网络技术搭建起智能化的知识管理平台，以智能查询、智能问答以及协同研究等功能为核心，深度融入研究、学习与工作过程，为业务工作提供便利，实现知识的实时共享与有效协作。例如，在项目开发过程中，团队成员可以通过系统共享各自的知识与经验，协同研究，提高项目质量，推动企业成果转化率的提升。

8.3.2.5 知识推送技术

1. 技术方法

场景化知识工程中的知识推送指在特定情境下，将动态和个性化的知识及时传递给用户或系统，以提升决策支持和问题解决能力。通过上下文感知，系统能够理解用户的任务、目标及环境因素，从而选择最相关的知识进行个性化推送。同时，知识推送可以实时进行或基于事件触发，利用智能推荐技术预测用户需求，并采取相应的推送策略，确保信息有效传达。

在实施过程中，推送内容应考虑用户的历史行为和兴趣，以提高其相关性。此外，知识推送还应具备一定的灵活性，以适应用户在不同场景中的需求变化。反馈机制的建立有助于监控推送效果，用户可以对推送的知识进行评价，这不仅能优化推送内容和策略，还能增强用户的参与感和满意度。

此外，将知识推送功能集成到现有工作流中，可以实现无缝衔接，使用户在日常操作中轻松获取所需信息。这种集成方式不仅提升了信息的及时性和适用性，还能促进跨部门的协作与沟通，从而提高整体工作效率。通过这些方法，场景化知识工程能够有效地将知识推送到需要它的地方，增强信息的及时性和适用性，提高用户的决策效率和问题解决能力。最终，实现知识的最大化利用，推动组织的持续创新与发展。

2. 应用场景

在汽车研发中，场景化知识推送技术发挥着至关重要的作用，能够极大地提升用户体验和运营效率。下面列举几个应用的例子。例子一是提供个性化驾驶建议。根据用户的驾驶习惯、路况以及车辆性能等因素，场景化知识推送技术为用户量身定制专属的驾驶方案，助力用户实现更加安全、高效的驾驶。例子二是自动推送维护和保养提醒。场景化知识推送技术实时监测车辆的运行状态，在恰当的时机向用户发送维护和保养提示，确保车辆始终保持良好的性能状态，延长车辆的使用寿命。例子三是优化智能导航和实时交通信息。场景化知识推送技术结合场景化知识，为用户提供更加精准的导航路线和实时交通状况，帮助用户避开拥堵路段，节省出行时间。例子四是促进跨部门协作。在汽车企业内部，场景化知识推送技术可实现不同部门之间的信息共享和协同工作，提高企业的运营效率和决策水平。例子五是收集客户反馈以优化服务。场景化知识推送技术可以及时收集用户对汽车产品和服务的反馈意见，并利用这些反馈信息不断优化产品设计和服务质量，提升用户满意度。例子六是利用智能客服系统提升客户支持。通过智能客服系统，场景化知识推送技术可以为用户提供快速、准确的问题解答和技术支持，提高客户服务的响应速度和质量。

这些丰富多样的应用，对于汽车行业具有重大意义。首先，有助于增强驾驶安全。个性化驾驶建议和实时交通信息等功能可以提醒用户注意潜在的危险，降低交通事故的发生概率。其次，能够提高车辆性能。及时的维护和保养提醒以及优化的智能导航等功能，有助于保持车辆的良好状态，提升车辆的性能表现。再次，还可以优化服务质量。收集客户反馈并不断改进服务，以及利用智能客服系统提供优质的客户支持，都能够显著提升服务质量。最后，场景化知识推送技术的广泛应用，将促使汽车企业不断创新产品和服务，为行业的发展注入新的活力。

8.3.2.6 知识问答技术

1. 技术方法

场景化知识工程的知识问答指的是在特定的应用场景中，通过知识工程技术提供的智能问答服务。这种服务依赖于知识库、语义分析和上下文理解，用于在特定场景下回答用户的问题。其核心目标是根据具体的场景和需求，提供更准确和相关的答案。知识问答有如下几个功能。

首先是上下文理解。系统能够理解用户问题的背景和语境，以便提供更加精准的回答。

其次是知识库管理。系统依托结构化和非结构化的知识库，这些知识库包括了领域特定的信息、规则和最佳实践。

再次是场景定制。系统能够根据不同的应用场景（如医疗、金融、教育等）调整其回答策略和内容。

最后则是智能推理。系统利用知识推理技术，通过已知的知识和规则，推断出用户所需的答案或建议。

2. 应用场景

在汽车领域，知识问答技术具有广泛而重要的作用，下面列举几个知识问答的应用场景。

在售前服务场景中，知识问答技术可针对潜在购车客户关于不同车型特点、性能、配置等方面的问题（如车辆外观设计、内饰风格、空间大小、安全配置、智能科技等），快速准确地给予回应，帮助客户更好地了解产品以做出购车决策。同时，在客户进行竞品对比时，能详细分析各车型在动力性能、燃油经济性、舒适性、可靠性等方面的差异，为客户提供客观的比较信息。

在售后服务场景下，当车主车辆出现故障（如发动机异响、制动失灵、电子系统故障等）时，知识问答平台可根据故障描述提供初步诊断建议，指导车主采取应急措施并为维修人员提供参考，提高维修效率。在保养方面，知识问答平台能解答车主对保养周期、项目和方法的疑问，包括何时更换机油、空气滤清器、制动衬片等问题，并提供正确的保养操作步骤和注意事项。此外，还可根据车辆信息帮助车主准确查询所需配件，提供购买渠道建议并解答配件质量和价格问题。

在内部培训与技术支持场景中，一方面，知识问答平台可为员工提供在线培训资源，回答关于汽车制造工艺、新技术应用、销售技巧、客户服务等方面的问题，提升员工专业素养；另一方面，当汽车制造商和经销商的技术人员遇到复杂的技术问题时，可通过该系统获取专家技术支持和解决方案，系统整合了行业内技术专家资源，可为技术人员提供快速有效的帮助，加快技术问题解决速度。

在研发与创新场景中，知识问答技术可为汽车研发人员在进行新技术研发遇到技术难题时提供相关领域的技术文献、研究成果和专家意见，帮助其开拓思路、解决技术瓶颈。同时，在产品研发过程中，知识问答平台还能收集用户对现有产品的意见和建议以及对未来产品的期望和需求，为研发人员提供有价值的市场调研信息，指导产品创新和改进。

8.4 企业数字化研发知识工程实践

在汽车企业开展数字化研发知识工程实践时，通常需要根据自身业务特点和需求，采用系统化的方法来构建和应用知识工程。对于长安汽车的数字化研发知识工程而言，智谷是企业在数字化研发知识工程中的实践与应用。该系统主要利用信息技术和数据分析手段，系统地管理、挖掘和应用研发领域的知识和经验，以提升企业研发活动的效率、质量和创新能力。智谷在企业数字化研发知识工程中的实践方法和关键步骤聚焦于知识的获取、存储和应用等方面。

在建设知识平台之前，长安已经拥有许多系统，这些系统中积累了大量知识。将这些知识集成并转化到知识平台中是最重要的第一步工作，也是长安实现智谷的关键挑战。为了实现平台知识的大融合，长安主要采用的数据集成方式是首先将所有系统的数据推送至中间服务器，然后由中间服务器读取全文，再将所有数据推送至 KBase 对应的各库中。集成后的数据可以在知识系统中进行检索，并可以查看标题、作者等简单字段，如需查看详情则需点击详情链接进入原系统查看，权限遵循原系统权限。通过知识集成，智谷实现了 13 个业务系统知识的互通，达到了将知识管理平台打造成统一搜索平台的目标。知识集成关系主要包括资源总库、数据转化服务器、集成端、原系统数据端和用户端，资源总库来源于用户本身自有数据、第三方系统集成数据、用户上传数据以及原有的系统数据（如 CMP 系统、PDM 系统、PM 系统、其他集成系统等）。集成方式主要为应用程序编程接口（API）和交换平台等。智谷知识集成关系如图 8-23 所示。

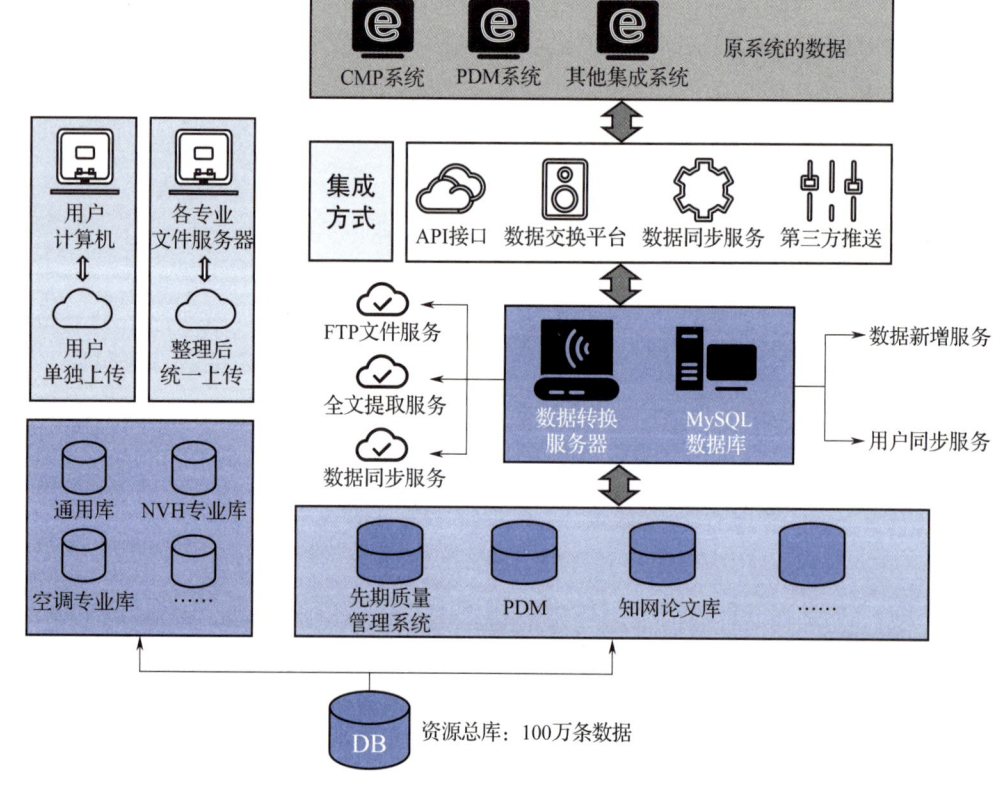

图 8-23　智谷知识集成关系图

8.4.1 知识的获取

知识的获取包括内部知识获取和外部知识获取两个主要方面。外部知识获取主要通过爬虫和导入等方式实现，而内部知识获取除了个人提交外，更多需要通过知识集成和收割来实现，其中核心在于知识集成。

知识集成的主要目标是确保不同来源和格式的知识资源能够整合在一起，并实现互操作，使它们能够相互交流和共享。在当今的信息时代，知识散布在各种系统、平台和组织中，因此，如何有效实现知识集成成为一个重要挑战。知识集成的最终目标是建立一个统一且无缝的知识环境，让不同的知识资源可以相互补充和共享，为用户提供更加全面、准确和有用的知识支持。

知识集成的关键是建立一个统一的知识表示方式和模型，通过采用统一的知识表示语言和本体模型，不同的知识资源可以在语义上相互对接和理解。本体是一种形式化的知识模型，用于描述概念、属性和关系。通过建立共享的本体，不同的知识资源可以在共同的语义框架下进行集成和互操作。此外，本体映射和对齐技术也可以被利用，以建立不同本体之间的语义关联，实现知识的相互补充和共享。通过这些方法，可以提高知识集成的效果和效率，促进知识的流动和应用。

在知识集成过程中，制定和遵循共同的标准和规范是非常重要的。这些标准和规范涉及数据格式、接口协议、元数据规范等方面。遵循共同的标准，不同的知识资源可以更容易地进行交互和集成，减少了兼容性和一致性的问题。例如，语义网技术和开放数据标准（如 RDF、OWL、JSON-LD 等）提供了一种通用的框架，用于实现知识的集成和互操作。

知识集成还需要考虑数据的一致性和质量，不同的知识资源可能具有不同的数据结构和质量，如不同的数据格式、数据精度、数据更新频率等。为了确保集成的知识具有一致性和可靠性，需要进行数据清洗、转换和验证等处理。这包括数据清理、数据匹配和冲突解决等技术，以提高集成知识的质量和可信度。

知识集成需要建立适当的技术和架构，包括服务导向架构（SOA）和微服务架构，通过接口和服务的方式实现不同系统与平台之间的集成和互操作。同时，还可以采用分布式系统和云计算技术，以提供弹性和可扩展的知识集成和互操作性解决方案。这些技术和架构有助于实现灵活、可靠和高效的知识集成和互操作。

知识集成是实现不同知识资源集成和共享的关键。通过建立统一的知识表示方式和模型、制定和遵循标准和规范、考虑数据的一致性和质量，并建立适当的技术和架构，可以实现知识的无缝集成和互操作，为用户提供更全面、准确和有用的知识。

智谷的知识集成数据来源于用户自有数据、原有系统数据、知识工程加工上传数据和第三方系统集成数据等。在智谷集成的实践中，由于数据量庞大、数据类型多样，面临着诸多挑战。然而，通过采用API接口、长安数据交换平台、数据同步服务和第三方推送等集成方式，可以实现数据的规范化处理，以确保数据的一致性和准确性。

基于不同来源的数据，智谷能够提供多种增值服务，包括FTP[一]文件服务、全文提取服务、数据同步服务和用户同步服务等。其中，FTP文件服务可实现高效的文件传输与存储；全文提取服务能够快速准确地从大量文本中提取关键信息；数据同步服务确保不同数据源之间的数据实时更新与一致；用户同步服务则为用户管理提供便利。这些服务不仅提升了数据处理的效率，还为用户提供了更加多样化的数据知识，帮助他们更好地利用数据进行决策。通过智能分析和挖掘技术，用户还可以获得个性化的报告和洞察，从而进行业务优化和创新。此外，智谷始终致力于持续改进数据集成和管理流程，坚定不移地确保不断满足用户的多元需求，全力提升用户体验。通过不断优化数据集成和管理，智谷为企业提供了坚实的数据基础，有力推动企业数字化转型的稳健进程，使其在激烈的市场竞争中能够抢占先机，实现可持续发展。

8.4.2 知识的存储

知识的存储指的是将各种知识以某种形式保存在可以随时访问的介质上，以便于后续的检索、学习和应用。在智谷知识工程建设和应用过程中，产生了海量的数据资源，这些海量的知识存储在知识中台，并利用知识中台来支撑各个知识应用。

在智谷的知识中心中，数据的存储和管理采用了多种技术方案，包括分布式的非结构化全文数据库、结构化数据库、缓存系统以及对象数据存储等。这种多样化的数据存储方式保证了对不同类型知识的高效管理和灵活应用。其中，非结构化全文数据库用于存储和检索大量文档和文本数据，结构化数据库则管理有固定模式的数据，缓存系统提供快速的数据访问，而对象数据存储则适合存储大规模的二进制文件和多媒体内容，智谷能够有效地整合和管理来自不同来源和格式的知识资源，确保它们能够在需要时被快速、准确地访问和应用。这不仅提升了知识的可用性和

[一] FTP（File Transfer Protocol）是一种文件传输协议，用于计算机网络中进行文件的上传、下载和管理。

共享性，还为长安汽车的研发和创新过程提供了强有力的支持。

图 8-24 为智谷知识中心的数据存储组成。智谷底层整合了 13 个业务系统的庞大的非结构化数据（以大文本为主），并采用 KBase 分布式负载均衡方案构建非结构化数据存储系统。KBase 以管理海量非结构化数据对象为核心，具备智能信息处理能力，尤其在中文信息处理方面具有优势。它是国际上第一个直接支持网格应用的专用数据库系统，可以对异构数据源提供统一访问和管理。

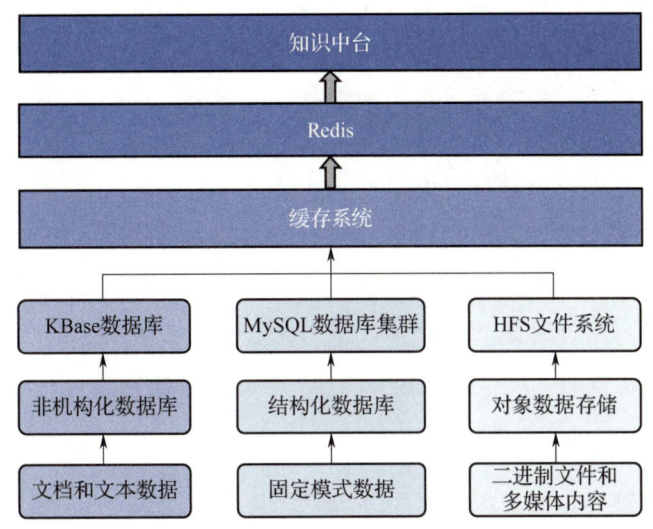

图 8-24　智谷知识中心的数据存储组成

之所以采用 KBase 作为数据存储系统，是因为 KBase 集成了先进的全切分切词算法，有效解决了歧义切分问题。例如，它能将"原子结合成分子"正确切分为"原子 / 结合 / 成 / 分子"，从而在查准率和查全率方面优于同类产品。KBase 拥有超过 400 万词汇量的大百科式概念关系词典，并集成了 Smart TextMiner 文本挖掘引擎及自然语言处理（NLP）引擎，提供自动分类、自动聚类、关键词自动标引、自动文摘、信息过滤、关联规则挖掘等多种实用功能。

在结构化数据存储方面，智谷采用 MySQL 数据库集群，以满足高效、可靠的结构化数据存储需求。MySQL 主要用于存放日志、指标等结构化数据，通过主从复制、负载均衡和水平分片，MySQL 数据库集群确保了高可用性和扩展性，通过索引、缓存和查询优化技术，提升了数据读取和写入的性能。

除以上非结构化存储和结构化存储以外，也可以采用 HFS 文件系统作为对象数据的存储方案。

对于缓存数据，智谷利用Redis①作为系统的缓存数据存储方案。Redis以其高速读写性能和丰富的数据结构支持，显著提升了系统的响应速度和数据处理效率。

8.4.3 知识的应用

长安汽车的数字化技术广泛应用于数据采集、存储、处理、分析和展现等方面，具体应用包括：通过物联网和数据集成平台，实时采集和统一管理生产及运营数据；利用分布式数据库和缓存技术，高效存储和快速访问海量数据；采用大数据处理框架、机器学习和自然语言处理进行深度分析与预测；构建知识图谱和智能搜索引擎，实现知识的关联、展示与精准检索；使用数据可视化工具和实时监控系统，直观展现数据并支持决策。

协同办公和知识共享平台可以提升团队的沟通与创新能力。知识中心将存储的知识应用于实际工作中，以提高效率、创新能力和决策质量。知识应用包含知识检索、知识推送、知识社区管理、知识地图、协同创作、专业频道、"大V"专栏等个性化的应用场景。这种全面的数字化转型为长安汽车的研发、生产和运营提供了强有力的技术支撑，增强了企业的市场响应速度和竞争优势。

8.4.3.1 知识检索

企业数字化研发知识工程实践的过程中，常用的知识检索技术体系包括信息检索（IR）、自然语言处理、机器学习、语义搜索、文本挖掘技术等。相关技术体系的应用在知识检索中一方面各自发挥独特作用，另一方面相互配合，共同为用户提供精准、高效、个性化的知识检索服务。

在知识检索领域中，信息检索起着重要作用，它利用索引、搜索算法和排序机制查找相关文档和信息。自然语言处理涵盖分词、命名实体识别和语义分析等方面，旨在理解和处理用户的查询请求，为后续信息检索提供准确依据。机器学习应用分类、回归和聚类算法等改进检索结果的准确性和相关性，通过对大量数据的学习和训练，可根据用户历史查询记录和行为模式提供个性化检索结果。语义搜索技术通过语义理解和知识图谱提供更准确的搜索结果，能理解查询的语义含义并借助知识图谱将相关概念和实体联系起来。文本挖掘技术在知识检索过程中同样不可或缺，它提取和分析文本中的模式和趋势以改进检索和推荐系统，发现隐藏在文本中的知识和信息，为用户提供更有价值的检索结果。

---

① Redis是一种开源的高性能键值存储系统，支持多种数据结构，常用于缓存、消息队列等场景。

而对于智谷知识工程来说,其自身主要的检索内容包含知识、圈子及人物信息等,通过知识中台可实现对全部资源的跨库检索,也支持圈子检索、人物检索以及知识检索,其中,知识检索方式支持统一检索、高级检索、精准检索等功能,其目标是为用户提供更好的检索体验,见表8-4。

表 8-4 智谷知识检索功能

检索方式	方式细化	描述
圈子检索	—	检索用户感兴趣的圈子信息
人物检索	—	检索同事信息
知识检索	统一检索	提供数据库的统一检索功能
	高级检索	提供组合检索及二次检索功能
	精确检索	提供检索词的精确匹配检索
	模糊检索	提供检索词的模糊匹配检索

知识的检索流程如图 8-25 所示,知识检索的流程逻辑旨在帮助用户快速有效地检索知识。用户输入检索请求后,系统根据识别的检索方式进入 KBase 检索工具,同时程序自动对用户输入的检索词进行预处理并匹配检索条件,然后查询 KBase 数据库获取初步结果集,经过排序、过滤后返回多维度结果集给用户查看。

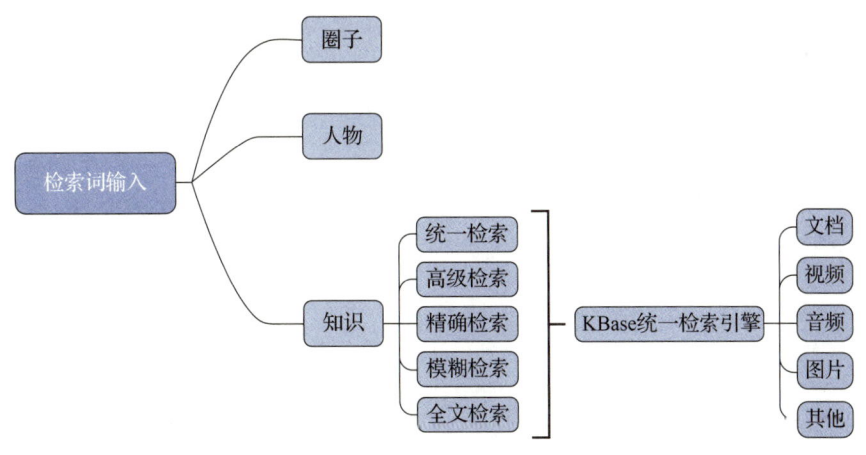

图 8-25 智谷知识检索流程图

8.4.3.2 智能推送

智能推送是一种利用人工智能技术和个性化算法,根据用户的兴趣、偏好和行为,向其推送相关内容或信息的方法。其关键在于通过智能算法分析用户的个人偏好和行为习惯,将相关的信息与内容精准地推送给用户。这一过程需要对用户的数据进行深入分析和理解,以全面了解他们的兴趣领域、需求和偏好,从而实现针对性的个性化推送,提升用户体验和满意度。整个"智谷"智能推送基于图 8-26 的步骤实现。

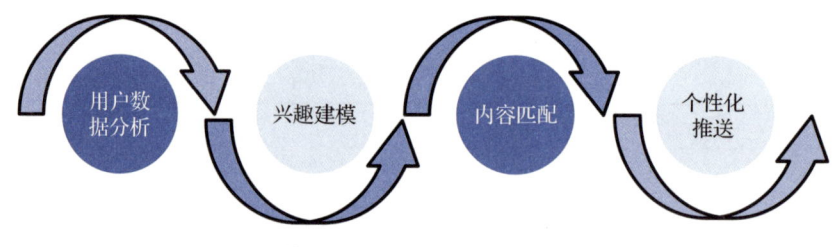

图 8-26　智谷智能推送步骤图

第一是用户数据分析。智谷对用户的历史数据进行分析和理解,包括浏览记录、搜索历史、收藏的内容等。通过这些数据,智谷能够了解用户的兴趣领域、偏好和需求。

第二是兴趣建模。基于用户数据分析的结果,智谷建立用户的兴趣模型,从而准确地捕捉用户的兴趣和偏好。兴趣建模可以是一个动态的过程,随着用户行为的变化而不断更新和调整。

第三是进行内容匹配。智谷利用兴趣模型将用户的兴趣与系统中的内容进行匹配。系统会自动筛选出与用户兴趣相关的文章、视频、音频等多种类型的内容。

第四是个性化推送,根据内容匹配的结果,智谷将个性化推送符合用户兴趣的内容给用户。这些推送可以通过推送通知、推荐列表、定制化主页等方式呈现给用户。

智谷知识智能推送技术除利用了机器学习、自然语言处理等共性的技术以外,还利用了多种先进技术来提升用户体验。以下是主要用到一些的技术。

首先是巧妙利用大数据分析技术。该技术主要通过对海量用户行为数据进行深入挖掘,从中探寻出各种模式和趋势。以此为基础,平台能够更加精准地优化内容推送策略,使得推送的内容与用户的实际需求更加契合。同时,用户行为分析可以准确把握推送的时机和内容,确保在用户最需要的时候提供最有价值的汽车知识信息。

其次是高效利用个性化引擎技术。该技术基于用户画像(涵盖兴趣、历史行为等多方面因素)和上下文信息(如位置、时间等)来定制推送内容。

再次是广泛使用推送通知技术。通过应用程序、邮件等多种渠道发送消息通知,确保用户能够实时接收到相关信息。并且,推送通知可以根据用户的设置和偏好进行个性化调整,避免对用户造成不必要的干扰。

最后是精心搭建用户反馈机制技术。通过积极收集用户反馈，对这些反馈进行深入分析，并通过 A/B 测试不断优化推送策略，以极大地提升内容的有效性。用户的反馈是优化推送服务的重要依据，通过了解用户对推送内容的满意度、实用性等方面的评价，可以及时调整推送的方向和重点，从而为用户提供更加优质的汽车知识智能推送服务。

8.4.3.3　知识社区

知识社区（知识圈子）作为数字化知识工程的应用平台，为员工搭建了一个互相答疑解惑的互动社区。该社区以问题为导向，通过提出和解决实际工作中的问题来产生新知识，促进内部知识的交流与传递，实现隐性知识的显性化。图 8-27 为知识社区功能的示意图。

图 8-27　知识社区功能示意图

知识社区采用场景化、共享化等知识工程的技术模式，涉及智能问答、知识共享化。用户能够根据场景进行问答，获取相关知识图谱。该模块分为首页、共享知识、问答、专家库、团队风采等多个具有特色场景的实例，可以分享给用户知识，协助用户进行知识工程应用。

在这个社区中，员工不分职位等级，都可以自由提出和回答问题。通过这种开放式的交流模式，知识社区不仅为员工提供了一个发展和共享知识的平台，还为管理和利用专家的知识提供了有效途径。具体来说，知识社区具备以下几个主要功能，见表 8-5。

表 8-5 知识社区主要功能模块

序号	功能模块	描述
1	自由提问	用户可以自由提问，系统支持以图文混排模式编辑问题、上传附件，并允许用户对问题进行补充提问，同时可实现问题及回答的权限配置
2	自由回答	用户可以自由回答问题，系统支持以图文混排模式编辑答案、上传附件，用户可对精彩回复点赞。系统按回复时间或赞成数大小对某问题的所有回复进行排序
3	最佳答案	提问者可以设置最佳答案，选定后该答案自动提前并高亮显示，并自动保存到问答库中
4	评论	用户可以对问题回复进行评论，评论次数及人员不限
5	悬赏	提问者可发起悬赏，问题回复过程中，可以增加悬赏
6	结束问题	提问者可以直接结束问题
7	问答类别	用于设置和维护知识问答分类，包括类别名称、管理员、使用者、默认编辑者、默认阅读者等信息和权限。管理用户可进行新建、编辑、删除等维护操作
8	权限管理	设置知识问题的可阅读、附件阅读、下载权限
9	问题设置	配置用户可同时提问数、待回复问题的保留时间、结束问题的预警时间以及高分问题的分值
10	调整分类	实现提问中、提问结束后的问题的分类转移操作

长安汽车的知识社区作为员工之间互相答疑解惑的互动社区，具有重要的价值和意义。它不仅用到了自然语言处理、机器学习等主流的技术，为了更有效地搭建知识社区，还应用了智能搜索引擎、社交网络技术等技术手段。

智能搜索引擎在知识社区中发挥着关键作用。它利用高级搜索算法和技术，如语义搜索和智能匹配，能够深入理解用户的查询意图，从而极大地提高搜索结果的准确性和相关性。当员工在知识社区中搜索汽车技术规格时，智能搜索引擎可以迅速定位到最准确的内容，无论是特定车型的详细参数，还是先进的汽车制造技术标准。对于维修指南的搜索，它能精准呈现各种故障现象的解决方案以及专业的维修步骤。在查找行业动态方面，它也能及时推送最新、最有价值的资讯。用户可以更快地找到所需的汽车技术规格、维修指南或行业新闻，大大提高了知识获取的效率。

社交网络技术是知识社区必不可少的技术之一。它包括丰富的用户互动功能，如评论、分享、点赞和私信。评论功能让社区成员能够针对特定的问题或分享的内容发表自己的见解和经验，促进深入的讨论和交流。分享功能使得有价值的知识能够在更广泛的范围内传播，扩大知识的影响力。点赞功能则是对优质内容的一种认可和鼓励，可激发社区成员积极贡献高质量的内容。私信功能为社区成员之间进行一对一的沟通提供了便利，方便他们就特定问题进行深入探讨或合作。这些功能促进了社区成员之间的沟通与协作，增强了社区的互动性和参与感，营造出积极活跃的知识交流氛围。

内容管理系统（CMS）在知识社区中也起着至关重要的作用。它主要用于创建、编辑、管理和发布社区内容，如文章、博客、视频等。通过 CMS，社区管理员可以轻松地组织和分类各种内容，使其易于访问和查找。同时，CMS 还允许用户对内容进行编辑和更新，确保信息的准确性和时效性。对于视频内容，CMS 可以提供流畅的播放体验和有效的管理功能。CMS 确保了内容的组织有序、易于访问和及时更新，提高了信息的质量和可用性，为知识社区的持续发展提供了坚实的技术支持。

知识图谱技术也在汽车知识社区中有着广泛的应用。它可以将汽车领域的各种知识和概念进行关联和整合，形成一个庞大的知识网络。当用户在社区中查询某个汽车部件时，知识图谱可以展示与之相关的其他部件、功能以及可能出现的故障和解决方案。同时，知识图谱还可以为用户提供知识导航，帮助他们更系统地了解汽车领域的知识体系。

数据可视化技术也为汽车知识社区增添了不少价值。通过将复杂的汽车数据以直观的图表、图形等形式展示出来，用户可以更快速地理解和分析数据。例如展示汽车销售趋势的柱状图、分析汽车性能参数的雷达图等，这些都能让用户一目了然地获取关键信息。

8.4.3.4 知识地图

知识地图是智谷产品中的一个重要应用，它与智谷的其他组件和功能密切相关，共同构成了智谷知识工程系统的核心。知识地图通过直观的可视化方式展示了整个智谷知识库的结构、主题类别、关联关系等信息，为用户提供了便捷的导航和查询工具，有助于提升知识的利用率和获取效率。

知识地图充分整合了智谷的知识库、搜索引擎、专家资源以及学习路径规划等功能。通过知识地图，用户可以直观地了解到智谷系统中各类知识资源的分布情况，轻松地查找到所需的知识内容，同时也可以发现相关的专家资源，进行交流和咨询。此外，知识地图还可以与智谷的学习路径规划功能结合，为员工提供个性化的培训和学习建议，帮助他们更好地适应新的岗位或职责。

员工在智谷知识地图中能够清晰地了解到自己在组织中的位置和职责，找到所需的资源和支持，同时也可以更好地理解整个组织的运作情况。知识地图为员工提供了全面、直观的知识管理工具，有助于提升组织整体的知识管理效能。

在知识地图场景应用中，知识工程结合知识图谱、匹配算法等技术构建各类问题节点，使用户能够根据节点获取不同区域的知识数据。第 3 章详细介绍了产品知识地图的应用，它用到的技术有知识图谱技术、搜索引擎技术、匹配算法技术、资源整合技术和图数据库等，下面将讲解这些技术。

第一是知识图谱技术。通过精心构建全面的知识图谱，智谷能够将不同知识点、主题类别及其关联关系以清晰直观的图形化方式生动展现出来。使得用户可以极为直观地看到各个知识节点之间是如何相互连接的，从而能够更加容易地理解知识库的复杂结构，进而发现潜在的知识联系和相关信息。知识图谱就如同一张知识的网络地图，为用户指引着探索知识宝藏的方向，无论是在汽车行业的技术知识领域，还是在其他专业领域，知识图谱都能帮助用户快速定位到所需的关键信息，为学习和研究提供有力的支持。

第二是搜索引擎技术。智谷的搜索引擎凭借强大的检索技术和先进的自然语言处理能力，能够在极短的时间内迅速准确地定位用户所需的知识内容。这不仅极大地提升了信息获取的速度，还显著提高了搜索结果的相关性和精确度，有效地减少了用户查找信息的时间成本。智能的搜索算法能够理解用户的查询意图，并从庞大的知识库中筛选出最符合需求的内容，为用户提供高效便捷的知识检索体验。

第三是匹配算法技术。匹配算法通过深入分析用户输入的需求和查询内容，以智能的方式精准地匹配与之相关的知识节点和资源。这使得用户能够获得与其需求高度相关的建议和信息，极大地提升了知识获取的效率和精准度。匹配算法如同一位知识的导航员，根据用户的特定需求，在知识的海洋中准确找到最合适的知识宝藏，为用户提供个性化的知识服务。

第四是资源整合技术。通过高效地整合相关的资源，智谷为用户提供了一个功能强大的平台，方便他们轻松找到领域内的专家进行交流和咨询。这不仅增强了知识获取的深度，还提供了专业意见和指导，帮助用户更好地理解复杂问题。资源整合技术将各种知识资源和专家资源汇聚在一起，为用户打造了一个知识交流和学习的中心，促进了知识的共享和传播。

第五是图数据库。图数据库是专门设计用于存储和操作图形数据的数据库，能够高效地处理节点（实体）和边（关系）之间的复杂关系。例如，Neo4j是一个流行的图数据库，非常适合处理高度关联的数据。图数据库能够快速地遍历知识图谱中的节点和关系，为知识的查询和分析提供强大的支持。在汽车行业的知识地图中，图数据库可以用于存储汽车零部件之间的关系、技术标准之间的关联等信息，帮助用户更好地理解汽车行业的知识结构和技术体系。

8.4.3.5 协同创作

协同创作（图8-28）是智谷平台的一项核心应用，其专为研发系统的研究小组设计，旨在提升团队协作效率，以及文档管理和知识整理的能力，它助力小组成员共同完成各类研究任务，支持多人协同共同完成方案的撰写、研讨修订、编排以及多格式输出。还提供强大的 XML 在线编辑器和广泛的资源（各类字符、公式、表格、图片、音频、视频、碎片化章节单元、知网资源）直接引用功能。

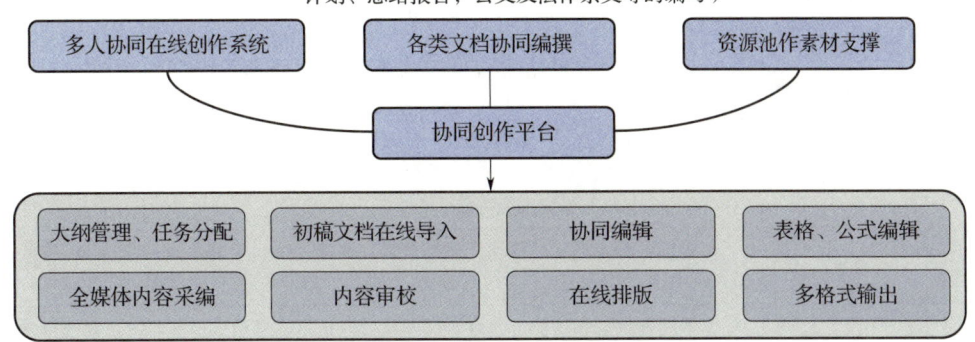

图 8-28　协同创作示意图

第一种在协同创作模块中应用的技术是实时协作工具。这些先进的工具使得团队成员能够在同一文档上同时开展工作，提供即时更新和同步功能，确保信息的实时共享。它们通常涵盖聊天、评论和版本历史记录等功能，确保所有参与者都能清晰地看到最新的改动，有效避免冲突的产生。通过实时协作工具，团队成员可以随时交流想法、提出建议，共同推动文档的完善和项目的进展。

第二种技术是文档管理。该系统如同一位高效的管家，负责文档的有序组织、安全存储和快速检索，提供便捷的搜索功能，让用户能够在海量文档中迅速找到所需的内容。它们通常包括版本控制功能，能够精准地跟踪文档的修改历史，记录每一次变化和改进。同时，还允许设置访问权限，确保只有授权用户可以查看或编辑文档，保障了文档的安全性和保密性。

第三种技术是 XML 在线编辑器。该编辑器专门为处理 XML 格式的文档而设计，允许用户直接在浏览器中轻松创建和修改结构化数据。它提供了强大的验证、格式化和智能提示功能，帮助用户确保 XML 文档的正确性和有效性。用户不需要安装复杂的软件，即可在任何设备上进行 XML 文档的编辑工作，极大地提高了工作效率和便捷性。

第四种技术是资源集成技术。该技术允许用户在文档中直接引用和嵌入各种丰富的资源，如字符、公式、表格、图片、音频和视频等。它们通常提供方便的插入工具和直观的预览功能，帮助用户丰富文档内容并显著提高信息的呈现效果。通过资源集成技术，文档不再局限于单一的文字形式，而是可以融合多种媒体元素，为读者带来更加生动、丰富的阅读体验。

协同创作主要用于支撑研发系统技术团队之间的知识共享和业务协同，提供团队协同及全过程管理平台，其主要的功能见表8-6。

表8-6 协同创作主要功能模块表

序号	功能模块	描述
1	资料查询收集	根据具体主题进行资源查询和收集，团队成员可以从知识仓库或其他渠道收集资源并共享给研究团队，共享过程中可对资源进行评价和摘要
2	协同研讨	针对特定问题、文档以及观点，所有研究人员在线协同讨论和研究，由负责人主持和管理，支持多次迭代以及研讨内容的总结，主要用于完成各种技术问题的讨论，并最终形成解决方案
3	沟通交流	提供各种交流互动模块，包括留言、评论、在线交流、多人讨论等，支持文字、图片、音视频
4	研讨总结	系统提供总结功能，允许研讨发起者或指定的总结人根据研讨目标选择总结模板并自动生成总结内容，形成总结文档

8.4.3.6 专业频道

在数字化知识工程中，专业频道是由管理员根据业务分类，梳理各业务知识体系并构建的专业知识库，如车身专业频道，图8-29给出了它的网页页面。专业频道涵盖以下主要功能：频道简介、频道知识内容展示、可配置拓展、知识上传管理、专业频道管理等。

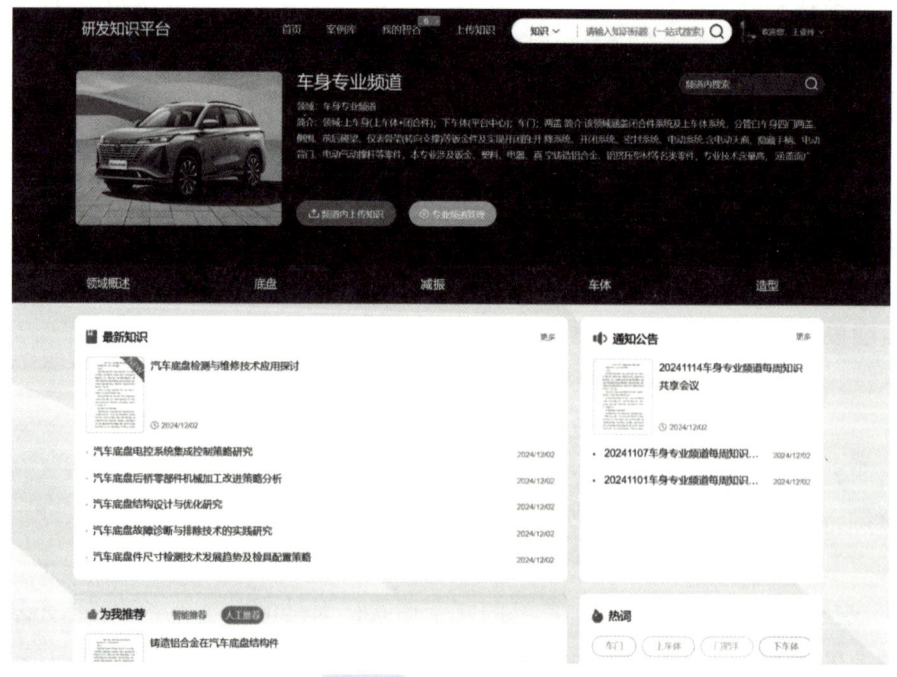

图8-29 车身专业频道

频道简介主要是对专业频道进行简要介绍，包括频道的定位、目标受众、涵盖的知识领域等。通过清晰明了的频道简介，用户能够快速了解该频道的特色和价值，从而更好地利用频道中的知识资源。

频道知识内容展示多个内容模块，包括智谷图标、搜索框、领域概述、知识上传、场景搜索、知识专栏、最新知识、通知公告、热点知识、热词、为我推荐、相关链接、自定义模块等，以便用户能够方便快速地获取所需信息。

可配置拓展是指系统管理员可以灵活地新建和配置专业频道，对其页面布局、内容模块等进行个性化设置，以适应业务需求的变化和发展，确保知识库始终具备最强的实用性和适应性。

在知识上传管理和专业频道管理方面，支持不同角色的管理员（如专业频道管理员和系统管理员）进行权限设置和维护，确保频道的正常运行和知识的质量，包括对知识内容的定期更新、用户权限管理、频道功能优化等；而用户权限管理则可保障各个角色在知识库管理中的明确职责和权限划分，以提高工作效率并保障知识库的安全性和稳定性。

从以上专业频道模块中不难看出，其用到的技术包含内容管理技术、模块可配置技术、权限管理技术等。

内容管理技术主要通过内容模块化系统来实现，其主要输出是信息管理策略，即通过将内容分解为结构化和模块化单元来支持灵活的展示、维护和更新。每个模块通常包括特定功能，如搜索框、知识专栏等，可提升用户导航的精确性和信息的可用性。

可配置拓展技术主要是通过动态配置管理平台来实现，允许用户在系统运行过程中实时调整和扩展功能的技术框架，支持页面布局、模块配置的自定义，以便快速响应业务需求和技术变化，同时保持系统的稳定性和可扩展性。

权限管理技术是指对角色的访问控制，即通过给系统用户分配角色，并根据角色定义的权限集来管理其对资源的访问，确保对权限的精确控制和操作的安全性，优化系统的安全管理和用户职责分配。

8.4.3.7 "大V"专栏

在长安汽车的知识工程中，"大V"专栏（图 8-30）是由行业专家、技术大咖或具备丰富经验与专业知识的员工进行内容撰写与分享的专栏，包含主题专栏和人物专栏。

主题专栏聚焦于特定的汽车领域主题，如新能源汽车技术、智能驾驶系统、汽车轻量化设计等。在新能源汽车技术主题专栏中，行业专家们可以深入剖析电池技术的最新进展、充电设施的优化布局以及新能源汽车的市场前景等关键问题。对于智能驾驶系统主题专栏，技术大咖们能够详细阐述传感器技术的创新应用、算法的优化升级以及智能驾驶的安全性与可靠性等重要主题。汽车轻量化设计主题专栏由具有丰富实践经验的专业人员分享先进材料的应用、结构设计的优化策略以及轻量化对汽车性能提升的具体影响等内容。

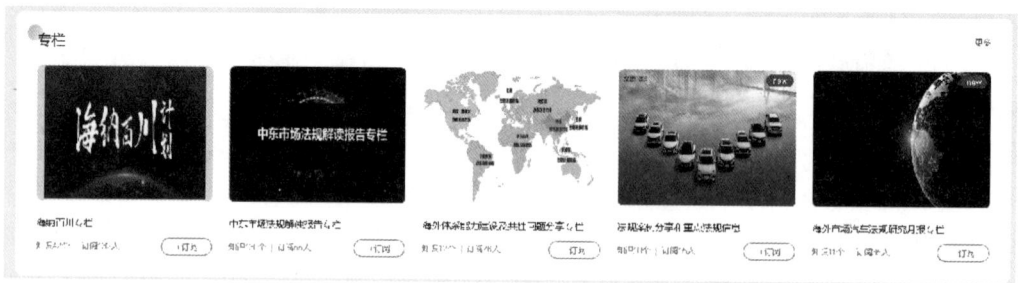

图8-30 "大V"专栏

人物专栏以在汽车行业具有卓越成就和影响力的个人为核心。这些人物可能是著名的汽车设计师，他们可以分享自己的设计理念、创作过程以及对未来汽车设计趋势的展望；也可能是资深的汽车工程师，他们能够讲述自己在汽车研发过程中经历的挑战与突破、技术难题的解决方案以及对汽车工程发展的深刻见解。通过人物专栏，读者可以更加深入地了解这些行业精英的成长历程、专业成就和创新思维，并从中汲取宝贵的经验和启示，为自己的职业发展和知识提升提供有力的支持。同时，人物专栏也为汽车行业树立了榜样，激励更多的人在汽车领域追求卓越、不断创新。

这些"大V"往往是各个领域的权威人士，或是在公司内部具有较高影响力的人物。他们凭借深厚的专业知识储备和丰富的实践经验，通过"大V"专栏分享自身的专业见解、技术文章、研究成果以及行业趋势等内容。这些分享不仅涵盖了汽车技术领域的前沿动态，如新能源汽车的创新技术突破、智能驾驶的发展方向等，还包括了对汽车行业市场走向的精准分析，如消费者需求变化对汽车设计的影响、行业竞争格局下的企业战略选择等。

"大V"专栏不仅有力地促进了知识的传播与共享，还能够显著提升员工的专业素养。员工们可以通过阅读"大V"的文章，拓宽自己的知识视野，学习到先进的技术理念和方法，从而不断提升自身在汽车领域的专业能力。同时，"大V"专栏也推动了企业整体技术水平的稳步提高。企业可以借助"大V"的智慧和经验，为技术研发、生产制造、市场营销等各个环节提供有益的参考和指导，促进企业的持续创新和发展。

"大V"专栏还为企业内部搭建起了一个高端知识交流的平台。在这里，员工们可以与"大V"进行互动交流，提出自己的疑问和观点，分享自己的经验和见解。这种交流不仅能够激发员工的思维火花，促进知识的碰撞和融合，还能够营造出积极向上的学习氛围和创新文化。同时，"大V"专栏的成功也激励着更多的员工积极参与到知识创造和分享的活动之中。员工们看到了知识的价值和影响力，纷纷效仿"大V"，将自己的所学所思所悟分享出来，为企业的知识工程建设贡献自己的力量。

　　智谷平台的"大V"专栏建设所采用的技术除了上述的主题聚焦与专业分享技术、人物榜样与经验传承技术、知识传播与共享技术、互动交流与创新激发技术等技术之外，还引入了智能搜索技术。用户可以通过输入关键词，快速准确地找到自己感兴趣的内容。智能搜索技术能够理解用户的查询意图，从大量的文章中筛选出最相关的结果，提高用户的搜索效率。"大V"专栏还提供了知识订阅功能。用户可以根据自己的兴趣爱好和工作需求，订阅特定的主题专栏或人物专栏。一旦有新的文章发布，用户将及时收到通知，确保用户不会错过任何有价值的知识内容。智能搜索和知识订阅技术的应用，进一步提升了"大V"专栏的用户体验，为用户提供了更加便捷、高效的知识获取途径。

Chapter Nine

第 9 章
研发知识运营

　　知识运营是知识运营团队采取一系列措施来促进知识产品与用户之间紧密和有效地联系在一起,并让知识为企业研发和创新服务的过程。知识运营对于企业保护知识资产、分享知识、促进知识生产、推动创新等都具有重要的意义。知识运营包括内容运营、活动运营和用户运营。

　　内容运营是一个系统性的过程,它通过挖掘编辑、组织呈现、活动宣传、品牌推广等手段,全面推动知识内容从生产到消费、从流通到传播的整个流程。内容运营涉及它的内涵、内容质量判断标准、内容运营的五大步骤与三类人群、内容组织和流通。

　　活动运营是围绕一个产品开展一系列活动,包括活动策划、资源确认、推广宣传、效果评估等任务。活动运营有线上运营和线下运营。活动运营包括主题及子项目规划,方案确认及工作任务分解,活动的实施、管理、评价三个环节。

　　用户运营就是通过一系列运营手段来提高用户的活跃度与忠诚度,达到留存用户和实现预期运营目标的目的。用户运营是借助 AARRR 模型、"金字塔式"运营模型、马斯洛需求模型、创新扩散模型和用户增长曲线模型来开展的。做好用户分级和用户分群是用户运营的重要手段。在此基础上,充分应用 S 曲线中的引爆点是增加用户数量和提高用户满意度的关键。

9.1 知识运营

9.1.1 了解知识运营

对于不同行业，运营的定义不一样。对一个组织或机构来说，运营是组织和管理它们日常业务活动的过程。对一个企业来说，运营是计划、管理和实施企业研发与生产活动的过程。对一个产品来说，运营是采取一系列措施来促进产品与用户之间紧密和有效地联系在一起，以促进产品推广的过程。知识运营是企业知识运营团队采取一系列措施来促进知识产品与用户之间紧密和有效地联系在一起，并让知识为企业研发和创新服务的过程。

这种紧密的联系并非轻而易举就能达成的，而是需要巧妙地运用各种精心策划的措施来实现。措施可以是精准的市场推广，如同明亮的灯塔，吸引着用户的目光，引领他们走近产品；可以是贴心的客户服务，恰似温暖的春风，抚慰着用户的心灵，让他们对产品产生深深的眷恋；还可以是持续的产品优化，仿若神奇的魔法棒，不断为产品注入新的活力，使用户与产品之间的纽带愈发牢固。

若要切实确保运营工作高效开展，关键任务是要清晰而深刻地认知产品与用户之间的关系，深入细致地了解用户对产品的具体需求，洞察他们内心深处的渴望与期盼。用户选择一个产品的主要驱动力在于产品能够精准地满足其需求。当产品如同一位贴心的伙伴，恰到好处地解决了用户的难题，满足了他们的愿望时，用户自然会欣然选择它。而用户持续探索和利用产品价值的过程也是促进产品成长与进步的关键因素。这个过程就像是一场奇妙的共生之旅，用户会在探索中发现产品的痛点和闪光点，产品也会在用户的使用中不断进化、不断完善，双方相互成就。

运营策略因产品与用户关系的不同而不同。比如培训课程运营是盯紧"成交与转化"；社交或社区平台就得提升用户参与度和活跃度，其重点就在"用户维系"。运营涉及营销、策划、文案、用户管理等多方面，具体策略需要结合业务特性、产品定位和用户关系来确定。用户与产品的关系是相互促进的，如图9-1所示。用户始终是产品体验的核心，其行为轨迹，如登录、互动、反馈等，产生了使用产品的指标和数据。同时，产品通过持续优化功

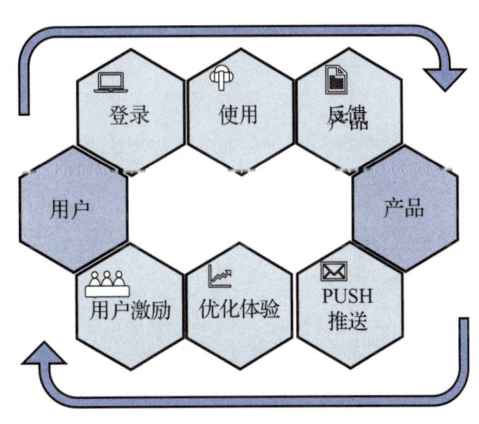

图9-1 用户与产品的关系

能与激励机制来提升用户体验，促进双向互动与价值共创。

产品与运营的联结可以形象地比喻为"生产与哺育"的过程。一个新产品发布如同一个新生的婴孩来到这个世界，其后在循环往复的运营中，产品需要围绕用户的需求，不断迭代与调整，方能茁壮成长。因此，产品与运营紧密关联，产品开发与市场表现决定了运营策略的方向，而运营则基于用户反馈以及自身需求，进而引导产品的优化与更新。归根结底，产品设定了与用户互动的范围，并为用户提供了持续的价值输出，而运营则专注于在短期内激活用户价值，并通过这一过程，协助产品实现长期价值的增长。

要实现产品深层次的长期价值并非一蹴而就的。为确保用户能最终领略到这些长期价值，需要策略性地构建短期价值来激发用户兴趣并促使他们先行试用产品，同时，还需要不断地依赖用户使用与反馈改进产品。

对于用户而言，一旦产品的长期价值变得清晰且具体，运营的核心任务就是运用各种策略，如包装、策划与营销等，将此价值直观地传达给用户。在此过程中，运营的角色类似于传统营销的角色。通常情况下，产品的迭代伴随着持续的探索与调整，而运营团队需要频繁地参与到这一进程中，致力于优化并最终完善产品的价值定位。

以上内容描述了产品与运营的关系，那么什么是知识运营？知识运营是通过挖掘与合理运用企业知识资产来开发出新产品、提高研发效率和提升企业创新力的管理实践。在从传统工业经济向现代知识经济转型的过程中，企业的创新力成为其在市场获取竞争优势的关键手段，所以，知识资源的作用在企业生产力提升及财富增长过程中日益凸显，成为企业创新的源泉。因此，知识运营的主要任务在于全面深入地开发与高效利用企业的知识资源，包括知识的内容运营、活动运营与用户运营，如图9-2所示。

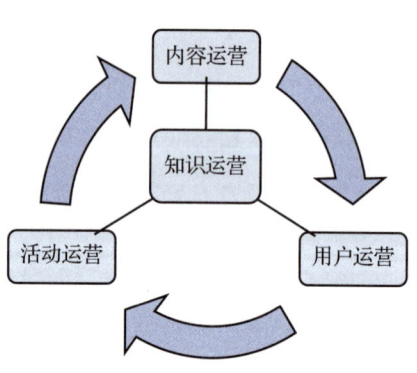

图9-2 知识运营主要包含的三大部分

9.1.2 知识运营的特点

与其他运营不同，知识运营以知识为对象，具备以下特征。

第一，知识运营的对象是无形资源。传统企业管理的对象是实体资源，比如原料、机器、能源、资本等；而知识运营管理的是无形资产，如知识、信息、智力等。

第二，知识运营使得知识的价值随着用户的增加而不断递增。传统资产（如能源、资本、土地）在消耗之后会减少；而无形的知识资产的价值并不随使用者数量的增多而递减，反而，如果知识运营将知识应用到更多的领域，知识的价值会不断增加，甚至有无限增值的潜力。

第三，知识运营既要管理显性知识，还要挖掘隐性知识。传统资产的运营对象都是显性的，如原料、机器、人等；而知识运营的对象既有显性的也有隐性的。针对显性知识，可以借助现代信息技术来搜集、分类与处理知识，以实现知识的有效整合，确保知识结构分明和井然有序。对潜藏于员工心智深处的隐性知识，通过激励团队和个人来共享知识，让隐性知识显性化。

第四，知识运营的效果由用户决定。传统运营效果的考核指标包括劳动效率、销售额、利润、市场占有率等。知识运营效果的衡量标准是用户使用知识的频率，对知识的点赞、传播等，即由用户的喜好来决定。

第五，知识运营高度依赖数字化技术。知识平台是用现代化的信息技术建立的，运营也依赖信息化和数字化技术，例如对数据的运营依赖大数据技术，对搜索、推送等功能的运营依赖智能化技术。

9.1.3 知识运营的四大环节

知识运营主要包含制定策略、分解指标、执行落地、监测数据四大环节，如图9-3所示。

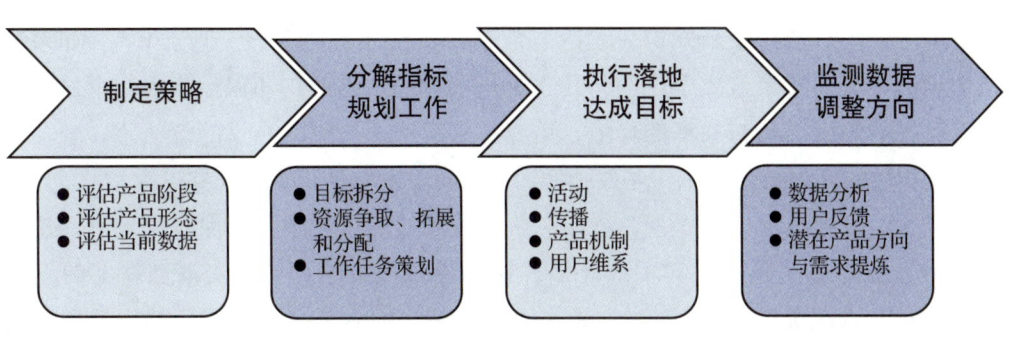

图9-3 知识运营的四大环节

第一环节是制定策略。基于产品的具体形态、当前发展阶段以及关键数据指标，深入分析知识应用情况，来制定知识运营策略。

第二环节是分解指标和规划工作。基于策略和运营蓝图，细化目标群体并制定目标。积极地搜寻和整合内部和外部资源，并给知识平台输入运营资金，同步制定详细的执行计划。

第三环节是执行落地和达成目标。依据策略、详细规划与资源分配，系统化地实施文案创作、活动规划、事件宣传、产品功能升级以及用户保有策略等具体运营措施，有序推进既定目标的达成。

第四环节是监测数据和调整方向。在实施了各类计划后，通过数据搜集、解析与分析用户反馈来全面评判运营效果。基于反馈数据与用户建议，深度探究问题根源，探索产品改进方向，并修改后续运营战略。这个循环迭代过程不仅优化了运营策略，还推动了业务的持续增长。

9.1.4 知识运营的重要性

知识运营能促进企业核心竞争力的形成，是知识共享、知识生产的重要途径，其重要性不言而喻。

1. 知识运营的目的

企业知识运营的目的是满足用户的需求，包括以下五个方面。

第一，保护知识产权。知识产品是人类智力劳动所产生的成果，如专利、软件著作权等。企业有知识产权，而在企业内部，员工也有知识产权。对外，知识运营的目的是保护企业的知识产权或使得它变现，而对内是让个人的知识产权得到认可。运营团队可以建立个人ID，让个人的贡献在知识平台上显示，通过专家专栏、大V说等渠道让员工知道知识产权的归属。

第二，促进知识交流与共享。知识的增长依赖于交流与共享，只有在开放共享的环境中，才可能产生新知识。无论是企业内部部门之间还是企业与外界，如果缺乏知识的交流与共享，要实现创新几乎是不可能的。因此，知识运营的一个目的是创建良好的知识交流与共享的环境，培养员工对知识交流与共享的责任感，激发他们形成积极的知识共享意识，并鼓励他们逐渐自主参与知识交流与共享活动。

第三，促进知识生产。企业欲在竞争日益严峻的市场中持续保有竞争力，核心在于是否能掌握超越竞争对手的产品、技术或管理策略。如何实现创新上的先发优势？答案通常聚焦于以创新为核心的知识创造。企业先一步获取新知识就意味着企业获得了创新新产品的可能性与机遇。因此，营造适合的环境与条件，高效挖掘并善用企业内的知识资产，借由知识创造来驱动创新，成为知识运营与管理的关键所在。

第四，用知识推动企业的创新力。在竞争激烈的市场中，创新是企业的核心策略，是推动财富积累的关键手段。企业创新不是空想而来的，而是要站在巨人的肩膀上，而这个巨人的肩膀就是已经有的知识。只有当知识的数量足够多、质量足够高，才能给创新奠定基础。良好的知识运营会给创新提供源源不断的知识储备。

第五，将企业内部的知识资产整合至产品、服务及其制造与管理环节。知识运营的核心目标是驱动企业创新，企业创新则表现为将知识资源转化为创新成果，如开发新产品、采用新工艺，或是引入革新性组织管理模式。创新的关键在于将知识资源巧妙融入产品、服务以及其背后的生产及管理流程中。因此，知识运营的核心是识别企业在某一阶段所需的知识类型，并探索有效的开发路径与策略。这要求企业制定并执行有针对性的知识开发和应用战略，以确保企业能持续生产知识；积累并扩大知识资源库，使其与企业的核心产品、服务及运营管理模式紧密结合，从而推动持续的创新与发展。

2. 知识运营的优势

知识运营的核心在于运用知识，这一过程对企业的价值创新、应对复杂挑战、构建竞争优势、把握市场机遇以及提升创新能力至关重要。知识运营的价值主要体现在以下几个方面。

第一，知识运营能通过激活知识资产产生价值，涵盖利用知识产权生成价值、打造与管理品牌，以及借助商标、技术授权与分销渠道推动业务拓展。

第二，知识运营能高效应对知识创新过程中的诸多复杂挑战，涵盖概念革新、管理模式优化、技术创新、工艺改进以及商业模式创设等多个关键领域。

第三，知识运营对于企业而言是构筑优势的关键手段，它能帮助企业把握市场契机，通过深度解析市场格局与内部资源，精准识别并充分利用潜在机遇，以此驱动企业实现高速增长。

第四，知识运营对于提升企业创新能力至关重要，它通过有效整合内外部知识资源，并在此基础上推动产品创新、管理革新与商业模式优化，持续激发企业的内在活力。

3. 知识运营促进企业核心竞争力的形成

为了实现全面目标并高效整合可用资源，企业通过实施一系列战略性举措，将管理、运营、研发、制造等领域的能力汇总，构成企业的竞争力。核心竞争力是企业技术水平、研发能力、设计能力、生产能力、管理能力和组织能力的综合体现，是决定企业在市场上竞争成败的关键因素。

美国麦肯锡公司对核心竞争力的定义是核心竞争力是由一个组织内一系列相互补充的技能与知识集成而成的力量，它能够使单一或多项业务达到国际领先水准。[42]优秀的企业都有自己的核心竞争力，例如华为的鸿蒙操作系统、比亚迪的刀片电池。企业核心竞争力不是一蹴而就的，而是长期知识积累和良好的知识运营的结果。一旦企业孕育出独特的核心竞争力，其他企业就难以在短时间内仅凭模仿获取，而需要通过持久的积累与学习，沉淀足够的知识，才能慢慢建立起自己的竞争力。

知识运营可以促进企业核心竞争力的形成。知识运营如同企业的智慧大脑，不断推动着技术创新与进步，促进了以知识为基础的创新和技术能力的发展。拥有先进技术和核心竞争力的企业能在市场的浪潮中屹立不倒，以卓越的产品和服务征服用户。

9.1.5 知识运营的组织和角色

知识与创新构成了现代企业兴亡的基石，而知识运营是推动企业创新的重要管理方式。一个合理和高效的知识运营组织有利于提高企业获取、整理和传播知识的能力。这个组织应该结构清晰、执行力强，能够激发员工分享和创造知识的积极性。这个组织通常是一个跨越行政部门的组织，包括首席知识官（CKO）或知识工程总监、知识经理、知识工程师以及知识员工等角色，如图9-4所示。

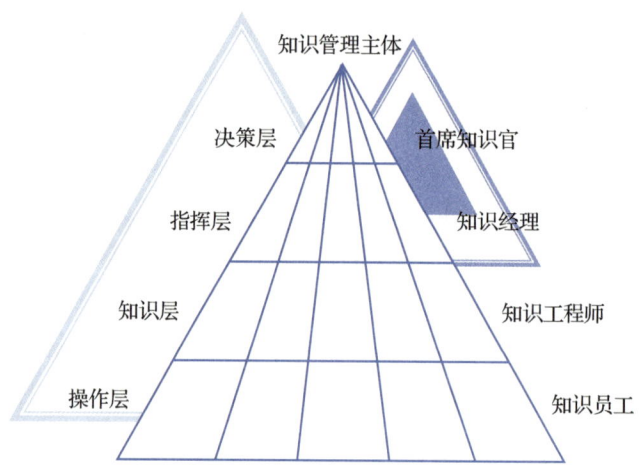

图9-4 企业知识管理主体间的关系

首席知识官是企业核心管理团队成员，他依据企业战略规划来确立企业知识工程的愿景与目标，构建企业知识工程架构与体系；负责组建知识工程团队，这个跨部门团队由专职知识工程师和各个跨部门的兼职知识工程师组成；负责知识沉淀与分享的文化建设，激发员工沉淀、分享、学习知识的积极性；负责推进知识对企业产品开发和技术创新赋能，让知识伴随新产品开发，并为技术创新提供支持；负责知识工程的运营。

知识经理的职责是在战术层面执行首席知识官制定的知识工程策略，具体职责主要包括：细化企业知识工程架构，落实知识体系的构建；负责协调和推进各个部门和各个专业领域的知识工程建设；负责知识工程平台的内容更新与维护；负责知识工程的日常管理与运营等。

知识工程师的主要任务是负责本部门或本领域的知识工程具体建设工作,包括知识的持续收集、分类、推送等。

知识员工协助知识工程师来完成大量、具体的日常工作。

在知识组织和运营方面,为了打破阻碍研发领域知识沉淀与共享的跨部门和跨专业壁垒,为了让知识运营更加高效,长安汽车建立了"一纵两横"的复合矩阵式知识运营组织,如图9-5所示。

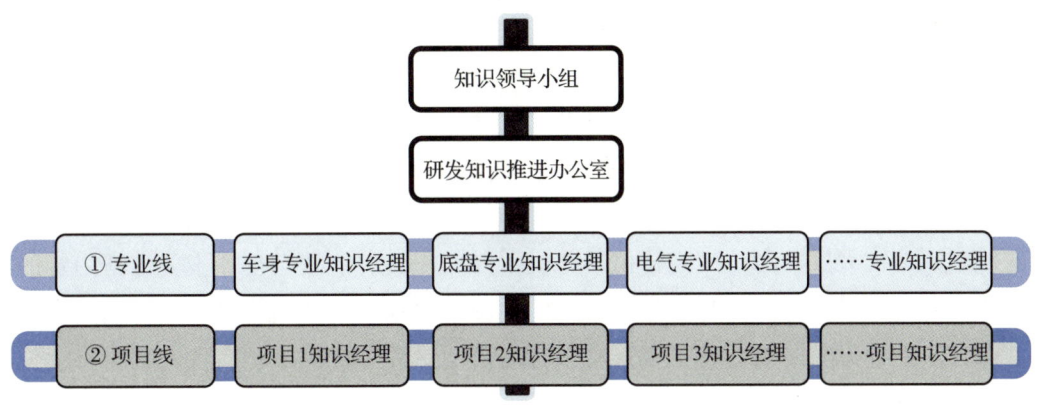

图9-5 长安汽车知识工程"一纵两横"组织体系

纵向维度上有知识领导小组(CKO负责)和专职知识工程团队。知识领导小组负责制定知识运营的总体规划,对知识运营推进中的重大问题进行决策,协调与解决推进中的重难点问题,评估知识运营方案的可行性等。专职知识工程团队的职责是细化知识运营实施方案,统筹协调各专业需求,推进各专业协同;调研、策划各类知识运营机制,推广实施各类知识管理方法与工具;统筹推进知识运营落地,全程监控及评估,确保知识运营正常推进。

横向维度包括专业线和项目线两条路径。专业线包括智能化、新能源、车身、内外饰、底盘等产品专业和整车性能、仿真、试验等性能集成专业。每个专业有一名兼职知识经理。他们的主要职责如下:第一,负责本专业业务需求的挖掘、提出与细化;第二,负责本专业知识框架体系的搭建与知识梳理;第三,负责本专业的专业频道建设;第四,制订本专业知识运营机制并组织实施;第五,负责组织本专业知识沉淀、总结。项目线主要针对重大在研产品项目,由项目质量负责人担任知识经理。他们主要负责本项目的知识挖掘、沉淀、共享、学习、应用、创新,打通项目内部知识的循环和转化,推进知识与项目的融合,保障研发知识运营的顺畅运行。

9.2 内容运营

9.2.1 内容运营的内涵

内容运营是通过挖掘编辑、组织呈现、活动宣传、品牌推广等手段，全面推动知识内容从生产到消费、从流通到传播的整个过程（图9-6）。内容运营的主要目标是激发内容生产者的创作热情，激励他们生产更多优质内容，同时激发消费者对内容的兴趣和消费欲望。为了实现这两点，有效的内容传播是不可或缺的。在内容传播的过程中，需要确保信息的准确性和完整性，同时也要注重传播渠道的多样性和覆盖面的广度，以便让更多的人接触和了解到这些内容。内容运营是一个系统工程，在生产、消费、流通和传播这四个环节上需要均衡用力。内容的生产是基础，需要不断吸引和培育优秀的创作者；内容的消费是目标，需要通过各种手段吸引和留住用户；内容的流通是桥梁，需要确保内容能够顺畅地从生产者流向消费者；而内容的传播则是扩大影响力、实现价值转化的关键。积极的消费会进一步促进新内容的生产。当用户对内容产生兴趣和需求时，会激励内容生产者创作更多符合用户需求的内容。这种正向的循环将不断推动内容运营向更高层次发展，实现内容的持续创新和价值最大化。

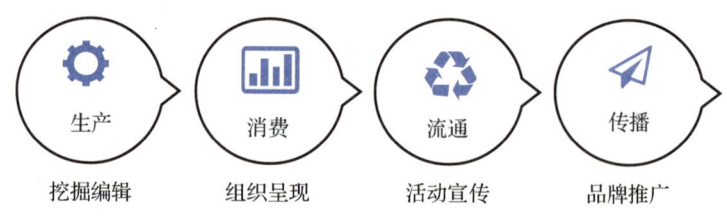

图9-6　知识生产到传播流程图

内容的生产主要有两大模式：专业生产内容模式（Professionally Generated Content，PGC）和用户生产内容模式（User Generated Content，UGC）。这两者之间的区别主要体现在内容生产的主体、方式和目标上。PGC是由专业团队或个体生产高质量内容的模式。这种模式通常雇用专职员工或付费请一群专栏作家来生产内容。在PGC模式下，内容生产者通常是经过专业培训或拥有特定领域专业知识的专家，他们生产的内容往往具有深度、广度和权威性。例如，在研发知识平台上，汽车专业知识专栏（如车市快讯专栏、新汽车电耗资讯专栏、汽车研发芯片专栏等）就属于PGC模式。这些专栏的内容是由汽车行业的专家或资深从业者撰写的，旨在为读者提供准确、全面和深入的汽车知识和信息。与PGC模式不同，UGC则是一种开放的内容生产方式，即用户自由发言和生产内容。在UGC模式下，任何人都可以成为内容的生产者，通过社交媒体、论坛、博客等平台分享自己的见解、经验和知识。UGC 模式的内容来源广泛，但质量参差不齐，因此需要从中挑选和甄别优质内容。例如，在汽车线控底盘可持续发展技术研究项目分享圈子、汽车研发软件质量圈子等社区中，用户可以分享自己的研究成果、经验和问题，这些都属于 UGC 模式的内容。此外，知乎、豆瓣等平台也允许用户自由发言和生产内容，属于 UGC 模式的典型代表。

知识工程以员工和知识资产为中心，而知识资产运营对应的是内容运营。在对用户、内容、活动这三者的运营中，内容是一切的基础。内容作为连接用户与活动的桥梁，其重要性不言而喻。如何让平台有持续的知识内容产生？如何让平台产生的知识传递到员工（消费者）面前？如何促进员工消费（使用）知识内容？这三点是内容运营要解决的核心问题，或者是内容运营所要达到的核心目标。内容运营中的"运营"一词，涵盖了一系列系统性的工作，具体包括选题规划、内容策划、形式创意的构思、素材的整理与归类、内容的精心编辑、持续的内容优化以及广泛的内容传播。简而言之，内容运营的核心在于构建一套体系化和可执行的完整运营流程，来打造出高质量、有影响力的内容产品，提升品牌的知名度和美誉度。

企业内部员工，既是知识的生产者，又是知识的消费者。在知识的创造与消费循环中，信息、知识内容、能力与技能这四个环节层层递进，紧密相连。信息需要转化为知识，知识则需要员工通过学习内化为能力，最终转化为员工工作中的技能。这种能力与技能，正是员工将知识内化后的结晶。因此，知识管理的内容运营，其核心在于对知识内容的深耕细作，同时，应高度重视员工对知识的吸收程度。有些企业虽然搭建了知识平台，并鼓励员工上传了数以万计的文档，但遗憾的是，后续的使用者却寥寥无几。这往往是因为运营者过于注重内容的生产，而忽略了内容的传播与利用。在内容的海洋中，若缺乏有效的导航与引导，再宝贵的知识也可能被埋没。因此，内容运营不仅要注重内容的生成，更要设计和实施有效的运营策略，以提高内容的传播效率和使用率。这样，知识的共享与利用才能得以推动，进而促进企业的持续成长与发展。

内容运营在提升产品知名度方面扮演着举足轻重的角色。产品本身无法直接发声，但内容却是其不可或缺的"代言人"。在用户与产品相遇之前，他们往往通过企业官网、宣传海报等渠道，被精心策划的内容所吸引，形成对产品的初步认知。因此，打造优质内容、实现精准推送以及实施多平台宣传策略，对于提升产品知名度至关重要。同时，内容运营也是增强用户参与感的有效手段。持续推出富有话题性和创新性的新媒体内容可以激发用户的互动热情，促使他们积极参与讨论与分享，进而深化用户对产品的归属感与忠诚度。

综上所述，内容运营不仅是知识管理的重要组成部分，更是提升产品知名度和用户参与感的关键手段。我们应深入挖掘内容的价值，通过精心的运营策略，让知识为企业的发展注入源源不断的动力。

9.2.2 内容质量的判断

内容是知识运营的核心基石。在运营的各个环节中，"内容"都扮演着至关重要的角色。一篇小说的故事、一篇论文的描述和推理、一部电影的情节都是内容的具体体现。高质量的内容对于内容运营的成功至关重要。高质量的内容一定是主线清晰、逻辑性强和用户感知好的内容。

高质量的内容必须主线清晰。对于一篇论文来说，就是观点和论据是否清晰；对于一篇小说来说，就是故事脉络是否清楚；对于一个车型开发案例的复盘总结来说，就是其复盘框架（比如分成几个维度等）是否全面清晰。例如，撰写研发项目的复盘报告，复盘架构必须包含背景回顾、问题描述、问题根本原因复盘、经验教训积累、预防措施落地五大维度。这种框架的主线清晰，易于用户理解，可以帮助他们在类似业务场景中运用，复制历史项目的优秀做法，实现经验教训的汲取，防止问题重复发生。

高质量的内容需要具备强大的逻辑性。逻辑性是指一件事情发生的前后关系、因果关系和条理关系。例如，在撰写汽车车型开发流程管理程序时，逻辑是按照从方案策划、概念开发、工程设计、样车试验到投产上市的流程来描写的。如果在文件中配上一张产品开发流程图，文件的逻辑表达就会更加清晰。

高质量的内容必须具备良好的用户感知。用户感知是用户在使用产品或接受服务时的体验和主观感受。例如，用户在使用研发知识平台时，能方便而快捷地获取所需的知识，他的感受就好；反之，如果花了很长时间都不能找到所需的资料，用户就会烦躁。要实现良好的用户感知，一定要站在用户的角度，设计出他们想要的东西。

9.2.3 内容运营的五大步骤与三类人群

1. 内容运营的五大步骤

每个平台都始于零点，从系统上线到稳定运营，内容运营需历经五大关键步骤，如图 9-7 所示，包含：内容梳理与统一汇聚、寻找种子用户、激励生产者、优质内容传播、吸引更多用户加入生产。

第一步，内容梳理与统一汇聚。内容运营的首要任务是梳理与统一关键内容，即与业务紧密相关的内容，包括策划内容主题、梳理知识架构和初始内容填充。为了让内容运营产生良好的效果，运营主题应该是大多数人关注的内容。例如，在汽车研发领域，很多人关注的汽车战略转型、新能源、智能化可以选为主题。选定了内容主题之后，就开始梳理知识架构，然后再填充内容。初始内容填充由知识管理者与业务支撑部门共同协作完成。这些内容可能已经存在于企业内的某个业务系统中，也可能在外部行业网站上，甚至可能在关键员工的计算机中。很多时候，知识管理者没有捷径可走，需要采取纯人工的方法来获取知识，例如查找员工个人计算机以获取所需知识等。平台内容的初始设定奠定了后续发展的基调，确保了用户生成的新内容能够在此基调上延续并丰富，从而形成统一且鲜明的平台风格。

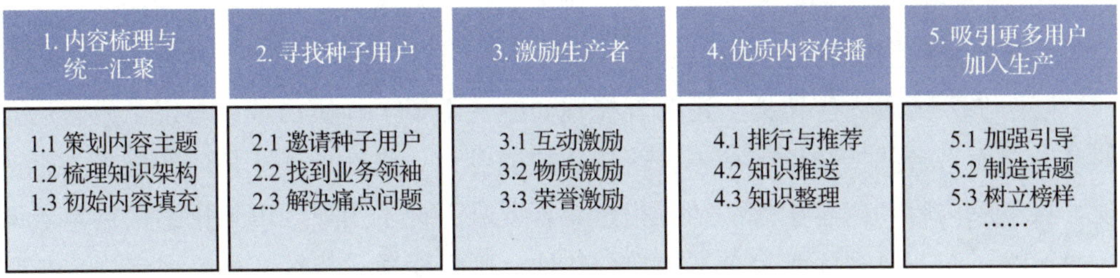

1. 内容梳理与统一汇聚	2. 寻找种子用户	3. 激励生产者	4. 优质内容传播	5. 吸引更多用户加入生产
1.1 策划内容主题 1.2 梳理知识架构 1.3 初始内容填充	2.1 邀请种子用户 2.2 找到业务领袖 2.3 解决痛点问题	3.1 互动激励 3.2 物质激励 3.3 荣誉激励	4.1 排行与推荐 4.2 知识推送 4.3 知识整理	5.1 加强引导 5.2 制造话题 5.3 树立榜样 ……

图 9-7　内容运营的五大步骤

第二步，寻找种子用户。在完成了初始内容收集之后，第二步是寻找并邀请种子用户。这批用户不仅是平台的首批体验者，更是推动知识管理平台未来发展的重要力量。首先，锁定企业内部的敏感且具备影响力的意见领袖。他们拥有强烈的表达欲望和出色的表达能力，对新知识运营方式充满好奇，他们的参与将对平台内容的建设产生积极的引导和推动作用。其次，应关注那些在组织内部拥有广泛人脉的"连接者"。他们作为组织内部人际关系的枢纽，能够迅速将平台的价值和优势传播给更多的人，帮助平台快速扩大影响力。例如，可以邀请研发知识工程项目组的团队成员作为第一批种子用户，让他们带动本专业人员参与使用研发知识平台。同时，结合组织的核心业务，积极邀请那些业务领域的领袖人物，他们不仅具备深厚的专业知识，还拥有广泛的影响力，能够帮助平台解决业务中的痛点问题，提升平台的实用性和价值。例如可以邀请汽车研发领域技术大咖、博士、技术专家，在研发知识平台上建立"大V"专栏，通过专业知识，解决汽车研发领域痛点问题。上述这三类人都是平台初期运营的关键种子用户。为了确保种子用户能积极参与和贡献知识，知识运营团队可以采取多种策略，例如通过定向邀请的方式，直接与他们取得联系，并介绍平台的价值和优势；通过私下沟通的方式，了解他们的需求和期望，为他们量身定制参与方案；设定明确的任务，激发他们的参与热情，为平台的发展贡献力量。种子用户的参与对于平台的发展至关重要，他们的积极参与将推动平台内容的丰富和功能的完善，为平台的长期发展奠定坚实的基础。因此，对种子用户的邀请和管理工作至关重要，要让他们充分发挥作用，为平台的发展贡献力量。

第三步,激励生产者。在成功吸引首批种子用户后,内容创作将主要依赖他们。平台运营者应激励种子用户并与他们深度沟通。每当新内容涌现时,运营团队需迅速反应,并积极参与互动,通过转发、评论、点赞等方式及时响应,让种子用户感受到运营团队的持续关注与支持。为了进一步激发他们的创作热情,运营团队可以设计一系列实体物质激励,如精心挑选的小礼品、具有吸引力的奖金等,以此奖励优秀的内容创作者。同时,荣誉激励同样不可或缺,通过首页排行榜的展示、轮播图的推荐、企业内部的通报表彰以及官方渠道的广泛传播,来提升种子用户在公司内部的地位,增强他们的个人影响力,例如知识运营团队每季度对优质内容的作者给予奖金激励和公文通报表扬。

第四步,优质内容传播。运营者梳理和统一汇聚了优质内容,奠定了内容运营的基础,而平台的持续繁荣离不开全员用户的参与。借助种子用户的积极参与,实现了从单一内容到内容生态的初步构建。若要吸引种子用户,可采用邀请制及定向沟通策略;而若要全面激发全员用户的热情,则需要通过持续产出高质量内容来吸引他们的眼球。

优质内容的传播方式有三种。第一是为优质内容设置热度排行榜和精华推荐,采用多种传播手段来确保优秀内容的头部效应。第二是结合平台热点与企业业务焦点,定期向用户推送相关知识,以确保他们始终与平台保持紧密关联。运营团队识别出平台中的精华内容后,通过加精、置顶、转发等方式推送给用户,这种方式既激励了内容生产者,又能帮助新用户快速识别出高质量内容。第三是对精华内容进行深度分析,整理成系列知识专题或专栏,然后通过内部邮件或工作群推送给员工,这样可以进一步吸引更多员工加入平台。例如将用户关注度高的热点汽车转型知识在研发知识平台的轮播图上进行大屏展示,并在热点知识板块高亮展示。

第五步,吸引更多用户加入生产。知识运营团队需要采取一系列策略来确保优质内容得到广泛传播,以吸引更多用户并激发他们的创造欲望。为了达到这个目标,通常有以下五种方法。

第一种方法是创作引导。例如在产品设计和文案写作上,可以运用引导性语言,如"分享你的想法,让世界听到你的声音"等,来激发用户的创作欲望。

第二种方法是制造和运营话题。运营团队需要密切关注时事热点,结合平台特点,定期策划具有吸引力的话题活动,如话题挑战、问答互动等,来激发用户的参与热情。同时,对热门话题进行实时追踪,以确保话题的持续热度和用户参与度。

第三种方法是树立榜样和标杆。给优质内容创作者颁发荣誉证书和奖金,树立榜样,以激发更多人参与的欲望;邀请知名人士或行业专家入驻平台,让他们成为标杆,而他们的专业知识和经验分享会吸引更多用户关注和参与。在此基础上,举办内容创作大赛或评选活动,让更多用户参与创作。选拔出优秀的创作者和作品,并给予奖励和曝光机会。

第四种方法是利用社交媒体、博客、论坛等渠道来持续推广和宣传知识平台,吸引更多潜在用户加入。还可以与其他平台进行合作,开展联合推广活动,扩大平台的影响力和用户基数。定期组织线下活动或见面会,增强用户的归属感和忠诚度,同时吸引更多新用户加入。

第五种方法是优化用户体验。不断改进知识平台界面设计来提升用户体验和满意度;及时处理用户反馈和投诉来解决用户在使用过程中遇到的问题和困难;提供个性化的推荐和定制服务来满足用户的个性化需求。这些措施可以有效地将平台内的优质知识内容传播到外部,同时吸引更多用户加入生产,推动平台的持续发展和壮大。

内容运营体系与用户运营体系紧密相连是不可避免的,这是因为平台的内容生态很大程度上依赖于一群精英用户的贡献。为了维持和增强内容的持续生产,知识运营团队必须对这群用户予以特殊的重视和维护。精心照顾大约 20% 的精英高质量用户能够确保平台上超过 80% 的内容的高效生产和供给。

随着平台的不断推广和运营,用户越来越多,然而,热衷于表达和擅长表达的用户却是有限的宝贵资源。对于这些用户,运营团队应积极协助他们建立个人品牌,扩大其内容的曝光度。在内容运营方面,团队需要不断梳理和优化现有内容,例如当内容积累到一定程度时,可以用业务专题和知识地图为用户提供更加丰富和有价值的信息。当用户在平台能够获取更多所需知识时,他们会增强对平台的依赖和信任。同时,通过荣誉和物质双重激励,可以激发用户的创作热情,促使他们持续产生新的内容。这种正向循环不仅有助于内容生态的繁荣,还能推动平台进入低成本的半自动运营阶段。在这一阶段,运营者需要更加关注平台秩序的维护和内容的整合工作。内容运营应通过有效的管理和优化手段,确保平台内容的高质量和有序性,为用户提供更加优质的使用体验。

2. 基于内容运营的三类人群

在组织内部,员工的工作态度、工作方式和工作性质千差万别。运营者需要识别这些差异,并为不同特质的人量身定制不同的运营策略。从知识内容运营的角度,员工可以划分为内容创造者、内容传播者和内容消费者三大类别,如图 9-9 所示。内容创造者是那些热衷于表达、渴望提升影响力的个体,他们具备持续产出高质量内容的能力,是组织内不可或缺的种子用户。他们的贡献不仅丰富了知识平台的内容,更是推动组织成长和发展的重要动力。内容传播者同样具备强烈的表达欲望,但可能在内容创作上稍显不足,然而,一旦他们遇到感兴趣的内容,便会积极点赞、转发并留下评论,成为信息流通的关键节点。在组织内部,他们如同桥梁般连接着各方,发挥着重要的传播作用。内容消费者则更倾向于学习和吸收知识,而非主动产出内容,他们可能是平台的深度用户,专注于浏览和学习各类内容。对于这部分人群,可以通过提供个性化的激励措施,如定制化的学习资源和反馈,来增强他们的参与感和归属感,进而激发他们潜在的创作和传播能力。

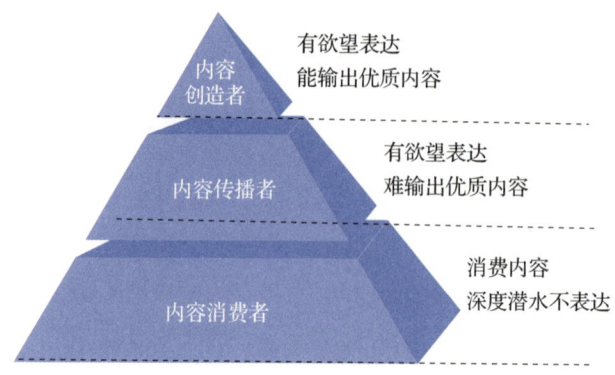

图9-8 基于内容运营的三类人群

9.2.4 内容的组织和流通

在内容生态构建日趋成熟的阶段,运营者面临的是海量的内容资源。为了使这些内容的用户价值最大化,必须精心组织这些内容,并设计一套高效的流通机制。这套机制不仅要激发内容生产者的创作热情,还要鼓励内容消费者积极学习、分享和传播。通过内容生产者和消费者的循环互动,形成一个良性的内容组织与流通生态,如图9-9所示。在这个生态中,内容生产者将不断贡献高质量的内容,而内容消费者则通过学习和分享,将这些内容传播给更广泛的受众。同时,这个生态循环需要不断优化,确保其高效、顺畅地运行。

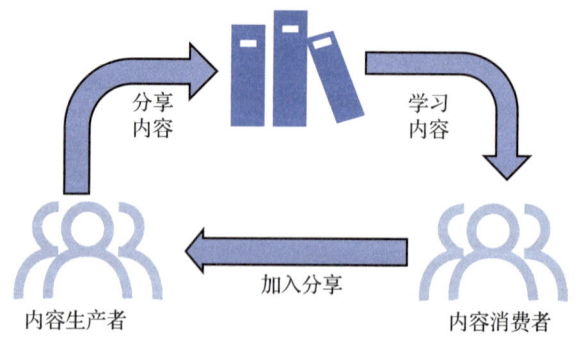

图9-9 内容的组织与流通生态图

1. 内容的组织

内容的组织包括单个内容的组织与标准建立、相关内容的聚合、整体内容的引导和索引、核心内容的呈现四个方面。

第一，单个内容的组织与标准建立。应通过标准化约束确保内容的统一性与识别度，这样不仅提升了内容的质量和可读性，还确保了内容的生产效率。例如，汽车研发领域的问题整改报告采用了 8D 报告的模板来编写，这样的报告增强了内容的识别度，保持了内容的统一性，同时也降低了内容生产成本，让每一个人都有可能在短时间内完成一份问题整改报告。再例如，豆瓣平台采用统一的"豆瓣体"字体与排版，构建了独特的品牌风格。

第二，相关内容的聚合。内容聚合是用专栏、专题、话题等方式，围绕特定中心点组织内容，将其整体打包并推送展现给用户。内容聚合是实现内容集中消费的关键，可以显著提升内容的整体价值。例如，研发知识平台上各类汽车相关的专栏和圈子可以聚焦到一个主题，并进行相关内容的聚合。组合和聚合的导向性是以特定事件或话题为中心，或以人物为中心，或以时间为中心，或以其他维度为中心的。内容的聚合可以延展，比如，一个新闻网站可能会聚合所有关于"世界杯"的新闻报道，让读者能够"一站式"获取所有相关信息；一个社交媒体平台可以聚合某个公众人物的所有帖子，让用户能够更方便地了解他的动态。

第三，整体内容的引导和索引。随着内容数量的增加，用户的访问行为逐渐从被动消费转向主动探索。为了适应这种转变，平台在内容的组织和呈现上需要采取一系列方法，以确保用户能够高效、准确地找到所需知识。常用的方法包括知识分类、搜索导引、优先推荐机制、信息流等。第一种方法是知识分类，有效的分类系统至关重要。通过将知识划分大类，再细划分子类，平台可以帮助用户快速定位到他们感兴趣的主题领域。这种分类不仅基于知识主题，还可以考虑知识类型、难度级别等因素，以满足不同用户的需求。第二种方法是搜索导引。平台应提供强大的搜索功能，支持关键词、短语甚至自然语言查询。搜索结果按照相关性、浏览量、置顶等多维度进行排序，以确保用户能够获取最相关、最有价值的知识。第三种方法是优先推荐机制。通过分析用户的浏览历史、搜索记录和行为模式，平台可以为用户推荐他们可能感兴趣的知识内容。这种个性化推荐不仅可以帮助用户发现新的知识点，还可以提高用户对平台的满意度和忠诚度。第四种方法是信息流技术的应用。通过智能算法和大数据分析，平台可以根据用户的兴趣、需求和行为模式，实时推送最新的、最相关的知识内容给用户。这种实时更新的信息流可以确保用户始终能够获取到最新的知识和信息，而且提升了用户的访问体验。例如智谷研发知识平台上已经有上千万条知识，如何让用户在海量知识中找到想要的知识呢？平台按照浏览量、置顶等多维度提供搜索功能，搜索后的知识分类展示，并标出知识来源和用户权限，因此，用户获取知识的精准度大幅提升。

第四，核心内容的呈现。核心内容的精准呈现对于任何一款内容型产品都至关重要。在海量信息时代，让用户快速了解并记住一款产品的风格和特征，从而增加用户对产品的识别度和黏性，是内容型产品成功的关键。尤其是当用户首次访问产品时，产品提供者需要通过一系列手段来有效传递产品的特征并提高产品识别度。例如，在知识平台上，用精心设计的宣传轮播图来展示每个知识最具代表性的内容和特色，吸引用户的注意力。此外，还可以考虑使用浮层、弹窗等交互方式，在用户首次访问平台时，展示某个知识或产品的特色和优势，帮助用户快速了解并记住产品。还可以在核心推荐位置，将最符合产品调性的内容优先展示给用户，确保他们在第一次访问时就能感受到产品的独特魅力。通过这些手段的综合运用，产品的特征可以有效地传递给用户，还可能提升用户的满意度和忠诚度。

2. 内容的流通

当内容积累到一定数量之后，需要用某种方式让它们流动起来，并展现在用户面前，从而让用户发现和消费它，这个过程就是内容流通。在内容存量庞大的情境下，推动内容的流通并提升用户消费效率至关重要。实现内容流通的方法有以下三种。

第一种方法是内容运营人员人为干预和组织。内容运营人员负责内容展示页的维护和更新。他们精心策划和筛选，确保用户接收到最新、最热门的知识和信息。例如，他们精选网站的轮播图并在窗口展示，让用户一目了然地捕捉到最新动态。

第二种方法是算法智能推荐。在大数据和人工智能技术的驱动下，算法智能推荐已成为内容流通的重要手段。例如今日头条基于用户的历史消费习惯，通过复杂的算法分析，为用户量身打造个性化内容流。这种方式尤其适用于用户基数庞大、个性化需求多样的内容类产品，能够显著提升用户满意度和黏性。

第三种方法是依靠用户关系和用户行为。微信就是使用这种方法的典型例子，它巧妙地依托朋友圈，通过点赞、评论、关注、转发等用户行为，精准地将相关内容推送到用户及微信群。这种方式充分发挥了用户"关系网"的潜力，适用于那些本身已经拥有稳固用户关系链的内容产品，或是用户消费习惯高度依赖于人际推荐的内容类产品。这种方式不仅提升了用户体验，还能增强内容的传播效果。

运营和产品之间的紧密协作对产品的成功至关重要。为了达成良好的运营效果，运营人员必须深入理解并融合内容调性、产品特质、用户类型和访问习惯，从而确定产品的内容组织形式和内容流通机制。产品团队负责将这些机制具体化为产品功能，而运营团队则需要对这些功能进行深入评估和执行。内容的组织和流通主要包括五个核心环节：内容生产、内容组织、用户识别、内容流通和内容互动，如图9-10所示。在这些环节中，运营扮演着举足轻重的角色。例如，运营团队必须负责内容的审核和打标签这样依赖于人力来完成的环节，以确保内容的准确性和质量；还要定期策划和制作专题、推荐和推送核心内容以及持续更新内容。此外，当某些内容组织或流通环节依赖于产品机制来完成时，运营团队也需要全面掌控。他们不仅

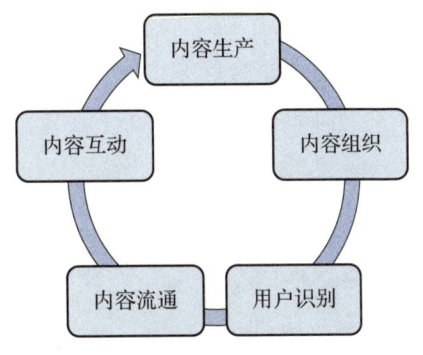

图9-10　内容组织和流通的五大环节

需要确保这些机制的有效运行，还需要通过引导来帮助用户养成良好的使用习惯。

在智谷研发知识平台上，每当一个新分享机制出现但用户还不知道时，为了让用户迅速掌握并积极参与，运营团队会巧妙地通过推送消息或引导页面来引发用户的关注。为了进一步激发用户的分享热情，团队设立了"每日分享幸运星"活动，特别奖励每天第10位分享的用户。团队将设立"汽车研发领域最佳分享达人奖"来表彰那些持续活跃和分享次数领先的用户。在平台初创期，通过对标杆用户点赞、评论、关注等积极行为，吸引其他用户的参与和互动，从而提高了用户在平台上的活跃度和参与感。

运营之道在于精心策划与巧妙执行。在构建丰富多元的内容生态的过程中，运营团队需要从每一个细节入手，无论是内容的精心打磨、编辑的细致入微，还是审核的严谨负责，都需要用心去做。将这些环节紧密相连，就可以共同绘制出一幅充满活力与创意的内容生态画卷，让知识的力量在其中流淌，为用户带来无尽的启示与收获。

9.2.5　企业实践

内容运营是知识挖掘-沉淀-共享-学习-应用-创新链条中不可或缺的重要手段，同时也是促进跨专业协同和隐性知识显性化的助推剂，促成了知识生产和消费的良性生态。按照内容运营的五大步骤，基于内容组织的方法，以内容流通方法为引导，长安汽车围绕内容运营，通过开展"每周涨点新知识"活动，构建知识专栏，搭建"智谷专家大讲坛"交流分享平台等一系列运营工作，使知识工程面向用户良性运转，支撑研发活动。图9-11为长安汽车研发知识运营体系构架。

1. 持续开展"每周涨点新知识"运营活动

按照内容运营的五大步骤，长安汽车持续开展"每周涨点新知识"专题内容运营活动。首先，知识运营团队对知识进行了大规模的内容梳理和统一汇聚。各种各

样的知识分散在企业的各个角落,就像一座座分散的宝藏山。长安汽车决定将这些分散的宝藏整合起来,打造一个共享的知识平台。他们以业务主题作为切入点,将各个分散的系统汇聚成一个整体。

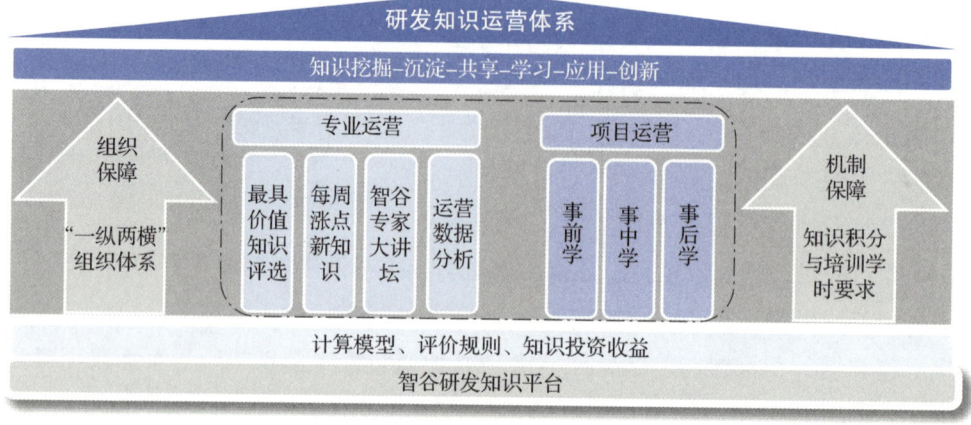

图 9-11　长安汽车研发知识运营体系构架

接下来,团队通过数据分析,深入挖掘用户的需求和兴趣,发掘用户最需要、最热门的知识。然后,寻找种子用户,这些种子用户有强烈的表达欲望和能力,愿意参与到知识平台的运营中来,是知识的传播者。他们的每一次分享、每一次创作,都是对知识的丰富和提炼。为了持续激励这些知识生产者,团队设计了一套完善的奖励机制,即用公文进行通报表扬,并且通过给予物质奖励的方法来激励那些贡献高价值知识的员工。运营团队也注重优质内容的传播,将需要传播的内容制作成吸引眼球的海报,如图 9-12 所示。"每周涨点新知识"专题就是以这种海报的形式来推送与宣传的,并让海报在首页轮播图上滚动播放。海报如同在宝藏山上设置的一

图 9-12　"每周涨点新知识"专题的一个推送宣传海报示例

盏明亮灯塔，让用户轻松找到自己需要的知识。最后，团队通过"造典型、树标杆"来吸引更多的用户参与到知识贡献中来，共同分享知识。"每周涨点新知识"运营活动是内容运营的一种方式，让智谷平台充满活力。

长安汽车经过近三年的探索实践，已形成"每周涨点新知识"专题活动的成熟业务模式，2020—2023年，长安汽车已累计开展159期"每周涨点新知识"专题活动，受到了企业用户的一致认可。

2. 构建知识专栏，提供主题式知识服务

基于内容组织的方法，智谷研发知识平台构建了知识专栏进行相关内容的聚合。知识专栏以一个内容主题为中心点，把大量单篇的相关内容组织聚合到一起，然后整体打包并推送展现给用户，为用户提供集中式知识服务，由此放大整体内容的价值。知识专栏设有主题专栏与人物专栏。主题专栏包含了汽车研发的一些主题内容，如汽车观察家专栏、汽车工程解构设计分享专栏、汽车智能体验评价对标专栏等；人物专栏是研发领域专家自主建立的专栏，他们在这里分享自己的经验。知识专栏的展现形式灵活多变，打破了传统纯文档式知识展示的形式，而是采用直播、短视频、音频等方式进行知识聚合。采用互联网游戏规则运营"大V"，如打赏、点赞、收藏、置顶等，通过人与人之间的互动交流实现知识的传播与显性化。

知识专栏上还配有吸引眼球的专栏封面图片、内容引导和索引，如图9-13所示，以引导用户访问和使用专栏，以此提升用户的信息获取效率。对于刚建立或者热度较高的知识专栏，如智能体验评价对标专栏、芯片应用专栏等，采用加精置顶的方式使其凸显，同时通过智谷首页轮播图进行大屏推广。

图9-13 主题知识专栏示例

长安汽车根据用户专业领域的不同，以公司领导、行政经理、专家、资深人员为重点孵化对象，邀请知识丰富和有表达分享意愿的人员，设置人物专栏，如大V问答、大V访谈、大V讲座、大V说等，如图9-14所示。他们以业务为切入口，结合企业热点和重点话题，采用"专业推选+官方评估"的模式，来分享知识。

高聪博士专栏
长安汽车/汽车工程研究总院/新... +订阅
涉及领域：轻量化,新材料,新工艺,铝合金,碳纤维
简介：1.汽车轻量化行业动态及趋势分析 2.行业先进车型用材解析 3.汽车新材料新工艺应用技术

杨宪武博士专栏
长安汽车/汽车工程研究总院/研... +订阅
涉及领域：NVH
简介：分享汽车NVH领域相关知识

陈绪平的专栏
长安汽车/动力研究院/性能匹配... +订阅
涉及领域：机车集成匹配
简介：分享机车集成匹配的知识

图 9-14　人物知识专栏示例

人物知识专栏有效地促进了知识的生产和消费两端的用户参与，让研发人员的经验有机会产生更大的应用价值。"大 V"的打造提升了他们在专业领域的成就感，同时以开放式、变革性的姿态，让他们身体力行地参与到知识工程实践中。人物知识专栏还沉淀了专业知识，增加了研发体系的无形资产。专栏让众多不同领域的用户受益，这样就打通了跨专业的知识壁垒，促进了跨部门和跨专业领域的沟通协作。

3. 搭建"智谷专家大讲坛"交流分享平台

为服务企业由"单一专业型人才"到"跨界复合型人才"的人才战略转型，长安汽车线下搭建了以"促成长、乐分享"为主题的交流分享平台，以内容流通方法为引导，举办每周一期的智谷专家大讲坛活动。

知识工程运营团队像探险家一样，深入到用户需求的森林中，细心地收集那些最真实、最迫切的需求。他们像猎人一样，瞄准那些用户最迫切需要的知识，然后邀请相关领域的资深专家来分享知识和经验。这个过程构建了一个畅通的渠道，打破了行政壁垒，让不同专业的研发人员能够在线下进行深入的交流，从而提升了他们对其他专业的了解，进而促进了跨专业的沟通。

知识运营团队提前一周通过邮件的方式将智谷专家大讲坛的活动预告发送到整个研发系统，同时，在智谷研发知识平台首页的轮播图上展示，以吸引大家的眼球。团队依靠用户关系和用户行为，将交流分享后的讲座材料存储和沉淀在智谷专家大讲坛知识专栏中，让用户可以便捷地获取。另外，他们还通过点赞、评论、关注、转发、知识任务推送等用户行为，将相应的内容推送到相关群体或者行政单位的信息流当中，发挥了用户关系网的作用，提升了内容的复用率。

长安汽车已开展"人工智能安全""面向智能化的电器开发""基于全场景的智能底盘仿真技术""汽车悬架动力学与研发创新""自动驾驶解决方案"等主题讲坛，好评如潮。图 9-15 为智谷专家大讲坛的一个活动宣传海报。

图 9-15 智谷专家大讲坛的一个活动宣传海报示例

9.3 活动运营

广义上,活动运营是围绕一个产品开展一系列活动来宣传产品、与用户互动,让用户了解和喜欢产品并产生消费产品的愿望。活动运营可以在线下和/或线上举行。

9.3.1 活动运营的目的及任务

与单纯的内容运营相比,活动运营能够直接刺激用户生产内容的激情。由于活动运营生动而具体,所以用户能够直观地了解运营的特点和价值,此外,部分活动运营能够给用户带来好处,这就能有效地增强用户黏性,影响他们对于运营方的印象。以上就是活动运营的几个主要目的。

营销活动任务分为拉新、留存、促活三个阶段,如图 9-16 所示。这三个阶段具有递进性且不排他,即一项活动有可能同时符合以上三种任务的策略要求。知识工程的活动运营也是一种营销,所以它也包括这三个阶段。

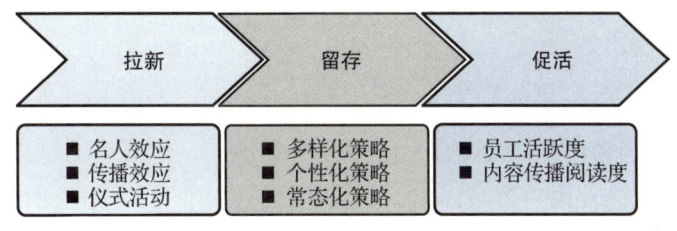

图 9-16 活动运营的三阶段

1. 拉新

拉新阶段的主要任务是增加新用户的数量。智谷活动运营的核心思想是以用户为中心，以内容为主要价值点，充分促进平台增加新用户。因此，促进平台产生新内容是活动运营的关键目标之一。为达成这一目标，可利用的方法有名人效应、传播效应及仪式活动。

名人效应是名人出现后引发周围人的注意，并对周围环境产生影响或引起人们效仿的现象。在本书中，名人指的是成就较高的学者、专家或行政领导。他们通常作为嘉宾或活动指导者出席相关的拉新推广活动。他们参与拉新的形式也较为多样，包括但不限于参与推广项目立项、产品发布会、品牌宣传、知识评比、"大V"活动等。这些多样化、不同形式的参与方式，不仅能够有效地提升用户参与拉新活动的积极性，而且还能利用名人效应提升活动的知名度、影响力，使活动更好地达到拉新的效果。

传播是将信息、知识、理念等分享给更多的群体。传播效应是人们接收到被传播的信息、知识和理念后，在思想、理念、情感、兴趣、情绪、审美等方面产生的变化。有效的传播可以吸引新的人群和用户，即一个活动的目的是虽然是传播知识，但同时也具有一定的拉新效应。比如，知识运营团队组织的线下专家大讲坛是一个知识分享与传播活动，而产生的效应除了让听众获取知识外，还能吸引新用户来使用智谷平台。

仪式活动是针对某个主题（如生日、项目启动、产品发布等），在特定地点和特定时间举行的具有一定象征意义的活动。仪式活动能够让个体或团队获得价值感、荣誉感和使命感。例如，当智谷3.0项目完成后，公司组织了智谷发布会，公司领导、各个部门负责人、知识工程团队等出席。团队介绍了智谷建设和使用情况，公司领导发表热情洋溢的讲话，团队朗诵了诗歌等，这种仪式既让团队获得了荣誉感，还吸引了很多新用户。

2. 留存

留存指的是通过优质的服务来提升用户的满意度，达到留住用户的目的。为达到留存用户的目的，活动运营应该丰富多彩，具有吸引力；活动应该多样化、个性化和常态化。

（1）多样化

运营方开展的推广活动应具有不同的主题和形式，以提升活动的多样性。通过这种活动多样化来提升用户参与体验，从而达到提升用户留存意愿的作用。

从确定活动主题的角度，活动可以确定一个中心，并围绕这个中心延伸出不同的主题。主题应与运营主体的风格相结合，以得到更好的宣传作用。比如一家出版社计划举行图书推广活动，出版社确定以"阅读"为活动中心，随后延伸出每年不同的主题，比如第一年的主题是"让阅读成为时尚"，第二年的主题是"读书是心灵的伴侣"，第三年的主题是"青春与书香为伴，成长与阅读同行"。

从多样性的角度，可以考虑每次活动采取不同的活动形式，例如竞赛、游戏、讲座、影视欣赏、展览等；也可以考虑在单个阅读活动中融合多种活动形式，例如主题为"走进科学实验室"的活动，可以在整个活动过程中结合参观、培训、讲座等不同活动形式，以贴合多样化活动策略。

（2）个性化

个性化指的是在组织相关活动时，考虑到不同群体的用户需求，针对性地进行活动策划及组织，实现用户的留存。例如，在智谷运营的早期，采用单条知识的方式向全研发系统推送优秀案例。但是，在智谷发展过程中，发现采用专题推送的效果更好。专题推送是结合用户需求，将同类型的知识合并为一个专题，在一段时间内持续推送同类型的知识，它是一种个性化的推送。其根本原因在于，在众多推送内容中，若只有一条知识是用户感兴趣的，这条知识就很容易埋没在其他类型的推送中。但是，如果采用知识专题的形式，同一时期的推送内容为同一主题，更容易引起用户的注意。在用户浏览专题内容的过程中，专题推送能帮助他们更轻易地找到相关的同类型知识。这种便捷化的内容获取途径也起到了提升用户体验的作用，使得他们更愿意关注智谷的推送内容，形成网站推送与用户阅读之间的良性循环。

（3）常态化

在满足多样化和个性化的前提下，活动周期越长越有利于促进用户留存，因此，活动的常态化是留存用户的有效手段。例如，一个大型推广活动可以通过一系列小活动的形式开展，通过一系列周期较短的小活动组成一个周期较长的"活动周"或"活动月"，有效地达成推广、宣传和留存用户的目的。再例如，针对前文提到的知识专题化推送策略，运营团队结合智谷的其他案例推送、评比活动等，采用每周推送一次的频次，使得推送常态化，达到了不断为用户提供新信息的目的，促进了用户的留存。

3. 促活

员工在知识平台中的持续活跃度，平台中优秀内容的持续传播阅读度，都是衡量知识平台运营的关键数据指标。促活是通过各种各样的激励来提高用户的活跃度，是活动运营的一种方法。

根据组织承诺理论中的三因素模型，人的行为被三个方面的承诺所约束，分别是情感承诺、持续承诺和规范承诺。情感承诺指的是人在情感上对某个组织或个人的依恋和认同，有欲望和冲动去完成某种行为；持续承诺指的是人为了避免损失，例如曾经投入过的资源，而不得不选择继续完成某一行为；规范承诺则侧重于道德或责任对人的约束，即人感觉自己有义务去完成某个动作或行为。

从运营者的角度来说，推广过程中的评比、表彰、表扬的活动都属于强化用户的情感承诺。当员工完成智谷的推广任务或在智谷的推广中做出贡献的时候，他们会获取物质奖励和精神表彰，即得到正向反馈，成就感就会增加。反之，对于某些不利于推广的行为，如上传知识数未达成指标、整体运营情况不及预期等，运营团队采取的措施包括通报批评、要求提供整改方案、纳入质量内审等。这些举措强化了员工的持续承诺和规范承诺，即承诺完成推广指标。

从用户角度来说，智谷的普通用户可分为两种，即活跃用户与潜水用户。活跃用户指的是经常为所在平台提供流量及内容的用户，反之则为潜水用户。具体活跃行为可分为内容行为与关系行为两类，其中，内容行为是上传、创造及传播知识的行为，关系行为指的是点赞、评论、转发等行为。情感承诺与持续承诺是影响用户活跃行为的两大主因。智谷在针对普通用户的运营中，更多倾向于加强用户对智谷的情感承诺，从而保证用户的使用体验和留存意愿。

9.3.2 活动运营的类型

活动运营的类型有线上活动和线下活动。线上活动指的是在微平台、线上社群等平台上开展的活动，线下活动指的是在实体场所举办的面对面开展的活动，如会议、比赛、展览等。

1. 线上活动

线上活动是依托于网络，以互联网为媒介开展的活动。随着网络技术的发展，线上活动越来越多，如线上会议、线上演唱会、线上直播、线上课程、线上展览会、网络游戏、线上发布会等。

线上活动有很多优势。第一优势是不受空间限制，世界各地的人可以在网上共同参加一个会议。第二个优势是不受时间限制，有些网络活动可以在不同时间持续进行，让不同人在不同时间共同参与一个活动。第三个优势是成本低，由于没有实体场地、旅行费用等，人们只是在虚拟网络空间活动，因此费用少。第四个优势是不受环境和天气的影响，几乎在任何环境和天气下都可以组织线上活动。第五个优势是隐私性好，进行网上活动时，人们可以用化名参加，可以不出现在视频中，可以隐去身份等，让部分人能够无拘无束地表达观点。第六个优势是不受人数的限制，例如上千万人可以同时观看一场线上演唱会。

线上活动也有缺点，第一是高度依赖网络信号、使用的软件、App 等。一旦网络信号不好或软件出现故障，活动的质量就大大降低。信号覆盖不到的地方，无法开展线上活动。第二是情感交流差，人们在没有面对面的情况下交流，很难捕捉到对方传递的情感，严重的时候会使人陷入孤独。第三是参与者的归属感差，由于线上缺乏线下的某种氛围，有些参加线上活动的人对活动的认可和对团队的归属感较差。

知识工程线上运营的目的就是让研究人员有一个畅通和高效的跨地域和跨时间工作的平台。大型汽车企业都是国际化的企业，研发机构分布在世界各地。一个研究项目组或车型项目组通常包括了来自世界各地的研究人员和工程师们，他们处在不同地域，有不同的工作时间，很难面对面地在一起工作，因此，很多工作是在线上开展的。知识工程平台对这种跨地域和跨时间的工作就显得非常重要，大家可以在一个平台上共享信息，一起讨论。知识工程的线上活动还有很多，如线上讨论会、论坛、授课、知识发布、课程直播等。智谷平台组织过很多线上活动，例如"Tec Show 智谷专家大讲坛"。

2. 线下活动

线下活动是指人们在一个实体地点，面对面地参与的活动，如在体育馆举行的篮球赛、在会议室召开的会议、在展馆举办的展览会等。在没有网络之前，人们开展的活动基本都是线下活动。今天，即便有了网络，线下活动仍然是活动的主流。

线下活动有很多优势。第一是氛围感强，由于人们亲自到现场参加活动，现场的氛围感会极大地影响他们的感知，例如欢呼声咆哮的足球场。第二是信息传递效果好，由于人们可以面对面地进行眼神交流、肢体交流甚至肢体接触，因此可以很好地传递信息，特别是情感信息。

线下活动也有缺点，如受到地点、场地、天气、时间等因素的限制，成本高，容纳人数有限，传播的广度也受到限制。

知识工程的线下活动运营是为了让用户更加直观地获取知识、更便捷地利用知识平台等。线下活动有讲座、授课、展览等。

9.3.3 活动运营的方法及流程

活动的运营具有周期特征，可以用流程图来表示。活动运营可以划分为图 9-17 所示的三个环节，即主题及子项目规划、方案确认及工作任务分解和活动的实施、管理、评价。

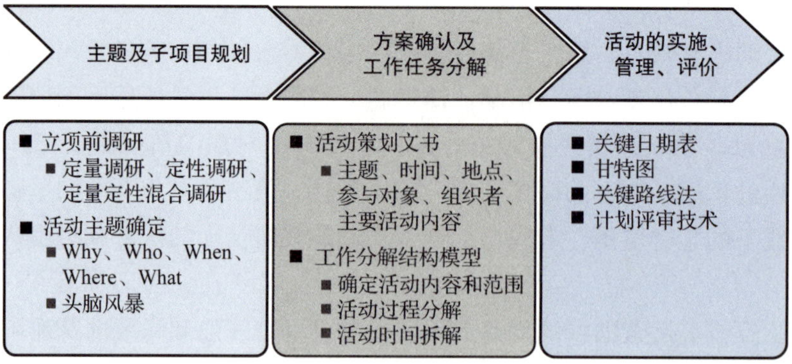

```
┌─────────────────┐  ┌─────────────────┐  ┌─────────────────┐
│  主题及子项目规划  │→ │   方案确认及     │→ │  活动的实施、    │
│                 │  │  工作任务分解     │  │   管理、评价     │
└─────────────────┘  └─────────────────┘  └─────────────────┘
  ■ 立项前调研          ■ 活动策划文书        ■ 关键日期表
    ■ 定量调研、定性调研、  ■ 主题、时间、地点、   ■ 甘特图
      定量定性混合调研      参与对象、组织者、    ■ 关键路线法
  ■ 活动主题确定          主要活动内容         ■ 计划评审技术
    ■ Why、Who、When、  ■ 工作分解结构模型
      Where、What         ■ 确定活动内容和范围
    ■ 头脑风暴            ■ 活动过程分解
                        ■ 活动时间拆解
```

图 9-17　活动运营流程图

1. 主题及子项目规划

主题及子项目规划环节可分为立项前调研和活动主题确定两部分。立项前调研的目的在于确认活动的可行性，通过定量、定性、混合型调研等方式进行。活动主题确认是在调研的基础上通过 5W 方法、头脑风暴等方法敲定本次活动的最终主题。

（1）立项前调研

活动可以视作是一件即将在用户面前展示的产品，而周全、精密的调研可以增加活动成功的概率。因此，活动立项前需要进行可行性研究，这个过程包含了大量的调研工作。调研类型主要分为三种：定量调研、定性调研、定量定性混合调研。

知识平台的定量调研主要用于收集有关网站目标用户群体的资料，比如用户年龄、性别等。这种调研方式费用低廉，问卷的制作和分析相对简单。定性调研的目的是挖掘出隐藏在定量研究中的问题，主要形式有小组调研、案例研究和观察者调研。小组调研是由有经验的成员形成调研小组，通过讨论、提问的方法进行调研；案例研究是选取曾经组织过的某项活动，将这项活动作为案例进行单独提炼，并展开深层次的相关研究；观察者调研是以观察者的身份去进行实地调研。

（2）活动主题确定

利用 5W 方法（即 Why、Who、When、Where、What）来确定活动主题。Why 是指为什么要举办这次活动，即分析重要性和可行性。Who 是指谁来举办本次活动？这次活动是为谁举办的？谁支持这次活动？When 是如何选择活动时间？是否预留充足的组织及策划时间？参会人员时间是否满足？若举办室外活动，天气条件如何？Where 是指活动场地在哪个位置？交通条件是否便利？What 是指活动内容是什么？除了 5W 方法，活动运营人员也可以利用 SWOT（优势、劣势、机遇、威胁）分析来确定活动的优劣势，尽可能分析各种可能出现的机遇和威胁。

活动主题还可以通过专家和活动相关方人员进行头脑风暴的方式来确定，也可以参考曾经举办过的活动，或类似活动的主题来确定。在主题构思的过程中，需要注意以下几点：第一，活动主题要鲜明，即能够准确地传达出活动的主要信息。第二，要考虑活动对资源以及举办环境的需求，如果无法满足，就要放弃举办该活动。第三，明确活动的规模性，同时尽量避免活动的雷同。

2. 方案确认及工作任务分解

活动主题和方案确定后，为了使活动能够顺利举办，需要对活动全局进行统筹规划，制定活动方案，形成活动策划文书。活动策划文书包括活动主题、时间、地点、参与对象、组织者、主要活动内容等。

活动主办方会将管理任务细化和分解，安排人员管理各个部分的工作，然后由项目负责人对各部分管理人员进行统一管理，对现场工作进行协调及控制。活动可以运用工作分解结构（WBS）模型来确定工作的内容及范围。WBS 模型按照三个层次对活动进行分解，一是确定活动内容和范围；二是活动过程分解，基于第一层次的内容，明确每个单项活动的具体内容和范围；三是基于时间节点和活动内容，确定具体活动时间。除 WBS 模型外，还可利用工作量清单、统筹网络计划图等工具制定活动计划。

3. 活动的实施、管理、评价

活动实施指的是经过前期准备阶段后，活动组织者按照既定的策划方案、工作任务表、进度计划表等文件，相互协作来完成整个活动的内容。活动负责人需要在此期间定时抽查相关任务的进展，以确保活动实施效果。

项目进度管理常用的工具主要有四种，即关键日期表、甘特图、关键路线法（Critical Path Method，CPM）、计划评审技术（Program Evaluation and Review Technique，PERT）。关键日期表只记录关键活动及其发生时间，较为简单。甘特图结构清晰明确、便于编制，是小型项目常见的管理工具，但不适合较复杂的项目。CPM 与 PERT 用于没有资源限制的单个项目的管理。项目管理工具的选择需要根据项目规模、复杂紧急程度等因素综合决定。

活动结束后，组织者还应该对各个活动的完成情况进行检查和验收，总结并提炼本次活动中的亮点和成功点、失误及盲区，形成对本次活动运营情况的有效评价，这些将为后续的活动运营提供经验和参考。

活动运营的效果可以用用户增长数量、互动性、社会影响力等指标来评估。以智谷平台上的"运营最佳专业频道评选"活动为例来说明评估指标，这个评选是从知识数量、知识过程运营、知识质量三大维度开展的，用七项指标（知识按期更新率、人均知识发布数、数据运营分析、知识任务推送次数、发布知识置顶数、平均知识高质量数、TOP20 最具价值知识数）来评估运营效果。

9.3.4 企业实践

长安通过不定期举办专家讲座、线上知识推送等活动来营造知识创新的氛围及共享文化，增强活动运营的效果及持续性。具体活动有"每季度最具价值知识""运营最佳专业频道评选"等。由于活动的常态化是留存用户的有效手段，因此，"最具价值知识评选""运营最佳专业频道评选"等活动均按照每季度开展一次的节奏长期进行。长安知识工程运营活动分为线上活动和线下活动。

1. 线上活动

智谷的线上活动运营有小型活动运营和大型活动运营。小型活动运营采用常态化策略，通过不间断的小型活动来提升用户的活跃度，大型活动则起到拉动新用户注册、吸引老用户回归的作用。两种运营方式相结合，有效地提升了用户的留存及活跃度。

（1）小型线上活动

小型活动运营的特征是运营人员少、准备时间短、可操作性高、数量多，是智谷线上运营的基础。例如，智谷经常开展推送、社交群体等小活动。智谷会通过线上推送等方式助推知识的传播，如"每周涨点新知识"栏目定期将优质知识推送给全体研发人员。智谷平台会根据不同的业务需要建立对应的线上社交群体，如企业微信群聊、内部办公软件 ichangan 群聊、智谷圈子等。社交群体能够让用户之间实现信息的共享、交流、沟通，还能够让信息传播速度更快、范围更广，因此，用户可获得的信息更多，互动体验感也更强。智谷平台组织的社交群体小活动不仅可以让用户互动，而且也可以提升用户对智谷的参与感，从而增强平台的用户活跃程度。

（2）大型线上活动

大型活动能够提升用户总量、激发用户行动、召回流失的老用户，但是需要人员多、准备时间长。智谷大型线上活动有"最具价值知识评选"和"运营最佳专业频道评选"。

"最具价值知识评选"活动根据研发知识平台后台数据及评选规则，按照大数据算法来开展，评选指标是知识价值指数。知识价值指数计算公式是（点赞数 ×25%+ 收藏数 ×20%+ 分享数 ×30%）+（借阅数 ×20%+ 阅读数 ×5%）。根据得分，每季度评选平台最前 20 名具价值的知识。这个评选对知识质量的量化评价比较客观。

这个活动鼓励了研发人员加强知识的挖掘与运用，以创造更多价值，提升了知识质量与知识复用率，保障了研发知识平台高质量知识的积累与持续更新。通过通报表扬、奖金激励、评比排名等手段对提供高质量内容的用户给出多元化的激励，以此提高用户的活跃度。

"运营最佳专业频道评选"活动从知识数量、知识过程运营、知识质量三大维度，用七项指标来评价专业频道的知识运营效果。具体评价规则见表9-1。评比的目的是在保障现有知识数量的基础上，提升知识的质量。专业频道评比有效地增强了用户的归属感，让用户自愿地对知识内容进行传播。这套科学合理的运营评价规则，促进了专业频道不断自我进步与持续运营，有效保障了各专业频道知识的挖掘、沉淀、共享、学习。

表9-1 运营最佳专业频道评选标准

序号	维度	指标项	分值
1	知识数量	知识按期更新率	20分
2		人均知识发布数	15分
3	知识过程运营	自主数据运营分析	15分
4		知识任务推送次数	15分
5		发布知识置顶数	5分
6	知识质量	平均知识高质量数	20分
7		前20名最具价值知识数	10分

在智谷的运营过程中，"评论""点赞"和"转发"作为评估运营效果的重要指标始终受到高度关注。当一篇知识具有较高的转发、评论、点赞数量时，运营团队可以判断这篇知识的质量高、传播范围广，并对知识贡献者给予相应的激励或荣誉。

2. 线下活动

为增强用户体验，智谷团队举办过多种线下活动，截至2023年年底已举办近百场，如举行了对贡献突出用户的表彰活动、"Tech Show 智谷专家大讲坛"等。作为典型的主题类活动，"Tech Show 智谷专家大讲坛"邀请国内外知名专家来长安举办讲座，他们带来了新技术、新理念、新观点，备受听众喜爱。这类线下活动还能够凝聚用户、产出知识，还可以通过线上渠道进行二次推广，对智谷运营起到了至关重要的作用。

在活动运营的过程中，线上推送等活动适合时间较为碎片化、想要利用工作间隙进行学习的用户，而线下活动适合系统化的学习。在线下活动中，知名专家不仅讲课，还回答员工问题，这种名人效应影响很大，极大地推动了平台用户的发展。

9.4 用户运营

9.4.1 用户运营的内涵

"顾客就是上帝"说明产品或服务再好,有"上帝"买单才是真好,而要将顾客转化为用户,需要运用各种用户运营的策略、方法和手段。

用户运营就是通过一系列运营手段来提高用户的活跃度与忠诚度,达到留存用户和实现预期运营目标与任务的目的。知识用户运营基于知识运营的整体规划,结合内容运营源源不断提供高质量的知识产品及产品的持续迭代升级,通过一系列活动运营手段实现知识用户拉新、留存、促活、转化、传播的增长过程,建立用户之间良性循环的价值供给关系,实现用户价值最大化。

用户运营有四个基本点。第一,用户运营要以用户为中心,以人为本。第二,要制定适当的运营战略与运营目标,并能够执行。第三,需要对运营过程的计划、组织、实施、控制进行有效管理。第四,适时开展具有指导意义的大数据分析,直观体现运营结果。通过长期的数据分析,掌握用户的使用行为习惯,了解用户为什么来、为什么走、为什么留下等,为改善和提升用户运营效果提供帮助。

9.4.2 用户运营的价值

用户运营的价值与用户数量和单个用户的价值息息相关,简单来讲,用户运营价值为用户数量和单个用户价值的乘积,如图9-18所示。在产品的整个生命周期内,用户数量随着产品力的发展而不断变化。单个用户的价值随着用户的生命周期而变化。

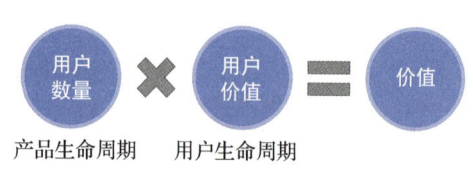

图9-18 用户运营的价值与生命周期

生命都离不开时间的丈量,例如,一款汽车产品经历从市场需求调研、研发、制造、上市、销售推广到最后迭代更新或者退市,就会有一个生命周期。这个周期与用户紧密相关,或者说是用户决定着该款汽车产品的生命。再例如,知识工程产品随着用户使用数量、时间或者频率等的变化而增减,这表明它也有生命周期。总之,一款产品从研发、验证、面世,到最终衰落、被淘汰或者替代的过程就是产品的生命周期。图9-19给出了典型的产品用户数量级与产品发展阶段之间的关系。随着产品经历验证、启动、增长、稳定阶段,用户量级逐步呈现发展向上趋势,其中,在增长阶段会出现一股爆发式的快速增长,一直到用户增长的瓶颈阶段,进入稳定期,随后产品逐步进入衰落,用户数量也随之逐步下降。根据产品生命周期的演变路径,在产品生命周期的每个不同的阶段,需要采取不同的用户运营策略,尽最大可能提高用户数量。

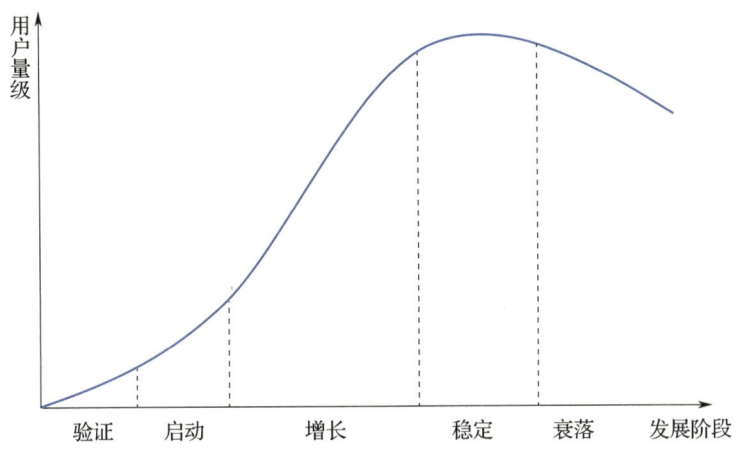

图 9-19 产品生命周期用户数量演变

在产品的整个生命周期过程中,用户生命周期是他们从接触产品到离开产品(用户流失)的过程,如图 9-20 所示。最理想的用户生命周期是用户遵循接触、使用、习惯、付费、死忠的演变过程,全部留存下来;同时最大程度地减少习惯用户、付费用户、死忠用户的流失。做好知识工程用户生命周期管理就是期望用户能够按照设计的路径,完成整个用户生命周期环节,同时防止或减少用户流失。

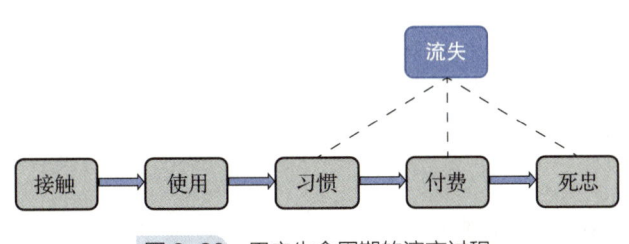

图 9-20 用户生命周期的演变过程

有效的用户运营可以保证知识工程用户基本的活跃度和贡献、直接获取用户的反馈、协助知识工程运营工作、对外传输知识工程品牌四个方面的价值。

1. 保证知识工程用户基本的活跃度和贡献

在日常生活中,我们可以发现一些现象,一家生意好的餐馆总会有一批老顾客,一个优秀的汽车品牌也总会有大批回购客,一款优秀的网络游戏也会聚集一群沉迷玩家。这种老顾客、回购客、沉迷玩家用户就是产品或服务的核心用户。通过对核心用户的运营,可以确保产品一直有活跃用户,保证产品的正常运转。无论是节假日、发生重大事件还是产品出现问题、处于行业淡季,在各种特殊情况下,都会有用户活跃或贡献内容,这样就解决了产品人员和运营人员对内容生产的后顾之忧。

很多产品在页面展现的优质内容也依赖核心用户的贡献，这些内容决定了产品的调性，关系着用户留存率，所以必须对其进行严格把控。如果内容的质量不高或角度稍有偏差，就会影响用户体验，进而影响用户量。

汽车知识工程的核心用户贡献内容的能力强、更可控，可以按照官方的预期产出相应的内容，因此可以解决内容生产和把控的问题，保证知识工程用户基本的活跃度和贡献。

2. 直接获取知识工程用户的反馈

运营的重要使命是连接用户和产品，而用户运营就是去了解用户，并且与用户打成一片的角色。用户运营是整个产品团队与用户之间的沟通媒介，可以确保双方之间信息互通，协助团队做出符合用户需求的策略。

除此之外，用户运营同时也是团队获取最新信息的重要渠道，如用户反馈的系统问题和提出的合理化建议。在产品出现问题时，用户也可以通过运营沟通渠道第一时间反馈告知知识工程团队，而用户运营就提供了一种"绿色通道"。

3. 协助知识工程运营工作

知识工程运营的工作内容多且杂，而人力却很有限，所以运营人员总是在做看似并不重要却又非做不可的事。比如整理用户信息、策划用户活动、发放奖品、统计数据等。实际上，其中一部分工作可以规范化、目标化，之后放权给用户来完成，请用户参与到运营中来，让用户分担运营人员的工作量，例如建立标准化的知识圈，由用户自己创建自我管理，吸引众多不同圈子的用户参与。同时，让用户参与运营不仅可以共享知识和创意，实现用户的控制欲和指挥权，还可以提升用户忠诚度。

4. 对外传输知识工程品牌价值

核心用户认可你的产品，他们就是你的粉丝，他们会持续对外进行正面宣传，影响更多人，这就是"一传十，十传百"的道理。所以，要让核心用户成为产品的义务宣传员。

另外，俗话说"造谣一句话，辟谣跑断腿"。如果遇到负面评价或舆论危机，核心用户会站出来力挺产品，不会让你无能为力和孤立无援。在这种情况下，官方说法可能不一定有用，但是核心用户的态度会成为有力的正面声音。因此用户的呼声和诉求，对知识工程的品牌口碑和价值传播，具有举足轻重的重要影响。

9.4.3 用户运营的模型

在用户运营工作过程中，为了提高运营效率和效果，往往会引入各种模型。用科学的方法对工作流程进行优化调整，以实现更高的用户运营目标。在知识工程用户运营过程中，用户运营常用到的模型有 AARRR 模型、"金字塔"式运营模型、马斯洛需求模型、创新扩散模型和用户增长曲线模型。

1. AARRR模型

AARRR 俗称海盗模型，即 Acquisition、Activation、Retention、Revenue、Refer 五个英文单词第一个字母组成的缩写。五个单词分别对应某一款产品生命周期中的五个重要环节，即获取用户、提升活跃度、提高留存率、获得收入、用户传播，如图 9-21 所示。

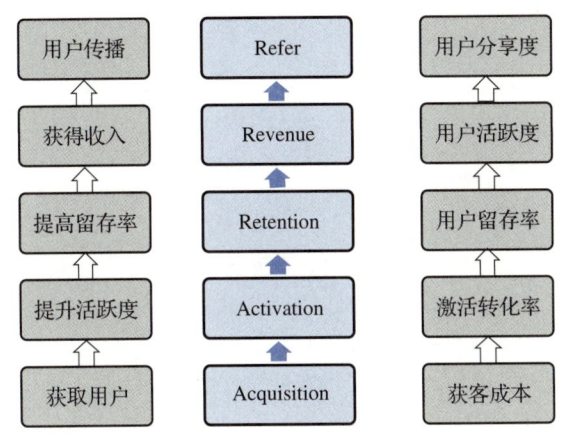

图 9-21 AARRR 模型

第一，获取用户（Acquisition）。只有获得了一定量的用户，才谈得上用户运营，因此，研发知识工程产品用户运营的第一步就是通过大力宣传来获取用户。获取用户是从 0 到 1 的关键，也是从 0 到 100 的源头。

第二，提升活跃度（Activation）。在相对封闭的运行环境中，研发知识工程可以通过行政干预、任务布置等方式使得用户被动使用产品。在此基础上，用户运营的首要任务是将被动用户转化为活跃用户，有效保证用户转换为活跃用户的数量。漂亮的产品设计、便捷的使用场景、丰富的运营活动等都是吸引用户和将被动用户转变成活跃用户的手段。

第三，提高留存率（Retention）。在当前的快消费时代，"用户来得快，去得也快"。如何提高产品的用户黏性？留住一个老用户的成本要远低于获得一个新用户的成本，所以"狗熊掰玉米式"（拿一个、丢一个往复循环）的用户运营是绝不可取的。运营团队可以通过数据分析，提取日、周、月留存率等运营指标监控产品的用户流失情况，同时采取激励手段减少或避免用户流失。

第四，获得收入（Revenue）。对于商业化产品来说，用户运营的核心就是获取收入，当然，出于纯粹兴趣爱好开发的产品除外。用户是收入的直接或间接贡献者。

研发知识工程的收入有知识虚拟付费、内容对外销售变现等。

第五，用户传播（Refer）。用户用各种手段，如社交网络、口口相传等，来主动宣传产品。对知识产品来说，用户感受到它们的价值后，会主动推荐给其他人。

2. "金字塔"式运营模型

根据用户的活跃度表现、价值贡献高低、影响力大小等维度，将用户分为五个层级（名人、专家、贡献用户、活跃用户和普通用户）。然后，将这五类用户搭建起"金字塔"结构模型，如图9-22所示。再根据用户在上述维度的表现情况，赋予不同用户不同的角色和权力以及上升通道，形成一个良性的循环。

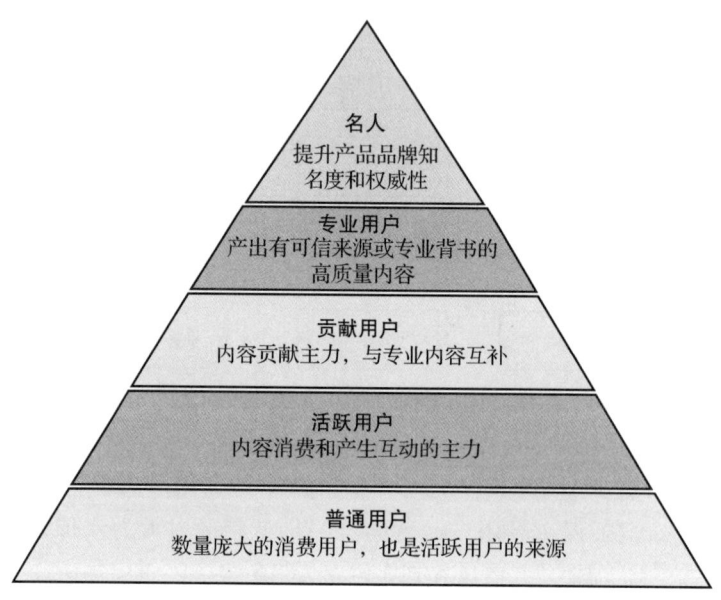

图9-22 "金字塔"结构模型

第一层是名人，即普通大众熟知的"网红""明星""名人"。名人效应能够提升产品曝光度、知名度和权威性。根据产品有针对性引入和维护相应名人，形成名人效应，让他们为产品代言或者直接带货。

第二层是专业用户。此类用户为具有专业领域背景的用户，他们的可信度和专业能力能够确保他们生产出高质量内容。此种用户的运营方式是让专家个人与产品互相成就，比如增加VIP身份标识、专家特权展示等方式，满足了专家个人需求，也能激励他们产出高质量内容。

第三层是贡献用户。他们是生产优质内容的普通用户，即通常所说的达人。他们是内容贡献的主力。这种用户的运营方式是给潜在用户提供一定福利和布置任务来培养达人，保证贡献者的活跃度和一定的流动性。

第四层是活跃用户。他们是产品的高频使用用户，他们频繁参与知识内容消费活动与主题互动。运营这类用户的方式是给他们提供所需要的帮助。

第五层是普通用户。他们是沉默用户，很少贡献内容和参与互动，偶尔使用产品或登录平台。这个群体很大，因此用户经营的主要工作是通过一些刺激手段将一部分普通用户转化为活跃用户。

3. 马斯洛需求模型

美国心理学家亚伯拉罕·马斯洛（Abraham H. Maslow）于1943年在《人的激励理论》论文中将人类需求像阶梯一样从低到高按层次分为五种，分别是生理需求、安全需求、社会需求、尊重需求和自我实现需求。五种需求层层递进，无论在传统行业时代，还是互联网时代，这都是分析用户需求的黄金法则，如图9-23所示。

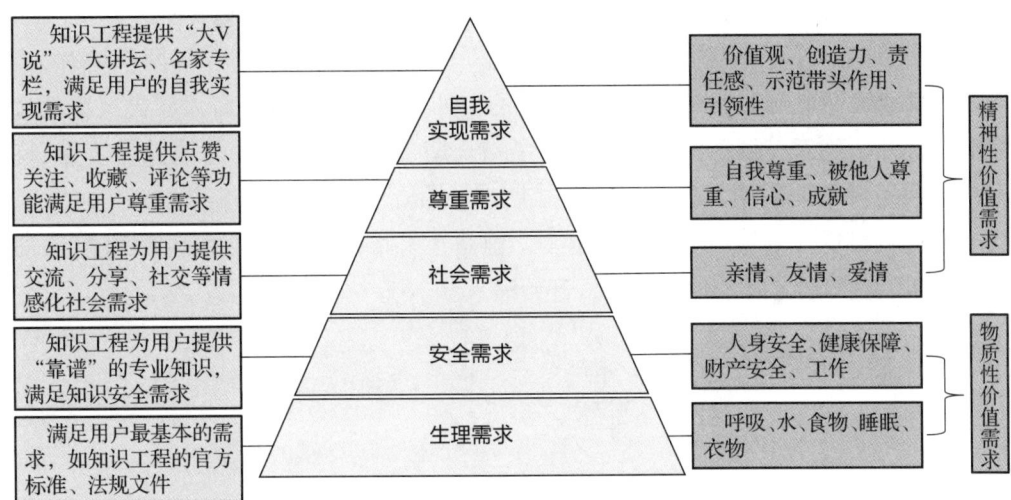

图 9-23　马斯洛需求模型

生理需求是人生存最基本的需求，如吃饭、睡觉等。对一个产品而言，就是指产品所满足的最基本的用户需求，即用户最开始使用此产品的原因。对于知识工程产品而言，满足用户"生理需求"就是指它有不可替代的核心特征，比如标准法规的核心就是其官方权威性，案例库的核心就是其实践性。

安全需求是指人类追求的安全感，比如收入稳定、财务自由能给人带来安全感。知识工程的安全需求是构建知识产品和内容的严谨和科学性，给用户以"靠谱"的安全定位。

社会需求是指对人际交往或社会关系的需求，一般也称为社交需求。知识工程用户运营中的社会需求是用户输出观点的需求、分享的需求、互相深入了解的需求、社区和圈层的需求，这些体现出产品的情感化与归属感元素。

尊重需求指个人希望得到他人和社会的尊重与认可。在知识工程产品中，这意味着提供给用户"参与感"，让用户很容易在点赞、关注、收藏、评论行为中获得参与感，感受到被尊重。在知识工程的用户运营中，会定期公布前20名高价值知识，同时给予他们精神和物质激励，来满足用户的尊重需求。

自我实现需求是指个人能够发挥最大潜力，实现理想和抱负。比如微博大V、微信公众号的大号、抖音中的网红，或直播平台的著名主播，都是典型的借助产品实现个人价值的案例。对于知识工程产品而言，自我实现意味着用户可以通过产品来实现自己的个人价值。在知识工程的用户运营方面，智谷打造出大V说、智谷知识大讲坛、名家知识专栏等，为核心用户的自我价值实现需求提供了平台。

4. 创新扩散模型

创新扩散理论是美国学者埃弗雷特.罗杰斯（Evereet M.Rogers）于20世纪60年代提出的，如图9-24所示。罗杰斯把创新的用户分为先驱者、早期采纳者、早期追随者、晚期追随者和滞后者。在创新的初期或引入期，先驱者大胆尝试新概念、新事物，开始创新；创新完成后，开始了增长期，早期采纳者思想成熟，接受创新事物；到了增长期后期，出现了大量早期追随者，他们接受新事物；到了成熟期，众多追随者出现，虽然他们接受新事物，但是还有很多疑惑；成熟期顶峰过后，进入衰退期，后知后觉者，即滞后者，开始涌入。

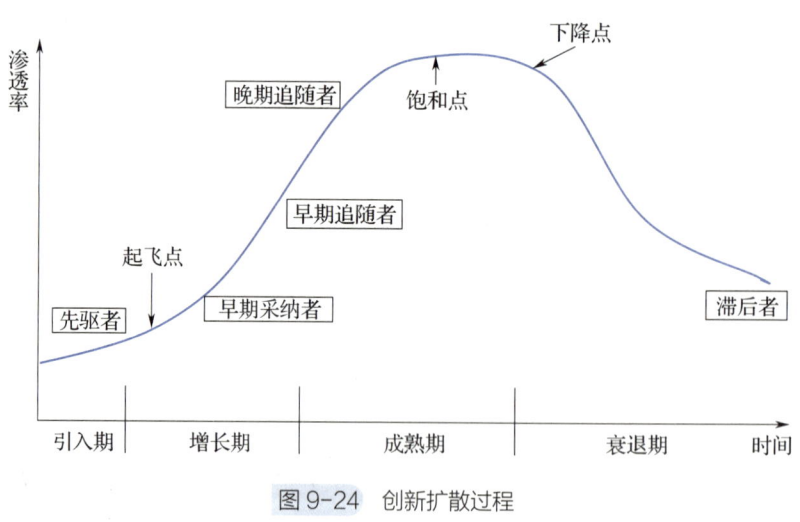

图9-24 创新扩散过程

5. 用户增长曲线模型

在产品的生命周期中，经常讨论的就是用户增长曲线模型。其增长曲线模型与生物种群发展模型一致。

当一种生物（用户）进入一个理想条件下的环境（即资源无限、无竞争、无天敌等）中时，其种群规模（用户群）的增长会呈现 J 形增长曲线，如图 9-25a 所示。用户数量冷启动期很短，跟高速增长期区分很小，在成熟期前呈现直线增长，达到饱和之后，开始衰退。一般大型 IT 企业的产品用户是这种增长曲线，比如微信、网易云音乐、微信阅读等。

在现实条件下，生物种群（用户群）的增长往往受到各种条件的限制，如资源限制和来自其他生物（产品）的限制，所以其发展是有一定瓶颈的。在初期的高速增长之后，受环境限制，增速越来越慢，呈现 S 形增长曲线，如图 9-25b 所示。用户要经历增长缓慢的冷启动，到达用户引爆点后进入高速增长期，即发展期，然后过渡到成熟期，用户达到饱和点后进入衰退期。从用户增长曲线的发展可以看到产品发展的阶段，用户运营需结合产品自身的特点和用户发展的阶段，制定有效的用户运营策略，保障用户增长符合规律。

特别要注意的是，并没有哪种用户增长曲线是所谓的"理想曲线"，不同的产品对应的用户有不同的增长曲线。而且盲目增长可能不如不增长，揠苗助长式的做法反而会让产品早衰，用户也会随之流失。

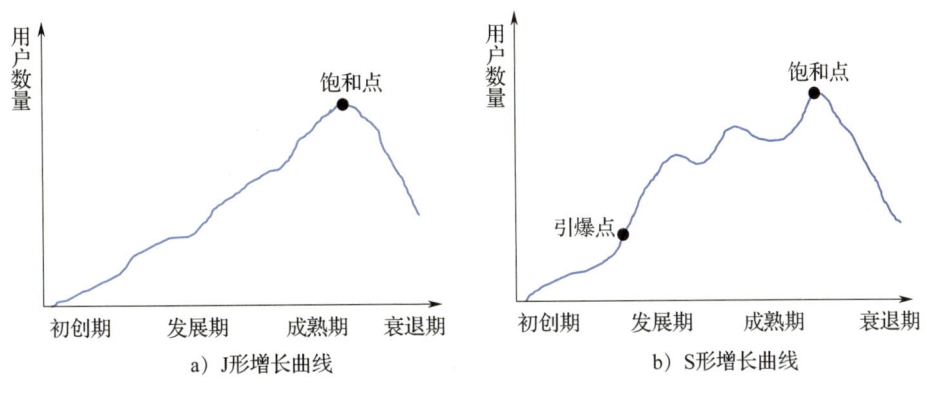

图 9-25 用户增长曲线

9.4.4 用户运营的三大关键点

汽车研发知识平台用户运营中有三大关键点，第一是充分应用 S 曲线中的引爆点，第二是用户的分级，第三是用户的分群。在促进用户增长方面，要充分应用引爆点；在用户精益化运营管理方面，要做好用户分级与用户分群。

1. 充分应用S曲线中的引爆点

汽车研发知识平台用户运营需要大运营与小运营相结合。大运营包括战略、业务、管理等关键方面。知识平台的大运营建立于公司整体战略规划，服务公司业务发展需求，契合公司管理规则，是与公司整体的大运营息息相关的细分专业运营。用户、内容、活动是小运营的三个关键点。在这三点中，用户与内容是基础，两者之间的关系如同鸡和蛋的关系。

如何调动用户的积极性？如何促进用户持续创造内容？如何才能让用户感受到知识管理与运营的业务价值？这些都是用户运营需要考虑的。

由于汽车企业涉密，因此企业是一个相对封闭的生态，企业内知识平台的用户上限就是企业员工数。在此封闭生态中，汽车研发知识平台的用户增长也是符合S曲线规律的。基于此，平台用户的运营分为两个关键节点与三个阶段。第一个关键节点是引爆点，平台用户数达到全员的15%左右时，用户数进入快速增长期。在快速增长过程中，受环境因素的影响，增长同样会存在数个阶段性的S形增长特征。第二个关键节点是饱和点，当平台用户数达到全员的90%左右时，用户数到达上限值。

第一个阶段为种子用户培育期，是用户运营从0到1的过程。这个阶段的任务是寻找"种子"和培育"种子"。第二个阶段为引爆推广期，是用户运营从1到100的过程，用户运营进入了全面推广期。第三个阶段为平稳运营期，用户数达到了最佳状态，已经全员铺开，持续运营是关键点。理解知识管理运营推行的三个阶段，掌握好引爆点，将管理推广转换为知识吸引，找到S曲线上的引爆点，就可以快速吸引所有员工。

2. 用户分级

企业是以盈利和社会责任为目标而存在的，企业中每个员工的存在都是为了达到这个目标。为了实现这个目标，企业必然是一个执行力强的实体。企业运营是分层级的，而目标是通过自上而下的行政力量和文化力量来推进的。汽车研发知识平台的运营与企业运营类似，它建立自上而下与自下而上相结合的用户层级体系。知识用户分三个层级：VIP思路运营领导层级、PGC思路运营专家层级和UGC思路运营员工层级。

第一个层级是VIP思路运营领导层级。根据角色不同，汽车企业内部用户可以分为公司领导、业务专家、普通员工与合作伙伴四类群体。每个群体的作用和影响力不同，其中最具影响力的是企业领导（如总裁、首席执行官、首席技术官等），因此，将他们放到第一层级。领导入驻知识平台的优势有两方面，第一是起到领导示范作用，他们用身体力行的方式表示对汽车研发知识工程的支持和重视；第二是能够让员工感受到知识工程的重要性，激起他们分享知识和宣传知识平台的激情。

第二个层级是PGC思路运营专家层级。汽车研发专家业务能力强，知识面广，大脑中有很多隐性知识，个人计算机中也储备了大量显性知识。把他们作为第二层级，可以充分地挖掘和发挥专家的价值。运营团队可以在知识平台上为专家们设立专家专栏、专家讲堂、专家问答、专家访谈等来给研发系统提供帮助和指导。

第三个层级是 UGC 思路运营员工层级。广大员工是知识平台的最大用户群体，为了吸引他们使用知识平台并贡献知识，首先是要让他们中间的活跃分子成为平台的主力军。这些人往往是优秀员工，是普通员工中的专家，或俗称民间专家或草根专家，他们被列入第三层级。他们的表率作用会引导和激发员工的激情，吸引广大员工参与平台活动并与相关人员或系统互动，甚至贡献知识和产生创新成果。这种作用还带来了平台持续促活的效果。

3. 用户分群

用户分群可以帮助运营团队深入分析不同的用户群体，并从研究指标和数字上分析运营效果，探索实现用户增长的最优路径。

用户可以按照以下方式来分类：无区别群体分类、按照用户基本信息分类、按照用户画像分类、按照用户行为分类、按照聚类和预测建模分类。第一种是无区别群体分类，即不分群。运营团队对所有用户采取一种方法来运营，比如群发短信、群发邮件等，这种方法缺点是没有针对性，容易引起部分用户反感。第二种是按照用户基本信息分类，如根据用户注册信息分群。相比于不分群，这种分类具备一定的针对性，但是由于对用户了解不足，运营效果难以预测。第三种是按照用户画像分类。用户画像包括年龄、性别、地域、用户偏好等，这类信息可勾勒出用户群的立体"画像"。画像建设的焦点是为用户打标签。画像分群让运营团队可以真正了解了用户的某些特征，对有效地开展用户运营帮助很大。第四种是按照用户行为分类。这种分类是在用户画像分类的基础上，关注用户的行为特征，如用户的注册渠道和使用习惯。针对这类用户，如手机 App 用户，运营者可以根据他们的历史使用痕迹，制定不同的运营策略，推送各种相关内容或者产品，增强用户黏性。第五种是按照聚类和预测建模分类。聚类是根据用户的综合特征指标，将他们分为不同的群体类型，如闲逛型、社交型、办公型、生活型、娱乐型等，然后通过建模的方法去预测用户下一步的想法与行为。

9.4.5 企业实践

用户运营是知识平台创立、发展、成熟、自我革命、二次创立、再发展生命周期循环中不可或缺的重要手段，同时也是促进知识平台健康发展和构建以用户为中心的运营模式的基础。用户运营能够促进用户与平台协同发展的知识生态。结合用户运营的几种模型，基于用户分群和用户分级的方法，以精细化运营方法为引导，长安汽车围绕用户运营，开展了汽车知识圈子、知识专栏、智谷专家大讲坛、知识推送与评论分享等一系列运营活动，使知识工程面向用户良性运转，为研发活动提供了有力支撑。

1. 以满足用户不同层次需求为核心的实践

满足用户需求是用户运营的根本。根据马斯洛需求层次模型，我们发现研发系统的技术用户对知识需求是多层次多方面的。用户需求既有自我实现需求，也有社会交往需求。自我实现需求能够让用户表达价值观、展现创造力、示范引领力、体现知识权威等，实现高层次精神满足。社会交往需求是用户希望被人认可、被人尊重等需求。

长安内部很多信息平台，而且各个平台各司其职且互不相干，例如在A平台查标准规范，在B平台查专利，而对一些隐性知识，必须求教"老司机"，因此，员工获取知识的体验感不好。智谷建设和运营团队将企业各个信息平台映射到智谷研发知识平台，并且将各个部门、专业和个人的知识也集成到这个平台上，因此，员工可以在智谷平台上通过"智谷一站式检索"这个超级检索引擎，快速一键定位来获取他们所有需要的知识，从而用户逐渐形成了"找知识上智谷"的使用习惯。智谷知识平台很好地满足用户的基本需求，吸引和留存了大批用户。

多元化满足用户各层次需求。俗话说"师傅领进门，修行在个人"，例如刚入职的职场新秀"小王"求知若渴，怀揣振兴民族汽车工业的远大理想抱负，而师傅们又很忙，不可能面面俱到地给小王传授知识。于是，小王来到智谷平台，他不仅获取了知识，而且还认识了一些趣味相投的同事，很快融入企业氛围中。智谷的每个用户都有自己的"我的智谷"专栏。个人主页上有用户的知识贡献，这可以满足用户的表现欲和被关注的需求。页面上的用户ID设置、个人积分及兴趣偏好能够满足用户创造力展示和价值表达的需求。页面上会显示用户对于每一篇知识的推送、点赞、评论、收藏、分享功能，这能够满足用户被尊重、社交、形成知识影响力的需求。例如，研发骨干"强哥"在汽车技术领域辛勤耕耘十数年，最近发现自己发布在智谷平台上的某个知识被大量阅读、点赞、收藏、分享，自己ID的知识积分进入了前20名排行榜，他喜悦之情溢于言表，自己既获得了认可也帮助了同事。

2. 按用户分层分类的精益运营实践

作为一个企业内部的相对封闭的研发知识平台，其潜在用户是和汽车产品研发有关的各类技术人员。

用户运营是人的运营，用户精益运营的重点工作是做好用户分层与用户分类。例如，按专业领域，用户分为车身工程师用户群、NVH工程师用户群等；按项目角色，用户分为项目经理用户群、项目总师用户群等；按职级角色，用户分为中层管理者用户群、专家用户群、主管用户群等。在用户群分类的基础上，面向不同用户群对知识的针对性需求，来开展用户运营，如图9-26所示。

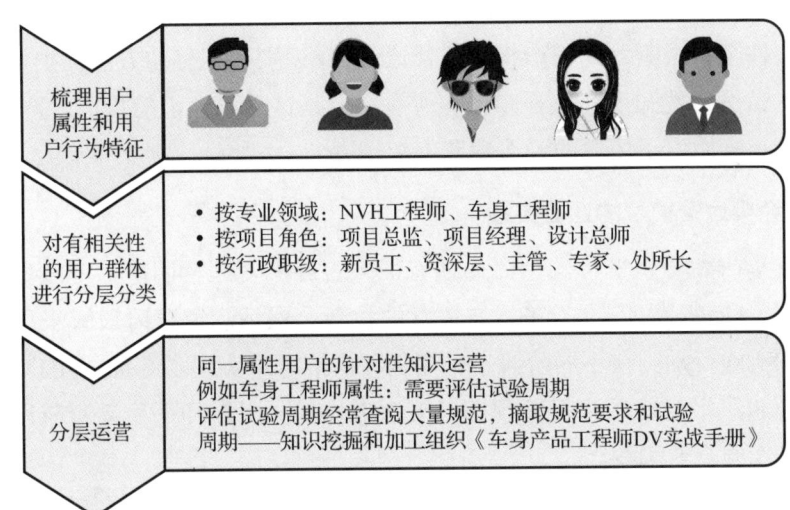

图9-26　用户分层分类示意图

智谷的运营策略是对批量用户进行分层运营，对特定用户进行精细化运营。例如，对"老王"这个特定的"大V"用户，智谷平台就给他设置了专家问答、专家访谈、专家讲座等专栏，开展大V说，如图9-27所示。这种运营充分发挥了专家"老王"的特长优势和运营价值，同时能让"老王"感受到尊崇感、被重视感、成就感。

图9-27　"汽车研发大V说"活动海报

在用户分层与分群运营过程中,个人的知识产权保护很重要。要处理好显性知识与隐性知识的关系、公开知识与秘密知识的关系。智谷平台的每个用户都有 ID,通过 ID 来保护个人的知识产权。用户 A 发布一个原创知识后,别人的查看量、点赞量、收藏量、转发量都可以变现为 A 的积分。A 可以用积分去"购买"用户 B 的原创知识,甚至"买断"知识产权。这样通过 ID 识别和积分的方法保护了原创者的知识产权。虽然这些知识产权都归企业所有,但是这种对知识的价值、产权、交易、变现等的小运营激发了用户的创造性和创新动力。

3. 按经典运营模型的运营实践

结合汽车研发知识平台的生命周期特征,智谷平台运营团队参考一些用户运营模型(如"AARRR 模型"),在用户运营的拉新、促活、留存阶段,采取了相应的运营策略和实施行动。在不同阶段,采用创新扩散思维实现了 S 曲线用户增长趋势,达到甚至超越了平台的用户运营预期。下面以拉新、引爆和平稳运营阶段的知识运营来描述长安的企业实践。

拉新似乎是一个简单的事情,上级一纸命令或者强制要求就能解决增加新用户的问题。但是这种拉新往往是虚的,用户是被强迫拉进平台的,因为他们自身可能对此毫无兴趣。因此,可以借助模型来解决拉新问题,例如,借助马斯洛的需求模型中的生理需求来帮助新员工"小王",他求知若渴,通过"找知识就上智谷"的宣传就能够吸引他成为平台用户。再如,运营团队在平台上发布公司领导的专题报告,邀请名人来做"自动驾驶发展趋势"的讲座,来满足很多员工的社会需求和尊重需求,这样吸引了大批员工使用智谷平台。对"老王"这样的"大 V",在线下给他举办一期"Tec Show 智谷专家大讲坛",如图 9-28 所示。面对着几百位听众,老王兴致勃勃,他的尊重需求和自我实现需求得到了极大的满足。讲座结束后,他入住智谷,开设"大 V"专栏,不仅成为用户,而且十分活跃。

图 9-28 "Tec Show 智谷专家大讲坛"的宣传海报

拉新实现的是从 0 到 1 的突破,而引爆是从 1 到 100 的爆炸。知识运营需要结合其他运营来制造引爆点。在智谷初期，运营团队应用创新扩散原理，让种子用户和追随者介绍智谷的丰富内容，使其不断地在不同群体中传播，他们再对内容进行评论、点赞、分享等，形成正向的闭环循环；不断推出吸引人的知识点，如特斯拉自动驾驶与百度的比较分析报告、固态电池研究状态等，来增加用户数量。例如，智谷平台推出了某款电动汽车的对标报告，报告中的内容、数据和图片吸引了许多工程师的关注。运营团队组织阅读报告评比活动，让工程师们分享他们对报告的感受，提出问题和建议，并给予优秀者精神和物质奖励，于是平台的用户数量爆炸式增长。

另外，知识平台在产品设计上，紧跟用户的数量和质量的变化，持续推出适应于平台用户发展阶段的新功能、新体验，即平台本身根据用户运营的结果对产品进行迭代升级。例如，在某个阶段新增专家问答、知识评论等互动内容，增强了用户黏性，拉近了用户距离，活跃了平台氛围，进而带动了平台用户的引爆推广。

平稳运营期的用户增长是很难的，因为很多用户是"僵尸用户"。"问渠那得清如许，为有源头活水来"。知识是不断更新和发展的，知识平台只有不断迭代和提升，才能保持先进和活力。企业知识平台用户数量的上限是确定的，当用户增长模型达到 S 曲线上的饱和点之后，用户增长很快会进入衰退期。如何将"僵尸用户"或不活跃用户调动起来并持续促活现有用户，是平台得以平稳运营的关键。只有持续创造用户之间的连接、持续创造内容之间的连接，建立持续的创造机制，才能让平台保持用户持续的活跃度。

智谷有很多方法来保持用户的活跃度，例如给予专业频道充分的自主权，促活用户在本专业领域的知识发言权和表达需求。例如专家"老张"自从第一次登录之后，再也没有关注知识平台，成为"僵尸用户"。但是，自从他的一篇名为《电控底盘技术的发展》的文章放到平台上后，引来很多年轻同事的咨询与求教，老张深感宝刀未老，于是在平台上开设了"电控底盘"专栏，成为平台的活跃用户。技术贡献关键绩效指标（KPI）也能通过知识平台的功能一键呈现，老张已经从以前的沉默旁观者，变成汽车研发知识平台的活跃分子和积极推广者。

智谷通过圈子、大V说、专栏等形式，在自动驾驶、智能座舱、大数据应用、动力电池、新能源电控、线控底盘、六新技术、软件质量、新能源电控、汽车可靠性等方面，开展了很多活动，不断推出新知识、行业动态、技术研讨等，吸引了很多用户，让智谷平台能很好地运行，如图 9-29 所示。

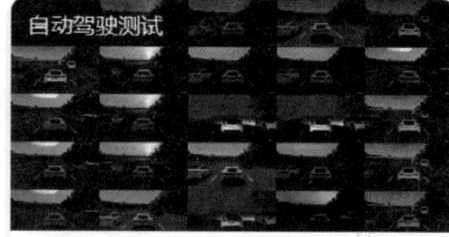

图 9-29　知识社群示意图

参 考 文 献

[1] BOGARDUS T. Knowledge under threat[J]. Philosophy and Phenomenological Research, 2013, 88(2): 289-313.

[2] TURBAN E. Managing knowledge acquisition from multiple experts[C] //ACM International Conference on Developing and Managing Expert System Programs. Los Alamitos, CA: IEEE Computer Society Press, 1991: 129-138.

[3] 施赖伯. 知识工程和知识管理[M]. 史忠植,梁永全,吴斌,等译. 北京:机械工业出版社,2003.

[4] POLYANI M. The Tacit Dimension[M]. London: Routledge & Kegan Paul, 1966.

[5] NEGROPONTE N. Being Digital[M]. New York: Knopf Doubleday Publishing Group, 1995.

[6] CADDEN T, MARSHALL D, HUMPHREYS P, et al. Old habits die hard: exploring the effect of supply chain dependency and culture on performance outcomes and relationship satisfaction[J]. Production Planning & Control, 2015, 26(1): 53-77.

[7] BAMFORD D, FORRESTER P, DEHE B. Partial and iterative Lean implementation: two case studies[J]. International Journal of Operations & Production Management. 2015, 35(5): 702-727.

[8] YANG J, JIN H, TANG R, et al. Harnessing the power of LLMs in practice: a survey on ChatGPT and beyond[J]. ACM Transactions on Knowledge Discovery from Data, 2024, 18(6): 1-32.

[9] 中国标准化研究院. 知识管理 第1部分:框架:GB/T 23703.1—2009[S] 北京:中国标准出版社,2009.

[10] 化柏林. 论知识管理与知识工程的差异性及其发展[J]. 图书馆杂志, 2008(11): 2-5.

[11] ANDRZEJ P. Knowledge sciences and nanatsudaki, a new model of knowledge creation processes[J]. Journal of System Science and Systems Engineering, 2007, 16(1): 2-21.

[12] 徐勇,胡岗. 汽车企业核心能力的持续提升与知识工程化规划和管理[J]. 中国工程机械学报, 2006(2): 249-252.

[13] 赵小慧,孙林岩. 供应商介入的产品概念开发[J]. 工业工程, 2007, 10(5): 1-5.

[14] 汪卫东. 国外汽车产品开发系统评介[J]. 湖北汽车, 2003, 1(2): 1-5.

[15] 武守飞,潘晓弘,王正肖. 面向汽车配件制造业的产品快速设计系统研究[J]. 汽车工程, 2009, 1(31): 89-93.

[16] 杨德林,邹毅. 新产品概念开发研究:历史、现状和未来方向[J]. 科研管理, 2002, 4(23): 58-62.

[17] 刘剑,李尚菊,龙坚. 浅谈汽车前瞻设计的意义[J]. 企业科技与发展:下半月, 2015(5): 59-60.

[18] 王向宾. 产品开发与顾客需求分析［D］. 北京：首都经济贸易大学，2007.

[19] 张钦徽. 基础科学研究是科技创新的源头［J］. 科技与创新，2021，4（14）：107-113.

[20] 吴礼军. 汽车整车设计与产品开发［M］. 北京：机械工业出版社，2021.

[21] 杨汉录，刘晓峰，陈龙. 集成产品开发与创新管理［M］. 北京：企业管理出版社，2021.

[22] 褚伟萍. 知识工程在轿车系统开发项目管理中的应用［D］. 上海：上海交通大学，2010.

[23] 拉尔曼. 敏捷迭代开发：管理者指南［M］. 张晓坤，林旺，曾毅，译. 北京：中国电力出版社，2004.

[24] 科恩. 敏捷产品开发：产品经理专业实操手册［M］. 陈秋萍，译. 北京：电子工业出版社，2021.

[25] 博伊索特. 知识资产［M］. 张群群，陈北，译. 上海：上海人民出版社，2021.

[26] 芬塞尔. 知识图谱：方法、工具与案例［M］. 郭涛，译. 北京：清华大学出版社，2023.

[27] 邱昭良. 知识炼金术：知识萃取和运营的艺术与实务［M］. 北京：机械工业出版社，2019.

[28] 邱昭良. 复盘+：把经验转化为能力［M］. 北京：机械工业出版社，2015.

[29] 田锋. 制造业知识工程［M］. 北京：清华大学出版社，2019.

[30] 吴庆海，王猛，夏敬华. 知识+实践的秘密［M］. 北京：世界知识出版社，2015.

[31] 柳传志. 复盘是最好的学习方式［J］. 中国人力资源开发，2013（24）：11.

[32] 管理科学技术名词审定委员会. 管理科学技术名词［M］. 北京：科学出版社，2016.

[33] 高敬业. 质量管理中的QFD法［J］. 企业改革与管理，2010（9）：60-61.

[34] 黄有璨. 运营之光［M］. 北京：电子工业出版社，2016.

[35] 张亮. 从零开始做运营［M］. 北京：中信出版社，2016.

[36] KATHY S. 用户思维+：好产品让用户为自己尖叫［M］. 北京：人民邮电出版社，2017.

[37] 卢晓. 节事活动策划与管理［M］. 上海：上海人民出版社，2012.

[38] 李善友. 产品是入口，社群是商业模式［J］. 销售与市场（管理版），2015，（24）：38-41.

[39] 马斯洛. 人类激励理论［J］. 心理学评论，1943，1：134-156.

[40] 罗杰斯. 创新的扩散：第5版［M］. 唐兴通，郑常青，张延臣，译. 北京：电子工业出版社，2016.

[41] 德鲁克. 后资本主义社会［M］. 张星岩，译. 上海：上海译文出版社，1998.

[42] 王毅. 企业核心能力与技术创新战略［M］. 北京：中国金融出版社，2004.